航空科技是20世纪以来发展最为迅速、对人类生产生活影响最大的科技领域之一。当今世界正在经历深刻的科技革命和产业革命，航空科技面临前所未有的发展机遇。

——习近平总书记2021年9月6日给第32届国际航空科学大会的贺信

史诗般的跨越

——人类航空科技发展历程

（上册）

宋庆国 主 编
么 森 熊 青 副主编

航空工业出版社
北 京

内 容 提 要

航空科技作为人类工业文明皇冠上的明珠之一，从早期的风筝到第一架载人飞机“飞行者”1号，从航空器第一次登上战争舞台到目前种类繁多的现代军机、民用客机和令人眼花缭乱的各种通用飞机，从小部分人的爱好到高科技战争的制胜者和全球最便捷的交通方式，其应用发展速度之快、领域之广泛、成果之丰硕令人瞠目，目前已经成为人类文明的代表性标志之一。本书聚焦航空科技，回顾全球航空科技发展历史，以标志性人物和事件为主线，穿插描述具有代表性的航空科学技术及其发展。

本书以讲故事的方式从不同角度将航空科学技术与航空工业发展历程呈现给读者，技术性和趣味性并存，可供航空从业者、航空史研究及航空科技爱好者、高等院校相关专业师生参考。

图书在版编目（CIP）数据

史诗般的跨越：人类航空科技发展历程. 上册 / 宋庆国主编. -- 北京：航空工业出版社，2023. 12

ISBN 978-7-5165-3545-5

Ⅰ. ①史… Ⅱ. ①宋… Ⅲ. ①航空 - 技术史 - 世界 Ⅳ. ①V2-091

中国国家版本馆 CIP 数据核字（2023）第 227623 号

史诗般的跨越——人类航空科技发展历程（上册）
Shishiban de Kuayue
——Renlei Hangkong Keji Fazhan Licheng（Shangce）

航空工业出版社出版发行
（北京市朝阳区京顺路 5 号曙光大厦 C 座四层 100028）
发行部电话：010-85672666 010-85672683

北京天恒嘉业印刷有限公司印刷 全国各地新华书店经售
2023 年 12 月第 1 版 2023 年 12 月第 1 次印刷
开本：710 × 1000 1/16 字数：589 千字
印张：33.25 定价：98.00 元

前言

百年航空科学与技术进步，是一场史诗般的跨越！

人类自 1903 年实现有动力飞行到现在已有 120 年的历史了。脱离地球束缚，像鸟儿一样自由飞行，是自古以来人类与生俱来的梦想。不论是东西方何种文明，都可以从文明的古迹中发现有关飞翔的图案，这说明航空梦、飞行梦深刻体现着人类对于摆脱重力束缚、自由翱翔于蓝天的向往与渴望。为了实现飞行的梦想，千百年来，很多能工巧匠、飞行勇士和科学巨匠，不断探究航空科学技术，不断追求更高、更快的飞行极限，进行孜孜不倦的探索，甚至还有人为之献出了宝贵的生命。有些早期飞行家们的努力现在看来略显幼稚甚至还有些可笑，但正是人类在飞行梦想的引领下，持续不断地探索，才成就了我们今天方便快捷的空中航行。而今，航空工业已经成为人类高科技产业制高点的重要代表之一，是大国地位的代表，是大国博弈舞台上最吸引世界观众眼球的主角之一。航空科学与技术已经成为现代人类文明发展的重要引领者之一。

人们通常将 1903 年美国莱特兄弟制造出第一架有动力飞机并试飞成功作为代表，标志人类进入了航空文明的阶段。但现代航空文明的起源可以追溯到文艺复兴时期，早在 1505 年，科学巨匠——意大利人达·芬奇就通过长期对鸟类飞行的观察，发表了《论鸟的飞行》一文，其详细研究鸟身体的各部分的气动力功用，特别是得出了鸟的尾部产生负升以实现俯仰方向上的平衡与控制的重要结论，并为人类未来能够实现自由飞行勾勒了扑翼机和直升机两种布局草图，在事实上成为了现代航空科技的开山鼻祖。在达·芬奇死后的 400 年间，不断有科学家和航空勇士在不断挑战突破航空科技以克服地球重力的束缚，在空气动力学、飞行力学等方面，19 世纪以来，英国人乔治·凯利、德国人奥托·李林达尔、美国人缪塞尔·兰利等相继做出突破性贡献。正是有了近 400 年间科学理论和一系列技术的探索与突破，并有了不少能工巧匠的实践，才有了1903年莱特兄弟的成功。由科学而技术、由技术而工程、由工程而产业，人类航空工业的百余年发展，无一不遵循着这样的创新范式。

实现飞行是人类社会蓬勃发展的一个新起点，是生产力发展的必然结果。自那时起，发展航空工业、打造国家战略优势核心产业，就成为了世界强国间竞争博弈的重要领域。而今，航空科技与航空工业的发达程度代表着一个国家的战略能力和国际竞争力。当今世界强国无一不是航空工业强国。2017年召开的中国共产党第十九次全国代表大会提出了中国建设社会主义现代化强国的两步走总目标，而建设新时代航空强国，就是建设社会主义现代化强国、实现中国梦的重要内容之一，是当今中国航空人履行国家战略使命、有效支撑国家战略安全的必然选择，是2050年之前的重要奋斗目标。

1903年12月17日，莱特兄弟首次实现人类有动力飞行时，飞行时长仅有12秒，飞行距离不到37米，飞行高度因为没有仪表记载不得而知，但从当时的照片来看，估计也不会超过30米。但就是这几个简单的数据，却掀开了百年航空科技发展波澜壮阔的新篇章，人类不断突破自己的思维模式、理论认知、制造能力和飞行能力等诸多极限。飞机飞行速度从最初的几十千米每小时到几百千米每小时，到高亚声速，再到先后突破声障、热障，现在已经有飞机可以以超过10倍声速的速度做高超声速飞行。飞行高度从几百米、几千米直到突破30000米高度以上，现在已经可以在60000米高空的临近空间飞行，而空天飞机更是直接打通了航空与航天间100千米的高度界限。飞机航程从最初的37米，到现在已能实现20000千米以上的跨洲际飞行，“地球村”的概念在世界上任意两个城市之间对飞从可能，到现在成为了现实。飞机的最大起飞重量①从最初的一两百千克，到现在可以制造起飞重量为600多吨的空中巨无霸，人类的制造能力令人叹为观止。

百年来，航空动力技术一直引领着航空工业发展，发动机也成为了“现代工业皇冠上的明珠”。而航空电子技术的快速发展，不但快速提升着飞机的自动控制水平，也为飞机的安全与作战效能的提升装上了“千里眼”和“顺风耳”。百年来，飞机的气动布局不断优化，不断证明着航空进化论的那句话——好飞机一定是“好看”的飞机。百年来，航空材料不断创新，支撑航空技术进步的同时，也在引领冶金等基础工

① 本书重量为质量（mass）概念，单位为千克（kg）。

业的发展。百年来，两次世界大战和冷战中的对阵双方，为夺取空中优势和国家竞争优势，不断推动着航空工业突飞猛进地发展。而航空企业以追求商业成功为目的的技术创新、管理创新和商业模式创新，则从另外一个维度促进着航空产业在世界范围内的发展。而今，军民融合发展已经成为世界各航空强国发展的主流模式。百年航空的光荣与成就，属于那些孜孜以求的科学家、发明家，属于那些挑战极限、追求卓越的飞行员和工程师们，属于那些引领创新、追求商业成功的企业家们，当然也属于那些高瞻远瞩布局、支持、引领航空工业发展的政治家们。

本书以时间为线索，分阶段描绘了人类实现飞行梦想及后续航空发展的艰辛历程。在19世纪以前，怀揣飞行梦想的先辈们在黑暗中进行了长时间的摸索，在这个阶段，人们通过风筝、热气球等手段简单地实现了器具升空，但这离人类自身实现飞行尚十分遥远。进入19世纪后，人类的航空发展向前跨越了一大步，航空先驱们在重于空气航空器的理论研究上获得了重大的突破，发表了一批基础理论成果及经验数据。同时，在这一阶段，人们已经成功利用热气球、飞艇和滑翔机实现载人升空，使得人类能够从天空俯瞰大地。20世纪初，莱特兄弟在总结前人经验的基础上，实现了人类首次重于空气航空器的载人受控持续动力飞行，迈出了人类航空史上最重要的一步，从此人类真正进入了飞机的时代。飞机问世后，接踵而至的两次世界大战虽然残酷，但不可否认地成为科技进步的催化剂，经过战争的推动，航空材料应用、动力装置、飞行操纵和其他技术门类进入发展的快车道。飞机在飞行速度、升限等关键性能指标上取得了惊人的进步。最后，讲述冷战期间的航空发展，这一时期美苏两个超级大国进行了全方位的激烈对抗，在科技军备上的竞争更是白热化，特别是航空领域，可以说冷战将世界航空发展推向了一个高峰。

本书内容在不失科学严谨的前提下，希望能尽量轻松诙谐地为读者讲述人类百年航空发展史，以便广大读者在阅读中感受到更多的趣味性。

本书上册对航空发展历程的介绍包含了热气球、飞艇和直升机等内容，但主要还是集中在固定翼飞机上。纵向以明显的技术跨越为里程碑，讲述航空史上重要人物在理论和实践上的探索过程；横向以同一时期的不同设计思路为标定点，讲述各国航空设计大师及技术专家面对难题时的思考和求索。同时，在每个阶段都会详细介绍当时的动力、材料等技术的发展情况。从飞机材料应用来看，早期飞机主要是木质结构，金属材料主要作连接件等使用，外表上多以布料覆盖。后来存在木质结构与金属结构混合使用，直到全金属飞机的出现，慢慢发展到高强度合金与复合材料技术的应用。从飞机动力装置来看，从莱特兄弟实现第一次有动力载人飞行到第二次世界大战结束，活塞式发动机统治了长达 40 年之久，在第二次世界大战后期，燃气涡轮发动机的问世使得人类进入喷气时代。在这当中还介绍了发动机的变桨技术、冷却技术、增压技术，以及飞机的气动布局、导航等各领域的研究发展情况，并详细解释了这些技术产生的原因。

本书在介绍航空及相关技术发展历程的时候，除了航空大事件以及相关的技术发展情况之外，还尽量细致地交代当时的时代背景，并讲述航空先驱们的成长经历、探索过程，例如，很多人知道是莱特兄弟实现了人类有史以来的第一次有动力飞行，但是鲜有人知道莱特兄弟是利用自行车铺有限的收入支持着自己的航空梦想。他们自费开展的飞行和风洞试验并未获得国家赞助，窘迫时期甚至“因为经济原因不得不终止”。但出于对航空的热爱和对机械的痴迷，他们不断地进行探索与试验。威尔伯·莱特在 1900 年 9 月给其父亲详细描述其所开展工作的目标和进展的信中曾写道：“我的滑翔机即将完成。它没有发动机，我也不期望它能做任何实际意义的飞行。我仅仅是为了尝试和实践我们解决平衡问题的想法。我还有很多计划，希望在前人尝试的先进方法中发现更多的东西。即便我什么都没有完成，我对我的旅行也不会感到失望，因为这是一段愉快的旅程，单纯而简单，没有任何旅程比这次能带给我更多的快乐。”每每读到这些，我们都会不由自主地向航空先驱们致敬！

本书也会讲述航空发展史上一些“失败者”（loser）们的故事，而且不讳对他们表示深深的敬意。对这些先辈我们不应吝惜笔墨，他们曾付出不懈的努力，遭遇过一次又一次的失败，我们为航空发展史上获得成功的先驱们由衷赞叹，但也为在这个过程中遭遇失败的“loser”们鼓掌喝彩，因为只有知道这无数次的失败，才更会明白后来者的成功来之不易。这些遭遇挫折的先辈，积累了宝贵的经验，让后人少走了许多弯路，同时也拓宽了航空发展中探索各种可能性的范围。这些人的贡献理应被后人铭记，并且获得应有的历史地位。

中华民族历来是崇尚自由、追求进步的民族。无论是敦煌壁画中的飞天，还是《西游记》中一个筋斗十万八千里的孙悟空，无一不代表着对自由飞行的美好向往。在华夏文明形成的漫漫历史长河中，也有很多具有可贵探险精神的人物。例如，我国在春秋战国时期就已经有了高度发达的航空技术，例如，史书《韩非子》记载：“墨翟居鲁山，斫木为鹞，三年而成，飞一日而败。”用现在的观点看，墨子是人类第一位长航时无人机的发明人。再如，明朝的万户，他被世界航空航天界公认是第一个尝试用火箭（以反推作用前进）飞天的人，万户在座椅上安装47支火箭，手持两只风筝，将自己固定在座椅上后点燃升空，以期实现飞行的目的，他的试验以失败告终并因火箭爆炸献出了自己的生命。“万户”应该是这个人的官员职务等级而非是他的真实姓名（从美国火箭动力学家 Herbert S. Zim 的英文典籍中翻译得来），但其创造性的举动和无畏的勇气，足以使他得以青史留名。今天，月球背面的一座环形山正是以他的名字来命名的，人们以这种方式来纪念他。

我国的现代航空事业起步其实并不算晚。中国航空先驱冯如先生曾在莱特兄弟实现人类首次有动力飞行后的第6年，即1909年9月21日，实现了中国人自制航空器的首次飞行。而且从飞行指标上看，他的首飞的技术水平要比莱特兄弟高得多。但近代以来，战乱不断，国力衰微，在一定程度上导致我国的航空工业与欧美航空强国间的差距相去甚远。新中国成立以后，经过70多年的不断努力，我国从维修、仿制，到自主研制，逐步建立起了完整的航空工业体系，支撑了我国作为世界性大国的独立自主发展。21世纪以来，随着我国综合国力的提高，我国航空工业取得了跨越式的发展，在以歼10飞机为代表的航空装备列装不到10年的时间里，第五代战斗机歼20、舰载机战斗机歼15与运20、C919和大型灭火救援水陆两栖飞机等大飞机密集问世，通用航空发展也进入到快车道，将国人曾经对西方航空界的望尘莫及，渐渐扭转到能迎头赶上的局面。当今，在某些方面我们已逐渐能与航空发达国家并驾齐驱，实现了从跟跑到并跑的历史性跨越，正在向着领跑大踏步前进。回首几十年的历程，我国航空工业的发展足以让国人自豪。但无法回避的是，我国航空文化的普及尚十分薄弱，很多民众对航空和飞行感到神秘和陌生，更遑论对航空及相关技术发展的了解和应用了。而普及航空知识，传播航空文化，实现更多人的飞行梦想，打造航空事业的群众性基础，应该是中华民族伟大复兴、实现中国梦的重要任务之一。为了让更多人了解人类航空发展的漫长过程以及这当中涌现的一些名人、趣事，同时了解各项航空技术的诞生缘由和发展历程，我们有了编撰此书的想法。考虑到近年来撰写国内航空发展的书籍很多，读者可以多渠道获取国内航空发展信息，我们还是选取国外航空产品为主进行编著。

总的来说，人类对于飞行的渴望追溯起来已有几千年的历史，但真正取得实质性突破不过百年而已。从早期人们对自然界的简单模仿，诸如制作类似于飞鸟翅膀绑在身上从高处跃下，到今天航空成为数以亿计人的一种工作和生活方式，人类航空经历了史诗般的跨越。在这个过程中无数人物穷极毕生精力乃至献出生命，这不应被理解成一种忍耐性的奉献，而是他们对于探索征服自然的一种享受、一种境界。航空的发展史像是一面镜子，从里边能看到人类对于这个世界的好奇心，以及因不满足而不断超越自我的顽强毅力。本书通过分阶段对航空及相关技术应用的发展历程的介绍，一方面是为帮助大家更多地了解航空及其发展；另一方面是讲述航空领域的专家们运用各种巧妙方法解决实际问题，挑战极限、追求卓越，从而推动人类航空不断发展进步的伟大历程。希望能带给对航空有兴趣的人，特别是青少年们一些启发，万千读者中哪怕有一人因之而受到触动，将来在从业过程中对这个世界产生一小点的改变，那也就是本书最大的成功了。

本书上册首次出版于 2016 年。由衷感谢中国航空研究院研究生院，让本书有了修订再版的机会。同时也对航空工业出版社的编辑朋友们为再版付出的辛劳表示真诚感谢。

目 录

第一章

黑暗中的摸索

——19 世纪前的航空

约公元前 4000 年，在美索不达米亚平原的苏美尔文明中，就出现有雕刻着带翅膀的鸟身人像。在文字出现后直至 19 世纪的几千年时间里，全世界范围内，各种文明都有对飞行梦想的文字描述。在世界各地的传说中，飞行也是重要的主题，人类对飞行的梦想几千来仍念兹在兹。但是发现飞行的粗浅规律到最后实现飞行的梦想，则是到 18 世纪末期了。本章将这漫长的时间轴中具有代表性的突破浓缩成几个点，分别代表了实现“飞行”的不同途径，以期说明人类在实现飞行梦想的早期过程中所开展的那些“黑暗中的摸索”。

一、重于空气的“航空器”——风筝

风筝是人类有记载的最早的“航空器”，其“前身”早在我国春秋战国时期（约 2500 年前）就已出现。《墨子・鲁问》中墨子与其他人谈话的记载可以为证：“墨子为木鸢，三年而成，蜚（音 fei，古义同飞）一日而败。公输子削竹木以为鹊，成而飞之，三日不下。”意思是墨子制作了个木质风筝，花费三年时间终于完成，飞了一天坏了；公输班（鲁班，公元前 507—前 444 年）削竹子做了一只喜鹊，做成后让它飞翔，竟三天不落。此即为人类关于“航空器”的最早记载，中国也因此被认为是人类最早航空器（重于空气的航空器）的发源地。

公输班削竹为鹊

此外，墨子和鲁班同为春秋战国时期工艺技术领域的翘楚，也同为当时的鲁国（今山东潍坊、曲阜一带）人，由此可推断风筝前身“木鸢”的发源地应当在今中国山东一带。

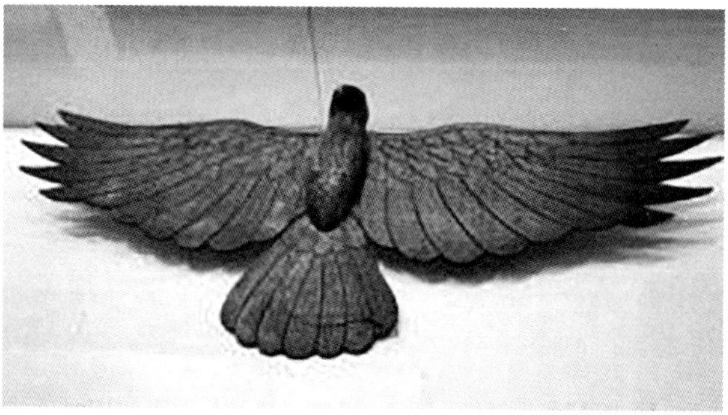

木鸢

至于风筝，则是后期发展而来的。在东汉蔡伦改进造纸术后，木鸢改为用纸糊制，称作“纸鸢”。到五代时，李邺[①]在纸鸢头上装上竹笛，在空中飞翔时风入竹笛，发出类似筝鸣声，由此得名“风筝”。

风筝之所以能够飞起来，是因为在绳索的拖曳下，风筝与空气之间产生了相对运动，气流在经过风筝的上下表面时因型面不同而流动速度不同进而产生了压力差（后文有详述），使风筝飞了起来，从产生升力的原理上来看与现代飞机一致，这也是为什么风筝被称为人类最早的“航空器”的原因。

此外还有三种关于风筝起源的说法：一种说法是大风起，风吹农夫头顶斗笠，斗笠飘舞空中却被绳子一端系在农夫颈部；另一种说法是被蛛丝粘住的落叶在风中舞动；第三种说法是风筝是模仿轻舟上风帆所制。目前难以确认风筝由何而来，但可以确认风筝的发源地是中国古代山东一带。

到了北宋后期，因宋徽宗是风筝的爱好者，上层人士也包括其中，进而社会上流行起放风筝。风筝的造型和扎制方式都得到了很大发展，甚至还出现了一本官修《宣和风筝谱》，很多画作也是以风筝为主题的，风筝得到了长足的发展。

再后来，发源于中国的风筝被商人、僧侣携带，首先在亚洲地区传播开来。

① 五代时期的官员。

13世纪，中国的风筝传到了西方，进而在全球范围内传播开来，目前全世界范围内都有制作及应用。

风筝出现后，曾被用于军事用途，比如，利用风筝搭载燃烧物放火，利用其飞得高、远方可视的特点提供目标指引。第二次世界大战中，英国曾用风筝载人来监视德国潜水艇的活动。18世纪和19世纪，风筝被用作科学研究的工具，天文学家把温度计系在风筝上，用来测量高空温度；美国人本杰明·富兰克林（Benjamin Franklin）在雷雨天放风筝，证实云中带电，发明了避雷针；意大利无线电发明家马

1634，《自然与艺术的奥秘》（The Mysteries of Nature and Art）木版画

日本江户时期的人们在放风筝

富兰克林及雷雨中的风筝（此人后来成为美国总统）

无线电先驱马可尼和他的风筝

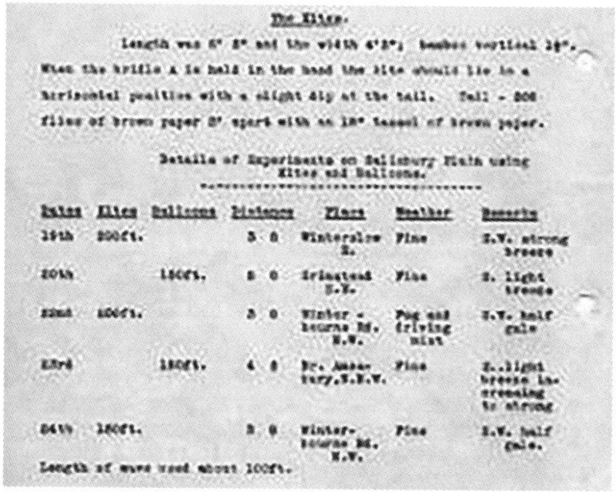

The Kites.

Length was 6' 3" and the width 4'3"; bamboo vertical [illegible]".
When the bridle A is held in the hand the kite should lie in a horizontal position with a slight dip at the tail. Tail - [illegible] flies of brown paper [illegible]" apart with an 18" tassel of brown paper.

Details of Experiments on Salisbury Plain using Kites and Balloons.

Dates	Kites	Balloons	Distance	Place	Weather	Remarks
19th	200ft.		3 0	Winterslow N.	Fine	S.W. strong breeze
20th		150ft.	3 0	Grimstead N.W.	Fine	S. light breeze
22nd	400ft.		3 0	Winterbourne Rd. N.W.	Fog and driving mist	S.W. half gale
23rd		150ft.	4 0	Nr. Amesbury, N.N.W.	Fine	S. light breeze increasing to strong
24th	150ft.		3 0	Winterbourne Rd. N.W.	Fine	S.W. half gale.

Length of wire used about 100ft.

马可尼的风筝无线电报试验和记录

马可尼的风筝无线电报试验示意图

马可尼的风筝无线电报试验原理手稿

2011年，法国第25届国际风筝节（图示为世界上最大的风筝，150米×75米，11 250平方米的巨型“鳐鱼”风筝）

2015年，重庆武隆国际风筝节（图示为世界上最长的风筝，约6000米，超过2000个片叶）

瑞典迈因斯奥托（Minesoto）公司制作的水下风筝（利用洋流来创造清洁能源）

可尼（Marconi）用风筝引线代替无线电天线，使横跨大西洋的无线电报试验成功；美国莱特兄弟（Wright brothers）用风筝研究飞行；等等。但目前主要还是用于娱乐用途，制作及放飞各种样式的风筝已经成为了一种风靡全球的文化活动。

二、火箭飞行第一人——万户

火箭是以高速气流向后喷出，利用产生的反作用力向前运动的喷气推进装置，由于通过燃烧易燃物来产生高速气流，在向前飞行时，尾部喷出燃烧的高温气体，因此被称为“火箭”。火箭起源于中国，是用引火物附在弓箭头上，然后射到敌方身上引起焚烧的一种箭，这是“火箭”一词的由来。早在公元 228 年的三国时期，火箭已有应用的记录，《魏略》中记载：“昭（郝昭）于是以火箭逆射其云梯，梯燃，梯上人皆烧死。”

10 世纪左右，我国发明了最原始的火箭，此种火箭已经与早期的用引火物附着在箭上完全不同，这一时期的火箭是以弓射出的，以火药推动增加飞行距离的箭，是军队中的特别武器。在北宋官修的《武经总要》中已列出可靠的火药配方，可以作为火箭起源于中国的充分证明，因为作为火箭推进剂填充物——火药的组成及配比十分讲究，配比不恰当会适得其反。

火箭起源一直有争论，有“中国说”“印度说”和“拜占庭说”三种观点。中国科学院自然科学史研究所的著名科技史专家潘吉星在其论文《论火箭的起源》中认为：

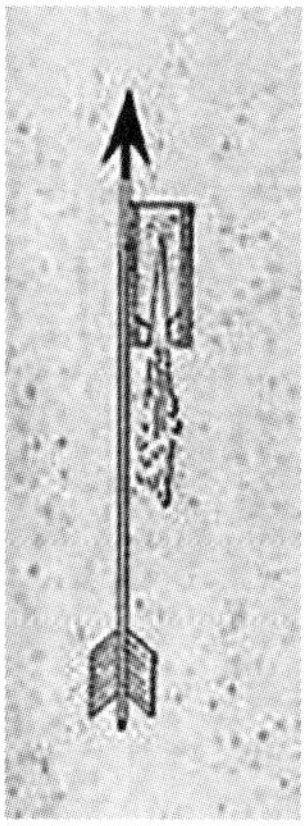

早期火箭及其原理

（箭矢射出后，绑在箭身上的火药开始燃烧提供推力）

明代《武备志》中记载的飞天震天雷[①]

① 竹条编成，外糊以纸，两旁装上翅膀，内含装有火药的纸筒，点燃后整个球体因反推力升空，而后引爆炸药，释放预装的毒药、铁器，起到杀伤敌人的作用。

印度的火药知识是 14—15 世纪从中国传入的，西方的火药及火器知识是 13—14 世纪经由阿拉伯从中国引进的，在没有火药制造技术的情况下发展火箭，在早期是根本不可能的。火箭（以反推作用前进）起源于中国。

《火龙经》清刻本中记载的火龙出水[①]

目前被认为第一个尝试用火箭飞天的人是中国明代的万户，但是对于这一记载的出处及真实性仍然存有诸多疑问。最有力的说法源自美国火箭学家赫伯特 · S. 基姆（Herbert S. Zim）在 1945 年出版了《火箭和喷气发动机》（Rockets and Jets）一书，根据其描述："约 14 世纪之末，有一位中国人 'WANHOO'，他在一把座椅的背后，装上 47 枚当时能买到的最大的火箭。他把自己捆绑在椅子的前边，手持两只风筝，叫他的仆人点燃火箭，其目的是想借火箭向上推进的力量，加上风筝上升的力量飞向上方。他的目标是月亮！"基于当时的条件，火箭爆炸了，这种无异于自杀的行为失败了，WANHOO 为科学献出了自己的生命，成为后人歌颂的对象。

对这一故事的来源，赫伯特 · S. 基姆依据的是一份美国传教士手中从中国流落出的古籍。然而其在 1992 年去世后，"WANHOO" 典故的出处便无迹可寻了，火箭第一人发源于古代中国还有待其他方面直接证据的挖掘。

新中国成立后，清华大学副校长刘仙洲教授将英文 "WANHOO" 翻译成万户，这一事件才被国人所知。1956 年，苏联学者费奥多西耶夫（В.И.Хеодосbев）和西亚列夫（Г.Б.Синярев）出版的《火箭技术导论》也采信了这一故事。1966 年，苏联出版的图集《月球远侧的阿特拉斯》（Atlas of the Moon's Farside）中将月球背面一座环形山命名为 "VANGU"，1970 年，国际天文联合会正式将月球这座环形山命名为 "WANHOO"。1986 年，中国航天科普作家李龙臣发表在《航天》杂志 1986 年第 3 期的《万户飞天》故事在国内广为流传，极大地引发了民族自豪感。

---

① 在水战中使用，取约 1.65 米长的竹筒，内分为两部分，装多枚火箭，第一部分燃烧后能够引燃第二部分，第一部分通常装四枚火箭提供推力以飞行抵达敌船，第二部分通常起燃烧敌船的作用。这是最早的二级火箭。

后人臆补的万户飞天场景

贝宁共和国发行的万户飞行的邮票

位于我国西昌卫星发射中心的万户雕像和火箭雕像

实际上，“WANHOO”是一个人名还是官名很难说清楚，因为中国明代已经不再设置万户这一官职了，而且在更早的1909年出版的《科学美国人》（Scientific American）中，对坐火箭飞天第一人的记载比《火箭和喷气发动机》更早，其中的这个中国人叫作“WANTU”，只不过这个作者的名气不如赫伯特·S.基姆及其《火箭和喷气发动机》的影响力大罢了。

明代广泛的对外交流很可能为我们证实“WANHOO”保留了一些线索，该时期大量的传教士、商人来到中国，在传播基督教的同时，收集并带走了中国古籍，被公认的火箭起源于中国的证据也指明了传教士手中资料的存在，再考虑到关键要素单词“WANHOO”“WANTU”“VANGU”的英语发音是极其相似的，因此记载着“WANHOO”的中文文献很可能是存在于欧美某处，有待后人发掘。

赫伯特·S. 基姆在 1945 年出版的《火箭和喷气发动机》

费奥多西耶夫和西亚列夫在 1956 年出版的《火箭技术导论》

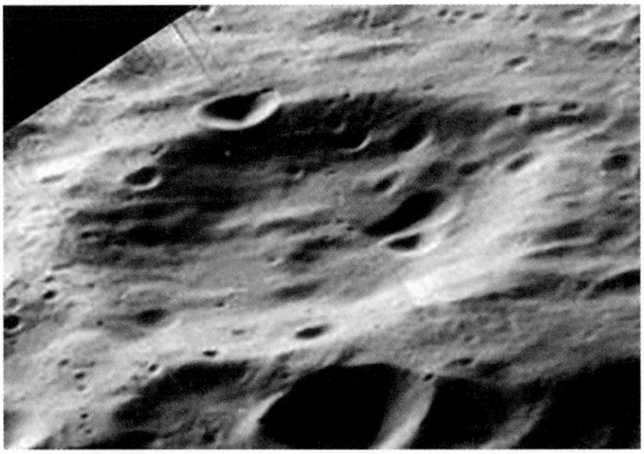

月球背面被命名为“WANHOO”的冲击坑（或称环形山）
（直径 52 千米，位于月球南纬 9.8°、西经 138.8°）

无论谁是火箭飞行第一人，可以肯定的是，中国人对火箭原理的发现及利用，在很久以前就已经达到了一定的程度。10—13 世纪，在宋、金、元的战争中，已应用了火枪、飞火炮、震天雷炮等火药武器。明代《武备志》中对一种叫作“神机箭”的武器进行了描述。在竹筒发射器中装有若干火箭的小型火箭武器，其“战斗部”杀伤原理分为毒箭头式和延时引信爆炸式，这是古代中国人利用火箭原理最经典的案例了。在北宋后期，人们利用火药燃气的反作用力，制成了能够高飞和升空的“起火爆竹”，为节日增添气氛。从工作原理看，“流星”和“爆竹”已具有火箭的特点。

中国古代火箭武器“神机箭”

三、人力扑翼机第一人——达·芬奇

扑翼机（ornithopter）是指机翼能像鸟和昆虫翅膀那样上下扑动的、重于空气的航空器，其飞行的原理在于动物和昆虫由于翅膀上下摆动时受力面积不同，从而导致翅膀上下摆动时的受力大小不同，向下摆动时空气对翅膀的反作用力大于其重力，整体上推动扑翼机飞离地面。

早期的人类对于鸟类飞行十分着迷，有的人认为羽毛有特殊的作用，能够帮助鸟类飞起来，因此制作了类似鸟类翅膀的器具，甚至直接在上面粘贴羽毛，试图模仿鸟类以实现飞行的梦想，扑翼机正是在此基础上出现的。

英国修道士罗杰·培根（1219—1292 年）

没人知道最早的“仿鸟飞行”是由谁发起的。英国修道士罗杰·培根（Roger Bacon）早在 1250 年前后就提出扑翼机的构型，在他的手稿《占星家》（Magus）中，他提出了扑翼机的设想。他认为，人类不可能在拥有鸟类那样轻盈身体的同时还达到那样的肌肉力量，人类需要用智慧飞起来，模仿鸟类制造人造翅膀，建造一个航空器，这被看作是最早的扑翼机设想。

但真正做出具体设计的人是达·芬奇，没错，就是创作了《蒙娜丽莎》和《最后的晚餐》的那位画家。达·芬奇全名叫作里昂那多·迪·皮耶罗·达·芬奇（Leonardo Di Ser Piero Da Vinci，1452—1519 年），他被后世称为欧洲文艺复兴时期最完美的人物，没有之一，是名副其实的全领域科学巨匠。

达·芬奇认为鸟是一架按数学原理工作的机器，人类有能力仿制这种机器，包括它的全部运动。他相信“一个带有足够大的翅膀并正确安装的人将会学到如何克服空气阻力，征服天空，成功地调节翅膀并飞入天空”。经过长期对鸟类的观察及解剖研究后，他于 1505 年前后撰写了手稿《鸟的飞行》（Codexon the Flight of Birds），其中出现了对扑翼机的具体设计及描述。用秘密反手笔迹书写的这部天才著作，成功地在封建教会监管整个欧洲社会的年代隐秘了起来，在那个年代研究这些东西会被教会烧死。最著名的例子是提出地球圆形学说的意大利哲学家乔尔丹诺·布鲁诺（Giordano Bruno）被教会在罗马广场上活活烧死。

达·芬奇自画像

《鸟的飞行》（*Codexon the Flight of Birds*）手稿

虽然不是第一个提出扑翼机设想的，但从文稿出现的年代看，达·芬奇的扑翼机是相当超前的。在中世纪末期整个欧洲都处于从蒙昧向文明起步的阶段，达·芬奇就已创造出如此精妙的设计，让人难以想象。

这架扑翼机从原理角度看，其本质仍是仿鸟的人力飞行。手稿设想人俯卧在扑翼机中部，脚蹬后顶板进行方向控制，手扳动装有鸟羽的横杵，就像划桨一样扇动空气进行飞行。从构成上看，扑翼机翅膀由弯曲的金属杆连接骨架，设有滑轮和连杆，能够使整个翅膀产生不同程度的弯曲，从而达到模仿鸟类翅膀的效果。

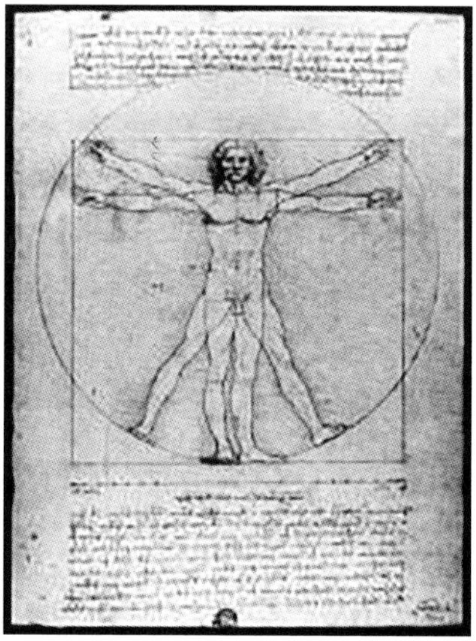

著名的《维特鲁威人》（*Vitruvian Man*）手稿

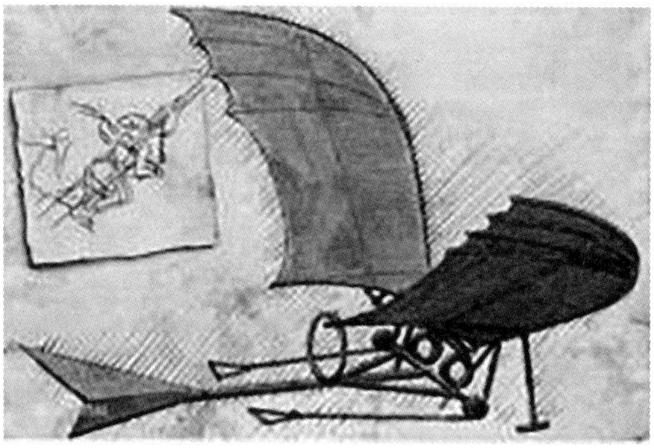

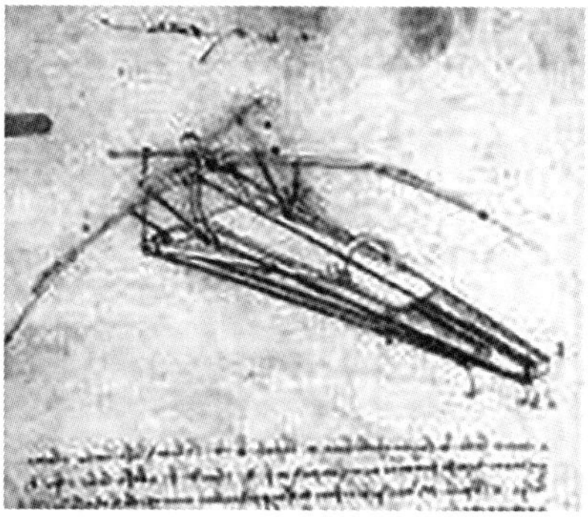

达·芬奇的扑翼机设计草图（左）和结构图（右）

在达·芬奇之后的几百年中，又有无数的“仿鸟飞行”追随者进行了千奇百怪的试验。尤其以 18 世纪及 19 世纪早期的欧洲人为甚，有的人甚至为其脑洞大开的设计申请了专利。那些保留下来的手稿和图片，向大家展示着精美复杂的扑翼机设计，虽然没有任何一架扑翼机成功地飞起来过。

限于当时科学技术的整体水平，这样的飞机是制造不出来的，即便造出来了，也飞不起来。在现代技术的帮助下，人力扑翼机于 2006 年由多伦多大学实现（有别于人力固定翼飞机，扑翼机的机翼是上下扑动的），其改进型在 2010 年成功进行了

1780 年欧洲人设计的扑翼机（完全是鸟类的样子）

1877 年，英国人爱德华·弗罗斯特（Edward Frost）设计的鹅毛扑翼机（由一台蒸汽机提供动力）

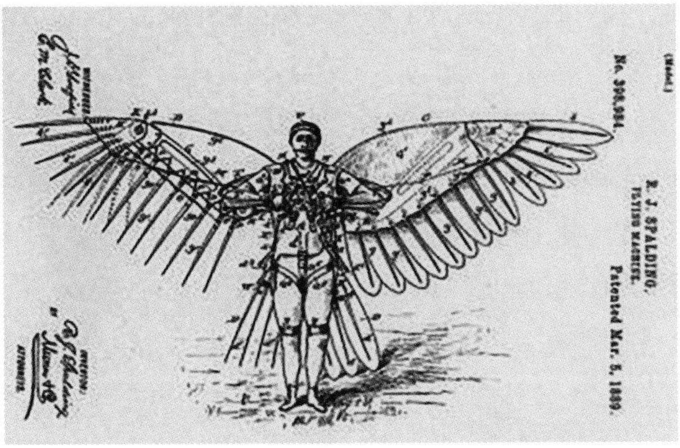

1889 年的飞行翼专利，实际上也是扑翼机的一种，可以看到其设计思路仍旧是模仿鸟类

人力飞行，这架名叫“雪鸟”（Snowbird）的飞机翼展达到32米，由飞行员（又称驾驶员）的腿部力量驱动超轻的机翼上下扇动，维持飞行了19秒左右，但是起飞依赖汽车拖曳。到目前为止，人类依靠自身的肌肉力量让航空器飞离地面这一过程仍未实现，而“雪鸟”在汽车拖曳后飞行19.3秒已经成为当时“飞得最久的人力扑翼机”纪录了。其实苏联的航空科技奠基人、著名理学大师、“苏联航空之父”茹可夫斯基经过详细对比研究认为：“就人的体重与肌肉力量之比而论，人类要比鸟类弱72倍，人是不可能依靠扑翼方式实现飞行的”，但他也指出：“人类凭借自己的智慧而非依靠自己的肌肉，定会翱翔于天空。”

“雪鸟”（Snowbird）人力扑翼机（多伦多大学，2010年8月）

科学巨匠达·芬奇除了是画家，还是雕刻家、建筑师、音乐家、数学家、工程师、发明家、解剖学家、地质学家、制图师、植物学家和作家，航空科学研究只是他众多副业中的一个，他被认为是扑翼机、直升机、降落伞等现代装备的研究先驱，只不过在当时这些想法难以实现且难以被人理解。在几百年后的今天，当人们通过达·芬奇手稿中的详细描述了解到他那空前绝伦的超前想法时，会依然感到震惊。

为什么当时没人注意到达·芬奇在航空领域的造诣呢？其一是由于他在艺术方面的成就太过耀眼，遮蔽了他在科学领域的成就；其二是研究他手稿的学者多是历史学家和艺术家；其三是手稿上所描述的设想在当时属于异想天开；其四是为避免引起教会的不快而进行刻意隐藏。

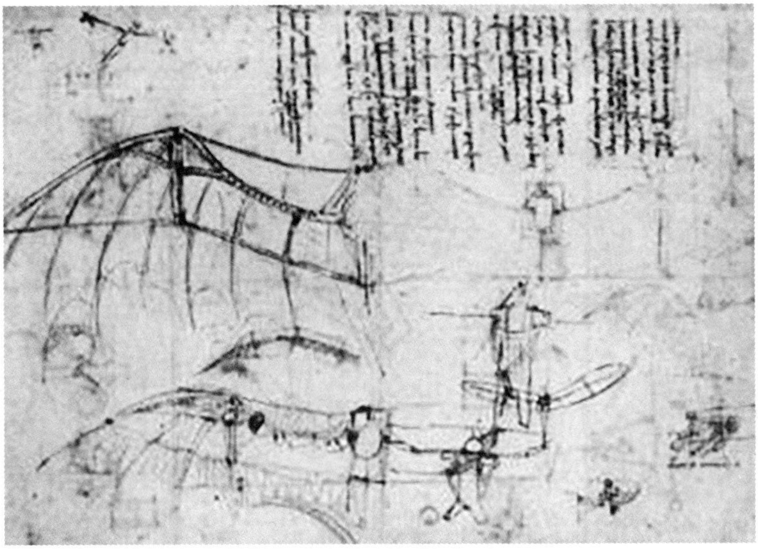

航空研究先驱达·芬奇的手稿《飞行机械设计草图》

四、旋翼机的探索——从竹蜻蜓到罗蒙诺索夫

伯努利（1700—1782 年）

进入 18 世纪后，航空先驱们对于空气动力学的研究已经达到了全新的高度。瑞士数学及物理学家丹尼尔·伯努利（Daniel Bernoulli）在 1738 年提出了描述空气流动速度与压力关系的著名理论——伯努利原理（伯努利方程），这是流体动力学领域最基本、最重要的方程之一，随后，这一经典简洁的理论成为除气球和火箭外所有有动力航空器飞行的基本原理。

伯努利方程（Bernoulli's equation）：反映理想流体运动中速度、压强等参数之间关系的方程，实质上体现了流体运动机械能量的守恒关系。

根据伯努利原理，固定翼飞机在飞行时，由于机翼上下表面的型面差别，造成流经机翼上下表面的气流速度差异，当然也可以利用迎角调节上下表面气流速度的差异，进而形成机翼上下表面之间的压力差，这一压力差就是我们所说的升力。当然，机翼可以是固定的，也可以是活动的，只要保证机翼和空气之间形成相对速度即可。当机翼和机身一起前行时，机翼可以形成升力，当机身不动而机翼像风车一样旋转时，也可以和空气形成相对速度，依旧可以形成升力，这样旋转的机翼被称为旋翼，利用旋翼进行飞行的机器就是旋翼机。直升机就是一种旋翼机。

迎角（incidence angle，angle of attack）：在航空器上，指飞行速度在航空器纵向对称平面上的投影与机体纵轴的夹角。

达·芬奇在 16 世纪绘制的“旋转飞机”设计图，被后人称为“aerial screw”，翻译成中文，大致意思是“飞行螺钉”。作为达·芬奇的众多发明之一，旋转飞机被认为是现代直升机的鼻祖，但仅停留在纸面概念阶段。

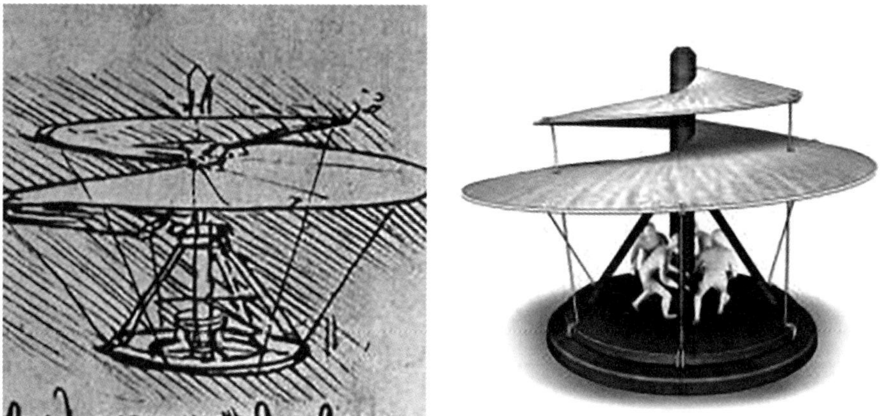

达·芬奇旋转飞机手稿以及后人根据记载复制的模型

这幅手稿于 19 世纪末在意大利的米兰图书馆中被发现。其运动的原理是：人站在下方的底盘上，靠人力驱动中轴旋转，带动螺旋体旋转产生升力。这是最早的直升机设计蓝图。实际上，这样一架人力直升机是飞不起来的，因为人力作为动力源，其功重比太低了。而从原理角度，这架机器确实为现代直升机的发展指明了正确的思维方向。

功重比（power to weight ratio）：功率重量比的简称。发动机轴功率或当量功率与发动机重量之比。它是评定发动机的重要性能指标之一。功率重量比越大，发动机越轻巧，可减少飞机重量和提高飞机性能。

对旋翼机起源的研究普遍认为，一种由早期传教士带回欧洲的中国玩具是现代旋翼机的起源，这一玩具的图像出现在欧洲文艺复兴时期的绘画作品中，这就是我国的“竹蜻蜓”，欧洲人称它为“bamboo-copter”。

《大英百科全书》记载：这种称为“中国陀螺”的玩具在 15 世纪中叶，也就是在达·芬奇绘制“飞行螺钉”设计图之前，就已经传入了欧洲。《简明不列颠百科全书》第 9 卷中记载：“直升飞行是人类最早的飞行设想之一，多年来人们一直相信最早提出这一想法的是达·芬奇，但现在都知道，中国人比中世纪的欧洲人更早做出了直升飞行的玩具。”

我国古代玩具“竹蜻蜓”作为旋翼机的鼻祖，在公元 4 世纪中国东晋时期葛洪所著的《抱朴子》中就有记载：“或用枣心木为飞车，以牛革结环剑，以引其机，或存念作五蛇六龙三牛、交罡而乘之，上升四十里，名为太清……”这比达·芬奇的草稿概念提早了 1500 年，考虑到竹蜻蜓传入欧洲的时间要早于达·芬奇的时代，“飞行螺钉”也许还借鉴了竹蜻蜓的设计呢。

从原理上来说，现代旋翼机的旋翼就像竹蜻蜓的叶片，而旋翼轴就像竹蜻蜓的那根细竹棍，带动旋翼的发动机就像我们用力搓竹棍儿的双手。竹蜻蜓的叶片前圆后尖，上表面比较圆拱，下表面比较平直，根据伯努利原理，当气流经过圆拱的上表面时，其流速加快而压力减小，当气流经过平直的下表面时，其流速减慢而压力增大，依靠上下表面之间的流场形成的压力差产生向上的升力，这与现代直升机旋翼桨叶产生升力的原理是一致的。从这一角度来讲，竹蜻蜓确实比达·芬奇的“飞行螺钉”更贴近现代的直升机。

不能否认的是达·芬奇手稿中的“飞行螺钉”是可查的最早的旋翼机详细设计图，但后续的研究者更多地参考了竹蜻蜓，原因显而易见，竹蜻蜓飞起来了，而且看起来也更靠谱一些。

被誉为俄国科学史上“彼得大帝”的俄罗斯科学家米哈伊尔·罗蒙诺索夫（Mikhail Lomonosov）在参考竹蜻蜓的原理后，制作了一款由发条装置提供动力的小型旋翼机原理演示机构，在 1754 年向俄国科学院进行了演示。

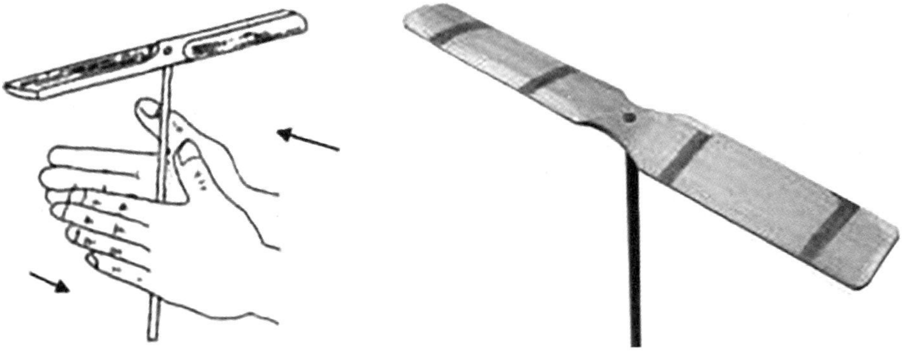

竹蜻蜓及其使用图

其原理是利用滑轮一端的重物抵消旋翼装置的自重，旋翼产生的升力将拉动整个装置向上运动，当然升力的一部分还要用于克服滑轮的摩擦及滑动阻力。

当发条带动旋翼转动时，系统的平衡状态被打破，如果整个旋翼装置向上升起，则可以证明旋翼产生了升力。当然可以调整发条机构来控制旋翼的转速，从而演示不同转速下整个装置上升的速度，演示升力与影响因素之间的关系，也可以通过安装不同形状的旋翼，开展分析比较。罗蒙诺索夫的发明被认为是最早的旋翼升力机构，而设计的初衷是为了携带气象设备升上天空。

后文将介绍到的英国航空先驱乔治·凯利（George Kelly），也是一名竹蜻蜓的痴迷爱好者。他在 1796 年仿制和改造了竹蜻蜓作为其旋翼机的理论原型，设计了一架用发条作为动力的旋翼机。这当然只是凯利爵士的研究方向之一了，更加引人注目的是他超前了 100 余年正确地提出了分置两侧的旋翼系统。

1885 年，著名的发明家托马斯·爱迪生（Thomas Edison）也加入到旋翼机研究的大军中，他制造的原型机在一次事故中被损毁，但设计图纸被保留下来并申请了专利。

从竹蜻蜓到罗蒙诺索夫的旋翼升力演示装置，早期先驱们的作品外形和现代旋翼机看起来差别十分明显，但已经逐步接近现代旋翼机，从原理角度来看也与现代旋翼机一致。大胆假设一下，如果当时有轻量化的动力装置，这些设计中的绝大部分是能够实现飞行的，在缺少具体理论体系及相对原始的工业条件下，能够完成这样的设计本身已足够令人惊叹。

罗蒙诺索夫的旋翼升力演示装置

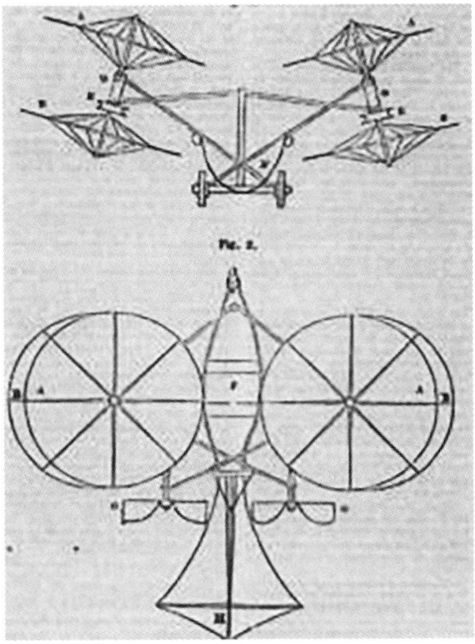

乔治 · 凯利设计的旋翼机图样

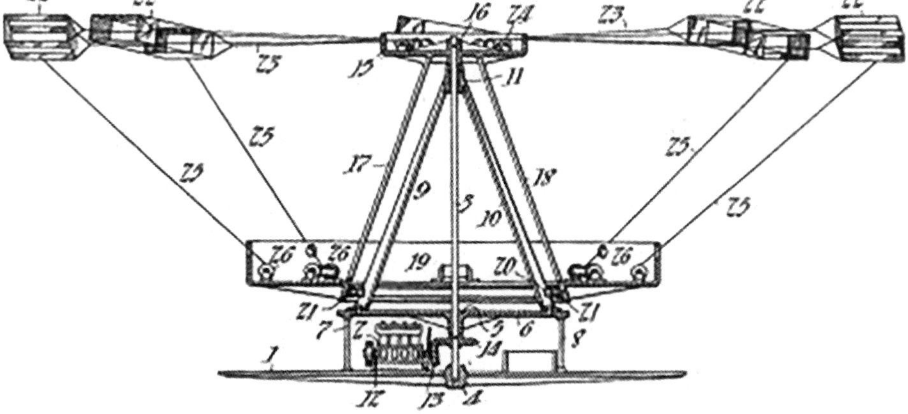

爱迪生的旋翼机图样

五、浮空器的突破——热气球

浮空器是密度小于空气并依靠浮力升空的航空器，一般通过在内部填充低密度气体来实现降低密度产生浮力的目的。热气球是一种经典的浮空器具，正是在热气球的帮助下，人类第一次离开了地面，实现这一壮举的关键人物是法国人孟戈菲兄弟（Montgolfier brothers）。而这一切很可能跟他们之前从事的造纸业行业有关。

1777 年，孟戈菲兄弟[①]中的弟弟雅克·艾蒂安·孟戈菲（Jacques Étienne Montgolfier）发明了法国第一种仿羊皮纸，一举成名。确切地说应当是改进了家庭自办工厂的一种工艺。这种利用木浆抄造的纸张，在当时属于绝对高技术、高附加值产品，要知道羊皮纸用的是“牛羊”皮经处理后的皮料，而仿制品使用的是木浆，典型的产业升级换代案例，极大地降低了制造成本，其利润空间可以想象。

5 年后的 1782 年，其兄约瑟夫·米歇尔·孟戈菲（Joseph Michel Montgolfier）观察到碎纸屑在火炉上空高高飘起，由此受到了启发，他开始了利用热气让物体飞起来的试验。在那个年代，烧纸跟烧钱差不多，所以说他们在航空领域取得的成就与从事的行业有关。

两人首先使用衬衣兜住热气进行升空试验，取得了初步成功。接着他们使用绸缎缝制的“立方体”再次取得了成功。继续改进后，兄弟俩在 1782 年 12 月制作了一个纸袋并用热气使其升高到了 30 米的高度，试验取得重大成功。

依靠着殷实的家底和不断成功所带来的精神鼓舞，他们制造的气球越来越大，终于在 1783 年 4 月使用棉布和纸造出了体积 800 米^3、直径 12 米、重达 225 千克的无人热气球，并成功地使其升至 400 米左右的高度。趁热打铁，两人在 1783 年 6 月 4 日两人的公开表演中，又使其成功升至 1000 米左右的高度，并在空中滞留 10 分钟左右。在场的观众及受邀参观的上层人士深受震撼，其中的一些人将这一事件向法国科学院做了报告，兄弟二人成功地引起法国政府的关注（当时的法国国王是路易十六）。

同年 8 月 27 日，法国人雅克·查尔斯（Jacques Charles，1746—1823 年）的氢气球试验也取得了成功，两兄弟受到了刺激，加快了试验的步伐。

---

① 说明一下，孟戈菲兄弟姐妹总共多达 16 人，雅克排行 15，约瑟夫排行 12。

法国孟戈菲兄弟，约瑟夫·米歇尔·孟戈菲（左上）和雅克·艾蒂安·孟戈菲（右下）

孟戈菲热气球图样

1783 年 9 月 19 日，声名远扬的孟戈菲兄弟，受法国国王路易十六邀请，在国王面前进行了载动物的升空试验，地点是凡尔赛宫。一只鸭子、一只鸡和一只名叫“Montauciel ”（法语意为“攀登天空”）的羊，被安置在气球下方吊挂的篮子里，选择羊是因为当时认为羊与人在生理上是相似的，羊代表了人进行这次危险的试验。

热气球飞离了地面并持续了 8 分钟左右，三只动物落地后安然无恙（鸡的翅膀受轻伤，很可能是自己拍打所致），为了表彰这些动物，羊作为代表被送进了国王动物园，鸡鸭去向成谜。事后路易十六将这具热气球命名为“孟戈菲”（Montgolfier），10 月 10 日两兄弟被推荐为法兰西科学院院士，第二年父亲被封为贵族，收获巨大荣誉。

1783 年 11 月 21 日，在为国王完成表演仅两个月后，两兄弟获得了重要的成功，依靠燃烧麦秸和羊毛产生热空气的孟戈菲热气球在皇宫内再次起飞。这次是分量最重的，因为这是人类历史上第一次载人飞行试验，这次飞行比莱特兄弟的飞行早了 120 年，其意义巨大，因为这次飞行被认为是人类第一次使用制造的工具让自身飞了起来。当时，两兄弟并不在那具气球上，气球上的勇士是达兰德斯（François Laurent d’Arlandes）和罗泽尔（Jean-François Pilâtrede Rozier），他俩也因此被誉为人类飞行第一人。直径近 15 米、高近 30 米，容积约 2200 米^{3}的华丽热气球在巴黎上空持续飞行了 25 分钟，最后降落在今巴黎十三区的意大利广场附近。

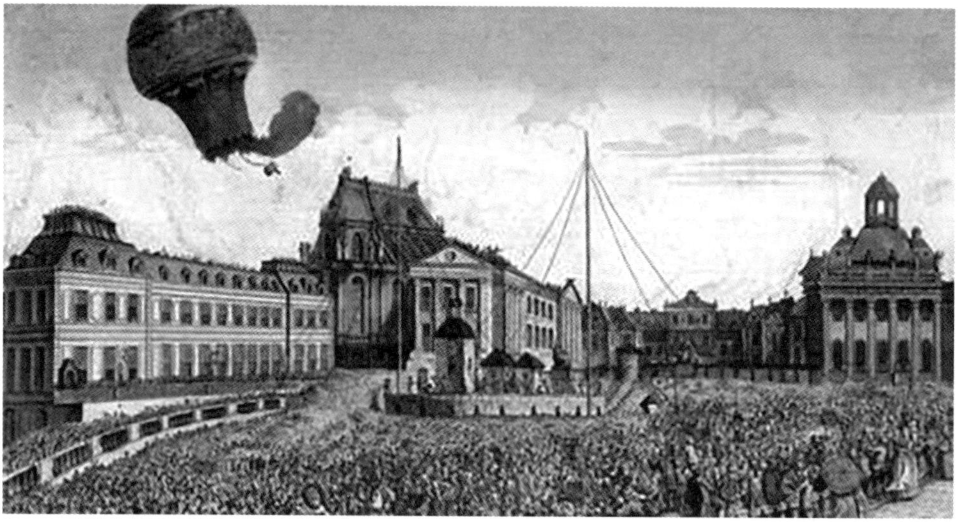

由克劳德－路易斯·德斯莱丝（Claude-Louis Desrais）绘制的 1783 年 9 月 19 日热气球飞行试验场景图

达兰德斯（1742—1809 年）

罗泽尔（1754—1785 年）

就在 9 天之后（1783 年 12 月 1 日），另外一位法国科学家雅克·查尔斯与助手乘坐世界上第一只载人氢气球（体积约 380 米^3），用沙袋控制气球重量，从巴黎市的广场升空，第一次飞行的高度达到 1800 英尺[①]，时长 2 小时 5 分钟，气球降落在距离起点 36 千米外的田野上。不一会儿，查尔斯决定进行第二次飞行，他俩又再次升

① 1 英尺≈0.305 米。

空，气球快速升至 3000 米高度，查尔斯无法忍受耳朵的疼痛决定放气下降（快速升空，导致耳鼓膜产生内外压差所致）。现场约 40 万人观看了这一盛况，其中包括美国的外交代表本杰明·富兰克林（Benjamin Franklin，100 美元纸币上有他的头像）。这只直径 8.6 米的气球，成为最早可以载人飞行的氢气球。后来研究发现，氢气球的性能要远好于热气球，同等体积氢气球所提供的浮力是热气球的很多倍，在标准大气压（一个大气压，0℃）条件下，空气的密度为 1.293 克 / 升，而氢气的密度仅为 0.0899 克 / 升，仅为空气的 1/14。而一个大气压下加热到 77℃的热空气的密度约为 1.0 克 / 升，仍旧比氢气大很多，这也就是后期大多采用氢气填充的原因，当然也是后文讲到的“兴登堡”号空难的症结所在。

基于当时的技术水平，对开展的热气球飞行试验进行精确分析很困难，在一开始两兄弟一度认为是燃烧产生的烟雾推动物体上升，所以在开始的几次试验中，两人有意识地使用湿草等材料进行燃烧发烟。实际上这一系列看起来粗糙的试验代表了真正的科学精神和实证精神，虽然在后期被证明为不正确。

今天，我们已经能够很清晰地了解热气球的原理及各种细节，这离不开航空发展历程中各位先驱的探索，以及互联网搜索引擎。以下是摘自互联网的一小段对热气球原理的描述，供大家参考：

雅克·查尔斯制造的世界上首个载人氢气球 1873 年 12 月 1 日首飞的盛况

热空气会升到冷空气上方。本质上热空气比冷空气轻，因为单位体积热空气的重量较小。1 分米^{3}的空气大约重 1.3 克，若加热到 37.8℃，同样体积空气的重量会减少约 0.25 克。因此，热气球中每立方分米空气可以升起 0.25 克的物体。这也是为什么热气球看起来如此巨大的原因，要升起 454 千克（一般热气球的载重约为 1000 磅[①]）的物体，大约需要 1840 米^{3}的热空气。

① 1 磅 =0.454 千克。

六、早期重要的试验工具——本杰明·罗宾斯发明的旋臂机

很早之前那些追逐飞行梦想的人们已经意识到“风”的力量，但却不知道该如何研究它，因为没办法获取不同形状物体在风中的受力情况。所积累的经验多是感性认识，而这些认识大多似是而非，难以被后人所利用。对固定翼飞机尤为如此，因为其升力设计是需要精确计算的，没有有效的试验工具，想获得确切的数据用以指导设计根本无法实现。所以早期的先驱们总是根据自己的直觉制造自己的飞机，百家的飞机有百种姿态，唯一的共同点就是他们都很难飞起来。

这一切直到本杰明·罗宾斯（Benjamin Robins）的出现才得以终止。本杰明·罗宾斯（1707—1751年）出生在英国巴斯（Bath），他是英国知名的军事工程专家，主要成就体现在他发明的两种设备及利用其开展研究的成果。

其中一种是他的开创性设计——旋臂机（whirling arm），这是一种用来测量气动力大小的测试装置，主要部件是一根水平旋转臂，固定在一根垂直于水平面的旋转主轴上，水平旋转臂最外端装有待测试的物品P（各种形状及角度）。垂直旋转主轴缠绕有一条皮带，皮带另一端通过滑轮连接一个重物M，重物在重力的作用下向下运动，通过滑轮拉动皮带，带动主旋转轴转动，进而带动旋转臂转动，安装在水平旋转臂最外侧的试验品与空气产生相对运动，相当于让试验品“飞了起来”，同时另外通过一些设备将试验品所受到的阻力测量出来。这里的重物M也可由其他动力所代替，唯一的要求是便于计算旋转主轴的转动速度。

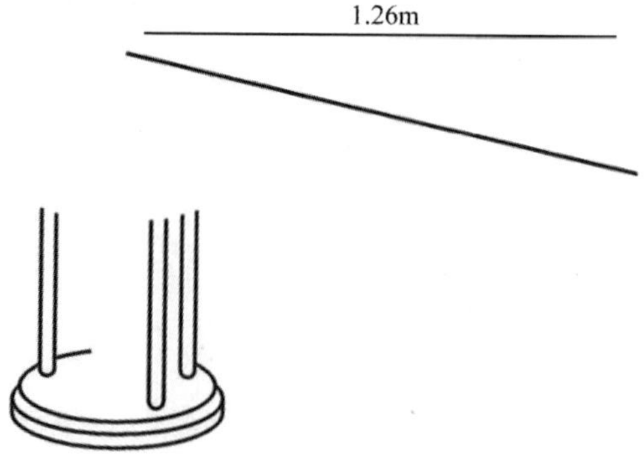

罗宾斯设计的旋臂机（这是第一种用以开展空气动力学试验的实用设备）

显然，随着旋转臂的转动，试验品周围的空气不再是静止的，这些空气开始做与旋转臂相同方向的运动，试验品与空气的相对运动速度将减小，实测到的阻力也不等于理想中计算速度下的理论阻力（这一阻力比实际的阻力要小），随着旋转速度的加大，试验的精度会快速降低。当然，在低速的情况下，这一缺陷并不明显，所得到的数据还是有很大价值的。在风洞出现前，罗宾斯的旋臂机是整个航空界开展空气动力学测量的唯一设备，在接下来的 150 余年时间内，对空气动力测试产生了重要影响。

后期的法国奥普戴克（Opdyke）飞机利用旋臂机进行测试

在罗宾斯发明旋臂机之前，所有的关于空气阻力的理论都有严重的缺陷，由于缺少试验工具没人能够证明理论的错误，那时人们普遍认为形状不同但迎风投影面积相同的两个物体，在相同的速度下所受到的空气阻力应当大致相同，形状对阻力的影响不大。

举例来说，第一件试验品选择圆形铁饼，调整姿态使其正对来流，此时的迎风投影面积等于圆饼的面积；第二块试验品选择相同直径的铁圆锥体，调整姿态使其尖角正对来流，此时的迎风投影面积也等于圆饼的面积。在相同速度下测量两件物品所受到的阻力，按照早期空气动力的理论应当是相差不多的，然而罗宾斯试验的结果却大不相同。在经过多次试验后，罗宾斯确信，即使投影面积相同的两个物品，其形状差别将带来阻力的不同。

他还用长方形木板测试其与来流在一定夹角下的阻力情况。他观察到长边朝前面向来流时的阻力远小于短边朝前面向来流时的阻力，这是对后来出现的飞机机翼展弦比作用最早的观察。此外他还观察到当运动速度达到一定程度后，阻力会急剧增加。在罗宾斯 1946 年发表的相关论文中，后人得知他所谓的一定程度的速度，实际上已接近声速，阻力增加是因为激波的出现，这应当是观测到跨声速激波阻力最早的记录。

展弦比（aspect ratio）：机翼翼展与平均几何弦之比，或者用展长的平方与机翼面积之比。机翼展弦比是机翼纵向细长程度的量度，展弦比越小，表示沿纵向机翼越细长。

激波（shock wave）：流动气体中的一个十分薄的区域，通过这个区域时气体属性（速度、压强等）发生急剧变化。由于它很薄（厚度约为气体分子自由程的某个倍数，标准状态下气体分子自由程约为 10^{-7} 米量级），因此在理想流情况下，通常可以把激波抽象化为一个零厚度的气体属性不连续面。气流速度相对于激波的法向分量（指垂直于波面的速度分量）在上游一侧总是超声速的。气流通过激波时，速度突然下降，压强、密度和温度突然升高，且熵值增加，总压下降，但总温保持不变。超声速气流中的激波通常在两种条件下产生：气流通路受阻；流动条件规定气流必须由低压区过渡到高压区。激波面或与当地气流方向垂直，或沿气流方向倾斜，前者称为正激波，后者称为斜激波。飞机做超声速飞行时，由激波而引起的阻力（称为波阻）在全机阻力中占很大的比例。

尽管取得了如此成就，罗宾斯在整个航空界内并不广为人知，因为他军事工程背景，他一直被认为是研究弹道及相关气动问题的专家。单独将旋臂机置于一节进行描写，确因罗宾斯的旋臂机推动了整个航空理论研究前行。后文中 19 世纪的航空先驱们几乎全都使用了旋臂机开展试验，可以肯定要是没有旋臂机，早期的空气动力研究将依旧停留在黑暗时代。

七、19 世纪前的航空发展小结

人类的飞天梦想虽古已有之，但在早期对飞行的探索上，属于八仙过海，各显其能。

从飞行的手段来看，有的使用风筝，有的利用绑满火箭的座椅，有的利用热气球，有的模仿鸟类的飞行，有的学习竹蜻蜓。无论采用哪种方式，均已涉及现代飞行的几种主要原理及方式，即利用反作用力（火箭原理）、空气浮力（浮空器原理）和机翼的压力差（飞机和旋翼机原理）。

从所使用的材料来看，风筝/木鸢使用了木头/竹子/纸，热气球使用了丝绸/纸/棉布，竹蜻蜓使用竹子，火箭使用了藤/纸/火药等，千差万别，都是身边现成常见的材料，且上千年以来并未发生太大的变化。

从对前人经验的继承角度来看，那时的飞行是民间自发的，飞行事件呈现出不连续、碎片化的特征，缺少对先人经验的继承，当然这也与缺少记录的载体及年代久远、战火袭扰有关，各种民间的爱好者在探索精神的推动下，践行着其心中的飞行梦。

19 世纪之前，整个人类社会在航空领域都属于黑暗中的摸索期，可以讲摸到什么算什么，在完成上千年的经验积累后，终于实现了升空飞行梦，但距离真正的现代航空尚有不小的距离。旋臂机的出现为航空先驱们打开了一扇窗户，提供了研究、分析、记录空气动力学的全新方法和科学工具。在这之后，航空发展即将迎来黎明。

第二章

向着黎明出发

——19世纪的航空

我们不知道科学从哪一天诞生，因为科学本就是一个不断发展、不断改变的体系。在这个体系下，人们开展了各式各样的探索客观事物及其规律的活动，航空科学也是如此。在19世纪之前，航空的发展零星地分布在世界各地，更多依赖于体现着追求飞行梦想的个人认识，航空研究更谈不上体系。而18世纪中后期出现的第一次工业革命有力地推动了近代科学研究的前行。经过几十年的发展，在19世纪初期的欧洲，近代科学的研究氛围已经基本形成。在经典牛顿力学实现了突破后，诸多科学领域也实现了突破或正在酝酿着突破，科学技术被更加坚定地证明对社会发展起着举足轻重的作用。此时的人们也开始有意识地开展航空探索研究活动，就像标题中写的那样，在19世纪，航空科技发展已经向前跨了大大的一步，黎明即将到来。

一、《空气动力学导论》与现代飞机的布局——乔治·凯利

在探索飞行的早期，相对于采用什么样的工具、手段，能够飞起来才是最重要的，因此也有了五花八门、合理不合理、能飞不能飞的各种器具，当然其中能飞起来的那一部分才是“航空器”。在这些航空器当中，有的有机翼，有的没有机翼，对于有机翼的航空器而言，又可根据机翼与机身的相对位置是否固定来进一步划分为旋翼机和固定翼飞机。早期固定翼飞机就是现代飞机的雏形，旋翼机则是现代直升机的雏形。这一节，我们说说早期的固定翼飞机。

乔治·凯利（1773—1857年）

只要说到固定翼飞机，就不能不提到航空科学之父，乔治·凯利（George Cayley）爵士，当然他还是人类第一个航空工程师、空气动力学之父、英国航空之父，等等，他被公认是现代航空科学的奠基人。头戴如此多的光环，标志性的原因是其在《尼克尔森自然哲学》（Nicholson's Journal of Natural Philosophy，1809—1810）期刊发表了技惊四座、流传久远的论文——《空气动力学导论》（On Aerial Navigation）。该论文是现代航空科学的开山之

作，其中的很多理论是现代航空技术领域的基石。比如，在该论文中，他首次提出并定义了作用在重于空气的航空器上的四种力——升力、重力、推力和阻力，解释了机翼的作用、速度与升力的关系，描述了尾翼、控制舵面的作用，强调了固定翼飞机的重要性，等等。可以说，没有这些系统的基础理论支持，其后的航空先驱们可能还要在理论阶段多停留数十年甚至上百年。

如本书前文中的那些人物一样，如此厉害的角色，成就必然还有很多，当然这一切都是基于其成长环境以及开展的大量试验。

1773 年年末，乔治·凯利出生在英国贵族家庭，父亲患有慢性疾病，父母长期居住在国外，凯利度过了无拘无束的童年，经常拜访居住地附近的钟表匠，表现出对机械强烈的兴趣。

同当时的大部分人一样，凯利没有接受过正规教育。他接受的教育主要来自乔治·沃克（George Walker，当时著名的数学家。沃克的故事完全可以另写一本书），以及乔治·摩根（George Morgan，一位思想开放的牧师兼科学家）。在凯利的人生初期，这两位当时科学界的大牛帮助凯利获取了充分的基础知识，更重要的是开放的思想。

良好的家境使得凯利在 10 岁的时候（1783 年）就有机会观看法国人的热气球载人飞行试验。在父亲去世后，凯利 19 岁时（1792 年）成了其家族的准男爵，继承了大量的家族遗产。1795 年，25 岁的凯利与乔治·沃克的女儿结婚，这段完美的婚姻持续了 62 年，直到凯利去世。

26 岁的时候，凯利已经对航空飞行原理有了深入的见解，绘制了几乎具备现代飞机全部特征的航空器草图及航空器空中的受力图，并刻在一块金属圆盘上。我们可以看到，这是一架具有固定机翼、机身、尾翼的飞行装置，尾翼已经分离出了平尾和垂尾，人坐在机身中进行操纵。下图右图中的箭头代表来流方向，粗的斜线代表机翼剖面，产生的升力垂直于机翼，并被分解为垂直于来流的向上的升力和平行于来流的阻力。这是航空界第一次正确理解飞机升力、阻力、机翼迎角之间关系的记录。

凯利 31 岁的时候开始研究鸟的飞行，他制造了一架滑翔机模型。这个模型实际上就是一个固定在杆状机身上的机翼和尾翼，机翼和尾翼可以通过与机身的连接销调整与来流的角度，当年这架滑翔机试飞成功，成为历史上第一架具有现代布局的飞机。此外凯利为了测试他的模型，还制造了一台旋转臂试验台（就是前文本杰明·罗宾斯发明的那种旋臂机，原理完全一致），并利用旋转台上的悬臂连接试验件开展飞行试验，主要用以测试机翼在不同速度下所产生的升力与迎角的关系。

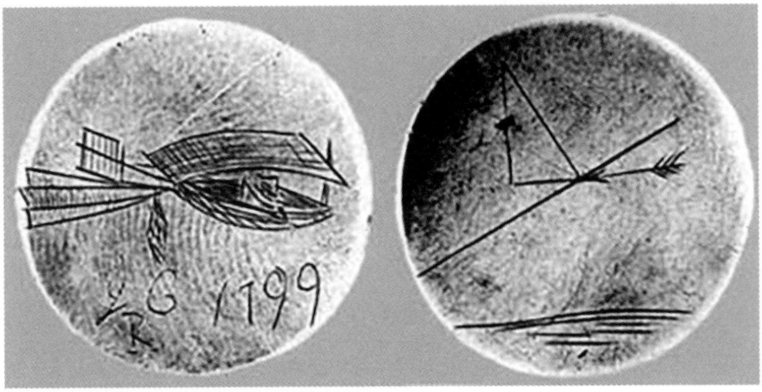

1799 年凯利绘制的单翼滑翔机草图（左）以及升力与阻力受力图（右）
（现保存在伦敦科学博物馆）

1804 年，乔治·凯利设计并成功飞行的滑翔机
（这是现代布局飞机的鼻祖，最左侧挂坠为飞机的配重）

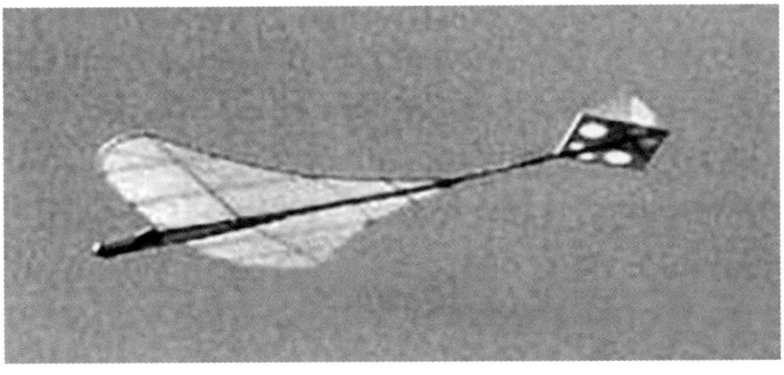

凯利滑翔机现代仿制品及其飞行的照片

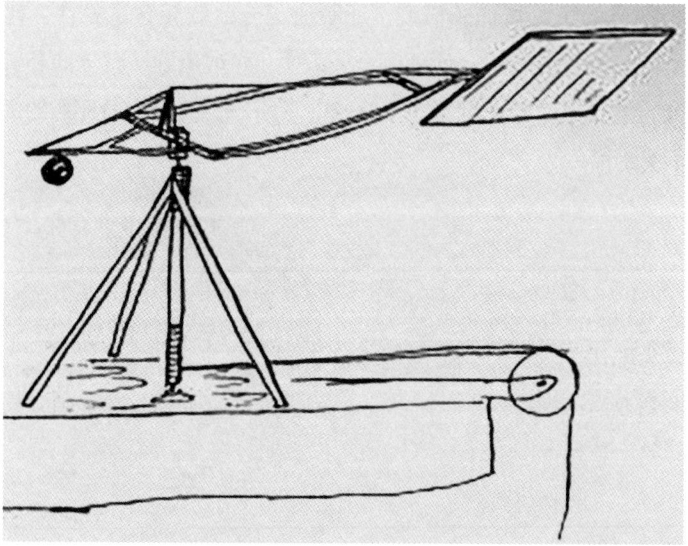

乔治·凯利设计的悬臂机手稿（用以测试机翼的升力及阻力）

凯利 34 岁的时候研发了现代飞机动力源的先祖——内燃机。当时的蒸汽动力装置由于需要携带外部锅炉实在是太笨重了，为了获得更大的功率就不得不加大设备，蒸汽机的功重比又实在太低，无法在飞机上应用。为了能够使飞机飞起来，他发明了一种相对小巧的内燃机，燃烧火药，是现代内燃机的雏形，在这之后的数十年间，无数的后人都在这条道路上摸索以完善这种动力来源，直到 19 世纪中期法国汽油内燃机的发明。

凯利 35 岁研制了旋翼机和扑翼机，37 岁开始研究鱼与“流线型”之间的关系。然后就发表了人类航空科学技术的开山之作《空气动力学导论》，在当时的社会环境中搞这些研究及试验是十分可笑的，不仅要有系统的理论知识和殷实的经济基础，更要面对愚昧的公众和强大势力教会的嘲讽。

需要补充说明的是，上述这些只是乔治·凯利年轻时获得的部分成就。后续他还为英国海军设计过大炮、轮式机构使用的刹车装置、现代自行车用的辐条式车轮、铁路信号灯、安全带等，在弹道学和光学上也颇有建树，并且帮助设立英国第一所理工大学——英国皇家理工学院（Royal Polytechnic Institution，现为威斯敏斯特大学（University of Westminster））。

基于对航空基本原理的深入认识，乔治·凯利很清楚控制重量对实现飞行的重要意义。在当时的技术条件下，制造出足够轻便并且功率强劲的航空发动机是不可能的，尽管他开创性地设计了一种使用火药的内燃机及辐条式轮胎用以飞机减重，但距实现有动力飞行相差甚远。从另外的角度来说，其获得的成就主要还是围绕着实现个人飞行梦想的过程而收获的，正所谓墙内开花墙外香，没能够实现个人的动力飞行梦，却为整个人类航空技术指明了发展道路——有动力固定翼飞机。

在凯利人生的后期，他将工作重心转移到了飞艇及滑翔机等可实现的途径上。

1837 年，凯利开始着手研制带蒸汽机动力驱动螺旋桨的飞艇，首次提出了硬式结构、全金属结构气囊、长圆形分隔舱等新的结构布局，最后虽未付诸实现，但这一设计使凯利成为现代飞艇设计的鼻祖。

由于意识到在当时难以实现动力系统的轻量化，凯利将后期的研究重心放在了无动力固定翼滑翔飞机上。1849 年的某一天，一名 10 岁儿童乘坐其设计的一架双翼飞机，顺山而下，在众人的拖曳下飞行了一小段距离，这很可能是人类第一次使用固定翼飞机载人飞行。但很可惜，这次飞行缺少详细的实证记录。

凯利 80 岁时（1853 年），他的孙子（另一说是他家的仆人）乘坐其设计的更大的滑翔机成功飞行，可以确认是人类第一个成年固定翼飞机飞行员。但同样由于缺少详细记录，难以确认是其孙子还是他家的仆人完成了这次飞行。

1857 年 12 月 15 日，凯利在家中去世，结束了他 84 年不断创新的一生。人虽西去，但乔治·凯利开展的大量试验及获取的理论和经验，将人类航空科学技术发展带入了一个全新的时代，自此航空技术的发展进入正轨。

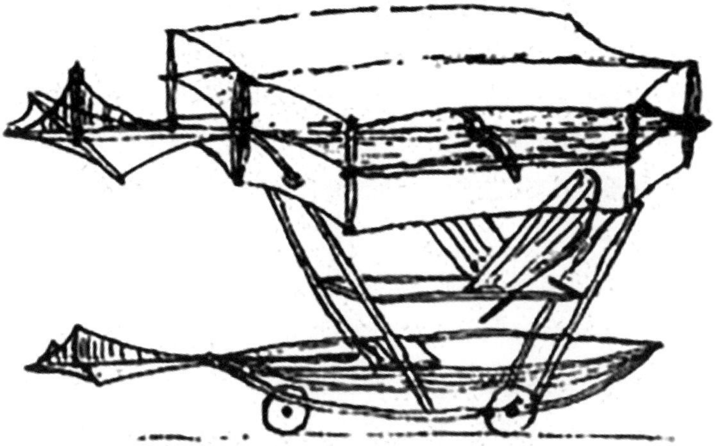

1849 年，乔治·凯利设计的三翼飞机一“男孩运输”号（Boy Glider）

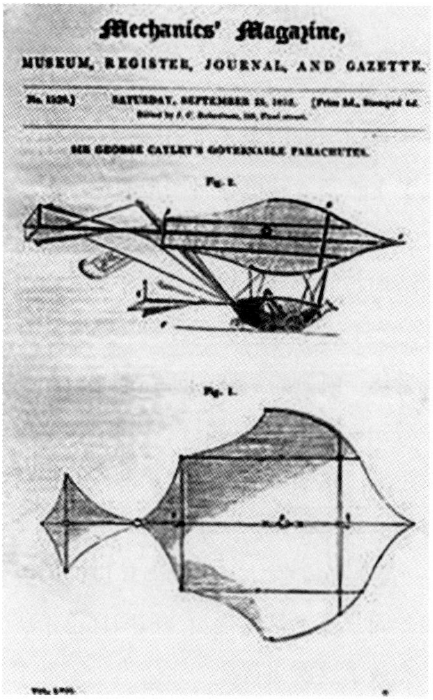

乔治·凯利设计的滑翔机草图

后人仿制的乔治·凯利滑翔机

保存在约克郡的乔治·凯利滑翔机的复制品

二、“空中蒸汽马车”——威廉·亨森

在探索固定翼飞行的过程中，来自英国的航空先驱威廉·塞缪尔·亨森（William Samuel Henson）的一项发明，对现代飞机的出现起到了独特的作用。之所以认为作用“独特”，因为它既没有实现重大的理论突破，作为航空器也没有真正地飞起来，但其地位在整个人类航空史中却无法替代。本节将讲述这个飞不起来的“航空器”的故事。

亨森1812年出生在英国，早期主要成果是改进了一种提花机（一种蕾丝制造机器），并在1835年获得专利。1838年前后，亨森开始对航空产生兴趣，作为一个工程师和发明家，亨森很快熟悉了同时期航空先驱乔治·凯利所做的工作。在与他的朋友兼商业伙伴约翰·斯特林费洛（John Stringfellow）商议后，决定设计一款大型的由蒸汽机提供动力的单翼载人飞机。

1841 年，亨森获得了一项对蒸汽机进行轻量化改进的发明专利。在此基础上，亨森开始在航空领域有所动作。在随后的 1842 年，亨森和约翰申请并获取了一款飞机的专利，这就是大名鼎鼎的亨森“空中蒸汽马车”（Henson Aerial Steam Carriage）。

英国航空先驱威廉·塞缪尔·亨森（1812—1888 年）

“空中蒸汽马车”名不副实，它实在太大了。在亨森的专利中，它的尺寸远远大于陆地上的任何马车，其翼展达到 150 英尺（约 46 米，作为比较，现代的波音 737-800 的翼展为仅 35.6 米），重量 3000 磅，机翼面积 4500 英尺^2，尾翼面积 1500 英尺^2，三轮起落架，由一台经过改良设计的 50 马力[①] 的轻量化蒸汽机提供动力。他们希望这架飞机能够搭载 10 ~ 12 名乘客以 50 节的速度飞行 1000 英里[②]。这是一个极其超前且天才的想法，需要资金保障。

1842 年约翰·斯特林费洛（1799—1883）和威廉·亨森联合设计的“空中蒸气马车”

① 1 马力≈ 745.7 瓦。

② 1 英里≈ 1609 米。

1843年，亨森和斯特林费洛与另外两人，合作成立了名为“航空运输”（Aerial Transit Company）的公司，意图通过出售该公司股份获取资金，以进行飞机的研制，此外还试图向国会寻求资金支持，但这些努力都失败了。亨森还一度与乔治·凯利爵士进行联系寻求资金帮助，也未能成功。1848年公司解散。

事实上，凯利爵士很早就注意到了亨森的“空中蒸汽马车”专利，并在1843年4月的《力学》杂志上对其进行了评价：“我担心航空器庞大的尺寸会导致它的失败。大展弦比机翼需要轻质结构，但其中存在的杠杆作用效果仍令人担心，虽然可通过对角张线进行结构加强。尽管机翼并不是为强风而设计的，但即使在无风的天气，靠近地面的空气也会形成旋涡。机翼中间部位的发动机和传导过来的载重在突风的情况下，会产生作用力，导致这种细长结构的破坏。从这个角度考虑，为了获得足够的升力以支撑大的重量，机翼应该分为上下间隔一定距离、平行布置的几个平面，如分为三个平面，每个平面间隔8 ~ 10英尺，以便气流通过。”

1843年亨森发明的“空中蒸汽马车”的宣传画

凯利爵士并不看好这种大展弦比的飞机，他认为“空中蒸汽马车”对飞机结构材料的轻质化要求极高，对靠近机身部分的结构连接要求极高，机翼作为一根长杆，在翼梢的受力将通过长达 46 米的力臂进行放大，在当时必将破坏连接机身的结构。此外，这段话反映出的另外一个重点，即“如果单翼飞机过于细长的机翼难以实现，将机翼分层叠放可以得到相同的结果”成为后来多翼机构型的成功预言。事实上，凯利爵士在 1849 年自己研制的“男孩运输”号（Boy Glider）就采用了三层翼的构型。

“航空运输”公司并未让“空中蒸汽马车”真正飞起来，但在同时期人们的印象中却实现了飞行。为了宣传“空中蒸汽马车”，“航空运输”公司印制了许多“空中蒸汽马车”在世界著名地标上飞行的图片，也就是目前留存下来的“空中蒸汽马车”在埃及、伦敦、印度等地飞行的图片，这些图片引起了媒体的极大关注并纷纷转载。如此的结果招致了社会广泛强烈的质疑，很多人认为“航空运输”公司是一个骗局，要知道在 19 世纪，飞行对当时的人们来说的确还很遥远，人们难以接受自己根本无法理解的事物。但另一方面“空中蒸汽马车”在全世界飞行的宣传画，广泛推动了社会对航空的认知，这很可能是最早的飞机广告了。

在研制方面，亨森开展了很多具体的工作。例如，利用他人的旋臂机，开展了 2000 多次空气动力试验，改良了蒸汽机，开展了详细的结构设计。同时也采用了很多新的设计理念，例如，将机翼设计成矩形的，机翼的截面是弯曲的而不是平的，机

“空中蒸汽马车”飞越印度

“空中蒸汽马车”飞越埃及

翼中空并用木质材料搭建骨架辅以织物材料，使用绳索以对角连接的方式充当张线加强结构，这个专利的设计非常详细，甚至完成了很多飞机结构连接的细节设计。此外，亨森和斯特林费洛还制造了一架小比例的模型用以印证相关的设想，但试验效果并不理想。在随后的1844—1847年，亨森制作了一个更大的模型，翼展达到了6.1米，借助斜坡滑跑可飞行十几米的距离，但距离载人飞行尚远，且仍然不能解决飞机的稳定飞行问题。此后，亨森及“航空运输”公司从未建造过更大的模型，也许是因为在模型上进行的令人失望的试验，也许是因为费用，最终公司解散了。

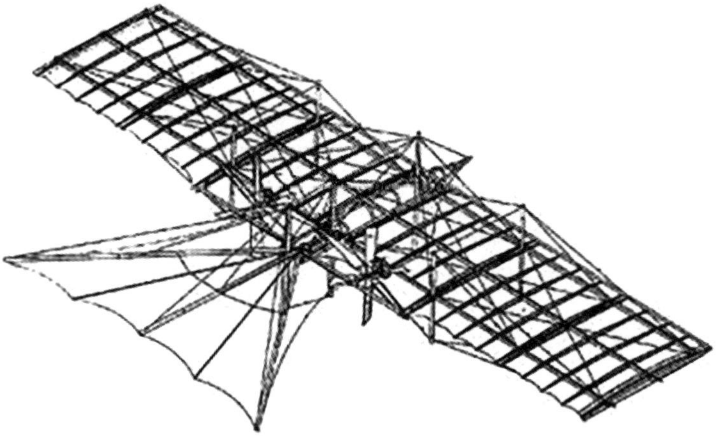

获得专利的飞机结构设计（可以看到飞机机翼内横向和纵向杆状结构通过张线连接并固定，飞机通过机翼后部的两个螺旋桨提供推力，飞机尾部像鸟尾一样）

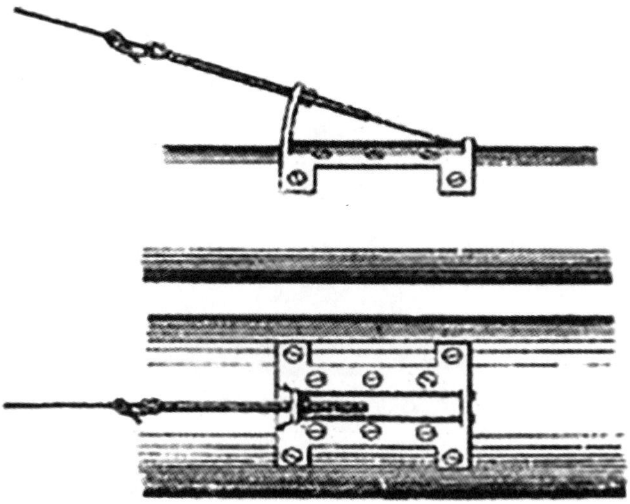

飞机结构上连杆的连接细节

1848 年，亨森和他的妻子离开自己的家乡英国，移居美国并在新泽西州定居，在那里他度过了他生命最后的 40 年，亨森在抵达美国之后停止了关于“空中蒸汽马车”的一切研究。但“空中蒸汽马车”作为具有现代外观的“飞机”，对公众及后来的研究者产生了不可估量的影响。而在同一年，约翰·斯特林费洛制造的一架使用蒸汽动力、翼展 10 英尺、非载人单翼机实现了动力飞行。

在亨森离开后，约翰·斯特林费洛继续开展飞行试验，但仍未解决姿态控制问题。1868 年，在由刚刚成立的大不列颠航空学会（The Aeronautical Society of Great Britain）在伦敦水晶宫（The Crystal Palace）举行的第一届航空展会上，约翰·斯特林费洛展示了一架三翼飞机的模型，这架三翼飞机作为从仿鸟飞行的无动力扑翼机 / 滑翔机到有动力固定翼飞机的重要转折，对后来莱特兄弟的设计都产生了影响，虽然仍未解决飞行稳定性的问题，但这架飞机的样子已经很接近可以飞行的飞机了。

1883 年斯特林费洛去世后，他的儿子继承了衣钵，于 1886 年设计了一个带有两个螺旋桨的双翼机模型，但这个设计最终也未能成功，原因仍旧如初，不能解决飞机姿态控制和发动机功重比过低的问题。这一问题一直延续，直至莱特兄弟实现突破。

1868 年在伦敦水晶宫展示的约翰·斯特林费洛设计的三翼飞机模型

“空中蒸汽马车”已不再是一具仿鸟的机械，虽然其尾翼依然很像鸟，它作为一架“现代”单翼设计飞机，使用螺旋桨提供推力，实现了推力与升力分离。但其翼展为 46 米的巨大机翼必将导致失败，这一巨大机翼在当时是难以制造的，即便制造出来，仅自重就能带来机翼乃至机身的变形，尤其是本应当对称的机翼外形，进而影响到飞机的飞行稳定性及控制，对于一架能够在空中飞行的机器，任何的不严谨都将导致最终的失败。航空技术发展到现在，机翼加工技术的不断发展，大跨度机翼的加工已不再是难题。

虽然“空中蒸汽马车”从未飞上天空，但它和“航空运输”公司所开展的宣传，坚定并固化了人们头脑中对航空器的理解和印象，完成了从滑翔机（及仿鸟扑翼机）向有动力航空器的重要转换，是固定翼航空器“进化史”上重要的一环，是人类对“具有现代外形的飞机”所做的最早研究之一。

在见证了诸多重于空气航空器尝试动力飞行失败案例后，仍不断有后来者进行尝试，有的甚至已经接近成功，如法国海军军官菲利克斯·杜·坦普尔（Félix Ou Templedela Croix）和俄国海军军官亚历山大·佛利多维奇·莫扎伊斯基（Alexander Fedorovich Mozhaysky）。

杜·坦普尔在 1857 年制作了成功飞行的模型，在 1874 年又用铝制造了模型的全尺寸版本——翼展 13 米、质量为 80 千克的杜·坦普尔单翼机（Du Temple Monoplane），并在 1874 年实现了“跳跃”飞行，即滑跑一段距离后滑翔一小段距离，这次飞行是“跳跃”滑翔而不是持续动力飞行。

10 年后的 1884 年，俄国海军军官莫扎伊斯基，利用自己制造的蒸汽动力飞机，在圣彼得堡附近的一个村庄从一个斜坡上向下滑跑起飞，完成了约 80 英尺的离地飞行。因为难以证明是依靠蒸汽机的动力而不是飞机向下滑跑的动力使得这架飞机离地，而且这次飞行并非持续飞行且不可控，因此不能算作成功的载人飞行，充其量算作载人“跳跃 / 滑越”飞行，但俄国人认为这是人类第一次有动力的载人飞行，莫扎伊斯基也因此被称为俄国的“飞机之父”。

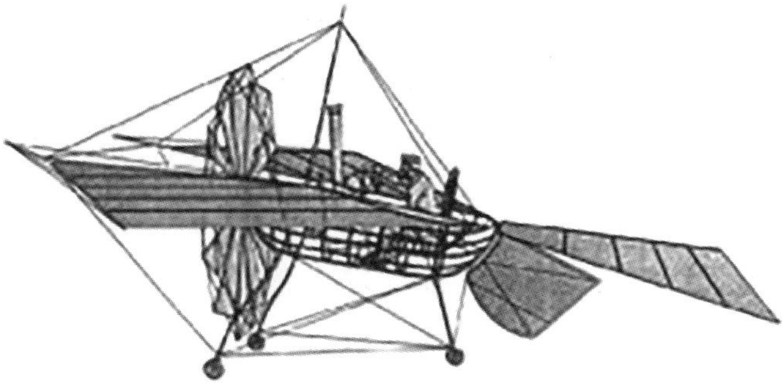

在 1878 年巴黎世界博览会（Exposition Universelle—1878）上展示的杜 · 坦普尔单翼机

1884 年成功飞行 34 米的莫扎伊斯基单翼机

三、第一艘可操纵软式飞艇——吉法德

1852 年之前，人们已经能够乘坐氢气球或者热气球升空，然而却不能自主控制气球的飞行方向。先驱们纷纷进行动力控制的尝试，如同亨森的发明，亨利 · 吉法德

（Henri Giffard）所做出的贡献在于制造了世界上第一架由动力驱动的飞艇，结束了无动力飘行的时代，更胜一筹的是这艘飞艇实现了可控飞行。

亨利·吉法德（1825—1882 年）

亨利·吉法德，全名巴普蒂斯特·朱尔斯·亨利·雅克·吉法德（Baptiste Jules Henri Jacques Giffard），法国发明家，1825 年出生在巴黎，1850 年前后开始着手研制能够转向的气球，1852 年在其 27 岁的时候，制造了世界上首架有动力的可控载人飞艇“Giffard dirigeable balloons”，“dirigeable”是当时飞艇的法语名字，这一词的原意是“可控制方向的”。最初的轻于空气的航空器飞起来以后落在哪里不可控，而吉法德的航空器是可控的。由此得到了“Giffard dirigeable”之名，“dirigeable”后来被简化成现在英语中的“dirigible”，它的意思是“飞船/艇”，这也是英文“飞艇”一词的由来。

这艘飞艇有 144 英尺长，一人驾驶，容积约为 300 米^3，中间充满了可燃的氢气。大家也许觉得不可思议，因为这太危险了，然而事实就是如此。最初的浮空航空器（主要是气球）大量使用可燃气体（主要是氢气、煤气（含甲烷））进行填充以提供浮力，主要的考虑还是热空气所提供的浮力有限。就像第一章中分析的那样，热气填充会导致气球体积过大。为什么不使用更加安全的不可燃氦气填充呢，是因为氦气在 1907 年才被发现且制备成本极高，直至 1920 年氦气才在美国第一次用于飞艇。在 1937“兴登堡”号空难发生后，世界范围内开始规定不可使用可燃易爆气体作为填充，然而为时已晚，那时飞机作为航空器已经全面崛起了，这是后话了。

吉法德当然也考虑到了氢气的特点，为了防止易爆的氢气飞艇发生爆炸，吉法德对蒸汽机进行了改装，改装了蒸汽机的排气口使其向下，将燃烧后的高温气体与水蒸气混合后，一起向下排出，以避免任何火星引燃飞艇。

对于吉法德的飞艇，更重要的特点是它第一次由一台 3 马力蒸汽机驱动三叶螺旋桨提供推力，并且布置了一块像船帆一样的三角形布（类似于方向舵，只是当时还没有这一称呼）进行控制，飞行速度在 5 ~ 9 千米 / 时左右，这一速度略快于人的步行速度，如果空中有 2 米 / 秒左右的逆风，那飞艇只能原地停留了。主要原因还是蒸汽机的功重比实在太低，这也是当时极少实现可控动力飞行的现实因素，在内燃机出现后，飞艇的速度大幅提升，在现代动力的帮助下，飞艇的速度已经超过 100 千米 / 时。

吉法德可控载人飞艇

吉法德飞艇尾部（右侧）的三角形布（方向舵），在吊篮中的人通过绳索进行操作。发动机也位于飞艇下方的吊篮中，飞艇上安装有锚，这艘雪茄形状的航空器有明显的船的外形痕迹，可见飞艇最初的设计有很多来自船舶的理念，因此在当时也被叫作吉法德“飞行船”（Giffard Airship）。

9 月人 24 日，吉法德驾驶着飞艇完成了人类第一次有动力载人“可操纵飞行”，虽然发动机动力仅 3 马力，这足以证明动力飞行是可行的，相比莱特兄弟的“驾驶重于空气的动力载人受控飞行”，吉法德所获得的成就也毫不逊色，并且早了半个世纪，真正的飞艇问世了！

吉法德飞艇配备了蒸汽动力和方向舵，原计划是在起飞地着陆，然而当天有风，且没有足够强大的发动机以允许飞艇逆风飞来回，实际的结果是吉法德从巴黎赛马场起飞后，飞行了 3 小时、27 千米，在特拉普斯（Trappes）附近的艾蓝古（Elancourt）降落。

在这之后，吉法德试图建造另外一艘飞艇和一系列更大的气球。1855 年，吉法德制造了第二艘飞艇，但由于不能稳定控制导致在第一次试飞的时候损毁了。直至 1872 年，都没能有后来者在吉法德的基础上，成功地制造出类似尺寸的飞艇。

此外，吉法德在 1858 年 5 月获取了一项专利——蒸汽机注射器①（steam injector），1859 年吉法德被法国科学院授予“Montyon”奖（后来苏伊士运河的总设计师也获得该奖），并在 1863 年受封为法国“荣誉军团骑士”。

法国“荣誉军团骑士勋章②

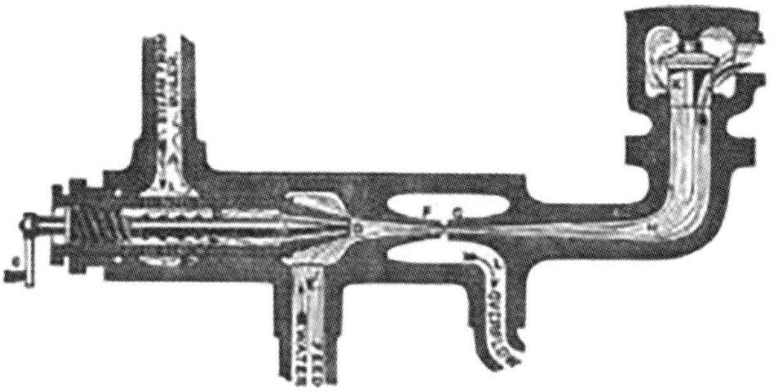

吉法德在 1858 年申请的蒸汽机注射器专利

在后期，吉法德依靠专利的收益，又制造了巨大的气球，并在 1878 年的巴黎世界博览会上展出，这架气球体积达到 26 000 米^3，一次能够搭载 40 人升空到 500 米高度，因为体积庞大，这架气球被多股绳索拴在地面上，并安装有巨大的绞盘帮助拖曳气球以落地。

这一巨大的航空器在当时引起了轰动。从来没有如此多的人从“鸟”的视角看世界，在两个月的时间里，大约有 35 000 人坐他的系留气球旅行过。吉法德的热气球飞行是航空上的一次无与伦比的宣传，可以从图片中感受到这个巨大气球的震撼。

吉法德的热气球比他的飞艇有更加重大的现实意义。飞艇实现了受控动力飞行，在欧洲行业内是标志性的事件；而巨大的热气球在世界博览会上的展示，在全世界范围引起了轰动，极大地激发了公众对航空的热情。

---

① 一种精巧的机构，将水注入蒸汽机内部锅炉以防止蒸汽机的水烧干。

② 法国最高级别的荣誉勋章，分多个等级，由国王颁发，授予在军事和民事领域做出突出贡献的人。

1878 年，正在组装的吉法德热气球（摄于巴黎旧王宫杜伊勒里宫）

1882 年吉法德因为眼疾而自杀，并捐出了所有财产用以人道主义和科学研究，作为对法国做出最重要贡献的 72 人之一，吉法德的名字被刻在埃菲尔铁塔上。

装满激动人群的吉法德热气球准备升空

无动力的巨大热气球需要上百个工人和绞盘进行操作
（从图中可以感受到巨大的尺寸）

1878 年在巴黎上空飞行的吉法德热气球

由巨大的绞盘控制热气球返回地面

吉法德热气球从空中拍摄巴黎的照片资料极大地影响了公众，激发了航空热潮

1878 年巴黎世界博览会上吉法德的热气球纪念牌
（从左图中能够看出气球被栓在杜伊勒里宫广场的地面上）

需要指出的是，在两年之后的 1884 年 8 月 9 日，法国人查尔斯·雷纳德（Charles Renard）和亚瑟·康斯坦丁·克雷布斯（Arthur Constantin Krebs）在法国军方的支持下，实现了完全自主控制的载人飞艇“法兰西”号（La France）首飞，一艘 52 米长、1900 米^{3}的可控飞艇，由 435 千克电池提供动力，算是实现了吉法德的夙愿。

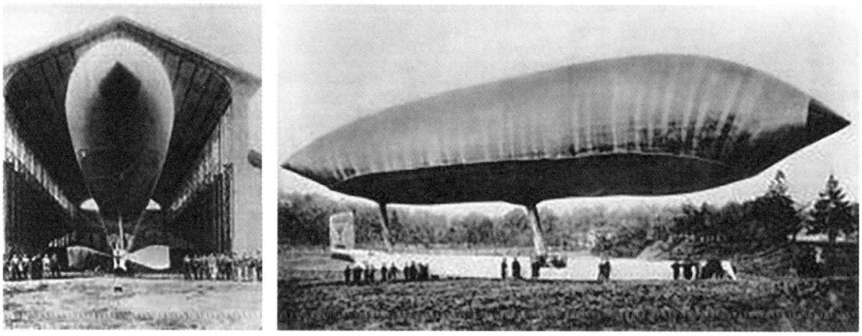

“法兰西”号电动飞艇（尾部对称的两片是巨大的螺旋桨，1884 年首飞）

四、大不列颠航空学会对飞机出现的作用

19 世纪初期，人类的航空活动取得了一些进展。1783 年 11 月，法国孟戈菲兄弟成功实现了人类历史上首次载人飞行，其利用的工具是热气球，而后一系列不同形式

的浮空飞行接连由法国人率先突破，使法国产生了利用“浮空”原理实现飞行梦想才是正道的舆论。当时在法国形成一个浮空器试制、飞行和使用的热潮。而法国作为欧洲的核心国家之一，它的航空研究取向很大程度上影响着整个欧洲科学界的看法，甚至整个欧洲社会都相信对于未来航空器的重点发展方向是在轻于空气的航空器领域，研制重于空气航空器的活动受到了冷落。在相当长一段时间里许多人认为重于空气航空器是不可能研制成功的。直至19世纪初，英国凯利爵士的滑翔机成功飞行及他在《尼克尔森自然哲学》期刊发表的《空气动力学导论》一文，才打破了这个僵局，凯利爵士在试验和理论上都向公众展示了重于空气航空器的飞行是能够实现的。在他之后亨森对“空中蒸汽马车”的广泛宣传，在一定程度上产生了纠偏作用，使英国在19世纪中叶成为重于空气航空器研究的中心。

虽然当时无数的先驱夜以继日地努力工作，并取得了令人瞩目的成就，但是航空仍旧是一门非主流的冷科学，学术圈并未接受航空。如今的航空作为一门学科，其理论的基础和发展已成体系。但在19世纪初期却远非如此，技术的可信度和可重复性并不强，基础理论及试验的开展处于各自为战的状态，经验的传承与扩散亟待解决，需要一个机制、一个组织来开展同行之间的技术交流、评估、成果分享等一系列活动，进而形成航空研究的氛围和载体。到19世纪中期，随着航空领域研究人员的增多，解决从分散的、自发的，转变到系统的、有组织的开展航空研究这一问题，显得日益突出。实际上，凯利爵士生前多次希望在英国成立一个研究团体，发挥集体的力量，但一直没有实现。1852年，法国人吉法德实现了第一艘动力可控载人飞艇飞行，同年法国科学学会成立于巴黎，作为老冤家的英国方面仍无动作，这一现状一直持续到1866年。

1866年1月12日，大不列颠航空学会在英国成立，这是世界上最早的专业航空学术组织。这一组织在1905年更名，就是现在赫赫有名的英国皇家航空学会（Royal Aeronautical Society，RAeS），至今成立已超150年的RAeS仍旧是世界上研究水平最高的航空学术组织之一。它的成立，对19世纪欧洲航空的发展影响很大，对使用重于空气的航空器实现载人动力飞行有着十分重要的意义。

RAeS创始人有5位，第一年年末有65位成员，第二年年末有91位成员，第三年有106位成员，发展十分迅速。在学会成立的初期，每年都会举行报告会。在成立的第一年，创始人弗朗西斯·赫伯特·韦纳姆（Francis Herbert Wenham）发表了名为《较重物体在空气中持续运动与机理研究》的论文，该论文是基于韦纳姆长期对鸟类的研究得出的，他发现“飞得快的鸟拥有短而窄的翅膀，飞得慢的鸟的翅膀长而宽”。这实际上就是现代机翼不同展弦比的特点，虽然韦纳姆的论文并未有详细的理论分析，过程也缺乏具体数据支持，但这种经验结论在研究的初期依旧起了很大的作用。当时韦纳姆无法解释这一现象，但是他所认为的大展弦比（宽而长）机翼有利于实现重于空气航空器动力飞行的观点被接受并实践，对后续他人的试验活动提供了帮助。

学会成立后的第三年（1868 年），在伦敦水晶宫举办了一次航展，总计有约 80 件各式航空器及相关展品，约 15 种发动机、60 多种扑翼机、2 种固定翼飞机等模型。前文中斯特林费洛设计的三翼飞机模型也正是在这次展览中大放异彩的。

但从展品的类别和数量上来看，当时环境下航空的发展水平还很低，发展方向依旧倾向于原始的扑翼机。在第三期年报中斯特林费洛和韦纳姆认为，螺旋桨是最优的驱动方式，但遭到了激烈的反对，仍有大量认为扑翼是最好驱动方式的观点，由此也可见改变人们固有观点的难度之大。但好在 RAeS 已经成立，争辩有助于人们更清楚地识别正确道路，从这一角度来看，RAeS 所起到的作用更是难以估量。

还有一件事值得一提，就是 1870—1871 年韦纳姆在 RAeS 的赞助下建造了一座风洞，而这是人类历史上第一座风洞。

风洞（wind tunnel）：在按一定要求设计的管道内，产生可控的人工气流，供空气动力学试验的设施。风洞是空气动力学研究和试验中最广泛使用的工具，主要用于研究空气动力学的基本规律，为各种航空器的研制服务。通过风洞试验确定航空器的气动布局，评估其基本气动性能。风洞中的被试模型一般是不动的，使均匀的气流流过模型，通过测力天平测量模型上的空气动力及其绕模型的流动参数。根据相对性原理，该结果与模型在静止流体中做等速直线运动时的结果相同。在风洞试验时，气流的速度、密度和温度等参数可以变化；模型的姿态角，如迎角、侧滑角等可以变化。现代风洞按速度范围可分为低速风洞、亚声速风洞、跨声速风洞、超声速风洞、高超声速风洞等；按工作方式可分为连续式风洞和间歇式风洞；按结构形式可分为直流式、回流式和半回流式；按用途可分为常规式和特种风洞，特种风洞包括尾旋风洞、结冰风洞、自由飞风洞等。

五、阿德尔和他的“蝙蝠”飞机

克莱门特·阿德尔（Clement Ader），19 世纪法国著名发明家，法国航空先驱，被誉为法国航空之父，主要成就是驾驶重于空气的航空器完成载人动力飞行。他的飞机与前文中杜·坦普尔和莫扎伊斯基的飞机类似，使用蒸汽动力，能够飞行一小段距离。虽然法国人坚持认为来自法国的阿德尔是第一个实现可控载人动力飞行的人，但事实上阿德尔的飞行与莱特兄弟的飞行有着本质的区别，阿德尔的飞机是不可操控的。

对于阿德尔来说，更加令人记忆深刻的是他的两架另类的航空器，阿德尔“风神”（Ader Eole）和阿德尔“航空”Ⅲ型（Ader Avion Ⅲ）。这是 19 世纪在仿生飞行上的最高成就，他的飞机就像一只巨大的蝙蝠。此外，阿德尔在电气方面也颇有建树，他在亚历山大·格拉汉姆·贝尔（Alexander Graham Bell）发明的电话的基础上进行了改进，并在 1880 年为巴黎建设了首个电话网络。在 1881 年将巴黎一部歌剧演出进行了立体声传播，距离超过 3 千米。

克莱门特·阿德尔（1841—1925 年）
（被誉为“法国航空之父”）

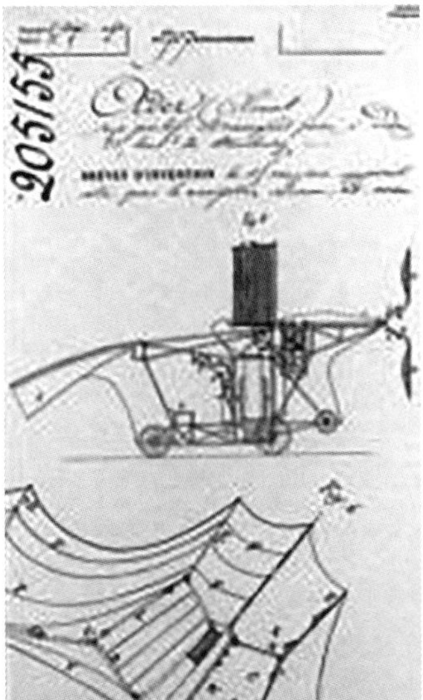

阿德尔“风神”专利示意图
（可见结构和操作的复杂性）

阿德尔对航空的兴趣被认为始于 1870 年，因为在那一年他自费建造了一个气球，在这之后他花费了相当长的时间和资金研究飞行，直到他的生命终结。1876 年，阿德尔辞去了法国桥梁与公路管理局的工作，他需要赚更多的钱和时间来实践他的爱好。在对飞行的研究过程中，以往的经验与航空几乎没有任何联系，阿德尔属于自学成才。他很大程度上借鉴了另外一位法国人路易斯·皮埃尔·米勒德（Louis Pierre Mouillard）的研究成果，此人是一名艺术家兼发明家，主要的研究方向是机械飞行，他的工作基于其早期在开罗和阿尔及利亚开展的鸟类研究。米勒德仿鸟航空器成为阿德尔研究的基础，在阿德尔早期不成熟的航空器上四处可见鸟类的影子，机翼上甚至贴满了鸟类的羽毛，阿德尔受米勒德影响颇深。

直到 1886 年，阿德尔制作了他的第一架成功的航空器，名为“风神”。这是一架单翼机，长约 6.5 米，翼展约 14 米，总重量约 300 千克，前端安装有一副被煞费苦心制作成鸟类羽毛形状的竹制四叶螺旋桨，机身下装有 4 个轮子，用于在导轨上滑跑起飞。这架航空器的动力是一台功率为 15 千瓦（20 马力）的 4 缸轻型蒸汽机，用酒精做燃料，发动机功重比约 4 千克 / 千瓦，这台蒸汽机也是阿德尔自己设计并制造的。阿德尔的“风神”号与之前那些不成功的设计相比有着明显的区别，他将模仿的对象转向蝙蝠，拥有翘曲机翼的“风神”号上不再有羽毛。这是阿德尔取得飞行成功的重要原因，将工作注意力集中在轻量化的动力装置和飞机本身结构的优化设计上，而不是依靠早期研究者认为拥有神奇作用的“羽毛”，更加有助于飞机飞离地面。

飞行中的蝙蝠

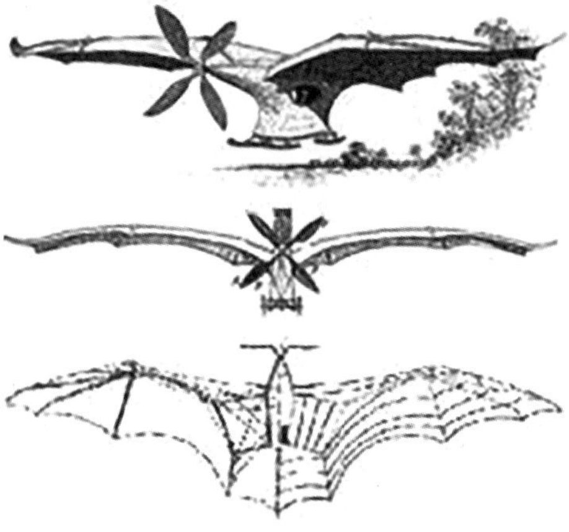

阿德尔“风神”号单翼机

（可以清晰地看到航空器的外形参考了蝙蝠）

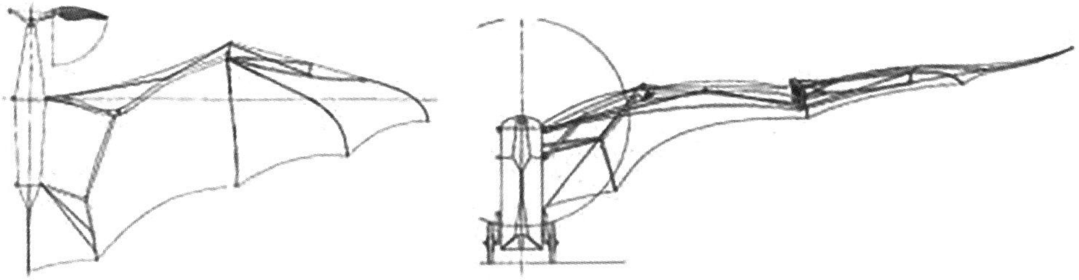

“风神”号机翼的正视图和侧视图（机翼框架的布置方式与蝙蝠翅膀几乎完全一致）

1890年10月，在巴黎西南方郊区他朋友庄园的空地上，阿德尔进行了载人动力飞行，飞行距离约50米，飞行高度约20厘米，这次飞行被证实。也正因此很多法国人认为阿德尔才是最早的飞机发明者。但这次“飞行”只能算是一次大跳跃，因为飞行不持续且不可控。首先，蒸汽机动力小、重量大，并不适合为持续飞行提供动力，阿德尔需要更好的汽油发动机（简称汽油机，这时已经被发明出来了。后文有详述）；其次，“风神”号没有独立的升降舵和方向舵，尽管通过飞行员在船身形舱室中通过手轮和脚踏板等操作机构，控制两边机翼的摆动、翘曲、升高或降低机翼位置，希望以此调整飞行的姿态，但它的飞行仍旧不可控。实际上，阿德尔在对飞机的操控上已经很接近成功了，后来的莱特兄弟也是通过拉动绳索改变机翼形状进而控制飞行的。

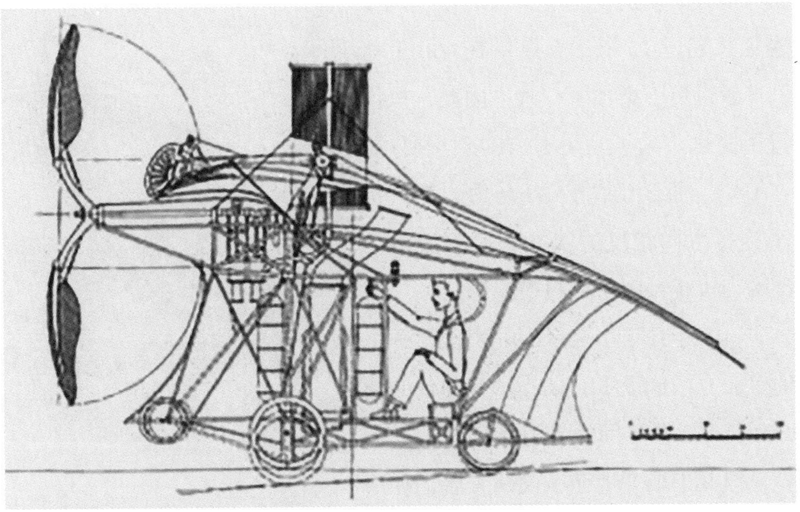

“风神”号的剖面图（可以看到一名操作员在机身内控制螺旋桨和蒸汽机）

客观地讲，尽管这次飞行不属于第一次驾驶重于空气的有动力航空器实现持续可控飞行，但足以证明人类能够实现搭载重于空气的航空器实现飞行梦想。

此外，由于“风神”号是阿德尔“航空”Ⅰ型（Ader Avion Ⅰ），所以这次飞行还成功地在法语中增加了“avion”这个新词。该词从拉丁语中“avis”（bird，鸟）演化而来，特指重于空气的动力飞机。实际上，我们现在所说的“航空”（aviation）一词也是由此而来，英语中的“aviation”就是由“avis”加后缀“ation”组成的，阿德尔的“风神”号不仅创造了载人动力飞行的历史，还间接创造了“aviation一词，值得被铭记。

阿德尔并未停歇，他开始制造阿德尔“航空”Ⅱ型，对于这架航空器没有非常确切的记载。很多文献还倾向于他并未完成这架飞机，虽然阿德尔声称在1892年8月，在巴黎附近成功地飞行了100米，但缺乏足够的证据。

阿德尔的工作很快引起了法国军方的注意，军方意识到这种空中机械在军事上用于侦察和轰炸的潜力，在时任法国战争部部长查尔斯·德·弗雷西内（Charles de Freycinet）的支持下（具体由法国战争办公室（French War Office）提供资金），阿德尔开始了新的工作。

全新的飞机被命名为阿德尔“航空”Ⅲ型，在整体布局上与“风神”号基本一致，依旧是仿蝙蝠外形的单翼飞机，机翼使用紧密编织的亚麻布和木材制成，尽管如此机翼依旧透风，机身结构上使用了少量的钢、铜和铝，翼展延长超过15米，总重量在400千克左右，机身后机翼下增加了一片方向舵，操作机构进行了简化。为了满足军方的载重要求，阿德尔“航空”Ⅲ型由两台30马力的蒸汽机驱动两个旋转方向相反的四叶螺旋桨提供动力，这型发动机也由阿德尔自己研制。

“蝙蝠状的阿德尔“航空”Ⅲ型在驱动效率、平衡性、操控性等方面都存在不足

1897年10月12日，在凡尔赛附近一个陆军基地里，专门铺设了一条为试验制备的圆形轨道，阿德尔“航空Ⅲ型在这条轨道上进行滑行试验，但并未离开地面。仅两天后，在法国军方代表的注视下，阿德尔的飞行尝试开始

了。飞机选择在顺风时滑跑起飞，就在轮子刚刚离开地面的时候，一阵突风使得机身发生倾斜，还没来得及调整机翼就触地了，试验宣告失败。由于飞机严重受损，短期内修复无望，在这之后法国军方停止了投资。由于法国军方出资，尽管项目失败也要求保密，直至 1910 年 11 月，该项目才对外披露。

该项目披露时间较晚，没有更多关于阿德尔所开展试验的详细数据记录，我们无从判断这架飞机真实的技术状态，但机翼漏风、机身过大、发动机过于笨重等环节存在诸多缺陷是不争的事实。在军方撤资后，失去了资金支持的阿德尔“航空”Ⅲ型从此淹没在航空史的长河中，失去了创造人类飞行史的机会。后来，阿德尔宣称自己修复了阿德尔“航空”Ⅲ型，并成功飞行了 328 英尺，且有两个见证人，但法国军方也未提供任何支持。

展示中的阿德尔“航空”Ⅲ型飞机

阿德尔为航空业做出的贡献最终还是获得了法国公众的认可，他作为航空业的杰出代表在后来受封为法国荣誉军团骑士（跟他同一批获封的还有汽车工业的代表“雪铁龙”），1938 年法国邮政部门为他发行了纪念邮票。至于阿德尔“航空”Ⅲ型飞机，后来则被收藏在巴黎艺术和工艺博物馆内并占据了醒目的位置。

此外，阿德尔在 1909 年出版了《军事航空》（L-Aviation Militaire）一书，他在书中预言了空中力量和航空母舰的重要作用，甚至描述了航母上的“舰岛、机库、升降机”，这本书对于军事航空的发展产生了深远的影响，被译为多种语言，仅在第一次世界大战前 5 年内就被再版印刷 10 次。

位于巴黎艺术与工艺博物馆中的阿德尔“航空”Ⅲ型（摄于 1895 年）

巨大的像鸟类羽毛一样的螺旋桨叶片（摄于 1897 年）

在这本书中阿德尔写道：“一艘载有飞机的船是不可或缺的，这种船的用途将与以往的有着显著的不同，甲板上的所有障碍物都需要清除掉，甲板非常平整并且尽可能地宽，看起来像是一个飞机着陆场。”实际上仅一年之后，在美国飞机就实现了第一次舰上起降。

阿德尔是一个天才，由电气转向航空领域跨度之大并取得了辉煌成就令人折服，而晚年所出版著作的前瞻性体现出他对航空的理解之深，在当时的条件下阿德尔工作已接近极致。尽管后期有人质疑他为了声誉谎称自己的阿德尔“航空”Ⅲ型完成了飞行，但这些已无关紧要，他是人类航空发展过程中重要的一环，他向世人证明了载人动力飞行是可实现的，这已足够。

六、《鸟类飞行——航空的基础》——奥托·李林达尔的滑翔机

尽管乔治·凯利实现了滑翔机载人飞行，但还是相当粗糙的，其主要成就在于奠定了现代固定翼飞机的理论基础。而“滑翔机之父”（Glider King）则是由德国人奥托·李林达尔（Otto Lilienthal）佩享。因为 19 世纪中后期，当形形色色的飞机设计方案都因缺乏理想的发动机而上天无路的时候，正是这名德国航空先驱，迈出了人类在重于空气的航空器上飞行的重要一步。

奥托·李林达尔（1848—1896 年）

1891 年，在德国开展滑翔飞行的实拍照片

1848 年，奥托·李林达尔出生于德意志王国普鲁士（那一年乔治·凯利 75 岁）。在他 13 岁的时候，就对飞行产生了浓厚的兴趣，很可能得益于当时社会对自然科学的探索热潮，他和他兄弟将自己制作的机翼（翅膀）绑在手臂上，试图飞起来。

李林达尔 18 岁（1866 年）时，开始设计并使用旋臂机，开展空气动力学与飞行力学领域试验研究。

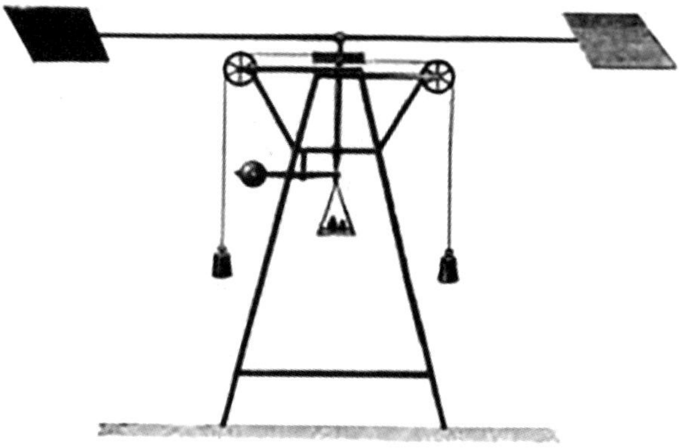

李林达尔利用这种旋臂机来测量升力的大小

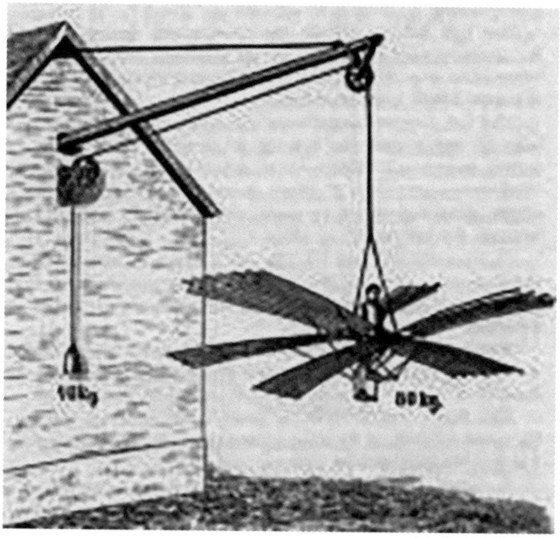

1869 年，早期的李林达尔利用“巨型天平”测试自己的扑翼机

李林达尔 22 岁（1870 年）时获得了当时柏林皇家商学院（现柏林科技大学）的机械工程学位，他是 19 世纪唯一拥有大学学位的航空飞行先驱。

33 岁（1881 年）时，他开办了一家生产自己设计的锅炉 / 蒸汽机工厂并取得了成功，依靠工厂的收入开展航空试验。

41 岁（1889 年）时，李林达尔出版了其撰写的名为《鸟类飞行—航空的基础》（Der Vogelflug als Grundlage der Fliegekunst，英文名为 Birdflight as the Basis of Aviation）一书，其中的主要内容是所开展飞行试验的结果与分析。这本书对 19 世纪的空气动力学做出了当时最清晰、最详尽、最实用的阐述，为后来航空器技术的发展指明了道路。

在后期，李林达尔滑翔机试验大多在其自建的试飞“山”上进行。1894 年其自费 3000 马克巨款，用碎石堆砌而成的试飞“山”，约 15 米高，他在这里开展了大量的试飞。

也是在这一时期，他对滑翔机进行了多次改进，在机翼翼展、面积、结构、弯度等方面均有提升，但限于人力操控，其尺寸仍旧小巧，翼展在 7 米左右，重量在 20 千克左右。

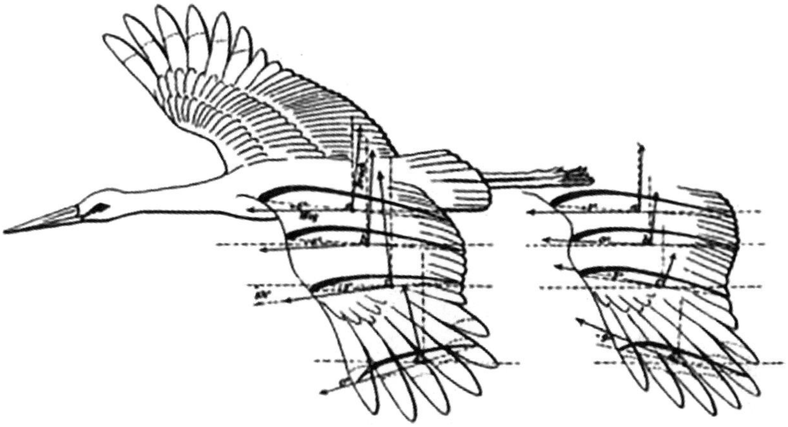

1889 年发表在《鸟类飞行—航空的基础》上的白鹤飞行受力插图

1894 年 8 月，李林达尔试验他的扑翼机

李林达尔的飞行试验（拍摄于 1895 年）（大部分都是他独自一人进行试验）

经过了千百次的试验，李林达尔操纵其滑翔机的技术已经十分纯熟，李林达尔还为其滑翔机申请了专利，起初一架售价为 300 马克。到了 1895 年，改进型已经卖到了 500 马克。值得一提的是，其中一架卖给了尼古拉·叶戈罗维奇·茹科夫斯基（Nikolay Yegorovich Zhukovsky），此人被列宁称为“俄罗斯航空之父”（今俄罗斯中央空气流体动力学研究院的创始人，首任院长）。

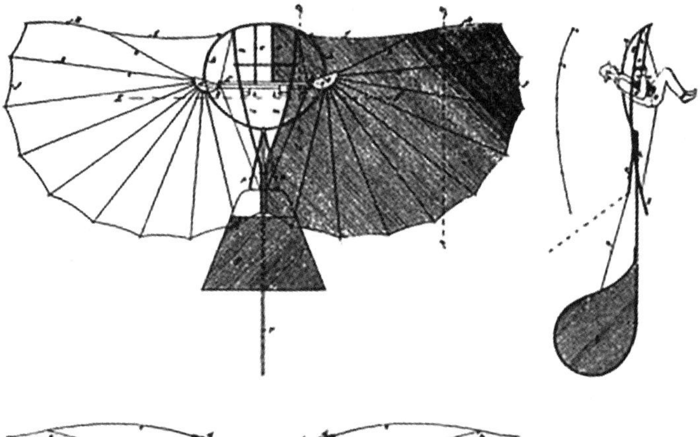

申请专利的滑翔机示意图（1894 年和 1895 年分别获得英国和美国批准专利）

李林达尔一生 2000 多次飞行试验中绝大部分都非常成功，除了带他见上帝的最后一次。1896 年 8 月 12 日，奥托·李林达尔在进行当天第四次飞行试验时，飞机突然掉头向下，连人带机从约 49 英尺高度坠落受重伤（第三脊椎骨骨折并昏迷），36 小时后不幸离世。

为了分析这起事故的原因，这里不得不提到李林达尔使用的滑翔机。尽管前期李林达尔对滑翔机做了诸多改进，但唯一没有改进的是操作方式。其依然靠调整悬挂在机翼下的身体进行操作。说白了，调整飞机重心依靠的是改变飞行员身体的姿态和位置，这极大限制了对滑翔机在特殊条件下的控制能力。根据当时的记载，当天气温 68 ℉[①]，风速 7 英里 / 时，在其跳跃起飞、滑翔后不久，飞机突然停滞（漂浮）在空中，紧接着滑翔机垂直下坠。根据后人的分析，这很可能是在滑翔中遇到了垂直突风（上升气旋），其滑翔机被风托举在了空中，借助调整身体（主要是腿）来调整飞机的重心对改变飞行姿态几乎没有作用。突风消失后，飞机相对远方空气来流几乎静止，飞机进入失速状态，加之高度太低，已没有足够的时间改出失速状态，飞机坠落，一代航空先驱英年早逝。

突风（gust，又称阵风）：短时间内风速发生急剧变化的风。由于空气运动的不稳定性，风速时大时小，突风响应是影响飞机飞行品质的重要因素。日常所指的突风是瞬间最大风速，如气象台预报风力 4 ~ 5 级，突风 6 级，即指平均风力为 4 ~ 5 级，而最大瞬间风力可达到 6 级。

失速（stall）：当迎角达到临界迎角时，升力系数达到最大值。若迎角进一步增加，则升力不但不再增大反而会迅速下降，这种现象称为失速。发生失速的原因是迎角增大到一定程度时，气流在上翼面产生严重分离，由此引起升力减小，阻力增大；同时由于机翼上压强分布改变，使俯仰平衡遭到破坏，又因分离的气流不稳定，周期性地脱出分离涡，从而引起机体、舵面、尾翼等振动。如果安定面处于分离流中，则安定面效率降低。这时，飞机有自转的可能，甚至进入尾旋这一危险状态。影响飞机失速的主要因素有：机翼的剖面形状及平面形状。延缓失速的方法通常采用前后缘襟翼、前缘缝翼和边界层吹吸等。

尽管李林达尔并不是第一个使用滑翔机实现载人飞行的人，他依旧被称为“滑翔机之父”“试飞员先驱”。这是因为相比更早的先驱们制造的滑翔机及进行的飞行试

---

① t_F（℉）=32+1. 8t（℃）。

验，李林达尔使用了更加科学严谨的方式，利用自己建造的地面旋转臂等设备，分析研究机翼形状、各种控制面的原理，分析鸟类的飞行，制造了扑翼机。在经过了大量的地面及理论研究后，他研制成功了可以反复使用的滑翔机，利用滑翔机开展了大量飞行试验并做了非常详细的记录，这些试飞及数据为后来的研究者提供了宝贵的经验。更重要的是，刊登在当时的报纸和杂志上的李林达尔成功滑翔飞行的照片，极大地增强了当时的公众和科学界的信心，“让一部机器飞翔在天空”这种以前想都不敢想的事，看起来还是很有可能实现的。

从理论研究的角度讲，李林达尔最大的贡献是用空气动力学试验证明了在平直机翼上采用带弯度翼型的优越性，其开展的 2000 多次飞行以及大量的地面试验所记载的数据，为后来研究者指明了道路。

威尔伯·莱特在 1912 年 9 月《美国航空俱乐部公报》中对李林达尔给予了极高的评价：“在 19 世纪所有致力于攻克飞行问题的人中，毫无疑问奥托·李林达尔最为关键，他在各个具体问题上都表现非凡，没人能够像他那样义无反顾、乐此不疲，没人比他更全面、更渴望理解飞行原理，没人能像他一样令全世界都相信带有弯度的翼型具有优势并奔走相告，没人比他在户外进行过更多的飞行试验，同时期的科学家无人能与他比肩齐名！”正因如此，李林达尔也被公认为是全世界试飞员先驱。他的一句名言是：“设计一架飞机算不了什么，制造出来也没有什么了不起，而让一架飞机飞起来才艰难无比。”

李林达尔驾驶他的双翼滑翔机“飞行”时的照片

七、《空气动力学试验》——航空先驱塞缪尔·兰利的探索

19 世纪欧洲大陆上的航空先驱们开展了各种尝试，有些已经实现了航空器的离地飞行。尽管那些飞行跌跌撞撞并不轻松，但他们的故事、经验、论文流传甚广，已经形成了航空技术发展的一股潮流，推动着世界范围内航空探索中前行。在大西洋的彼岸，一位美国人为航空技术的发展做出了重要的贡献，并十分接近成功，只是运气略差而已，他就是美国著名的航空科学家塞缪尔·皮尔庞特·兰利（Samuel Pierpont Langley）。

塞缪尔·皮尔庞特·兰利（1834—1906 年，美国最著名的航空科学家之一，美国航空航天局的兰利中心、美国第一艘航空母舰、兰利空军基地及热辐射强度的单位都以他的名字命名）

兰利的前半生以天文学领域的卓越研究而著称，航空是他后半生才开始涉及的。1834 年，兰利出生于马萨诸塞州的罗克斯伯里（Roxbury），很小就表现出了对天文学的兴趣，和他兄弟一起制作过一些天文观测仪器，但他并未接受过高等教育，在波士顿高中毕业后，曾经在圣路易斯和芝加哥从事过很长一段时间（约 12 年）的建筑业的工作，掌握了很多机械和手绘技巧，在返回马萨诸塞州后与他兄弟会合，重新开展他们擅长的天文望远镜镜片制作工作，但这不能满足兰利的求知欲望，短暂停留后

便又离开了。他花费了几年的时间在欧洲的博物馆四处参观学习，自学成才后回国担任美国哈佛大学天文学助教。一年之后，兰利离开哈佛大学担任美国海军学院数学教授，而实际上他来这里的主要工作是帮助恢复一座小型天文台的运转，自此兰利开始了职业的天文领域专业研究。1867 年，兰利成为宾夕法尼亚州阿勒格尼天文台（Allegheny Observatory）的主任和西宾夕法尼亚大学（如今的匹兹堡大学）的天文学教授，也正是在这段时间，兰利逐渐产生了对航空的兴趣。

美国首艘航空母舰——“兰利”号

哈佛大学天文台

阿勒格尼天文台内部

阅读并了解到 19 世纪欧洲的乔治·凯利、威廉·亨森、斯特林费洛所开展的工作及论文后，兰利越发地感受到飞行的魅力。1886 年，他将自己的工作重心转向了航空领域，开始系统地研究空气动力学。1887 年，兰利成为史密森研究会（Smithsonian Institution）的第三任主席。在任职期间，他仍在继续他的航空研究，他很清楚自己的目标，那就是创造出一架能够持续飞行的航空器，并且这架航空器自己拥有动力，能够搭载至少一个人并且飞行过程是可控的。兰利首先采用模型进行测试，用以研究空气动力学的基本物理规律，从科学的角度分析证明上述航空器实现飞行的可能性。

1887 年 9 月，他设计并建成一座使用蒸汽机做动力的旋臂机进行空气动力学试验。这座旋臂机是当时最大的旋臂机，能够在距离地面 8 英尺的高度上以最大 60 英尺直径进行旋转。兰利开展了长达 4 年的试验，他定量研究了鸟翼和平板在空气中运动产生升力和阻力的规律。1891 年，他把试验得出的结论写成早期航空基础理论《空气动力学试验》（Experiments in Aerodynamics）。该书是美国人第一次对空气动力学进行的系统性的描述。奠定了兰利在 19 世纪世界范围内航空领域的地位，同时也打破了欧洲人在试验空气动力学上的垄断，要知道试验数据是航空器研制的重中之重，也是早期没有试验数据支撑的飞行探索失败的根本原因。

为了防止试验结果被误读，兰利在《空气动力学试验》导论中说道："我不是在解释机械飞行的原理，而是用飞行试验验证空气动力学的假设，以证明某些条件下飞行的可行性，以说明高速移动的、比空气重的物体是能飞起来的，这不仅仅具有可能性，而且在现有技术手段下完全可以实现。"兰利认为，可以制造出一种机器，当它的倾斜平面以一定速度运动时，完全能够在空中支持比空气重得多的全部机器重量，并且能够以极高的速度飞行。

兰利坚信能够研制出能飞行的有动力飞机，这对于整个航空界（尤其是欧洲的法国）一般所认为的重于空气的航空器不可能飞行的理论无疑是大胆的挑战。兰利在

《空气动力学试验》中指出升力的规律：升力与平板面积、速度平方、迎角成正比，这实际上就是现代升力公式的三个构成要素，只不过暂缺空气密度、带弯度的“平板”因素的影响。

升力（lift，又称举力）：飞机上的空气动力合力在飞机纵向对称平面上垂直于飞行速度方向（或飞行速度方向在对称平面上的投影）的分力，向上为正。只有当飞机和空气间有相对速度时才产生升力。机翼是产生升力的主要部件。机翼产生升力的原因在于空气流过机翼上下表面且迎角为正时，上翼面的流速比下翼面的大，从而使上翼面的压力比下翼面的小，上下翼面产生的压力差形成托举机翼及飞机的升力。飞机的其他部分如机身、尾翼等也会产生部分升力。升力与$\frac{1}{2}\rho v^2 S$（其中，$\frac{1}{2}\rho v^2$是动压；ρ是飞行高度上的大气密度；v为飞行速度；S是飞机的特征面积，通常取为机翼面积）的比值，称为升力系数，以C_L表示。升力系数是一个无量纲量，它主要取决于飞机机翼的平面形状参数（如展弦比、后掠角、梢根比等）、迎角及飞行马赫数。一般通过计算、风洞试验和飞行试验来确定。由升力系数的定义可知，升力公式为：升力 = 动压 × 机翼面积 × 升力系数。

在开展旋臂机空气动力学研究的同时，他同时运用小型带橡皮筋动力的飞机模型获取经验，早期的模型是用松木做的，机翼则为纸质的，前后开展了近 100 种不同模型机型的试验，有些是单个螺旋桨，有些是两个；有些是单翼，有些是双翼；有些机翼是串列布置的，有些则是叠放的；机翼有平板的也有带弯度的。试验过程相当简朴，兰利将这些模型从阿勒格尼天文台圆顶上的窗户中抛出，观测并记录。兰利将他的飞机模型用“飞机场”（Aerodrome）命名，后来的全尺寸航空器也是用这个名字，他本意是想借用一个希腊语中的单词，用以形容空中飞行的机械，但这个词实际的意义是飞行抵达的地方，因此“Aerodrome”在现代英语中的意思是机场，之后，除兰利之外也没人使用该词指代航空器。

兰利简陋的模型试验效果并不理想。在意识到其中的问题后，兰利放弃了模型试验并开始进行有动力飞机的设计工作。与其他人一样，兰利选择了蒸汽机作为自己飞机的动力，并在 1891 年 11 月开始飞机的设计制造工作。在随后的 4 年里，兰利

兰利用于试验的串列双翼模型飞机（螺旋桨位于前翼后）

总共制造了7架类似的飞机，分别是“飞机场”0～6号，其中前4架因为过重和动力不足而不成功。比如，“飞机场”0号总重22千克，发动机功率0.7千瓦，由于功率太小而试飞失败；1～3号也类似；在总结了前4架飞机的不足并改进后研制的“飞机场”4～6号较为成功。

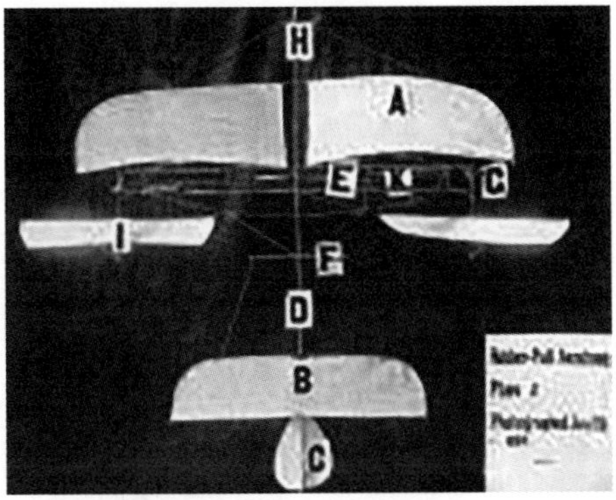

另一款单翼飞机模型（下方的小翼虽然很像现代飞机的平尾，但是不能转动，两个螺旋桨位于主翼后方）

经过了3年多的失败后，1896年5月6日，兰利在华盛顿附近的波托马克河（Potomac River）上进行了蒸汽动力无人飞机“飞机场”5号的飞行试验。5号模型两副机翼前后排列，机长约4米，翼展约4米，总重11千克，发动机功率约0.74千瓦，转速1200转/分，螺旋桨直径1.2米，模型飞机飞向空中后，成功飞行近3/4英里，飞行高度在80～100英尺，动力用尽坠落水面，取得了重大成功。这是世界历史上公认的第一次不载人重于空气的有动力飞机的持续飞行。同年11月，他的“飞机场”6号又成功飞行超过5000英尺。

至于为什么选择在水面上起飞，兰利对此的解释是：在试验阶段，飞机如果坠落在水中远比在陆地上好，因为在水上受到的损失要远小于在陆地上，而且是可修复的。兰利未提及的原因很可能是额外的起落架会增加重量，而前4个动力模型的失败恰恰是过重的原因。

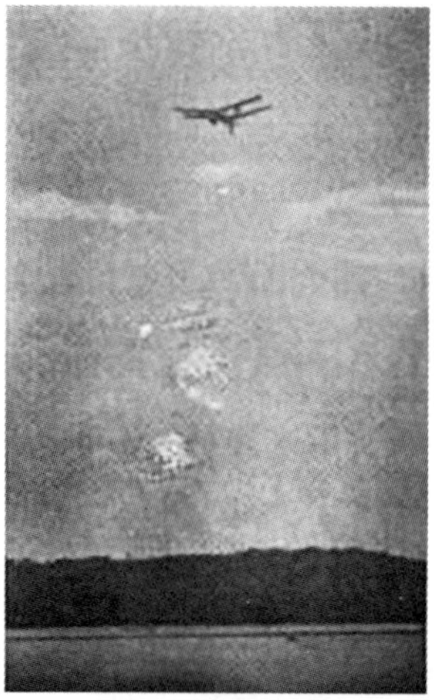

1896 年 5 月 6 日，由蒸汽机提供动力的“飞机场”5 号在波托马克河上成功飞行

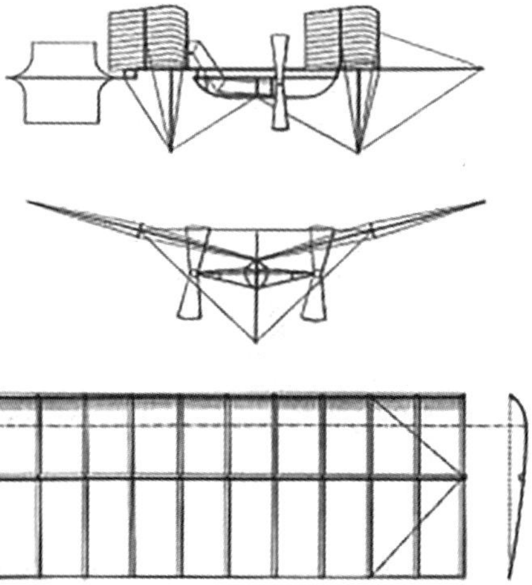

“飞机场”5 号草图（机翼具有上反角，螺旋桨位于前翼的后方，这与兰利之前的无动力模型十分相似）

“飞机场”5 号的侧视图

1896 年的“飞机场”模型机

在 1896 年之后的一段时间，兰利中断了航空研究。原因有可能是经费不足，在 1897 年 6 月写给他人的信中，他写道："如果有人能给我一笔可观的资助，5 万美元或者更多，用以开发能够进行数小时飞行的载人飞机，我想我能够制造出这种飞机。"但是从技术的角度来看，兰利已经向世界证明了重于空气的航空器在动力作用下可以进行持续飞行，这项工作似乎已经告一段落了。

直到 1898 年年初，在中断研究近一年半后，兰利获得了美国军方战争部 5 万美元以及史密森研究会 2 万美元的支持，用以建造一架真正由人驾驶的全尺寸动力飞机，兰利雇用了一名叫查尔斯 · M. 曼利（Charles M. Manly）的人作为自己的助手和飞行员。新飞机的设计源自两年前成功飞行的"飞机场"5 号，兰利计划将其等比例放大 4 倍，而这成为新飞机致命的缺陷。因为材料刚度的问题会导致飞机结构的变形，而兰利很早就意识到了这个问题，早在 1894 年"飞机场"4 号、"飞机场"5 号飞行时，兰利就注意到飞机弹射起飞的瞬间，由于空气的压力导致机翼发生了扭转和变形。

在动力方面，兰利最初委托他人为自己研制发动机，但发动机性能并不足以支持全尺寸的"飞机场"飞行，无奈之下让曼利重新设计一台，而曼利奇迹般地为兰利造出了 52.4 马力的星形汽油发动机（Manly-Balzerengine），这台发动机的重量仅为 208 磅，这在当时是一件非常了不起的事，因为后来（1901 年）为成功飞行的全尺寸"飞机场"准备的 1/4 模型上的动力仅为 1.5 马力。

在模型成功飞行的鼓舞下，兰利全尺寸载人飞行飞机在 1903 年 10 月 7 日进行首次测试，这架飞机采用金属骨架，前后串列两副机翼、一个尾翼，发动机置于两副机翼中间，两副螺旋桨，飞机机长 15.84 米，翼展 14.63 米，飞机总重 331 千克，依旧采用船上弹射方式起飞，大批观众和记者赶来观看可能成为人类第一次成功的载人可持续动力飞行。

飞机被架上了弹射器，曼利坐进了吊在机身下方的驾驶舱，发动机起动，船上的弹射装置将飞机弹出，只是飞机没有跃向空中，而是坠入水中，曼利从飞机座舱中逃了出来并未受伤。据曼利说，飞机起飞时尾部碰到了发射器导致失败。

在修复了受损的全尺寸的"飞机场"后，同年 12 月 8 日，再次开展了飞行试验，飞机弹射后前机身上仰，接近垂直状态，飞机尾翼及后翼断裂，而后飞机垂直坠入河中，曼利再次被幸运眷顾，毫发无损，但飞机严重受损。对此，兰利不认为飞机失败了，他认为问题出在发射装置上，飞机压根就没有飞上天空，另一些负责评估该项目的专家则认为是飞机尾部结构的强度不够。当时的报纸对兰利和他的飞机进行了猛烈的抨击，有的甚至嘲讽人类飞行的可行性。无论是哪种原因，政府停止了对兰利的资助，兰利的航空尝试至此结束，而就在9天后，即12月17日，莱特兄弟驾驶他们研制的“飞行者”（Flyer）首飞成功，宣告了真正意义上的飞机的诞生。

1903年10月，全尺寸的“飞机场”在波托马克河的船上准备起飞

全尺寸的“飞机场”坠河的瞬间

12月8日第二次试验，“飞机场”弹射起飞瞬间的照片（可以看到后面的机翼和尾翼已经完全断裂）

兰利仍然是伟大的航空先驱，1917年美国国家航空咨询委员会（National Advisory Committee for Aeronautics，NACA）成立的第一个实验室便命名为“兰利航空纪念实验室”，1958年美国国家航空航天局（National Aeronauticsand Space Administration，NASA）成立后改名为兰利研究中心。

兰利的一生成就斐然，在数学、天文学、物理学领域均有建树，是当时西方世界知名的科学家。1881年，他发明了测热辐射计（一种测量微量热的精密测量仪，主要用于天文观察）；1886年，由于在太阳物理方面的贡献，获得美国科学院（National Academy of Sciences）颁发的亨利·德雷珀奖（Henry Draper Medal）；1887年，成为史密森研究会的第三任主席直至终生；1890年创办了史密森天文台；1891年，出版了专著《空气动力学试验》。

为纪念兰利，史密森研究会于1908年设立了兰利奖，用于奖励在航空领域做出突出贡献的人。具有讽刺意味的是，首个兰利奖颁发给了莱特兄弟，而就在1902年，兰利得知莱特兄弟开展飞行尝试，提出拜访莱特兄弟进行交流，但被拒绝了。

兰利去世8年后的1914年，美国著名飞机设计师寇蒂斯（后文有介绍）将他的飞机打捞上来，进行了彻底的技术改进，安装了功率更大的发动机和浮筒，采用水上起飞取得成功。但可惜兰利本人未能看到这个情景，他已于1906年在南卡罗来纳州逝世，兰利离成功仅一步之遥。

八、从蒸汽机到汽油机——动力装置变革

为了理解19世纪航空没能取得最终成功的根本原因，需要重点观察一下在此期间航空动力的发展情况，本节将重点分析动力装置在19世纪的发展情况。

在更早的 18 世纪，英国格拉斯哥大学（University of Glasgow）实验室学徒詹姆斯·瓦特（James Watt），在维修纽科门蒸汽机（Newcomen engine，由托马斯·纽科门（Thomas Newcomen）1712 年发明）的过程中得到启发，在 1776 年改进发明了具有实际意义的现代蒸汽机，引发了第一次工业革命。

蒸汽机出现后的 200 多年时间里，人们一直在尝试拓展这种强大动力机器的应用，在陆地上它替代了马匹，在水上它替代了人力和风帆。直到 1843 年，它才被装到了威廉·塞缪尔·亨森的“空中蒸汽马车”上。

早期的蒸汽机实现了石化能源向机械能的转化，但是这种转化的效率非常低，最初期瓦特蒸汽机的热效率（燃料内能转化为输出功率的比例）仅 3% 左右。此外体积大、重量大，只能做简单的往复式的线性运动是其主要缺陷。在 1783 年前后装上曲轴和飞轮，经过不断的改良后，应用才得到普及，逐渐拓展至“飞行”领域，但受制于先天能量转化途径缺陷，直至 1840 年，最好的凝汽式蒸汽机热效率也仅为 8% 左右。在功率方面，民用级（不包括体积、重量更大的工业级）单机功率多在几马力，比如，吉法德飞艇上所使用的 3 马力蒸汽机，这样的动力源尚不能满足“飞行”的要求。对于动力航空器来说，使用蒸汽机的象征意义远大于实际意义，毕竟翻开了人类飞行史的全新一页，不再是“人力”飞行了。

随后日子里，人们希望用别的方式替代笨重锅炉以减轻蒸汽机的重量，从而拓展蒸汽机的应用。经多种尝试后将注意力集中在了汽缸上，甚至有人设想将炸药置于汽缸中，通过爆炸推动活塞运动。在 1807 年前后，前文提到的凯利爵士为了让自己的飞机升上蓝天，就试制了燃烧火药的内燃机，这是现代内燃机的雏形，也是航空发展对工业界引领作用的表现之一。显然填充炸药的方式并不合适，弄不好汽缸会成为“炸弹”。但这却引发了一系列通过“燃烧做功”的想法，直到发现点燃由煤气与空气组成的混合物发生燃爆后体积剧烈膨胀，推动活塞运动，这一发现非常适合内燃机汽缸的燃烧要求，自此内燃机的时代来临了。

从内燃机雏形机到现代实用汽油发动机，大致经过了近 200 年，大致可分三个阶段。分别是实用煤气机、经典四冲程理论的实现、实用汽油发动机阶段。

1858 年，定居在法国巴黎的让·J. 里诺（Jean J. Lenoir）发明了煤气发动机，并于 1860 年申请了专利，虽然这类发动机的构想在 19 世纪初期就出现了，但里诺是将其成功实现并商业化的第一人。1860—1865 年，里诺的煤气发动机生产了 5000 台左右。这时的内燃机用煤气和空气的混合气体取代往复式蒸汽机的蒸汽，用电池和感应线圈产生电火花，用电火花将混合气燃爆推动活塞运动。这种发动机的体积相较蒸汽机虽已大幅缩小，但依旧笨重不已，还不能满足航空的应用要求。

收藏在巴黎工艺与美术博物馆中的里诺煤气发动机

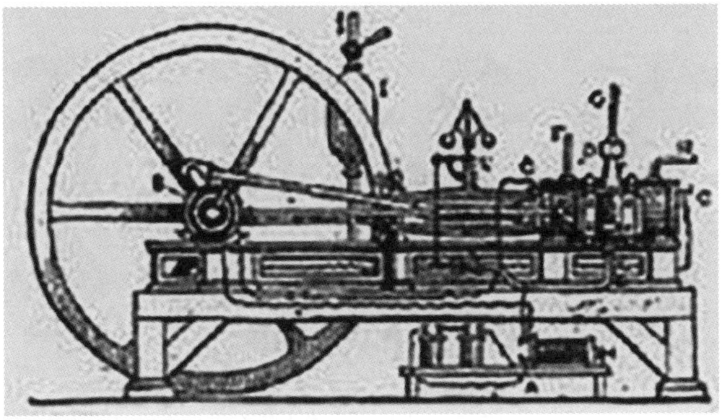

里诺发动机的原理图（侧视）

三年后的 1861 年，法国工程师德罗沙（Alphonse Eugène Beau de Rochas）最早提出了著名的燃烧四冲程理论“进气、压缩、燃烧和膨胀、排气”。1876 年，德国人尼古劳斯·奥古斯特·奥托（Nicolaus August Otto）经过对煤气发动机的大量研究，比如，使用透明的汽缸，用烟代替煤气来观察研究分层燃烧，制作了第一台四冲程往复活塞式内燃机。这台发动机为单缸、卧式，燃烧煤气，功率 2.2 千瓦，180 转 / 分。在 1878 年法国巴黎举办的世界博览会上被誉为“瓦特以来动力机最大的成就”。由于德罗沙的四冲程理论由奥托实现，且该发动机工作效率高、体积小、质量轻，因此四冲程循环又称“奥拓循环”。

德国工程师尼古劳斯·奥古斯特·奥托（1832—1891 年）

世界上第一台四冲程活塞发动机——奥托发动机

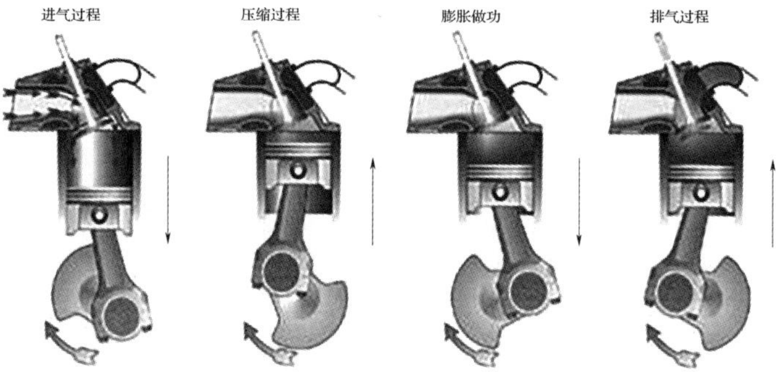

经典奥托四冲程实现过程：进气、压缩、燃烧和膨胀、排气

1883 年，曾是道依茨公司（Deutz AG）工程师的戈特利布·威廉·戴姆勒（Gottlieb Wilhelm Daimler）和威廉·迈巴赫（Wilhelm Maybach）制成了第一台四冲程往复式汽油机，一举成名，但他们的工作建立在奥托的基础上，并且与奥托有着大量的交集。

道依茨公司位于德国科隆，成立于 1864 年，奥托是这家公司的股东，1872 年戴姆勒加入道依茨公司，迈巴赫则是这家公司的首席工程师。1880 年，由于与奥托有严重的分歧导致戴姆勒离开公司，作为戴姆勒的密切合作伙伴迈巴赫随后也离开了。道依茨公司为他两人提供了 112 000 金马克的补偿金（当时的兑换标准是 2790 金马克兑 1 千克黄金，112 000 金马克可兑换 40 千克黄金，约合 2016 年 6 月的 1300 万元人民币），随后两人开始了长达一生的合作。

戴姆勒（1834—1900 年，汽车工业史上最重要人物）

迈巴赫（1846—1929 年，被称为“设计之王”，戴姆勒最重要的合作伙伴。他的儿子卡尔·迈巴赫创建了超豪华汽车品牌——迈巴赫汽车）

利用离开道依茨公司获得的补偿，戴姆勒在德国南部城市斯图加特购买的一幢别墅中开展研制工作，他们将工作重点放在了寻找一种更加合适的燃料使得奥托循环效率更高。当时作为石油工业副产品的汽油进入了他们的视野。在汽油发动机出现前，煤油是标准的燃料，因为当时的石油冶炼工艺相对简单，只能利用蒸馏法将原油进行初步的分离，而煤油的沸点较高，作为原油冶炼的主要产品易于分离制备，汽油作为副产品主要被用作清洗剂。

为了将汽油在汽缸中燃烧，两人将发动机进行了很多改进，并解决了混合气体的点火问题和发动机冷却问题（采用水冷）。此外，迈巴赫在 1885 年设计的化油器、汽化器延续使用了超过 100 年。1885 年，戴姆勒和迈巴赫成功制造了他俩的第一台汽油发动机，这台发动机采用水平单缸、气冷式、凸轮式排气阀，大约 50 千克，0.5 马力，它的转速为 600 转 / 分，这与以前煤气内燃机的转速 120 ~ 180 转 / 分相比已经是极大的提升了。它功率大、质量轻、体积小、转速快、效率高，特别适用于交通工具。他们的发动机销路不错，但主要用在船上。

随后他们继续努力以减小发动机的体积和重量，同年研制成功立式汽油发动机并命名为“立钟”，在4月3日获得德国专利。随后戴姆勒将这台汽油发动机安装在了一辆两轮木质自行车上，这也许是世界上第一台摩托车，这辆自行车被称为戴姆勒“骑马汽车”（Daimler Reitwagen），迈巴赫骑着它沿着内卡河（Neckar River）行驶了2英里，速度约为12千米/时。而与此同时，另一位发动机先驱卡尔·奔驰（Karl Benz）在距离两人60英里的地方，建立了世界上第一个真正意义上的汽车工厂，使用奔驰自己设计的发动机。有别于戴姆勒发动机的是，奔驰发动机是两冲程的，在技术上落后于戴姆勒发动机。1886年被视为汽车的诞生年，“三轮奔驰”搭载的卧式单缸两冲程汽油发动机，最高速度约16千米/时。

1889年，第一辆戴姆勒－迈巴赫汽车也被制造出来（同年的巴黎世界博览会上，安装有5缸旋转汽缸发动机的摩托车出现），两人同时也向外销售戴姆勒发动机的制造许可，1890年授权法国公司制造，1896年授权英国公司制造，1891年授权美国公司制造，1899年授权澳大利亚公司制造，这在很大范围内提高了汽油机的普及程度，有利于技术的流传扩散及提升。

1892年，德国工程师鲁道夫·狄塞尔（Rudolf Diesel）发明了压燃式发动机——柴油发动机并获取专利，实现了内燃机历史上的第二次重大突破。高压缩比和膨胀比使得热效率比当时其他发动机又提高了1倍。自此实用汽油发动机开始大范围普及。

由戴姆勒制造的世界上第一台安装汽油发动机的自行车/摩托车

由奔驰制造的世界上第一辆安装有汽油发动机的汽车

然而，19 世纪航空业的发展并未享受到太多因发动机变革带来的益处，比如，前文提到的约翰·斯特林费洛在 1848 年实现动力非载人飞行后的几十年中，依旧使用小型蒸汽机为他的飞机提供动力，1884 年俄国莫扎伊斯基单翼机使用蒸汽动力，1886 年阿德尔的“蝙蝠”飞机使用蒸汽动力。其原因存在使用汽油发动机在当时属于新鲜事物，率先出现在德国并受专利保护，航空在当时属于小众文化等因素的限制，但更主要的原因则仍旧是当时的发动机过于笨重，例如，1858 年的里诺煤气发动机主要在工业领域（如煤矿和船舶）应用，1885 年戴姆勒实用汽油发动机（重达 50 千克、功率仅 0.5 马力）也主要用在船上，奔驰的小型化两冲程的发动机动力更小，不足以实现载人飞行。

但不能否认的是，在 19 世纪末期，汽油发动机的发展较刚出现时已取得很大进步，尤其是在汽车出现后。随着汽车工业的起步，汽油发动机的制造量不再是以百计，仅奥托后来研制的一款 4 缸汽油发动机在十多年间就销售超过 5 万台。1900 年年初，美英法德几国汽车工业的发展极大地推动了发动机技术的进步。多缸、不同位置形式的发动机相继出现，发动机制造材料更加优化，功重比不断提高，这为莱特兄弟在 1903 年实现第一次载人动力飞行奠定了重要的基础。可以说如果没有这些发动机及汽车先驱的卓越工作，动力载人飞行的成功还要再探索很长时间。

九、19 世纪中国航空的发展

整个 19 世纪，中国的航空尚且谈不上发展，之所以用这个标题，是因为“航空”相关的概念确实出现了。只不过积贫积弱的社会和“生命晚期”的清政府无力且无能发展航空，社会上出现的零星事件多是个别有识之士的报国之举而已。

18 世纪，由于沿海城市所开展的中外贸易日趋频繁，以及当时的农民反清起义的不断发生，清政府出于“汉人与夷人可能会联合起来反对清政府”的顾虑，在 1717 年，禁止中国商船在南洋地区与欧洲人进行贸易，控制贸易范围；1720 年起实行全面禁教（天主教），更大范围地减少中外之间的往来，随后对外贸易活动被进一步限制；直至 1757 年完全封闭了与国外的贸易交流，仅留下广东虎门唯一口岸，实施长达百余年的完全“闭关锁国”政策。

而在同一时期，欧洲大陆正发生着人类历史上最重大的变革——工业革命。在这一时期，蒸汽机改变了整个社会的面貌，在诸多领域人力手工作坊被机械化工业所替代。科技的发展日新月异，热气球、动力飞艇、滑翔机、动力固定翼飞机，相继在法英美等国出现，航空领域的基础研究已具雏形，为第一架现代意义上的飞机在 1903 年出现奠定了基础。而此时的中国，仍旧是一个传统的农耕社会，处于现代科技启蒙初期，几乎没有人知道并关注航空，更别提发展航空了。

1840 年鸦片战争的爆发，英国人用坚船利炮敲开了古老中国的大门，才打破了这种自我封闭的状态。1842 年中英《南京条约》签订，中国被迫开放了广州、南京、上海等 5 个通商口岸。大批国外军事、商业、传教士等人员涌入中国，其中很大一部分是被有意识地挑选过的，他们的到来还附带了大量的西方思想和科学技术，西方的航空知识在这个时期开始传入中国的，而中国的近代航空也始于此。

受其影响，鸦片战争后，清末中国开始编译国外航空知识文章与图片，相继出版了一些介绍西方航空器的书籍和画报。少量航空资料开始在中国出现，其中的鼻祖当算是由清代启蒙思想家魏源在 1852 年完稿的《海国图志》①，这是一部世界地理的综

① 魏源（1794—1857 年），1845 年清代进士，清末著名的近代启蒙思想家，主张了解世界、向西方学习，是中国由传统封建转向近代的标志性人物之一。其编著的《海国图志》，总共 100 卷，是受林则徐委托并在林则徐组织编写的《四洲志》基础上完成的，其中包括大量的外籍著作的原译，让近代中国人第一次全面了解世界，是中国世界史研究的开山之作。

述性书籍，内容涵盖地理历史、政治经济、科技军事、宗教风土、文化教育等领域，而正是在长期编译西方文献的过程中，魏源形成了著名的“师夷长技以制夷”的思想，主张学习西方的现代专业技术。

魏源在《海国图志》中具体描述了“天船”：“天船短小，其式如亭，可容十人，内置风柜，极其巧如浑天仪。用数人极力鼓之，便能飞腾，至极高之处，自有天风习习，欲往何处，则扬帆用量天尺量之，至其处乃收帆听其坠下。相传曾有被日火烧毁并曝死者，所以不敢频用也。”

这是中国可考证的第一篇关于现代西方航空器的描述。“天船”很可能是前文中提到的早期法国浮空器，填充的气体则很可能是氢气。这是近代中国第一次了解到“航空”的存在。读者可以脑补猜想当时的人们应当会发出“世间还有此物”的感叹吧！

魏源（1794—1857 年）

魏源编著的《海国图志》

1855 年，英国医生合信（Benjamin Hobson）出版了他用中文编著的《博物新编》一书，该书共分 3 卷，分别介绍欧洲在物理学、天文学和生物学的成果及相关知识。其中，第一卷中系统描述了物理、化学、气象、光学的基础理论，更重要的是还介绍了蒸汽机、火车、氢气球和降落伞这类器具的原理。与《海国图志》中的略述不同，这是近代中国第一次详细了解到航空的具体原理与实际，此书在当时被科学研究者奉为圭臬。

1868 年，晚清出使官员志刚在《初使泰西记》中详细记录了气球及其工作原理。描述中虽沿用了魏源的“天船”一说，但不同的是，这是其亲眼所见和亲身经历。而后，多名学者的著作中相继出现了航空相关的更加具体的描述，如 1871 年陈其元在其《庸闲斋笔记》中介绍了普法战争中的气球。这些人虽对航空的描述不够深入和系统，但却对航空科普和航空技术的启蒙起到了不可估量的作用。

直至 1887 年，清末著名的科学家华蘅芳（精通数学、机械、翻译）在天津武备学堂仿制的直径 1.7 米的小型氢气球升空，这应当算是中国近代航空启动的标志性事件了。

19 世纪中国航空的“巅峰”应当算是由澳大利亚华侨谢缵泰研制的“中国”号（China）飞艇。1894—1899 年，谢缵泰完成了“中国”号飞艇的设计，该艇采用橄榄球状艇身，主要结构为铝制，由电动机带动的螺旋桨提供动力，该设计方案在当时已达到了较为先进的水平。随后谢缵泰上书清政府，试图得到试制上的资助，无果后在英国人帮助下，完成了该型飞艇的制造，这是第一艘由中国人设计制造的有动力飞艇，比亨利·吉法德的可控动力飞艇晚了近 50 年。而腐败昏庸的清政府统治下的中国既无此研制基础及能力，又根本不可能有发展航空科技的战略远见，当时的中国社会已陷入十分愚昧落后的状态。悲愤下，谢缵泰画了一幅中国近代著名的漫画《时局图》，以警告当局和世人，世界列强对我中华已经虎视眈眈，落后早晚要挨打！

由谢缵泰设计并制造的“中国”号有动力飞艇

谢缵泰（祖籍广东开平，澳大利亚华侨，今香港《南华早报》创始人。近代中国最著名的漫画《时局图》出自他手）

十、19 世纪的航空发展小结

19 世纪，航空实现了多方面的突破。在理论研究方面，《空气动力学导论》《鸟类飞行——飞行的基础》《空气动力学试验》等一批基础理论及经验数据发表；个别国家成立了专业的航空研究组织；出现了首个对飞行至关重要的空气动力学试验设施——风洞，理论研究更进了一步。

另外，浮空航空器发展已初入正轨，固定翼飞机的探索仍在途中。“法兰西”号动力载人飞艇的成功飞行向世人展现了飞行的巨大意义。遗憾的是没有任何人在 19 世纪内实现“重于空气的航空器载人可控持续飞行”。但凯利爵士提出了正确的现代飞机布局形式，并一直沿用至今。李林达尔在成功完成 2000 多次滑翔后，用他的试验数据为后来人指明了技术方向，同时，他的不幸遇难也告诉后来者，航空是勇敢者的事业。兰利动力飞机模型的成功飞行，更加坚定了业界对固定翼飞机的信心。飞机最重要的动力装置完成了从蒸汽机到汽油机的质的改变，汽车工业的起步极大地促进了汽油发动机朝着小型高效的方向进步。从飞行实践方面整体看，仿生的扑翼机渐渐被放弃，浮空器和固定翼飞机作为实现飞行的主要途径更加明确。

19 世纪的航空，失败成功兼有，更多的是昙花一现，能够留下姓名的航空先驱只是少数，进步离不开本章所提及的那些人，但也离不开那些失败的及默默工作的人们，所有这些都为后来的成功筑起了坚实基础，实现“重于空气的航空器载人可控持续飞行”也许需要的就是能够将前人的努力综合起来、解决飞行控制难题的那个人。

进入 20 世纪后仅三年，就发生了我们第三章将讲述的，美国莱特兄弟驾驶着“飞行者”1 号完成了人类的“重于空气的航空器载人可控持续飞行”这一壮举。但如果从历史角度来看，这应该是在人类 400 多年不懈努力之下水到渠成的事。

第三章

迈出重要一步

——飞机出现初期的航空

如果仅将任何事物的发展阶段进行细分的话，通常都可分为三个阶段。第一是起始阶段，包括各项发展要素的出现、整合，步入正轨；第二是发展初级阶段，各要素充分协同，功能稳定，稳步上升；第三是发展的高级阶段，各要素高度协同、稳健、快速地发展。

航空在经过 19 世纪的积淀后，已经完成了起始阶段的"要素出现"任务。现在所需要的是将要素充分整合，并将航空技术的演进推入正轨。后文中莱特兄弟的首飞开创了航空的新纪元，完成了航空发展各要素的充分整合，但将航空发展推入正轨的，还有那无数的先驱们。这一章虽然起名叫作"迈出重要一步"，但讲述的不仅是莱特兄弟的辉煌成就，更多的是通过其他先驱的故事，向大家展示航空发展步入正轨的完整过程。

一、"飞行者"1 号——莱特兄弟实现的首飞

航空史上最重要的人物，莱特兄弟（Wright brothers），他们对人类航空史的卓越贡献在于首次实现了重于空气航空器的载人受控持续动力飞行。

威尔伯·莱特（Wilbur Wright）和奥维尔·莱特（Orville Wright），出生于美国俄亥俄州代顿市，在兄妹 5 人中分别排行第三和第四，兄弟俩仅中学毕业，大学没有上，也从没接受过系统高等教育的莱特兄弟，能在航空领域取得这样的成就，堪称奇迹。

威尔伯·莱特（1867—1912 年）

奥维尔·莱特（1871—1948 年）

1892年，两人成为了自行车的狂热爱好者，当年12月在代顿市开了自行车铺，刚开始的时候，仅从事销售和修理工作。1895年，他们开始制造并销售自己设计的自行车。在当时这是一个利润丰厚的行业，因为在那个年代，自行车是主要的交通工具，尤其在1890年前后达到高峰，当时美国有300家公司每年制造100万辆自行车。当时的自行车商借助早期枪械和缝纫机行业的经验，开始工业化批量生产自行车。但莱特兄弟仍旧保持小规模手工制作，专注于细节，这实际上是后来莱特兄弟飞机取得成功的重要因素。虽然没有接受过高等专业教育的两兄弟在这一过程中，积累了很多基础的工程及制造经验，应该说他俩属于自学成才。

在初期，两人对飞行及航空技术的了解是十分有限的，出于对机械的痴迷，在1895年后开始接触并自学一些航空技术。1896年，听闻了德国航空先驱奥托·李林达尔在滑翔飞行中遇难的消息后，开始关注飞行。此后的三年间，研习了大量航空知识，并于1899年开始真正踏上钻研动力飞行研发制造的艰难征程。

1900—1903年，他们共制造了三架滑翔机，并进行了上千次的滑翔飞行和机翼翼型风洞试验，设计出了升力更佳的机翼截面（翼型），获得了重要的飞行数据和研究成果。

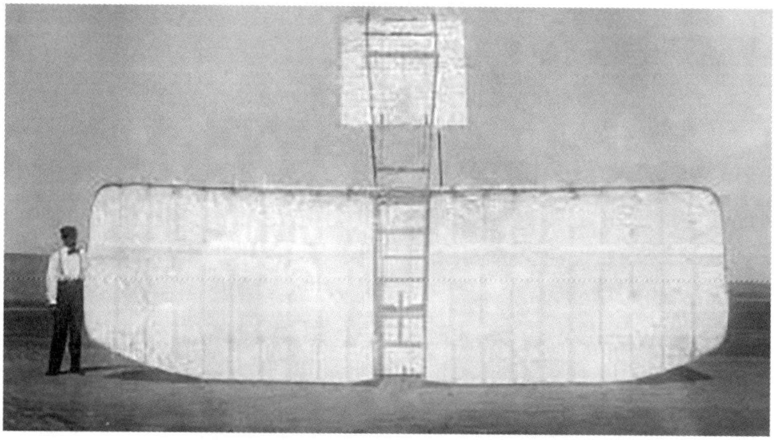

1901年，奥维尔·莱特和他的滑翔机

翼型（aerofoil profile，aerofoil section，又称翼剖面）：平行于飞机（或机翼）对称面或垂直于机翼前缘（或机翼1/4弦线等）的机翼横截面外形。垂直于螺旋桨、旋翼和风扇等叶片主轴的横截面外形。翼型发展经历了漫长的时间。1935年前，从莱特兄弟的近于圆头尖尾的弯板，到 NACA 23012 翼型，从 20 世纪 30 年代末到整个 40 年代，为了提高飞行速度，减小飞机最小阻力系数成为主要矛盾。于是开始了低阻、高临界马赫数翼型的研究工作。典型代表是 NACA 层流翼型系列，如 NACA 6 位系列层流翼型。从 20 世纪 50 年代到 60 年代中期，超声速飞机的出现，并没有在翼型上带来什么变革，翼型仍大都采用 NACA 6 系列层流翼型等。仅仅适用于超声速飞机用的尖头尖尾形翼型系列，如双弧形翼型、菱形翼型等，因其低速气动性能太差，采用得很少。但在以超声速飞行为主的一些导弹弹翼上仍有应用。20 世纪 60 年代初，为了提高高速民航客机的经济性，要求提高巡航速度，但仍不导致机翼阻力增加过多而使飞机升阻比下降。英国皮尔西（Pearcy）提出了尖峰翼型，特别是美国惠特科姆（Whitcomb）发展的超临界翼型，给翼型研究工作注入了新活力，推动了现代翼型研究工作的开展。低速翼型理论的基础是俄国茹科夫斯基（Joukowski）建立的。1906 年他发表了被后人称为库塔－茹科夫斯基（Kutta–Joukowski）定理的论文，把翼型上产生的升力大小同绕翼型的环量联系在一起。后来，德国蒙克（Munk）和英国格劳特（Glauert）提出的薄翼型理论，清楚地揭示了翼型的升力和力矩特性同几何参数间的关系。利用复变函数理论的保角变换方法和赛澳道森（Theodorsen）方法，不仅可以获得任意低速翼型的外形，而且可以获得它们的精确解（平面位势理论结果）。应当指出，德国人普朗特（Prandtl）的大展弦比机翼升力线理论和边界层理论不仅把翼型几何参数和机翼平面形状几何参数正确区分开来，并且解决了如何计算黏性影响的问题，从而在把上述理论计算推向实用化方面起了巨大的推动作用。因此，人们称普朗特为现代空气动力学之父。从翼型的发展历程来看，科学试验，特别是风洞模型试验起了决定性作用。莱特兄弟、茹科夫斯基、普朗特等航空先驱们，一开始就对风洞模型试验给予了高度重视。首先系统地进行翼型风洞试验研究的是德国的哥廷根（Gottingen）学派。由他们发展的哥廷根翼型系列对后来翼型发展工作有很大的影响。从 20 世纪 20 年代末到 30 年代，美国 NACA 大规模建造各种风洞设备，开始了规模宏大的系统研究、发展翼型的工作，并取得举世公认的成就。20 世纪 30 年代末到 40 年代，为了发展高速和层流翼型，NACA 还专门建造了低湍流度、变密度的二维风洞等，以提高模型试验的雷诺数和流场品质。20 世纪 60 年代，惠特科姆提出的超临界翼型，开始也是通过跨声速风洞试验获得的。最后应当指出，翼型对机翼气动性能的影响，随展弦比的减小而减小，故对于小展弦比薄机翼来讲，翼型与机翼平面形状选择与设计需要通盘考虑。

莱特兄弟注意到，李林达尔是通过移动和扭转挂在滑翔机下方的身体来实现横向和纵向飞机空中操纵的。通过身体移动保持飞机的重心和压力中心（气动载荷作用中心，又称焦点）的相互协调，进一步实现飞机的俯仰、偏航等姿态控制。然而这并不现实，因为操作者在空中难以瞬间精准身体动作，而且对于越大或者越重的飞机，身体移动对飞机重心改变的影响就越小，甚至微乎其微，这是一条错误的技术路线，李林达尔也因此付出了生命代价。意识到这一问题后，兄弟俩着手寻找解决方案，以实现飞机横向控制。

压力中心（pressure center，简称压心或焦点）：空气动力合力与基准轴线的交点。当迎角改变时，气动合力的大小和方向发生变化，压力中心也随之变化。机翼的压力中心在亚声速时，约在平均空气动力弦前 1/4 附近。到了超声速，它后移到平均空气动力弦 1/2 附近。与机翼相似，整个飞机也有相应的压力中心。

在当时，通过飞机上的平尾和垂尾对飞机进行俯仰和偏航控制已经得到验证，莱特兄弟也采用了这一技术。此外，兄弟俩还注意到了其他人没注意到的重要一点，就是飞机的滚转控制（或称横向控制）。在理论上，可以反向差动改变飞机左右机翼的迎角，使得左右机翼的升力产生升力差，从而形成飞机滚转力矩。最终的情况是，兄弟俩通过一套钢索系统，操纵飞机左右机翼并产生变形，差动改变左右机翼迎角，实现滚转操纵。这一设计一直被使用在 1911 年之前其设计的全部飞机上。

至于是如何产生了如此聪明的解决方案，也许是机缘巧合罢了。在 1900 年威尔伯·莱特在与其他人的信函中有写道：“通过观察秃鹰的飞行，我相信突风使秃鹰身体倾斜时，它们通过扭转翅膀的尖部获得了横向的平衡。”细致的观察，天才的想法，又通过风筝试验验证了其可行性，这一点成为莱特兄弟飞机成功的重要基础。

成功没有那么容易，莱特兄弟在 1900—1903 年中的大部分时间，都在利用“风筝滑翔机”反复进行试验，收集并分析数据以改进设计。1900 年，利用李林达尔编著的飞机受力经验数据表，莱特兄弟计算出了最初的滑翔机的气动性能。根据李林达尔的经验数据表，可以较为容易地推算出飞机的升力系数和阻力系数，但莱特兄弟开展的多次滑翔机试验实测升力远小于基于李林达尔经验数据表计算升力，仅仅是其 1/3 左右，这在一定程度上打击了莱特兄弟的信心，并在一定程度上延后了人类首次动力飞行的出现。

像风筝一样的滑翔机（1900 年）

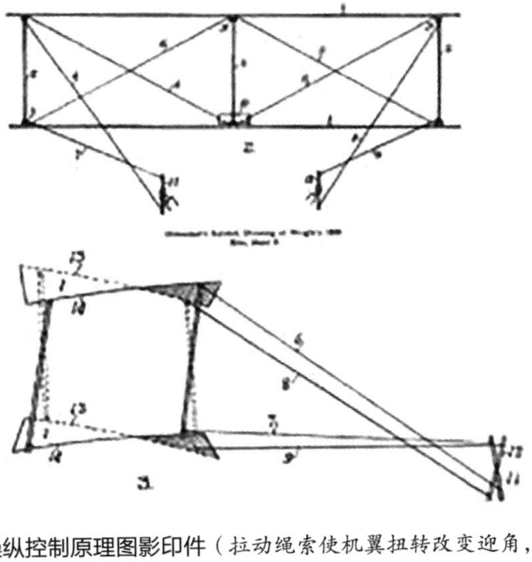

莱特兄弟飞机操纵控制原理图影印件（拉动绳索使机翼扭转改变迎角，进而改变升力）

然而，错误不在李林达尔，后人对李林达尔的数据表做过校核[①]，发现李林达尔经验数据表基本上是正确的，莱特兄弟自己错了。莱特兄弟对李林达尔的经验数据表在三处出现了理解偏差，如果考虑这三处偏差的影响，利用李林达尔经验数据表重

① 参见小约翰 · D. 安德森（John D. Anderson Jr.）的著作《飞机：技术发展历程》（The Airplane：A History of Its Technology），航空工业出版社。

新计算得到的升力恰好等于莱特兄弟的实测升力。这一情况的出现很可能与莱特兄弟没有接受过系统的航空学习有关系，考虑到他俩在 1899 年后才开始学习航空理论知识，就已可以应用世界最新航空科技，已经实属不易。

在意识到理论与实际存在巨大偏差后，不管李林达尔经验数据表正确与否，莱特兄弟已经开始怀疑它的准确性。这推动莱特兄弟采用与其以前不一样的方式开展空气动力学测试——他们设计并建造了自己的木质风洞。风洞长 6 英尺，两端有边长为 4 英寸的正方形开口，风洞顶端有玻璃窗用以观察试验，由一台 1 马力的发动机带动风扇提供来流，试验段最大的风速为 30 英里 / 时。该风洞在 1901 年 10 月投入使用，在这个风洞中，莱特兄弟开展了大量（超过 200 种）翼型及不同尺寸（大展弦比）机翼模型的升力对比测试试验，比之前任何人所开展的试验都要多。从这个角度来说，他俩还应当是第一个利用风洞数据设计飞机并让飞机成功飞起来的人。

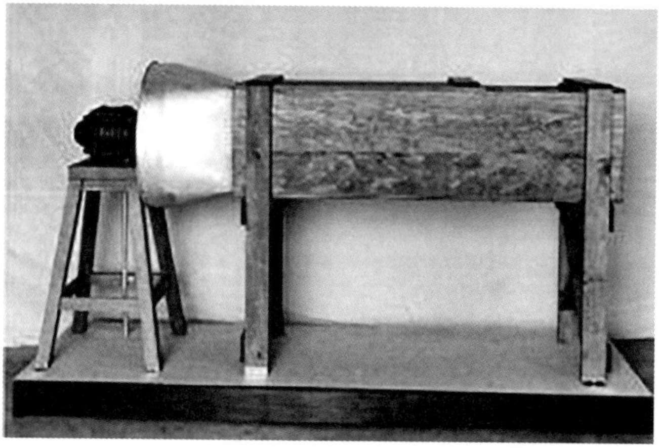

莱特风洞的仿制品（与其说是风洞更像是一只风箱）

回过头再看李林达尔经验数据表，如果不是莱特兄弟误解了其中的表述，为莱特兄弟首次人类动力飞行打下坚实基础的，始于 1901 年秋开展的大量风洞试验很可能就不复存在，历史会被改写。这样看来，“误解”也不一定是一件坏事了，这毕竟激发了莱特兄弟更强烈的探求欲望，当然这也再次体现出了科学试验中的实证精神。

经过三年多的滑翔机试验后，1903 年 12 月 17 日，美国北卡罗来纳州东北部小鹰镇的霍克海滩上，一架装配着发动机、螺旋桨以及操纵装置的重于空气航空器“飞行者”1 号，在奥维尔·莱特的操纵下成功飞行了 12 秒、36.5 米。随后兄弟俩又轮流飞行了三次，威尔伯·莱特在第四次飞行中历时59秒，飞行了260米。虽然在第五次飞行中有些遗憾，由于飞机受损严重，飞行终止。但，新的纪元已经开始。

至此，莱特兄弟首次实现了人类重于空气航空器的载人受控动力飞行。

“飞行者”1号是莱特兄弟在自制的第三架滑翔机基础上研制的第一架可操纵动力双翼飞机

“飞行者”1号翼展12.3米，翼面积47.4平方米，机长6.43米，重274千克。在下机翼中央位置装配了一台12马力活塞发动机，4缸水冷，重81.6千克。发动机动力通过2副自行车链条传动至分置在机翼后方两侧的推进式螺旋桨，桨枢轴固定于焊接在上下翼后梁间的金属桁架上，桨叶由杉木夹板制成；机翼前后梁和垂直支撑柱也由杉木制成，上下翼由垂直支撑柱和对角线拉力钢线连接，每片机翼约有40根翼肋，翼肋由更轻的松木制成，机翼用粗棉布包覆，固定于翼肋上；飞机前部的一对升降舵操纵飞机爬升和俯冲，机尾方向舵与机翼机构相连接，配合机翼翼尖后缘上下扭转控制飞机的偏航和滚转；飞行员俯卧在下层机翼中间偏左位置操纵飞机飞行，这与李林达尔通过移动身体改变重心操纵飞行截然不同。莱特兄弟首创的操控固定翼飞机动力飞行技术一直沿用至今。

随后的1904—1905年，莱特兄弟并未沉浸在成功和喜悦中，而是在对“飞行者”改善的基础上，相继制造了“飞行者”2号和“飞行者”3号，并通过不断试飞改进，使其平衡性和可操控性得以进一步提升。与“飞行者”1号在1903年所创的成绩相比，“飞行者”3号在1905年实现了飞行距离38.6千米、留空时间38分钟的纪录。同时，莱特兄弟通过对“飞行者”3号重复起降能力、倾斜飞行能力、转弯和盘旋飞行能力、8字飞行能力等方面的不断验证，证明其已具备了一定的实用性，进而坚定了飞机在军事领域的应用潜力。

1906 年，美国专利局授予莱特兄弟飞机设计专利。1908 年，莱特兄弟与美国国防部签订了制造莱特型飞机的协议，在对“飞行者”几经改进后，设计了莱特 A 型，其翼展较“飞行者”更大，操控系统也有所改善，飞行员由卧式改为坐式，装载一台 22 千瓦的发动机，最大速度 68 千米 / 时。

1909 年，莱特兄弟设计了莱特 B 型，这型飞机是莱特系列飞机（Wright Model Series）中的第二款，其他的还包括莱特 A/AB/C/D/CH/EX 等（不是莱特兄弟首飞飞机“飞行者”系列），该机结构有了较大改动，取消了前部的升降舵，将其与尾部方向舵合并，安装了轮式起落架，采用双翼布局，35 马力的莱特活塞发动机，置于下翼前的并列双座及开放式驾驶舱，采用推进式螺旋桨，是莱特系列飞机中的第一款量产机型。

莱特 B 型飞机

除对民用市场进行销售外，莱特 B 型飞机还被美国政府机构、美国陆军、美国海军大量采购（1909 年开始向美国陆军部交付飞机，成为了军方的供应商），莱特兄弟甚至还将飞机的制造许可进行了销售，如当时知名的巴杰斯公司（Burgess Company）及德国的一家公司。巴杰斯公司也成为了全美第一家授权飞机制造商，代价是每制造一架飞机向莱特兄弟缴纳 1000 美元专利使用费。莱特 B 型作为一款良好的飞机平台，很快得到了体现，他的改型莱特 EX 是第一款横穿美国大陆的飞机，后续还加装铝制船身、浮筒等浮力机构进行改型，如巴杰斯公司在莱特 B 型基础上大幅改进的巴杰斯 H 型（也被称为巴杰斯莱特 H 型飞机），在 1912 年售往美国海军的价格为 7500 美元。巴杰斯公司在 1910—1914 年执行莱特兄弟授权协议的过程中，违反了约定，擅自加 / 改装了莱特飞机，莱特兄弟就终止了授权协议，这也是航空史上第一次授权制造协议终止案例。当时的莱特兄弟声名在外，任何飞机制造公司如果能与莱特兄弟扯上联系，都有利于飞机销售。“莱特兄弟”在当时已经成为了一种品牌，这则是莱特兄弟对航空推广的另一项重要贡献了。

在水上飞行的巴杰斯莱特 H 型飞机

为了推广飞机的使用，莱特兄弟 1910 年创办了莱特飞行表演队（Wright Exhibition Team），雇用了一批当时优秀的飞行员，其中就包括菲利普·奥林·帕马利（Philip Orin Parmalee），此人在 1910 年 11 月 7 日驾驶莱特 B 型双翼机进行了全球首次货运飞行。当时的飞行属于绝对的高风险行业，这些飞行员工资很高。他们的周薪是 20 美元，如果飞行的话，那么每天的工资是 50 美元。1910 年美国实行金本位制，约 20.6 美元可兑换 1 盎司[①]（金衡制）黄金，1 美元约等于 1.5 克黄金，是名副其实的美金，如果简单按照黄金价格折算，1910 年的 1 美元在 2016 年年初约合近 500 元人民币，如果计算兑一般商品的购买力，当时的 1 美元就“更值钱”了。这钱当然不好挣，在莱特飞行表演队成立的一年内，就有多名飞行员因事故丧命，飞行表演队也因此在 1911 年 11 月解散。莱特兄弟高投入创建飞行表演队以推广普及飞行活动，引发公众关注，起了很大的推动作用。

① 1 盎司≈ 31.1 克。

1915年，莱特L型诞生，这是莱特飞机的最后一款，单座，双翼，用于军事侦察，发动机动力为52千瓦，其与以往莱特型飞机最大的不同在于以两片副翼代替翼尖翘曲。

莱特L型飞机

从某种角度来说，在当时航空科学已经具备了迅速发展的基础，如果不是莱特兄弟，那么人类载人动力飞行也会出现。比如，在欧洲，1906年10月，桑托斯·杜蒙（Santos Dumont，巴西航空先驱，长期生活在法国）也实现了动力载人飞行，而且当时由于对航空飞行认识上的差异，很多人都认为桑托斯杜蒙才是载人动力飞行的第一人，在此期间，其他的法国航空先驱也开展了类似的工作。由此可以肯定地说，没有莱特兄弟，载人动力飞行也是会出现的，无非相差几年而已。但恰恰是莱特兄弟，将其对机械狂热的爱好、天生的才能、丰富的工程经验等所特有的个人色彩，有效地组合在了一起，这也就解释了为什么是他俩发明了人类真正意义上的第一架“飞机”而不是其他人。他们所完成的是一个综合了空气动力研究、推进系统、动力系统、轻型结构、飞行控制的航空机械系统，这是前人未能完成的。此外，他们对螺旋桨能够产生推力的原因也进行了深入的研究，认为螺旋桨也是“一种带弯度的机翼”，并提出了实用螺旋桨设计理论。而莱特兄弟最重要、最独特的成就，是在飞机需要横向控制方面的研究和理解，并且发明了相关的控制装置，这是他们在技术方面取得的最高成就。

然而这一切都是在没有国家赞助的情况下，自费开展飞行及风洞试验的。从后来公开的其妹妹与其父亲的信件中有写道“哥哥们因为经济原因不得不终止风洞试验”

可见一斑。莱特兄弟这么做完全出自于对航空的热爱，这种热爱是其他任何事情所不能替代的。威尔伯·莱特在给史密森学会的信（1899 年 5 月）中写道："对于航空器，我不是异想天开，而是狂热的爱好者，我已经具备了制作航空器的一些理论，我希望我能够力所能及地帮助那些最终取得成功的人。"

值得一提的是，莱特兄弟在 1909 年 11 月 22 日成立了莱特公司（Wright Company），获得公司发行的 100 万美元股票的 1/3（飞机专利作价 10 万美元卖给莱特公司），以及每卖出一架飞机 10％的专利费提成，威尔伯成为公司董事会主席，奥维尔为副主席。莱特公司总部在纽约，在代顿市设有工厂，此外还拥有飞行学校和试验基地。在这之后威尔伯几乎将所有的时间都花在经营公司和专利诉讼案上（主要的诉讼对象是寇蒂斯，后文有详述），并积劳成疾，1912 年 5 月 30 日在代顿的家中去世，享年 45 岁。

威尔伯去世后，奥维尔继承了莱特公司，但他并不擅长公司管理。因此在 1915 年 10 月 15 日卖掉了股权并离开公司。1918 年，奥维尔完成他最后一次飞行后告别了商业，以航空先驱的身份开始加入各种航空委员会，其中包括美国国家航空咨询委员会（NACA）和美国航空商会（Aeronautical Chamber of Commerce）。1936 年，奥维尔当选美国国家科学院（National Academy of Sciences）院士。1948 年 1 月 30 日，在威尔伯去世 35 年后，奥维尔也与世长辞，两人都被安葬在代顿市莱特家族的墓地中。而莱特公司在 1916 年与格伦·L. 马丁公司（Glenn L. Martin Company）合并，更名为莱特－马丁飞机公司（Wright–Martin Aircraft Corporation）；1917 年马丁公司脱离；1919 年公司更名为莱特航空（Wright Aeronautical）；1929 年 7 月 5 日，莱特航空与多年的宿敌寇蒂斯飞机与发动机公司（Curtiss Aeroplaneand Motor Company）合并，公司名为寇蒂斯－莱特公司（Curtiss–Wright Corporation）。斗转星移，进入 21 世纪，莱特公司发展成为了当今世界最负盛名的核电装备制造企业，当然这些都是后话。

莱特兄弟利用自行车铺有限的收入支持着自己的航空梦，希望自己的梦想能够实现并且为之付出持续的努力，仅此而已。在威尔伯·莱特 1900 年 9 月给其父亲详细描述其所开展工作目标及进展的信中写道："我的滑翔机即将完成了。它没有发动机，也不期望它能做任何实际意义的飞行。我仅仅是为了尝试和实践我们解决平衡问题的想法。我还有很多计划，希望在前人尝试的先进方法中发现更多的东西。……如果我什么都没有完成，我对我的历程也不会感到失望，因为，这是一段愉快的心路历程，单纯而简单，没有任何历程能比这次带给我的快乐多！”

二、欧洲固定翼第一人——桑托斯·杜蒙

阿尔伯托·桑托斯·杜蒙（Alberto Santos Dumont），欧洲驾驶重于空气航空器实现持续可控载人飞行的第一人，被称为“欧洲的莱特”。他出生在巴西富裕的咖啡种植园家庭中，但人生的大部分时间都在法国巴黎度过。鉴于此，欧洲人更认为是他代表欧洲完成了这一壮举，然而巴西人认为这是巴西的航空先驱，被称为“巴西的航空之父”，只不过那次飞行恰巧在欧洲而已。为了纪念他，巴西原首都里约热内卢的机场叫作桑托斯·杜蒙机场。

然而令桑托斯－杜蒙名声大噪的并不是他完成的固定翼可控载人飞行，而是驾驶着一艘软式飞艇“巴西”号完成了绕飞巴黎埃菲尔铁塔的挑战。

桑托斯－杜蒙（1873—1932 年）

“巴西”号气球首飞时的照片

（由桑托斯－杜蒙驾驶）

桑托斯家境极其富裕，他父亲被称为巴西的咖啡之王，很小就接触到了机械相关知识。10 岁左右时就驾驶他家庄园内的蒸汽火车，也由此对机械产生了浓厚的兴趣。至于如何对飞行产生了兴趣，他在回忆录中写道：当他注视着种植园午后辽阔壮美的

天空时，飞行的梦想油然而生。

一件意外事件导致他全家迁离巴西。1891 年他的父亲从马上摔了下来，并导致了严重的瘫痪，为了寻找更好的医疗环境，他父亲卖掉了农场部分业务，全家来到了法国巴黎。他在这里接受教育，学习了物理、化学、机械、电气的内容，主要还是由他的私人教师教授的。在随后 7 年的时间内，桑托斯·杜蒙往返于巴西和法国之间，直到 1897 年，他乘船离开巴西时，读了一本瑞典人使用氢气球尝试抵达北极点（瑞典工程师所罗门·奥古斯特·安德鲁进行的尝试，但未能成功）的书，他在回忆录中将这本书称为“启示”。他决定抵达巴黎后联系这架热气球的制造者们以探究飞行的秘密。

抵达巴黎后，桑托斯找到了那架热气球的制造者夏勃罗（Lamchambre）和马克隆（Machuron），并要求他们安排一次气球飞行。这次飞行耗时 2 小时，飞行距离在 100 千米左右，桑托斯被飞行迷住了，他拜此两人为师，学习制造气球。

1898 年，桑托斯·杜蒙的第一架热气球被命名为“巴西”号，成功首飞。这是一架迷你版的热气球，体积仅为 113 米^3，而他第一次乘坐的那个气球体积为 750 米^3。

在这之后桑托斯对飞行的迷恋一发不可收拾。他开始研发制造“可控制的气球”，也就是软式飞艇。而就在这一期间，法国石油商人道依奇·莫瑟（Henri Deutsch de la Meurthe，号称当时的“欧洲油王）为了鼓励航空技术的发展，设立了道依奇大奖（Deutsch Prize），提供 10 万法郎，用以奖励第一个驾驶飞行机器成功从帕克·圣克卢（Parc Saint-Cloud）葡萄酒庄园起飞，绕飞埃菲尔铁塔并返回的人。要完成这一目标，挑战者至少要达到 22 千米 / 时的速度，这一悬赏的有效期为 1900 年 5 月 1 日—1903 年 10 月 1 日。实际上，第一艘软式飞艇“法兰西”号（前文提到的电动飞艇）在 1884 年已经完成了首飞，但它的电池装置重达 600 千克，不能长时间飞行以至于并不实用，且该项目后期由于缺乏资金而终止了，同时期也没有确定的其他有实力的挑战者，桑托斯决意参加这次挑战。

在第一架气球成功飞行后，桑托斯随后制造的三艘可控飞艇均未能成功，失败的主要原因是过于细长的艇身在内部压力降低的情况下，从两头迅速变形，影响升力及飞行，在随后的设计中，桑托斯吸取了经验，新的飞艇更短更粗，在 1899 年末实现了多次成功飞行。到了 1901 年，他决定制造一艘更大、更加可靠的飞艇——第五艘飞艇，用以完成绕埃菲尔铁塔的挑战，结果再次失败；8 月的一次飞行中，飞艇摔落在一家酒店的楼顶，而吊篮挂在半空中，依靠当地消防队的帮助，他才得以获救。这仍旧没能阻止他前进的脚步，随后立即制作了第六艘飞艇。

1901 年 10 月 19 日，桑托斯驾驶着第六艘飞艇终于完成了绕埃菲尔铁塔的任务，但随之而来的是一场关于精确时间的争议，有人认为他超时了。因为返回葡萄酒庄的时候，飞艇的系留绳索被拾起后的总时间超时 1 分钟，但返回终点线的时间是 29 分 30 秒，这已不是什么大问题，桑托斯·杜蒙最终赢得了大奖，这位富家子弟并不是为了奖金而来，他随后宣布将奖金捐献给巴黎的穷人。

桑托斯 - 杜蒙绕飞埃菲尔铁塔时的照片

直到 1905 年，他又设计制造了多艘飞艇（甚至驾驶着其中一艘去参加宴会而轰动一时），向法国乃至欧洲证明着飞艇并不是一个大玩具而是真正的交通工具。值得一提的是 1904 年，法国珠宝商路易斯·弗朗索·卡地亚（Louis-François Cartier，著名的珠宝品牌卡地亚的创始人）应桑托斯的要求，为他制作了第一块手表，方便飞行的时候随时查看时间而不用把怀表掏出来，这也成为了现代手表的发端。

此后，桑托斯·杜蒙将他的兴趣转向了重于空气的航空器的研制方向，并再次取得了辉煌的成就。在 1905 年，著名的法国航空先驱加布里埃尔·瓦赞（Gabriel Voisin，欧洲第一个制造出成功飞行超过 1 千米距离有动力载人飞机的人）已经和布莱里奥（第一个飞越英吉利海峡的人）成立了公司，设计并制造一些滑翔机，其中一架在当年的 6 月在塞纳河上由一艘快船拖曳飞行了 150 米，这架滑翔机的外形较为独特，它的机翼更像是一个箱形风筝，他参考了澳大利亚工程师哈格雷夫（Hargrave）的机翼设计。箱形机翼最早来自风筝，这种风筝被称为盒子风筝（Box-kite）。哈格雷夫将盒子风筝的结构成功地应用到了早期的滑翔机上，大大改善了机翼的升力，瓦赞的滑翔机机翼设计参考了哈格雷夫箱形机翼。

澳大利亚人哈格雷夫的箱形机翼

哈格雷夫在 1894 年利用盒子风筝飞离地面约 5 米

得知消息的桑托斯在 1905 年年底拜访了瓦赞，希望瓦赞能够帮助他设计一款飞机，用以参加由法国航空俱乐部举办发起的悬赏活动——提供两个 1500 法郎奖励第一个驾驶重于空气航空器分别飞行 25 米和 100 米的人。

合作即刻展开，飞机很快被制造出来，并被命名为比斯 –14。这架飞机每侧的机翼由三个“箱子”组成，由位于飞机尾部的 24 马力的液冷 V8（V 形 8 缸）发动机提供动力，采用推力式螺旋桨，飞行员站在发动机前的篮子里，飞机的前部还有一个“箱子机翼，这种机翼布局形式后来也被称为鸭式布局。整架飞机结构由竹子、松木和铝制成，用丝织面料包裹。

1906 年 10 月 23 日，在经历了几次地面发动机及地面滑跑测试后（其中一次滑跑起落架断裂，但很快被修复），桑托斯 · 杜蒙驾驶着比斯 –14 飞机，完成了超过 50 米的飞行，飞行高度在 3 ~ 5 米，他赢得了欧洲第一个驾驶重于空气航空器飞行超过 25 米的奖项，尽管比斯 –14 落地后发生了损伤需要时间修理，但他随后宣布将在 11 月 12 日挑战飞行 100 米的奖项。

挑战在 12 日一早开始，第一次试飞耗时 5 秒，飞行距离 40 米。随后的几次试飞距离都在 40 米上下，在上午最后一次试飞降落过程中轮轴损伤，午饭期间进行了抢修，下午最好的一次试飞成就是 82 米，就在日落前，桑托斯 – 杜蒙决定再进行一次试飞。当时现场已经聚集了大批的围观人群，为了避免碰到他们，桑托斯 – 杜蒙在起飞后用力地拉飞机以使飞机能够越过他们的头顶，在起飞 22 秒后，他关闭发动机，飞机滑行降落，这一次的飞行距离达到了 220 米，这也是官方记录的比斯 -14 的最后一次飞行。桑托斯 · 杜蒙成功完成了 100 米飞行距离挑战，同时这一成绩也被刚成立不久的国际航空运动联合会（The World Air Sports Federation，FAI）承认为第一项飞行世界纪录，轰动了欧洲。

1906 年 10 月 23 日，比斯 -14 首飞离开地面的瞬间照片

比斯 -14 飞行时，可以看到飞行员是站着操作飞机的（在图中飞机前进方向是向右的）

就在取得多项重大成功后，桑托斯宣布，他的所有设计都不申请专利，向所有人免费提供详细资料。这与莱特兄弟及其他人注册专利以期获利的行为形成鲜明的对比，很难说谁的做法更好，专利保护了发明人的利益和积极性，但一定程度上限制了技术的传播。不能否认桑托斯巨富的家底是他慷慨行为的重要原因之一。

桑托斯·杜蒙1932年回到了巴西，在身患重疾与目睹了自己发明的飞机在战争中参与杀戮后，于1932年7月自杀，享年59岁，巴西政府为他举行了国葬。

桑托斯是一位极具争议的人物，在很长一段时间内，大家都拿他的飞机与莱特兄弟的“飞行者”1号进行比较，很多人认为“飞行者”1号在起飞时依靠了轨道和轮式小车，甚至在1904—1905年的试飞中还使用了弹射装置，而比斯-14是靠自己的动力完成起飞过程的，这才是世界上第一架真正意义上的飞机，但业界给出的公允意见认为莱特兄弟更实至名归。因为比斯-14仅仅是飞行，而在可控方面，“飞行者”1号已经超越比斯-14很多了。无论如何，桑托斯·杜蒙依旧是欧洲和巴西固定翼动力飞行第一人。

三、几乎淹没在莱特光环中的那个人——寇蒂斯

就像奥林匹克倡导“更快、更强、更高”的自我挑战精神一样，人类总是在追求对过往的超越，似乎从未满足，好像永远不会停止，航空更是如此。在莱特兄弟揭开飞行这个全新的大幕后，新的竞赛开始了。本节将为大家介绍的又是一位重量级的航空先驱，鉴于莱特兄弟十分响亮的名号几乎代表了一个时代，本节的主角寇蒂斯，则恰恰是在莱特兄弟时代光环下的那个不断超越自我的人。

格伦·哈蒙德·寇蒂斯（Glenn Hammond Curtiss，1878—1930），美国航空先驱，出生在纽约，是当时知名的赛车手。与莱特兄弟一样，寇蒂斯最初也是一位狂热的自行车爱好者及自行车铺的老板，但稍有不同，起初莱特兄弟爱好制造自行车，而寇蒂斯更热衷于驾驶自行车，虽然他同时也设计自行车，当然这都是在寇蒂斯迷上了速度更快的摩托车之前的事。

要全面了解寇蒂斯这位重量级的航空先驱，仅看他在航空领域取得的成就是远远不够的。仅8年级毕业（大致相当于目前中国的初二或者初三）的寇蒂斯，找到的第一份工作在伊士曼干版电影公司（Eastman Dry Plateand Film Company），其间，他发明的一种制版设备成为后来摄影成像技术研究的基础之一，而伊士曼干版和电影公司则是后来大名鼎鼎的美国柯达公司（Eastman Kodak Company）的前身，他的创始人伊士曼全名是乔治·伊士曼（George Eastman），是人类胶片成像的奠基人同时也是胶卷的发明人。寇蒂斯在离开伊士曼干版电影公司后，开始了他对速度的挑战生涯。

1903年，在莱特兄弟成功进行了人类第一次重于空气航空器的载人受控动力飞行的那一年，寇蒂斯取得了全美摩托车赛的冠军，创造了全美1英里摩托车竞速103千米/时的速度纪录，当时年仅25岁。在随后的一年又创下了10英里距离的世界竞速纪录，直至1907年将这一竞速纪录提高到219.45千米/时，这个纪录在1930年之前没人能够突破，他也因此被称为“世界上最快的人”（the fastest man in the world），当然这是在地面上。通过图片，细心的读者会发现，那时的摩托车就是给自行车加装了一台小发动机而已。

的确如此，这一点我们能够从摩托车英文名的构成上一见端倪。摩托车的英文名有如下几种：motorbicycle、motorbike、motorcycle、autobike。“moto”最早之意为马达（“moto”的音译词，摩托是另外一种音译），就是发动机的意思，“bicycle/bike”是自行车的意思，早期的摩托车就是安装了发动机的自行车。寇蒂斯取得胜利的关键在于他自己设计并制造的高可靠性8缸发动机，随后他将这型发动机投入了航空用途。

《时代》杂志封面上的寇蒂斯

早期驾驶V8发动机摩托车的寇蒂斯

1909 年在法国兰斯的寇蒂斯

让我们比较一下 20 世纪初期全美航空发明浪潮中的这些先驱们，他们有一些共同点，都是从事机械行业起家并自学成才。莱特兄弟、冯如以及寇蒂斯都是从机械制造起步，自学成才进入航空发明领域的。莱特兄弟自己制作的水冷直列 4 缸活塞发动机成为“飞行者”1 号可靠的动力源，冯如最早也是在纽约的船厂工作，而寇蒂斯早在 1902 年就已经研制了自己的汽油发动机。在受教育方面他们也是惊人的相似，寇蒂斯仅八年级毕业，莱特兄弟未受过高等教育（大学教育），而冯如更是从偏远的广东农村而来，未接受系统教育更谈不上高等教育了，长期的实践和对航空的满腔激情，是他们最好的老师。

寇蒂斯进入航空领域的时间，应当从 1904 年算起。那一年，他签订了一份监制军用飞艇的合同，同时负责制造该飞艇所用的发动机，他提供了一型 9 马力 V 形双缸发动机，帮助托马斯·鲍文（Thomas Baldwin）成为美国第一位飞艇驾驶员，而那台飞艇——“加利福尼亚之箭”（California Arrow）则成为美国第一艘成功飞行的飞艇。

安装寇蒂斯发动机的“加利福尼亚之箭”飞艇

寇蒂斯制作发动机的才能并非一蹴而就，在这之前的 1901 年，寇蒂斯购买了一台单缸发动机安装在自己的自行车上，然而这并没能满足他对速度的追求。在着手改进后的第二年，寇蒂斯已经拥有了自己的摩托车品牌（赫拉克勒斯），并将这一产品推向了市场。在最初的摩托车竞速赛中，寇蒂斯并未拿到什么成绩，反而是他制造的摩托车上高性能的发动机引发了大家的关注，很多车手向他预定摩托车发动机。直至他在 1904 年向军用飞艇提供发动机，步入航空领域。

寇蒂斯在“加利福尼亚之箭”飞艇上完成了个人首次飞行

因为和鲍文的关系，寇蒂斯在 1906 年 8 月陪同鲍文前往代顿展示飞艇，遇到了他一生的冤家——莱特兄弟。莱特兄弟从代顿起家，在 1906 年的时候已经是全美知名的飞机发明家，那一波发明浪潮，同时也是专利申请与保护的浪潮，两兄弟在改进飞机设计的同时在为自己飞机专利事宜忙碌。寇蒂斯和鲍文拜访了莱特兄弟，莱特兄弟自然不会将他们飞机改进的进展告诉同行，而此时的寇蒂斯和鲍文并不属于飞机行业这一范畴（起码莱特兄弟这样认为），于是在交流中透露了一些技术方面的内容。至于具体到什么程度我们不得而知，而这就成了未来寇蒂斯与莱特专利之争的起因，也是有利于莱特兄弟主张的重要依据。

事实上，在去拜访莱特兄弟之前，寇蒂斯已经对飞机有所涉及，主要的推动力还是其对速度的狂热追求，然而莱特兄弟并不知情。关于那次谈话，对后来寇蒂斯在航空领域的发展带来了多大帮助难以判断。但清楚的是，过于专注于专利保护消耗了莱特兄弟大量的精力，在那之后的七八年间，莱特兄弟忙于各种起诉以限制其他人飞机的发展，亦或者索取专利费用，在飞机创新上的进展远不如当初那样快速。实际上，观察莱特兄弟在首飞后的举动可见端倪，组建飞行表演队，成立飞行学校，进行全美以及欧洲的巡回表演，这一系列市场化的行为所追逐的无非是商业利益。1905 年 10 月，在他们重点推介的“飞行者”3 号未被美国军方采纳后，失望之余的莱特兄弟暂缓了几乎全部的飞机研制工作。有别于早期对飞行的潜心追求，后续的很多年中，在飞机技术领域的创新方面，莱特兄弟作为飞机的发明者迅速被更多的航空先驱所超越，而这一点在后期表现得尤为明显。1915 年之后，莱特兄弟几乎没有单独销售出过他们的飞机。

正是因为在航空发动机领域的优异表现，寇蒂斯被美国发明家贝尔（发明电话的先驱，当时的巨富）吸纳进入了他投资的组织美国航空器试验研究协会（Aerial Experiment Association，AEA。1907 年成立），AEA 的成员包括贝尔、寇蒂斯、约翰·A. D. 麦克柯蒂（John A. D. McCurdy）和弗雷德里克·鲍尔温（Frederick Baldwin），以及来自美国陆军部门的托马斯·赛尔夫瑞基（Thomas Selfridge）中尉。贝尔成立 AEA 的初衷也是聚集优秀的工程师研发飞机以期批量卖给军方获取利润。AEA 的运作模式是贝尔资助每个成员领导一个研发小组，各自开发一种飞机，相同的是所有的飞机均采用寇蒂斯 40 马力 V8 发动机。

贝尔的作品是“小天鹅”（AEA Cygnet），外形十分科幻，笔者确实没办法将他进行归类，因为很难分辨这是一种什么航空器，这玩意儿当然也没有什么发展潜力，项目终止。

寇蒂斯、麦克柯蒂、贝尔、鲍尔温、赛尔夫瑞基（从左至右）

贝尔的作品："小天鹅"号

赛尔夫瑞基的作品是"红翼"（AEA Red Wing），一架双翼机，得名于机翼上的红布，首飞后摔在冰面上，算是成功了一半。

鲍文的作品是"白翼"（AEA White Wing），一架双翼机，得名于机翼上的白棉布。这架飞机有了开创性的设计，比如，采用了轮式起落架，在机翼上安装了副翼（三角形翼尖副翼），当然首飞也很完美，驾驶它的赛尔夫瑞基也因此成为了美国第一个飞上天空的军人。项目很成功。

1908 年 3 月 12 日，"红翼"在库克湖冰面上首飞

“白翼”飞机（可以清晰地看到轮式起落架）

寇蒂斯的作品是“六月甲虫”（AEA June Bug），这是AEA的巅峰之作，因为在1908年6月首飞而得名，至于为什么叫“Bug”就不得而知了，因为“Bug”一词原意为臭虫。这架飞机集合了前面工作中全部的经验：三角形翼尖副翼、轮式起落架，还配备了滑橇式起落架（在机轮折断时备用）。这架飞机取得了极大的成功。“六月甲虫”的成功实际上凝结着整个AEA团队的心血，因为每一款飞机都是在上一款飞机的基础上改进提升的。

“六月甲虫”由寇蒂斯驾驶于1908年6月飞上天空（可以清楚地看到翼尖的三角形副翼）

仔细观察“红翼”“白翼”“六月甲虫”三型飞机的机翼，大家会发现它们非常相似，上翼两端向下弯曲，下翼两端向上弯曲。作为双翼机，AEA 的双翼机并不像以往的飞机那样，上下均采用平直机翼且机翼相互平行。他们这么做的原因是偶然的，早期的飞机在起飞时容易左右晃动导致翼梢触地，进而导致飞机损毁。莱特兄弟 1903 年首飞时，威尔伯在飞机右侧跟跑，在一定程度上是为了在飞机晃动时帮一把手。AEA 成员设计弯曲机翼是为了避免试飞时翼梢碰到冰面，因为最早的试飞是在 1908 年 3 月纽约附近的库克湖（Keuka Lake）的冰面上进行的。上下机翼的弯曲为“六月甲虫”带来了意想不到的好处，飞行性能十分稳定。从现代空气动力学的角度来看，下翼面两端上曲实际上就是飞机的机翼带上反角，上反角可以在飞机倾斜转弯时使其保持稳定，并防止它的侧滑；上翼面两端下曲形成的下反角，则可以增强飞机在垂直方向上的控制。副翼、轮式起落架、弯曲的机翼组合在一起，加上在当时先进的寇蒂斯 40 马力 V8 发动机，“六月甲虫”堪称完美。

AEA 决定用寇蒂斯设计的“六月甲虫”参加美国航空俱乐部设立的“科学美国人”（Scientific American）比赛。该奖项用于奖励完成第一个在官方见证下用轮子起飞并完成 1 千米飞行的人。实际上莱特兄弟早在 5 年前就已经具备完成这一任务的能力了，至于飞机要用轮胎起飞这一点，并不是很大的技术难点。7 月 4 日，在官方人员到场观看的情况下，寇蒂斯驾驶这架飞机以 61 千米 / 时的速度，飞行了 1.2 千米，这一成就使寇蒂斯获得了 1908 年度“科学美国人奖”，从而声名鹊起，在那个时代首次被公众认为是能够与莱特兄弟比肩的航空发明家。至于莱特兄弟为什么没有参加这一比赛，其原因是莱特兄弟首飞后的重点工作是推介自己的飞机以期盈利，而“科学美国人”的奖金仅仅 2500 美元，对于当时如日中天的莱特兄弟不值一提。在比赛的那一天，奥维尔在改进他们的飞机，威尔伯在法国推销他们的飞机。

AEA 的崛起在当时的美国社会引起了巨大的反响，但赛尔夫瑞基在一次意外的事故中身亡对 AEA 产生了极大的负面影响。因为贝尔组建并投资 AEA 的主要目的是看好美国陆军这一巨大的市场（美国空军 1947 年才从美国陆军中独立出来），赛尔夫瑞基作为军方指派参加 AEA 的人员，对贝尔向美国军方销售飞机起决定性作用。当时的赛尔夫瑞基是美国陆军的评审团成员，在 1908 年 9 月试乘由奥威尔驾驶的莱特 A 型飞机时因坠机身亡，评审团中还有另一位来自 AEA 的成员，就是寇蒂斯，由此也可见 AEA 与美国陆军之间关系之紧密。那一时期，莱特兄弟对飞机专利的控制

CURTISS FLIES "JUNE BUG."

Aeroplane Covers Three-quarters of a Mile in 68 1-5 Seconds.

HAMMONDSPORT, N. Y., July 3.—Going thirty-eight miles an hour and traveling in a semi-circle, the Aerial Experiment Association's Aeroplane 3, known as the "June Bug," made a flight of three-quarters of a mile this evening. G. H. Curtiss was the navigator.

It was just 68 1-5 seconds from the time the aeroplane left the ground until it landed. The landing was intentional and made without accident. This is one of many trials that have been made with the "June Bug" preliminary to the official test of the machine, which is to take place to-morrow before the Contest Committee of the Aero Club of America for The Scientific American trophy.

《纽约时报》对寇蒂斯夺冠的报道

极其严格，贝尔在评估“六月甲虫”在未来销售时面对莱特兄弟专利诉讼胜算不大后，于 1909 年 3 月决定终止并解散了 AEA。事后寇蒂斯购买了“六月甲虫”的产权并计划发展自己的飞机。

AEA 解散后的当月，寇蒂斯与人合作成立了公司（Herring Curtiss Company，该公司并无太多实际举动），快速研制了寇蒂斯 1 号，这就是著名的“金甲虫”（Gold Bug）飞机。这架飞机被认为是寇蒂斯自己设计并制造的第一架飞机。

1909 年 6 月，寇蒂斯驾驶着“金甲虫”再次赢得了“科学美国人”设置的挑战及奖金，这次不同的是，奖金已经达到了 1 万美元。此时，寇蒂斯已经完成来了从摩托车赛车手向航空专家的转型，在美国声望极高，没人会轻视他，包括莱特兄弟。哥俩在同年 8 月，正式发起了航空史上最著名且旷日持久的飞机专利权诉讼案，他们认为寇蒂斯的“金甲虫”抄袭了莱特飞机。

在连续两次获得“科学美国人”大奖的激励下，寇蒂斯决定携带“金甲虫”参加在法国兰斯（Reims，著名的香槟酒产地）举办的全世界第一次航空展及竞速比赛。不幸的是，“金甲虫”在参赛前的一次飞行中损毁了，寇蒂斯重新制造了一架飞机—寇蒂斯 2 号，即著名的“兰斯竞争者”（Curtiss Reims Racer）。这架飞机在“金甲虫”的基础上改进而成，采用开放式驾驶舱、双翼、推动式螺旋桨布局；为了提高飞行速度，截短了机翼（提高了翼载），换装了大马力发动机、更轻的油箱、效率更高的螺旋桨，以应对性能更好的莱特系列及布莱里奥系列飞机。

翼载（wing loading）：飞机重量与机翼面积的比值。飞机重要的总体参数之一。它直接影响飞机的起降性能、爬升性能、机动性能、最大航程和升限等。

在被莱特兄弟起诉的当月，1909 年 8 月，经过激烈的角逐，寇蒂斯及其“兰斯竞争者”赢得了比赛，成为世界上首位国际竞速赛（绕固定坐标塔飞行）的冠军，速度是 74.8 千米 / 时。一时间风头无人能及，各国媒体给予了极高的赞誉。

寇蒂斯并未止步，他的目标已经不仅仅是速度和冠军的荣誉了。1909—1910 年，寇蒂斯雇佣了多名飞行员在美国开展飞行表演，开办飞行培训学校（培训美国陆军和海军的飞行员），宣传航空理念，传播飞行知识，以推销他的飞机。民间用户终究是少数，但说服军方购买亦非易事。传统的军事作战中并无航空，军方对于这种新奇的器具很好奇，却又不知如何使用，美国陆军直到莱特兄弟首飞 6 年后的 1909 年，才

“兰斯竞争者”及改进的副翼（可以观察到相比以前的“六月甲虫”，这架飞机的机翼明显缩短了）

媒体甚至称呼寇蒂斯为“航空之王” “兰斯竞争者”为了减重导致的简陋到不能再简陋的座椅特写

购买了第一架莱特 B 型飞机，美国海军直到 1911 年之前是没有任何购买行为的，如何说服美国军方购买飞机确实是一个难题。比较莱特兄弟与寇蒂斯在拿出产品后的举措，飞行表演、飞行学校等几乎是完全一致的套路，不同的是寇蒂斯依旧在挑战自我，并没有像莱特兄弟一样陷入专利保护的泥潭，因为对于寇蒂斯来说，最重要的事情是继续前进。

1910 年前后，德国人尝试使用固定翼飞机在军舰上起飞，美国人也决定开展类似试验。美国海军邀请寇蒂斯和他聘用的飞行员尤金·依莱（Eugene Ely）进行测试，使用轻型巡洋舰“伯明翰”号（USS Birmingham），在它的甲板上加装了一条 25 米左右长度的木质跑道。11 月 14 日下午，尤金·依莱驾驶寇蒂斯 D 型飞机（换装了更大的 50 马力发动机）成功地从“伯明翰”号上起飞，然后飞往岸边降落。这是人类历史上首次固定翼飞机从战舰上起飞，这被看作是催生航空母舰的重要飞行。

为了进一步测试固定翼飞机在军舰上降落的能力，美国海军改装了更大的装甲巡洋舰“宾夕法尼亚”号（USS Pennsylvania），在其甲板上铺设了约 36 米长的木质跑道，此外还在上面设置了 21 根绳子，并在绳子两端各绑有 50 磅的重物。为了保险起见，还在跑道尽头设置了帆布制成的拦阻设施。

1911 年 1 月 18 日，尤金·依莱驾驶着改装后的寇蒂斯 D 型飞机（飞机机身下方安装了 3 个铁钩子），驶向了停泊在旧金山湾中的“宾夕法尼亚”号。在 12 万人的见证下，飞机降落在甲板上第 12 根绳索处，在清理甲板后，尤金·依莱掉头又从甲板上起飞离开战舰，创造了历史！

依莱从“伯明翰”号巡洋舰起飞的场景（飞机脱离跑道后快速下降，轮胎几乎接触水面）

依莱从“宾夕法尼亚”号巡洋舰上起飞

成功使用固定翼飞机在军舰上起降，寇蒂斯的表演深得美国海军的重视，因此这也成为航空母舰时代的开端。此外，目前现代的舰载机和航母上，仍然保留着那些铁钩、绳子和拦阻设施，只不过更加现代化，分别叫作尾钩、拦阻索、拦阻网而已。

进近

降落

清理跑道掉头

飞离战舰

法国人查利·法布尔在1910年3月试飞了世界上第一架水上飞机，被世人称为“水上飞机之父”。不过，真正推动水上飞机走向大规模应用的人还是寇蒂斯。他曾经在巴黎与法布尔进行了关于水上飞机的探讨，借鉴了一些成功的经验，并在之后开始了水上飞机的研究工作，直至1911年1月26日，也就是尤金成功在“宾夕法尼亚”号上成功起降后的第八天，寇蒂斯再次为世界带来了惊喜，他驾驶着寇蒂斯D型改进型（加装浮筒）进行了美国历史上第一次飞机水上起降。两天后，来自美国海军的西奥多·埃利森（Theodore Ellyson）在寇蒂斯飞行学校培训后成功飞行，成为美国海军航空兵第一位飞行员。

1911年1月26日，寇蒂斯水上飞机①第一次成功飞行

① 这架飞机由寇蒂斯D型加装浮筒改进而来，寇蒂斯在1910年12月成立了寇蒂斯飞机和发动机公司（Curtiss Aeroplaneand Motor Company），主要产品是在AEA期间购买的“六月甲虫”产权基础上研制单座的D型和双座的E型飞机。

寇蒂斯 A-1 型水上飞机（可以看出加装的浮筒及隐藏在浮筒中的轮子。照片摄于北岛，位于科罗拉多半岛北部圣迭戈湾美国海军母港）

寇蒂斯和他的飞机在继续前进，1911 年 6 月，寇蒂斯取得了由美国航空俱乐部（Aero Club of America）颁发的美国历史上第一批飞行员驾照，寇蒂斯编号第一（No.1），威尔伯·莱特编号第五（No.5），因为第一批飞行员驾照编号是按照姓名的首字母排序的。

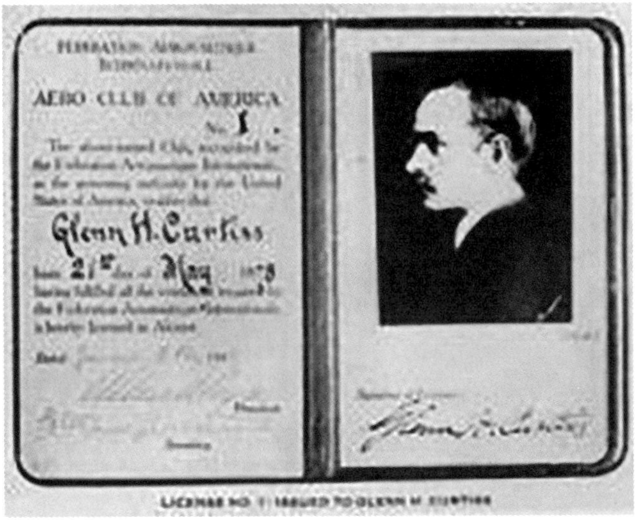

由美国航空俱乐部颁发的美国第一号飞行员驾照（持有人寇蒂斯）

寇蒂斯推出的船身式水上飞机（其性能大大优于早期加装浮筒的寇蒂斯 D 型）

事后，寇蒂斯相继推出了寇蒂斯 A–1、A–2、A–3、A–4 型水上飞机。1911 年 7 月，美国海军订购的历史上第一架飞机就是寇蒂斯 A–1 型，其性能很快得到了验证。俄国、日本、德国、英国争相购买寇蒂斯 A–1 型飞机，寇蒂斯飞机和发动机公司依靠寇蒂斯 A–1 飞机一战成名。在后续的第一次世界大战期间，寇蒂斯还研制了大量的型号，其中 JN 系列飞机各型总计销售超过 7000 架。

寇蒂斯培养了美国海军第一名飞行员，完成了美国海军第一次舰载飞行，向美国海军提供了第一架飞机，被称为“美国海军航空兵之父”（The Father of Naval Aviation），他是美国第一台航空发动机的制造者，是 1930 之前“世界上最快的人”，是第一届兰斯竞速赛的冠军。寇蒂斯身上有着太多的荣誉，但他相比于莱特兄弟，并不为大多数人所熟知。寇蒂斯在取得了兰斯冠军头衔后一战成名，然而他并未停止前行的脚步，不断推出改进的飞机，对早期航空技术的进步起到了重大的推动作用。

相比莱特兄弟，寇蒂斯更加善于向同时代的航空先驱学习，在与莱特兄弟的专利之争中，可以肯定的是寇蒂斯借鉴了很多莱特兄弟的经验，但这一过程并不是简单的抄袭，从“飞行者”用扭曲翼尖以操纵飞机转弯的方法，到寇蒂斯设计并利用副翼操纵；从学习法布尔浮筒式水上飞机设计，到 1913 年水上飞机船形机身的革命性改进，无一不是重大的创新。

保护只能解决过去的问题，只有不断前行才能面对未来的不确定性。在 1906 年美国专利局授予莱特兄弟飞机设计专利后，莱特兄弟深陷专利保护的泥潭，飞机研制进展受到了负面影响，奥维尔在后期甚至卖掉了在莱特飞机公司的股份。寇蒂斯却不断改进并推出新的设计，这场航空领域最著名的专利之争在1917年美国参加第一次世界大战时阶段性结束，为了减少内部消耗以更好地为战争服务，美国政府为所有航空发明家成立了专利许可联盟。莱特兄弟显然不是胜利者，寇蒂斯公司已经成为当时世界上最大的飞机制造公司，而此时的飞机已与1903年的“飞行者”已经完全不同了。

四、“水上飞机之父”——法布尔

初期飞机的性能还是十分有限的，在1910年之前，速度多在100千米/时以内，比如寇蒂斯的“兰斯竞争者”在1909年获得竞速赛冠军时的速度为74.8千米/时。这一时期的人们首要解决的问题并不单单是提高飞机性能和更好的操控，更重要的是提高飞机的可靠性。面对随时可能出现故障的飞机，如何让它安全落地成为重要的问题。由于飞行速度普遍很低，出现故障后经飘降减速后，在水面上迫降损伤较小成为不错的备选方案，比如，兰利的飞机在水上平台试飞，瓦赞的飞机在塞纳河上试飞，等等。此外，在水面起飞还能增大飞机的活动范围。此时人们开始探索能够在水面上起降的飞机，水上飞机的发展由此而来。

有人认为瓦赞1905年6月在塞纳河上的那一架采用箱形机翼的滑翔机是第一架水上飞机，这实际上是错误的。那仅仅是一架滑翔机，并且通过快船拖引实现起飞，不可控且无动力，更像是一个风筝而不是飞机，象征意义更大一些。

亨利·法布尔（1882—1984年，法国著名航空先驱，世界第一架水上飞机的发明者）

世界上第一架能够依靠自身的动力实现水上起飞和降落的真正的水上飞机是由法国人亨利·法布尔（Henri Fabre）研制的。法布尔出身法国显赫的船舶世家，他在马赛接受的科学教育，由于富裕的家庭环境，他有时间和条件从事机械和流体力学的研究。

法布尔和他制造的水上飞机（图中的法布尔位于机身梁上的座椅中）

当时的社会环境方面，航空领域经过多年的发展，法国已经成为欧洲的航空科技中心，航空科学研究氛围十分浓厚，吸引着许多年轻人追逐飞行梦想。亨利·法布尔也是其中的一员，并且对于飞行，出身航海世家的法布尔有着独到的见解。他在自传中写道："翼和船帆是非常相似的，对于两者，风都是关键。当他们在空气中运动时，鸟类通过扑动翅膀产生风让自己爬升，水手则借助船帆使用风的力量让自己前行。"

基于良好的家庭环境，法布尔在1907—1909年，针对平板开展了一系列在气流和水流作用下受力的基础性研究工作，最重要的是开展了对翼面及浮筒在水中的运动及受力的研究，加上具有良好的教育背景，极大地促进了他水上飞机的研制。至于为什么研制水上飞机而不是陆上飞机，法布尔评估过飞行的风险，对于研制水上飞机法布尔的考虑是："飞机撞在水面上受到的伤害远比摔在地面上小得多。"

1909年，法布尔设计了他的第一架水上飞机，但未能成功飞行。当年年底，法布尔又设计了他的第二架名叫"鸭子"（Le Canard）的飞机。这架飞机造型很独特，机身由上下平行的两根梁组成，升降舵位于飞机前段，机翼位于机身后部，发动机为15马力的"土地神"旋转汽缸发动机，安装在靠上的梁的最末端（机翼后），飞行员坐在上梁的中间，靠一副推力螺旋桨提供推力。机身下安装三个水翼式浮筒，提供整机在水中的浮力并在飞机降落时减缓水面的冲击。飞机的整体结构是木制的，三个水翼式浮筒用胶合木板制成。为了便于在水面滑行时控制方向，飞机尾部下方还安装有一个水舵。这种有趣的设计，反映出设计者船舶业生活的背景。

第一架水上飞机飞行（从这一角度能够清晰地看到第一架水上飞机的细节，包括飞机右下方的椭圆形水舵，骑在“机身”上的飞行员以及通过钢线操纵的升降舵）

右侧为飞机的前部（可以看到两片升降舵，机身下三块与水面接触的部分是水翼浮筒）

1910年3月28日，法布尔在马赛附近的港湾中驾驶这架飞机进行试飞。年仅28岁的他从未接受过飞行训练，这一天他驾驶飞机以55千米/时左右的速度在水面上滑行，未能飞起来；第二次试飞中，飞机终于飞离了水面，直线飞行约500米，关掉发动机不久后飞机在水上安全着陆；随后法布尔又飞行了两次，并测试了小坡度转弯飞行。在第二天的试飞中，飞行距离达到6千米。试飞表明这架飞机能够在水面上安全起降，可做持续飞行，运动方向可控，非常成功，世界上第一架水上飞机诞生了。

不过，真正使水上飞机逐步走向成熟并大规模应用的是前文提及的美国人寇蒂斯。1910年，寇蒂斯在巴黎向法布尔取经。1911年1月26日，寇蒂斯完成了美国第一次水上飞机飞行，随后开展了大规模的水上飞机研制，而就在同一年，法布尔的另一架水上飞机因飞行员的操作失误而坠毁，法布尔随后停止了研制自己的水上飞机，转而为他人的飞机设计和制造浮筒，这也是他擅长的方向。也是在这一年，法布尔为一架瓦赞式双翼机设计了浮筒，使这架飞机成为世界上第一架水陆两栖飞机。

对于水上飞机来说，法布尔和寇蒂斯两人共同推动了作为早期飞机重要分支——水上飞机的发展，法布尔的开创性工作使之被誉为“水上飞机之父”，而寇蒂斯在船身式水上飞机的努力，则揭开了航空发展的新方向。

值得一提的是，同期在美国还有一名祖籍广东开平的华裔航空先驱谭德根（Tom Gunn），在奥克兰结识了设立飞机制造工厂的冯如（另一位华裔航空先驱，后文有详述）后，开始接触飞机制造技术。在接受亲友资助完成系统的理论学习后，谭德根开始研制水上飞机，并携带他的水上飞机参加了1910年旧金山国际飞行大会（1910 Los Angeles International Aviation Meet），一举成名，随后应孙中山邀请回国，是华裔设计制造水上飞机的第一人。

五、另类的尝试——多翼机

就在莱特兄弟实现首飞的前后，有一群人在孜孜不倦地朝着多翼机方向探索，这个多翼机并不是多于正常机翼一个机翼的概念，他们的机翼真的很多，普遍多于三个甚至多达几十个，这也反映出飞机出现初期，在探索固定翼飞行的方向上大家的认识并不统一。

在第二章中，凯利爵士在评价亨森的“空中蒸汽马车”时，曾提出过将细长（大展弦比）的机翼分为上下平行布置的三个平面，相隔一定的距离，以便气流通过。这样的好处显而易见，一则避免了过于细长的机翼发生变形，二则每一个平行的机翼都能产生升力。这是在发动机功率有限时自然联想到的方案，通过增加机翼个数来增加机翼面积进而提高升力。这是历史上首次提出“多翼机”的概念，也是包括“飞行者”1 号在内的早期飞机多采用双翼或者三翼的原因。

但这里犯了一个致命的错误，对于单翼机，整个机翼产生的升力并不等于将其切为几段上下叠放时产生的升力，上下叠放的多层机翼扰动了流经的空气，最终的结果往往是这些机翼之间互相干扰，所获得的升力甚至将小于单翼，尤其是多个机翼间距过小的情况。当时的人们并不清楚这一点，由此出现了那些惊世骇俗的多翼机。

英国人霍雷肖·弗雷德里克·菲利普斯（Horatio Frederick Phillips），英国著名的航空先驱，以他对机翼的研究和制造的多翼机而闻名。菲利普斯在机翼翼型研究方面颇具心得，开展了大量的风洞试验用以测试不同翼型的升力特征，有趣的是菲利普斯的风洞中流过的是蒸汽而不是空气。他的风洞试验验证了关于机翼升力来源的构想：当空气流经被人为弯曲的机翼上表面时，速度会增大。根据伯努利原理，这时机翼的上表面的气压会变小，而同一时刻从机翼前缘分开的空气，在流过未经改动的机翼下表面时，速度未发生变化，压力同样未变，此时机翼上下表面所受到的压力是不同的，而产生的压力差就是机翼升力的来源。完全正确，这就是现代飞机的升力原理。

基于大量的风洞试验，菲利普斯在 1884 年获得了机翼翼型的第一个专利，将其称为双面翼型（double-surface airfoils），也就是上下表面弯度不一样的翼型，随后注册了一系列机翼翼型专利，这些成果被同时期的其他先驱广泛采用，菲利普斯也跃跃欲试。朝着正确的方向干正确的事，菲利普斯在翼型研究上取得了重要的突破，但随后他走偏了，认为机翼数量越多产生的升力越大，错也错得精彩，菲利普斯在错误的方向上开展了令人折服的研究。

霍雷肖·弗雷德里克·菲利普斯
（1845—1924 年）

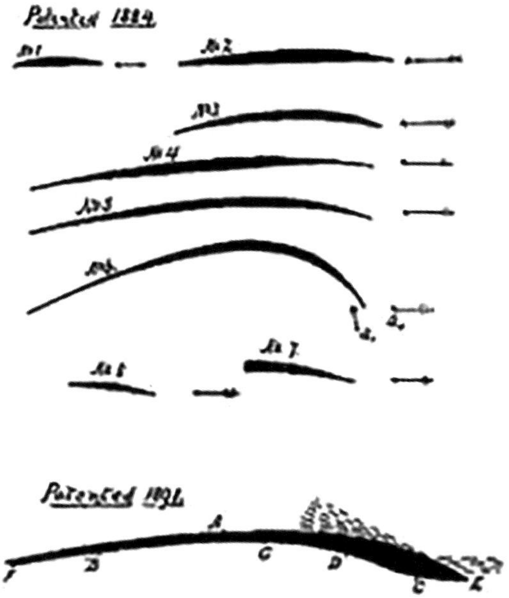

菲利普斯 1884 年注册专利的翼型影印件

1893 年，他研制了 50 片机翼的飞机，使用的就是 1884 年的“双面翼型”，每一个“机翼”的长度在 5.8 ~ 6.7 米，间隔 5 厘米左右，宽度在 3.8 厘米左右，单条机翼的长宽比至少为 152：1，使用一台 6 马力蒸汽机提供动力。这架飞机并不载人，主要在导轨上用以测试飞行的能力，结果是成功的。这架飞机证明能够在最大 180 千克的情况下离地飞行，在更轻的重量下，飞行高度在 0.6 ~ 0.9 米，但是飞行的稳定性较差。

菲利普斯 1893 年 50 片机翼（看起来确实像百叶窗）的多翼机在环形轨道上测试的照片

菲利普斯的第二架多翼机是1904年的20片机翼的多翼机，这架飞机是在1893年飞机的基础上改进而来，这一次的目的是实现载人飞行。为了提高飞行的稳定性，菲利普斯在飞机的尾部增加了一个十字形尾翼，安装了一台他自己研制的4缸水冷22马力汽油发动机，整架飞机3米长、3米高，搭载1名飞行员的总重是270千克，使用轻质的杉木、金属管和棉织物制造，这架飞机的最大速度在55千米/时左右，所取得的最好成绩是离地飞行约15米距离，但仍旧未能实现稳定飞行。

菲利普斯20片机翼的“百叶窗”飞机（较1893年的设计增加了十字形尾翼及更大的自行车起落架）

菲利普斯仍未死心，他将失败的原因归结为机翼数量不够。1907年，他建造了更加疯狂的拥有多达200个独立“机翼”的飞机，由一台22马力的发动机驱动一副2.13米的螺旋桨提供推力，这时笔者也不知该如何称呼他的飞机了。它能飞起来吗？是的！1907年4月6日，这个“机器”成功地飞行了约150米的距离，被认为是英国的第一次动力飞行，虽然莱特兄弟已经首飞4年多了。尽管实现了飞行，这架机器所表现出的性能是很差的，这也成为了菲利普斯最后的作品，显然他意识到了这并不是一个正确的方向，尤其是真正的飞机已经在美国、法国出现了。

在探索多翼机飞行的路上，除了菲利普斯之外仍有很多继任者。比如，美国人约翰·罗松（John Roshon）制造的类似脚手架一样的多翼机，前文提到的贝尔（Bell）

的“小天鹅”号，法国人的多翼机，等等，这些探索无一不以失败而告终，但他们的失败并非没有意义，而是从另外的角度向大家指明了发展方向。我们再来看看那些先驱们另类的作品。

菲利普斯 1907 年的有 200 片“机翼”的“飞机”（这个看起来像鸟笼一样的机器，实现了英国第一次重于空气航空器的有动力飞行）

1906 年美国人的“脚手架”飞机

1914 年，美国霍华德·亨廷顿（Howard Huntington）的多翼机（被称为亨廷顿“蚌”）

1908 年法国人制造的多翼机

1918 年美国人的“空中轿车”多翼机

六、飞越英吉利海峡——布莱里奥

路易斯·查尔斯·约瑟夫·布莱里奥（Louis Charles Joseph Blériot）是法国著名飞行家、飞机设计师、工程师、发明家，是第一个驾驶重于空气的航空器飞越英吉利海峡的人，第一个制造出有动力载人单翼飞机的人；此外，他还是第一款实用的汽车前灯的发明人，这让他收益颇丰并支持着他对航空的爱好。

布莱里奥 1872 年 7 月 1 日出生于法国康布雷，是家中的长子，毕业于非常著名的巴黎中央理工学院（Ecole Centrale Paris，该校专注于工程人员的培养），良好的高

路易斯·布莱里奥（1872—1936 年）

等教育对后期布莱里奥设计飞机并成为飞越英吉利海峡第一人的帮助极大。大学毕业后，布莱里奥并未从事航空事业，而是进入一家巴黎的电气工程公司，并在这期间发明了世界上第一款实用的汽车前灯，然后就带着自己的科技成果辞职创业了。

1897 年，布莱里奥的企业已经很成功了。他已经成为著名的雷诺汽车和潘哈德汽车（Panhard，现在仍为法国军方提供军用车辆）的供应商，那一年他 25 岁。

虽然在上学阶段就对航空产生了兴趣，但真正投入到航空事业是在 1900 年以后，他的第一个“试验品”是一架扑翼机，但未能成功，随后将精力集中在固定翼飞机上。

1905 年，布莱里奥与加布里埃尔·瓦赞成立了布莱里奥 – 瓦赞公司，先期设计了一些滑翔机。至 1906 年，又设计了两架更大的有动力飞机，分别是布莱里奥Ⅲ和布莱里奥Ⅳ型。11 月 12 日，布莱里奥Ⅳ型在滑行中损坏了，而恰恰是在那一天，另外一名巴西人桑托斯·杜蒙驾驶飞机赢得了由当时的法国航空俱乐部举办的“超过 100 米飞行”的奖励，同时被当时的国际航空联合会 FAI 认可为首次重于空气的航空器的动力飞行（完全没有考虑莱特兄弟的感受）。这件事影响了布莱里奥和瓦赞的合作关系。自此之后布莱里奥单干了，自己设计飞机，最终的结果是带来了世界上第一架成功飞行的有动力单翼机（莱特兄弟的飞机是双翼机）。

1907 年，他设计了布莱里奥Ⅴ型飞机，单翼鸭式布局，在当年 4 月一次地面滑行事故中损坏，非常幸运布莱里奥没有受伤。

7 月，他又造出了布莱里奥Ⅵ型飞机，串翼布局（在驾驶座椅前后各布置一对机

布莱里奥Ⅱ型

布莱里奥Ⅴ型

翼），9 月的时候能够飞到 25 米的高度，因发动机空中故障，飞机尾旋坠落，非常幸运的是在接近地面的时候改出尾旋，飞机基本平行于地面落地，布莱里奥仅面部被护目镜的玻璃划伤，随后布莱里奥放弃了Ⅵ型飞机，设计了Ⅶ型飞机。

布莱里奥Ⅶ型是一款单翼机，在布莱里奥Ⅵ型的基础上缩小了后置机翼的尺寸，不再依赖这副机翼产生升力，这就是现代飞机尾翼的雏形。在当时控制飞机主要是通过控制机翼来改变飞机横向运动，将控制翼面布置在机身尾部是很超前的想法，这一做法为布莱里奥带来了成功。布莱里奥Ⅶ型在 11 月 16 日进行首飞，12 月 6 日的时候，已经能够飞行超过 500 米，并进行 U 形转弯，这在当时的航空届引起了震动，U 形转弯已经大幅领先于其他人的工作了，同时这架飞机被认为是人类第一架成功飞行的单翼机。在 12 月 18 日的飞行中，布莱里奥Ⅶ型因起落架故障损毁，然而布莱里奥再次被幸运女神眷顾并无大碍。

布莱里奥Ⅵ型

布莱里奥Ⅶ型

1908 年 2 月，布莱里奥Ⅷ型问世了，再次缩小了“尾翼”尺寸，使其发挥水平稳定器的作用，同时在飞机的操控上，使用一根控制杆操纵飞机的滚转和俯仰运动，利用脚控制方向舵，这种控制方式一直沿用至今。10 月 31 日，布莱里奥Ⅷ型已经能够开展长距离的飞行了（28 千米），后来在一次地面滑行事故中损毁。

在 1908 年 12 月底的第一届巴黎航展上，布莱里奥展示了三款新的型号，分别是布莱里奥Ⅸ / Ⅹ / Ⅺ型，其中的布莱里奥Ⅸ型和布莱里奥Ⅹ型并没有飞过，因为这两架飞机的发动机供应商开始自行研制飞机了，而布莱里奥是他们的商业对手。在更换了别的发动机后，布莱里奥Ⅺ型在 1909 年 1 月 18 日成功首飞，后因发动机过热的原因，再次更换了更加轻便可靠的安札尼（Anzani）发动机，而这是布莱里奥Ⅺ型最终取得跨英吉利海峡飞行成功的重要因素。

布莱里奥Ⅷ型

布莱里奥Ⅺ型

1908 年 10 月，伦敦《每日邮报》（DailyMail）悬赏 500 英镑奖金以奖励第一个驾机从英国飞到法国或反之横跨英吉利海峡的人，没人报名，第二年将奖金数额提高到 1000 英镑。当时这件事被认为是一个宣传《每日邮报》的广告，法国《巴黎晨报》甚至评价说根本没有取得成功的可能性。但在当时的 1000 英镑可是一笔巨款，1914 年（第一次世界大战爆发）之后，政府超发货币导致英镑贬值，但之前的英镑是绝对的硬通货，购买力超群。当时一名教师的月薪在 4 英镑左右，属于中高收入群体，因为有钱人的孩子才付得起学校的学费，而证券商书记员的月薪在 4 ～ 10 英镑，比照现在金融行业从业人员的收入，各位读者可以自己去感受一下英镑的“硬度”。如果按照官方的计算，19 世纪末期（1895 年），英国实行严格的金本位制度，1 英镑金币重量约为 40 克，粗略估算，折合为 2016 年年初汇率的话就价值 1300 万元人民币了，当然实际的购买力会更高，因此这一悬赏极具吸引力。

此时布莱里奥在多年的磨砺中积累了丰富的飞机研制和飞行技术方面的经验，当得知此消息后，决定向这个奖项发起挑战。1909 年 7 月 21 日，布莱里奥带着布莱里奥Ⅺ型来到法国加来，选定在 7 月 25 日这一天发起挑战。当时还有另外三名挑战者，他们是查尔斯·兰伯特（Charlesde Lambert，是威尔伯·莱特的学生）、休伯斯·莱瑟姆（Hubert Latham）和亚瑟·西摩（Arthur Seymour，亚瑟·西摩仅仅向《每日邮报》提交了申请，并未参与）。实际上这次挑战的赞助商希望莱特兄弟能够参加，但莱特兄弟考虑到风险太高且 1000 英镑对其来说微不足道，并未报名。

有一个小的插曲，休伯斯·莱瑟姆无意间还创造了另外一个纪录。他在加来附近的维桑安营扎寨，驾驶一架单翼飞机从加来附近海边的悬崖上起飞，飞机在飞行过程中发动机发生故障，降落在水面后被一艘一直与飞机并肩前进的法国驱逐舰“鱼叉”

号救起，虽然不怎么光彩，但这是人类第一次飞机水上降落。

再来说说布莱里奥，7 月 25 日，布莱里奥在进行了一次短距离的飞行准备后，正式发起了飞越英吉利海峡的挑战。起飞地点在法国加来附近巴拉克村的一处悬崖上，目的地则是英国多佛尔一带的某处峭壁顶端，届时那里会有一名法国记者通过挥舞法国国旗为其降落指引。为防止意外，飞机尾部安装了一个气囊以备落水时起漂浮作用。一切就绪后，飞机从草地上缓缓起飞，随之全速向目的地驶去。

飞行中由于浓雾和风雨，空中能见度极差。布莱里奥回忆道："我孤身一人，什么都看不见，整整 10 分钟，根本无法辨别方向。"就这样艰难地飞行了大约 20 分钟后，才依稀看到了多佛尔海岸的峭壁和多佛尔城堡。受强风影响，飞机航线有所偏离，最终在与强风的对抗中降落。整个飞行过程历时 36 分钟 30 秒，飞行 35 千米。就此布莱里奥成为操纵重于空气航空器成功飞越英吉利海峡的第一人，并因其在挑战中展现的能力和英勇被授予"法国荣誉军团勋章"。《纽约时报》称，布莱里奥此举对推动现代航空业发展具有里程碑意义。

布莱里奥着陆后的场景（1909 年）

布莱里奥Ⅺ型，薄机翼设计，机翼外表面覆盖粗棉布，上下翼面弯曲弧度大。由于翼梁强度不足以支撑飞行和降落时的负载，需要外露式拉力钢线辅助。重约 230 千克，桁架式木质机身，上单翼，机翼借鉴了"飞行者"的设计特点（带弯度的薄机翼），装配一台安扎尼气冷式星形活塞发动机。

布莱里奥Ⅺ型

当时《纽约时报》报道称，在布莱里奥完成飞行后的几周内共接到了 100 张飞机订单。不久后其建立的斯帕德公司（SPAD）便开始批量生产布莱里奥Ⅺ型飞机。

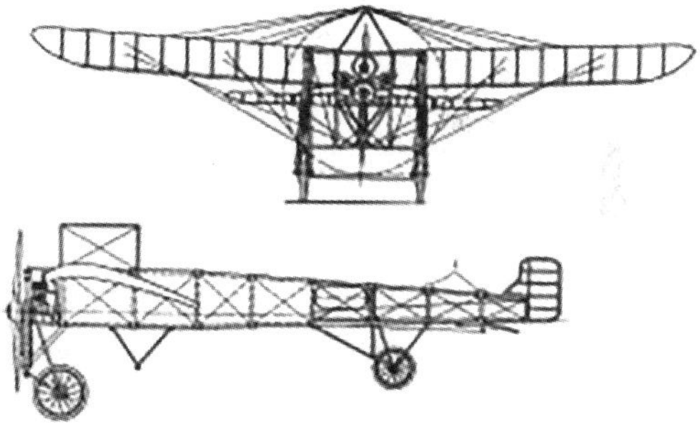

布莱里奥Ⅺ型现代仿制品及视图

这次历史性的飞跃，距离虽不长，却给英国造成了不小的心理冲击。飞机及飞行技术的快速发展让英国人感到十分不安，英法这对老冤家之间的天然屏障被航空技术意外突破，引以为傲的英国皇家海军可能将受到空中力量的威胁，这使其海上力量的绝对优势不再绝对，这件事从某种程度上激发了英国的航空业发展。

在成功飞越英吉利海峡后，布莱里奥的斯帕德公司在第一次世界大战期间为同盟国制造了上千架飞机而收益颇丰，布莱里奥也因此成为一位成功的航空企业家。布莱里奥于 1936 年 8 月 1 日因心脏病去世。

七、第一次大型航展——法国兰斯

布莱里奥穿越英吉利海峡的飞行让整个欧洲激动不已。在一系列成功的鼓舞下，欧洲各国特别是法国的飞行事业取得了重大进展，激发了人们对航空极大的热情，各种飞机设计、制造和试验的竞赛和展览活动蓬勃兴起，而航空则意外地拓展了新的应用领域竞技和娱乐。

在这种背景下，法国兰斯市以及周边地区的葡萄酒商们，决定提供大笔资金共同举办为期 8 天的航空展及竞赛，他们为竞赛设立了丰厚的奖金。在展会期间，大批欧洲的贵族和社会精英齐聚兰斯，其中包括法国总统和英国的财政大臣，几乎在当时所有知名的航空发明家都参与了比赛，赛后统计的参观总人数达到了惊人的 50 万。作为对比，100 多年后，2011 年举行的巴黎航展观众人数为 34 万。

这届展会是世界第一次航展（Grande Semaine d' Aviation de la Champagne）。时间为 1909 年 8 月 22—29 日，场地选在兰斯以北约 5 千米的一块平坦的空地上举行，空地的两端竖起了高塔作为标志物，后来该地成为兰斯航展的空中竞技基地。

竞赛分为多个类别，对于飞机而言，分别是设置绕圈（在两个高塔之间）竞速赛、最大航程比赛、搭载乘客最多并且飞完一圈比赛、高度爬升赛；对于飞艇而言，则进行 5 圈竞速赛。这其中的重头戏是双圈竞速赛，在航展最后一天举行。这是整个航展最重要的奖项，被称为“戈登·贝纳特杯”，由赞助商詹姆斯·戈登·贝纳特（James Gordon Bennett，当时著名的美国出版商）的名字命名。这一奖项在国家之间展开，每个国家最多允许 3 名队员参加比赛，比赛的距离为 10 千米，采用环形绕圈制，总计 2 圈，最终的冠军是前文提到的寇蒂斯，他的成绩是 74.8 千米 / 时。

展会中出现了一些有趣的现象。作为第一架真正意义上飞机发明人的莱特兄弟没有参加，他们忙于飞机专利和销售事宜。很多飞机都在模仿莱特飞机，出现了莱特 A 型飞机及其他众多仿制品同时参赛的有趣场景。现场表现最好的是瓦赞，他的飞机在当时表现出了很好的性能，总共有 7 架其他飞机模仿了瓦赞的设计。飞机结构设计还很原始，速度过快时会出现共振。寇蒂斯曾回忆道：“在加速到一定速度后，振动是如此猛烈，以至于我都被振离开了座位。”展会第一天的大雨为比赛带来了更多的戏剧性，天气转晴后从地面蒸发的水蒸气，以及产生的上升气流导致飞机在空中猛烈地

1909 年在法国兰斯举办世界第一次航展的海报

著名的"戈登·贝纳特杯"（造型是一个带翅膀的天使托举世界第一架飞机）

晃动，有的人专门选择合适的时机以利用这股上升气流。体重会影响比赛成绩，布莱里奥曾换上另外一名飞行员，因为这名飞行员的体重更轻。飞机的动力不是唯一的优势，绕圈对飞机的可操纵性的要求很高，飞行员操纵飞机的能力也非常重要。有一架代表英国队的飞机在飞完第一圈后撞到了地面上的一团干草堆。总计有 38 架飞机参赛，最终仅 23 架飞机实际飞行，因为当时飞机的可靠性很差，故障不断。寇蒂斯取得了最重要的胜利，不是因为他的飞机动力强、速度快，而是因为他的飞机可操纵性更好。

对于其他竞赛，成绩分别为：单圈竞速赛 76.95 千米 / 时，最大航程比赛 180 千米，高度爬升赛 155 米，搭载最多乘客（2 人）飞完一圈，飞艇 5 圈竞时赛 1 小时 19 分钟。

现代的航空展会更多的是一种产品的推介渠道，而兰斯航展则更像是飞机在空中的运动会，是一场竞技大会，是一场航空界的盛会。从比赛结果整体来看，1909 年航空技术的发展水平还是很低的，飞机结构简单、动力较弱、速度低、载重小、操纵性差，但飞机的种类更多了，飞行的发展方向更加明确了，航空的影响力更大了，这些才是航空发展的重要基础，在这届展会上重于空气航空器大放异彩，充分体现了其实用性。毫不夸张地说，兰斯航展对航空的发展所起到的推动作用并不亚于重要的技术突破，第一届兰斯航展也因此被认为开创了新的"重于空气的航空器"年代。

“戈登·贝纳特杯”比赛现场（可以看到飞机绕过标志性的高塔，这对飞机性能和飞行员的技术均有较高要求）

八、中国航空之父——冯如

在飞机出现初期，不仅欧美人研制飞机，中国人也取得了很多成就，他们中最为知名的就是中国航空先驱，中国航空之父——冯如。

冯如（1884—1912），原名冯九如、冯珠九，广东恩平人，中国首位飞机设计师、飞机工程师、飞行家，被尊称为“中国航空之父”。在1911年3月回国前，冯如在美国一直叫冯珠九。冯珠九的由来则是与当时中国农村的风俗有关，清末中国农村儿童的死亡率很高，很多农村地区都相信给孩子取一个猪、牛、狗等家畜的名字，这样可以免受灾病，平安成长，加上冯如几个哥哥都是童年夭折，所以乳名取为“猪狗”的谐音（粤语发音）“珠九”，这种名字在当时中国农村是很普遍的。冯如成名后在美国报刊的报道都是用“冯珠九”这个名字，后来在他1899年结婚的时候，正式改名为冯九如，也就是后来大名鼎鼎的冯如。

冯如之所以出名，是因为他是第一个制造出飞机的中国人，而且比莱特兄弟没晚几年，这在那个年代是非常了不起的一件事。法国人的载人热气球、德国人的滑翔机、英国的航空理论研究都是率先出现在西方世界，无数的航空先驱们已经为后人积蓄了大量的经验，此外在无线电、内燃机、汽车等先进技术，以及科学工具大面积普及、技术创新思潮涌动的时代背景下，就像前面讲述的，莱特兄弟的首飞在一定程度上是顺理成章的。

然而当时清政府统治下的中国仍然是一个落后的农业国家，在清朝末期，中国还不大可能具备孕育先进科学技术成果的土壤，而冯如在美国学成后毅然回国开办航空制造业，确实让落后的中国眼前一亮，让人们看见了世界上巨大的进步力量，在精神层面上，给予腐朽疲惫的社会以巨大的鼓舞。

冯如（1884—1912 年）

1895 年，冯如随美国归来探亲的亲戚赴旧金山，先后在半工半读学校学习，在船厂当徒工。从中国广东农村到目睹资本主义社会和工业化的城市，对任何一个人都是巨大的冲击，更何况是年仅 11 岁的冯如，他幼小的心灵深受震撼，在日记里写了这样一段话：“尝谓国家之富强，由于工艺发达，而工艺发达，必有赖于机器，非学习机器不足以助工艺之发达。”可见冯如对机器的看重。1903 年，莱特兄弟驾驶自制载人动力飞机受控飞行成功。1904 年，日俄战争爆发，中国东北三省遭殃。这两件事改变了冯如对机器的看法，他后来反思：“是岂足以救国者？吾闻军用利器莫飞机若。誓必身为之倡，成一绝艺，以归飨祖国。苟无成，毋宁死。”“中国之强，必空中全用飞机，如水路全用轮船。”“倘得千只飞机分守中国港口，内地可保无虞。”此时冯如已经萌生了航空救国的想法，立誓决定用毕生精力为中国研制飞机。

经过十多年的学习后，冯如在 1906 年的旧金山已经小有名气了，制造发明了很多实用的机器，如抽水机、打桩机、发电机等。旧金山、奥克兰的报纸盛赞冯如是“知名机械师和发明家”“奥克兰市天才的发明家”，这时的冯如已经为研制飞机打下了扎实的基础。

1906 年后，冯如开始收集有关设计、制造和驾驶飞机的资料，实施飞机制造计划。

1907 年 9 月，他与当地华侨、亲友集资在美国奥克兰市创办了飞机制造公司，命名为“广东机器制造厂”。

1908 年 4 月，冯如驾驶“冯如”1 号在奥克兰进行了首飞，飞机由于螺旋桨问题坠落。

终于，1909 年 9 月 21 日，在研制多架飞机的基础上，中国人设计的第一架飞机“冯如”1 号终于试飞成功。这型飞机从机翼、方向舵、螺旋桨到内燃机等大小部件全部自制，在一定程度上与莱特型飞机相似，也是双翼、桁架式机身，发动机安装在下翼中央的推进式、鸭式操纵面布局的飞机，方向舵也像莱特型飞机，但改进了着陆装置，起落架末端安装着 4 个轮子。“冯如”1 号在奥克兰市飞行了 800 米左右并安全着陆，它的航程是莱特兄弟 1903 年首次试飞距离的 3 倍多。这一成就立刻引起了西方世界的震惊，在莱特兄弟首飞后仅 6 年时间，就完成制造并成功飞行，美国《旧金山观察者报》曾以“东方的莱特在飞翔”为题，报道了冯如自己制造飞机的经过，自此，冯如被誉为“东方莱特”。

在总结历次失败教训并吸收当时先进经验后，冯如率助手们再接再厉研制成功了“冯如”2 号飞机。冯如当时主要参考的是寇蒂斯的“金甲虫”（Gold Bug）及莱特兄弟的“飞行者”2 号（Flyer Ⅱ）两款构型的设计。“冯如”2 号于 1911 年 1 月 18 日试飞成功。1911 年 1—2 月，冯如驾驶飞机在旧金山海湾多次环绕飞行，在随后的试飞中，达到的最高速度为 104 千米 / 时，飞行高度达 200 多米，操纵性能良好，整体性能达到当时的世界先进水平。当地各界人士纷纷前往观看，冯如在美国的名声达到了巅峰。随后不久，他接到了清政府召唤回国的电报。

“冯如”1 号

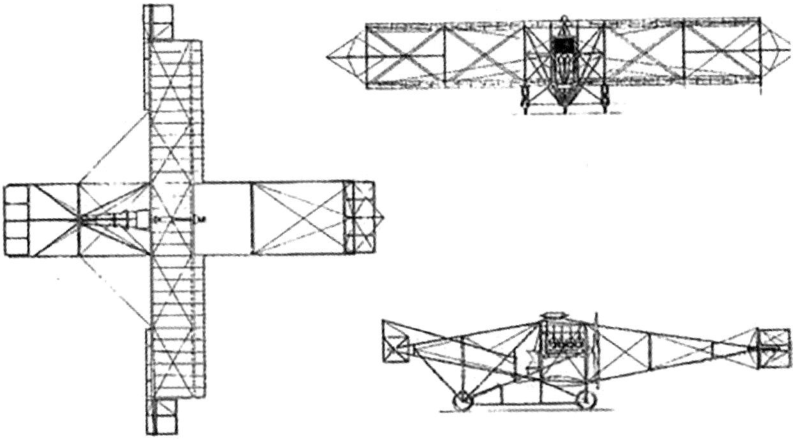

“冯如”2号的三视图（从构型上可以明显感受到莱特飞机的影子）

当时，美欧等国均意识到航空的重要性，四处网罗航空人才，大力发展航空业。随着冯如知名度越来越大，多家外国公司以重金聘请冯如，但均被冯如婉言回绝。为发展祖国航空事业，1911年2月，冯如和其助手朱竹泉、朱兆槐和司徒璧如，携带两架自制飞机和机械设备，途经香港回到了家乡。抵达广州后，冯如在清政府两广总督张鸣岐的支持下顺利将广东机器制造厂迁址于广州东郊燕塘，从事机器和飞机制造，开始着手发展中国的航空事业，这是中国私人资本创办的第一家飞机制造公司。

1911年4月27日，广州黄花岗起义爆发，清政府顾虑冯如可能暗通革命党人，一直未允许其进行飞行表演。10月，武昌起义爆发，冯如正式参加革命军，被广州军政府委任为飞行队队长（中国第一个飞行队队长），授权组织飞行侦察队，配合北伐军对抗清政府。1912年4月，在军政府的授权下，冯如在广东台山县进行了首次成功的飞行表演。古老民族的千年飞天梦想一朝变为现实，此次表演在全国引起的强烈轰动可想而知，这是中国人第一次驾驶自制的飞机在祖国领空上公开进行飞行表演，其广泛地普及了航空知识并开化了民智，这次飞行的意义已经远远大于表演本身。

1912年8月25日，冯如在广州燕塘的飞行表演中，因飞机操纵系统问题失速坠毁，冯如因伤重牺牲，年仅29岁。关于冯如的牺牲，应当算是医疗事故或抢救不及时身亡。因为当时的《时报》9月10日有如下记载：“冯之伤处系在大腿动脉破裂，本非死症缘为庸医所误无法止血，致流血不止历一昼夜遂尔殒命。”另外一份报纸则报道：“头胸以及股各部均受重伤，当时虽然有红十字会及军医施救，然药料太少难以支持，在场医生立即扛到北较场陆军医院调制施救。是日适值礼拜医生外出，候至五点钟时各医回院施药已无及。”冯如当天上午进行飞行表演失事受伤，下午五点医生才回来施救已回天无术，一代精英大师殒命。我们感慨天妒英才的同时，也倍感中华民族航空梦之艰辛。冯如用自己的生命践行了自己的铮铮誓言：“誓必身为之倡，成一绝艺，以归飨祖国。苟无成，毋宁死”。冯如在弥留之际，还劝导众人及助手“勿因吾毙而阻其进取心，须知此为必有之阶段”。他在一百多年前，谢绝西方高薪聘请，积极践行“飞机报国”的家国情怀，对航空矢志不渝的献身精神，对技术孜孜以求的创新精神，功成名就后依然传播文化唤醒民众的文化自觉，着实令中国后辈航空人高山仰止。

广东各界在冯如遇难处举行隆重的追悼大会，给予了冯如很高的评价。1912 年 11 月 16 日，国民政府发出命令“以少将阵亡例给恤”。后来，冯如遗体被安葬在黄花岗辛亥革命墓区，并立碑纪念，尊奉为“中国首创飞行大家”。

冯如一生的成就，除了飞机研制的事业，还有他对航空工业重要性和战争制胜机理变革的准确判断和预言。当英、法等少数几个国家的陆军开始尝试用飞机进行战场侦察时，冯如就提出“军用利器，莫飞机若”。1921 年，现代空军理论的鼻祖、意大利著名军事理论家杜黑，发表了现代军事航空的奠基之作《制空权》一书，书中写道：“飞机在战争舞台上的出现，彻底改变了以往战争的面貌。未来战争将出现一个与陆上战场、海上战场并列的空中战场。”而这是在冯如去世 9 年之后。

冯如纪念碑（广州）

很难全面评价冯如短暂而光辉的一生。在飞机制造方面，冯如的成绩在西方社会被广泛承认，而考虑到冯如在航空军事领域的深刻见解，其堪当是“东方的杜黑”。冯如投身革命，驾驶自制飞机在广东飞上蓝天的刹那，开化了民智的同时，也引导了中国航空事业发端，因此他被称为“中国航空之父”是当之无愧的。

九、飞机首次登上战争舞台——意土战争与《制空权》

飞机出现后，很多人意识到了这种空中机械在战争中有可能发挥重要的作用。但真正“引爆”飞机作为一种颠覆性战争工具作用的，却是一次不经意的战斗，并创造了一系列的航空史上的“第一次”。

意土战争发生在第一次世界大战爆发前，是意大利为夺取奥斯曼土耳其帝国的北非属地而发动的一场战争，土耳其将其称为的黎波里战争。战争爆发于 1911 年 9 月，至 1912 年 10 月结束。这一次战争在航空历史上占据极其重要的位置，原因是飞机作为一项重要的战争工具，首次登上战争舞台就发挥了重要作用。以此为开端，世界各大豪强的军事部门纷纷开始重视发展本国的军事航空力量。空军作为一支重要的战斗力量，开始登上人类战争的舞台。

1911 年 9 月 28 日，意大利政府乘北非动荡之机，向土耳其发出最后通牒，认为意大利政府在的黎波里的利益受到了侵犯，意大利军队必须进驻的黎波里。在土耳其断然拒绝后，意大利于 9 月 29 日对土耳其宣战，意土战争正式爆发。

当时，飞机作为一种新兴事物，已经出现在一些具有先见之明的国家的军队之中。意大利陆军在此时已经拥有 20 余架飞机，32 名飞行员。与之相比，土耳其没有一架飞机。

意土战争爆发以后，意大利陆军动员 9 架飞机、11 名飞行员组成航空队参战。在地面部队登陆后，1911 年 10 月 15 日，9 架飞机被装箱通过海运运抵的黎波里海湾。这 9 架飞机包括 2 架布莱里奥Ⅺ型单翼机、2 架法尔芒（Farman）双翼机、2 架“鸽”式（Etrich Taube）单翼机、3 架纽波特（Nieuport）单翼机。此时，飞机在战争舞台上的首次表演即将拉开帷幕。

10 月 23 日，意大利第一航空队队长驾驶一架布莱里奥Ⅺ型飞机在土军阵地上空进行了一个多小时的详细侦察。这次行动揭开了人类战争历史上飞机首次运用于军事侦察的序幕。

布莱里奥XI型单翼机（单座，空机重量 230 千克）

法尔芒Ⅲ双翼机（单座，最大重量 550 千克）

“鸽”式单翼机（双座，最大重量 850 千克）

纽波特Ⅳ单翼机（单座，空机重量 483 千克）

25 日，第一航空队副队长驾驶纽波特飞机进行侦察任务途中，机翼被 3 颗来复枪子弹击中。这是飞机首次遭到地面火力杀伤。

同年 11 月 1 日，一名飞行少尉驾驶“鸽”式飞机执行侦察过程中，向土军阵地投下了 4 颗重 2 千克的“西佩利”式榴弹。此次行动成为人类历史上的首次空中轰炸。

鉴于飞机这一新兴事物在战场上一经使用，就展现了出色的能力，1912 年起，意军加大了飞机的使用力度。1912 年 1 月 10 日，意军利用飞机向敌占区域投撒了数千张传单，试图利用对敌宣传规劝当地的阿拉伯人和志愿军投降，打击敌军士气。此次飞行是首次使用飞机进行军事舆论宣传。

同年 2 月，第一航空队队长又在其飞机座椅上固定安装了一架照相机，希望进行空中照相侦察的尝试。尽管当时使用的照相机在一次飞行中只能曝光一次，拍摄一张照片。但这一尝试足够载入历史，成为首次空中拍照和摄影侦察。

5 月 2 日，意军第二航空队队长驾驶飞机首次进行了 30 分钟的夜间侦察。6 月 11 日凌晨，该队长在夜航中，凭借固定在飞行帽上的手电筒，向土耳其军营空投了数枚炸弹。当时的夜航设备十分简陋，只有一支固定在飞行帽上的强光手电，飞行员通过手电照射到地面的亮光辨别目标和方位。意大利军队此举又开创了飞机首次夜间轰炸的先例。

9 月 10 日，由于飞机出现意外故障，一名意大利飞行员迫降到敌方阵地并被俘。从而开创了空战史上飞行员第一次被俘的纪录。

在意土战争后期的 1912 年，一位名叫朱利奥·杜黑（Giulio Douhet）的意大利陆军参谋出任第一个航空营营长的助手，后来升职为航空营营长。杜黑以敏锐的眼光看到了飞机对未来战争的影响，开始通过大量的调查研究，分析航空兵在战争中所起的作用，逐步建立了一整套空军建设的组织架构体系和空军战略战法理论。到1915年第一次世界大战期间，杜黑已经出任意大利航空兵师参谋长。1921年，杜黑总结多年的实战经验和理论研究成果，撰写了开启人类全新战争理论、指导空军战略的巨著——《制空权》(The Command of The Air)。

《制空权》在后来的很长一段时间内，都是世界各国构建空军和空军战略战法发展的理论基石，对两次世界大战期间各国的空军建设，特别是轰炸机的发展有过重要的影响。杜黑在《制空权》中讲道："可以确信，飞机将完全改变迄今已知的战争样式，不对未来夺取制空权的斗争做好准备，将是十分愚蠢的。"

意大利将军杜黑（1869—1930）

1921年出版的《制空权》(现代空军建军的基石，系统描述了很多关于空战的前瞻性理论，在很大程度上推动了飞机的空战应用)

提出一个新思想、创立一个新学说十分不易，让人们普遍接受这种新思想、新学说就更加困难，但如果再让自己的上司领导接受一位部下的新思想、新学说，恐怕在任何文化背景下都是难上加难的事。杜黑的《制空权》中很大一部分观点是在监狱中完成的。他之所以锒铛入狱，就是因为在第一次世界大战期间，杜黑多次建议组织大集群轰炸机，轰炸奥军后方以夺取胜利，但都遭到了最高军事当局的拒绝。杜黑对最高当局不能正确运用空中力量日益不满，1916 年，47 岁的杜黑最终向最高当局提交了一份书面报告，愤而指责意大利陆军司令不懂战争理论发展、对空中力量运用不当、指挥无能、毫无战争准备等方面问题。当然，年轻的杜黑最终理解了什么叫冲动是魔鬼。他不但被解除职务，还被军事法庭以泄露军事秘密罪判处 1 年监禁并罚款。但事物的发展往往具有辩证性，事业大门被关上的杜黑，上帝却又为他打开了思想的天窗。监狱的高墙和铁窗内的宁静反而促使杜黑更加潜心研究空中战略理论。狱中的杜黑没有向任何保守势力低头，他不断给政府和军队的当权者写信，陈述自己对意大利和协约国航空兵建设及作战使用方略。机遇是留给有准备的人的，真理在全世界都颠扑不破。第一次世界大战后期战争进程的演进完全证明了杜黑的正确。1920 年初，意大利军事法庭公开做出判决，完全免除了杜黑先前的罪名，公开为其彻底平反昭雪。1921 年，在意大利陆军司令迪亚斯和海军部的支持下，杜黑的第一部著作《制空权》正式高调出版，标志着他的空军战略理论终于创立，他也重回军队并被授予少将军衔。晚年的杜黑拒绝了墨索里尼邀请他出任意大利航空部部长的机会，辞职成为一介平民，专事空军理论研究，在与各种不同意见的争论中，发表了大量文章或著作，不断发展和完善了自己创立的空军战略学说。1930 年 2 月，61 岁的杜黑走完了自己为空军理论不断探究的坎坷人生之路。

《制空权》最为难得的是在飞机在战场应用初露端倪之时，就战略性预料到了未来制空权对于战争制胜的决定性影响，流传甚广、影响深远。其主要论述了空中战争、空军组织形态、制空权、独立航空与辅助航空、军事航空与民用航空等诸多方面。其核心观点主要有：一是制空权是赢得一切战争胜利的前提；二是空中战场将是决定性战场，独立的空中作战是未来战争战略性行动的主要样式，彼时空中力量还主要附属于各国陆军或海军；三是空军应当成为国家军事力量的主体。虽然理性看不免有偏颇之处，但却为战争实践所证实。人类战争制胜机理制海权让位于制空权这一幕，发生在 1942 年第二次世界大战太平洋战场上的美日中途岛海战，美国依靠先进的空中力量基本击溃了日本海军主力，赢得了对日作战的主动，此时《制空权》已经发表了 21 年，杜黑也已经去世了 12 年。自那以后至今的 80 余年间，争夺并掌握制空权一直是历次战争的重要作战域和主要制胜机理。让我们向对深刻影响人类航空百年发展走向、远见卓识的杜黑致敬！

尽管意土战争对世界近现代史格局的影响不大，但就其在军事技术发展史和航空技术发展史上的地位来说，是具有划时代意义的。飞机在战争舞台上的首次亮相。也是由于这场战争，《制空权》思想开始形成，世界列强开始意识到空中力量的重要性，飞机作为全新的武器形态登上历史舞台，技术发展将进入快车道。

十、民用航空的萌芽——第一批民用飞机

飞机作为一种工具，在军事领域大放异彩后，其可靠性、可操纵性得到了全面、快速的提升，其应用领域也逐渐扩展到民用。

全球首次货运飞行由曾在莱特飞行表演队工作的菲利普·帕马利（Philip Orin Parmalee）完成，此人在1910年11月7日，驾驶莱特B型双翼机，从美国俄亥俄州的代顿市（莱特兄弟的老家），搭载约100磅价值约1000美元的丝绸织物，历时57分钟飞行65英里抵达哥伦布市，创造了历史。

在首次货运飞行后没几个月，印度出现了人类首次航空邮运飞行。1911年2月22日，一名叫作亨利·皮奎特（Henri Pequet）的23岁法国年轻人，驾驶着一种采用50马力的“土地神-欧米伽”（Gnome Omega）旋转汽缸活塞发动机，机身由木头和金属钢构成的亨伯-萨默（Humber-Sommer）双翼机，从印度教圣地印度北部城市阿拉哈巴德（Allahabad），携带了约6500封信，飞往10千米外的周边城市奈尼（Naini），耗时13分钟，这些信上被加盖了“First Aerial Post，U. P. Exhibition，Allahabad，1911”的纪念戳，这是得到官方证实的人类首次航空邮运飞行。

加盖第一次航空邮运纪念戳的邮件

首次航空邮运使用的亨伯－萨默双翼飞机

在首次邮运飞行后的第二年，美国飞行员托尼·贾努斯（Tony Jannus），驾驶贝诺斯特（Benoist）水上飞机，载一名乘客，在1914年1月1日进行了世界上第一次使用重于空气的有动力航空器载人航班飞行。之所以采用水上飞机，是因为定期航班所往返的两个城市都位于佛罗里达州西部港口，分别是圣彼得斯堡（St. Petersburg）和坦帕（Tampa），但这两个城市相隔海湾，坐蒸汽船、马车、汽车都需要耗费几个小时时间，效率很低。

航空运输公司选择贾努斯，则是因为在两年前他驾驶加装浮筒的贝诺斯特“陆地拖拉机”Ⅻ型（Benoist Land Tractor Ⅻ）飞机，沿密苏里河及密西西比河，进行了距离长达3058千米的水上飞行，创造了一项当时的世界纪录。恰逢飞机出现初期，缺乏实际应用的范例，公众缺乏对使用飞机的信心，而贾努斯在当时十分有名，因此

托尼·贾努斯（1889—1916年）

圣彼得斯堡和坦帕的位置关系图

佛罗里达州的商人们决定聘用贾努斯作为飞行员开展定期航班飞行，既是免费广告又打消了公众的疑虑，一举两得。值得一提的是，当时更多的人将这架飞机称为贝诺斯特“飞行船”（Benoist flying boats），而不是水上飞机（hydroplane/hydroaeroplane），可见水上飞机在当时的新奇程度。

刊登在当时报纸上的定期航班的广告（注意广告中用词“空中飞船”（airboat），图中左侧为刊出的时刻表。这是世界上第一份航班广告，也是世界上第一份民用航空时刻表）

驾驶贝诺斯特水上飞机的贾努斯

当然还有很多飞机在民用领域的“第一次”，这里就不一一讲述了。最重要的是飞机作为一种商用工具出现后，它的应用领域迅速扩大，显示出极强的活力，民用航空领域也由此为发端，成为未来航空发展的两大领域之一。

十一、动力装置在飞机出现初期的发展

飞机的发展从某种意义上来讲取决于高性能动力装置的发展。由更轻的发动机提供更充足的动力是这一时期的主题。20 世纪初传统的活塞发动机都是水冷的，除了很重的冷却器（含水）之外，还会带来相应的铝管重量，这一特点一直保持至今。水冷发动机过大的重量阻碍了它在早期飞机上的应用。1903 年莱特兄弟采用笨重的水冷发动机，飞机勉强飞离地面，莱特兄弟 1903 年采用的发动机的重量功率比（功重比的倒数，参见前文“功重比”）大约是 16 磅 / 马力。

对于水冷发动机的崛起，应当从 1902 年夏天说起。当时的法国发明家里昂·拉瓦瓦瑟（Léon Levavasseur）建议他的企业家朋友朱尔斯·加斯唐比德（Jules Gastambide）投资研发全新的大马力、轻重量的航空发动机，并建议将这种发动机以朋友女儿的名字安托瓦内特（Antoinette）来命名，加斯唐比德接受了这个建议，并给予了相应的启动资金。

法国著名的发动机/飞机设计师里昂·拉瓦瓦瑟（1863.1.8—1922.2.26）

随后拉瓦瓦瑟开展了研制工作，并于当年申请了V8活塞发动机的专利。这型发动机采用了两种当时的先进技术，燃油直喷技术和蒸发式发动机冷却器，尤其是蒸发式冷却器大大减轻了这台水冷发动机的重量，使50马力的发动机仅重110磅，这一指标与莱特兄弟采用的水冷发动机相比有了极大的提升。1904年，安装安托瓦内特发动机的竞速快艇就已经横扫整个欧洲赛场，在这期间，拉瓦瓦瑟的发动机构型发展到最多拥有32个汽缸。

1906年，安托瓦内特公司成立，加斯唐比德任董事长，拉瓦瓦瑟为首席技术官，而公司的副董事长则是前文提到的飞越英吉利海峡的路易斯·布莱里奥。公司的主要业务是出售安托瓦内特发动机和安托瓦内特飞机。美中不足的是这型发动机的可靠性并不太能让人满意，还不能大规模应用在飞机上。实际上水冷发动机又经过了近10年的发展才开始在飞机上普遍采用，这是后话。

相比水冷发动机的艰难发展，气冷发动机的发展也并非一帆风顺。空气冷却器的冷却效率与空气流动的速度成正比关系，空气流速越快，散热片效率越高。但是由于

安装有安托瓦内特V8发动机的安托瓦内特Ⅶ型飞机

当时飞机的飞行速度较低，气冷发动机的冷却效率整体并不高。对于如何提高发动机的散热能力，工程师想到了一个非常绝妙的办法，让发动机汽缸高速旋转，这样可以直接提高发动机散热片上空气流动的速度，改善发动机的冷却性能，这种发动机就是旋转汽缸发动机。

旋转汽缸发动机是一种标准的奥托循环发动机，通常被设计成奇数个汽缸放射状布置的形式，发动机曲轴（中轴）在运行中保持固定，曲轴壳与其上面固定的汽缸构成一个整体绕曲轴转动。这种发动机外形与通常的星形气冷活塞发动机看似一致，实则完全不同，安装这种发动机的飞机，发动机汽缸会连同飞机螺旋桨一同高速旋转。旋转汽缸发动机最开始出现在人们的视野中，不是在飞机上，而是在摩托车上。1889 年巴黎世界博览会上，菲尼克斯·米尔特就展出了一辆车轮上装有一个 5 缸旋转汽缸发动机的自行车，也就是我们现在意义上的摩托车。这台发动机由米尔特在 1888 年设计生产出来，所以他常常被称为旋转汽缸发动机的先驱。

但航空上所使用的旋转汽缸发动机的先祖则是大名鼎鼎的“土地神”（Gnome）系列发动机，其发明者是塞甘三兄弟—路易斯（Louis）、洛郎（Laurent）和奥古斯丁（Augustin），三兄弟是法国著名工程师、发明家马克·塞甘（Marc Seguin）的孙子。大哥路易斯 1906 年创立一家生产单缸工业用发动机的工厂，正是由于这家工厂的发动机技术促使弟弟洛郎联想到利用原有的发动机技术设计出一台专门用于飞机的发动机。

改进型的米尔特摩托车（请注意后轮的车辐已经被汽缸代替，汽缸旋转会带动车轮转动，设计得十分巧妙）

三兄弟充分借鉴了旋转汽缸的形式在散热方面的优势，利用当时能够获得的最坚硬的金属材料镍钢合金来加工“土地神”的各个发动机部件。为了加工这些部件，还从德国和美国采购了当时世界上最好的加工工具。“土地神”发动机的汽缸壁厚度在当时的技术条件下就做到了仅 1.5 毫米，发动机连杆已经采用减轻孔技术来减轻连杆本身的重量。正是由于这些技术的采用，“土地神”的功重比达到了 1 马力 / 千克的水平。

在 1908 年巴黎汽车展上，展示了世界第一台投入批产的旋转汽缸发动机，7 缸风冷“欧米伽”发动机，发动机输出功率为 50 马力。1909 年 8 月，在法国兰斯举行了历史上第一次世界航展，“土地神”发动机在这次展会上的展出引起了大会的轰动。重量轻、阻力小、加速快的特点，使其特别适合于飞机使用，从那时起，“土地神”发动机一炮而红。

第一次世界大战前，“土地神”发动机已经生产了 4000 台左右。塞甘兄弟在原有单排汽缸设计的基础上，又研发出双排汽缸的 100 马力“双欧米伽”（Double Omega）发动机，以及功率更大的 70 马力“土地神拉姆达”（Gnome Lambda）和 160 马力“双拉姆达”（Double Lambda）发动机。塞甘兄弟不仅注重发动机的动力输出，同时也非常重视发动机的使用寿命，该系列发动机成为同一时期中第一个达到 10 小时维修间隔的航空发动机。

第一台“土地神 – 欧米伽”发动机（现在被收藏在美国国立航空航天博物馆中）

1913 年，多年的实践经验积累，塞甘兄弟再次改进了原有的设计。将汽缸顶不易于维护的进油阀取消，仅保留进排气阀，在汽缸下部开孔，使汽油混合气能直接注入汽缸中，这种汽缸结构被称为单阀式汽缸（Monosoupape）。单阀式汽缸相比以前的双阀式结构，在减轻了发动机结构重量的同时还减少了发动机滑油的使用量，从整体上大幅减轻了发动机整体重量。“土地神”系列发动机由于其出色的性能，成为各大飞机制造商的首选动力，出现了多种授权生产和仿制的版本，第一次世界大战爆发后，旋转汽缸航空发动机在欧洲大地上遍地开花。

十二、齐柏林——大型硬式飞艇的发展

讲了整章关于固定翼飞机的内容，并不代表其他飞行形式止步不前。在飞机应用领域不断扩大的同时，受制于材料及动力装置能力的限制，也表现出运载能力弱的不足，而这恰恰是浮空航空器的优势。要获得更大的载重能力，那就将浮空航空器做得更大一些吧，由此也发展出巨型飞艇的巅峰之作——齐柏林飞艇。

齐柏林飞艇是一系列硬式飞艇的代名词，由德国著名飞船设计师斐迪南德·冯·齐柏林（Ferdinandvon Zeppelin）伯爵设计，其共通的特点为硬式或半硬式结构、金属框架、织物覆盖、橄榄形，内含独立气囊，能够实现动力可控持续飞行，具备较同期飞机起落场地要求低、商载大、航程长、升限高等显著优势，在当时取得了辉煌的成就。

斐迪南德·冯·齐柏林（1838—1917年）（前半生是德国的将军，后半生创办了著名的齐柏林飞艇公司）

硬式飞艇（rigid airship）：具有完整的刚性骨架的大型飞艇。硬式飞艇的骨架起保持外形和承载的作用，由隔框、龙骨和桁条，以及张线和撑杆等构成。骨架外包有蒙皮，起保持气动外形和保护气囊的作用。艇体内部分割成为许多小气室，小气室内安装小气囊。小气囊内充以浮升气体，以产生浮力。

半硬式飞艇（semirigid airship）：艇体大部分为软式，但有一部分为刚性骨架的飞艇。半硬式飞艇的骨架主要是位于艇体下部从头到尾的龙骨梁。龙骨梁上面是气囊。气囊构造与软式飞艇相似。一般半硬式飞艇的大小介于软式和硬式飞艇之间。

软式飞艇（nonrigid airship）：艇体用柔性气密材料制成的飞艇。软式飞艇的艇体（即气囊）靠充气压力保持外形，气囊内部的压强略大于外界的大气压，故又称为压力飞艇。在主气囊中前后下部套装有副气囊，其内充以空气，用来保持所规定的气囊内外的压差。当主气囊内压强增大时，压缩副气囊排出多余空气，这样避免从主气囊中排放昂贵的浮升气体。副气囊的另一功用是调节飞艇浮力中心的前后位置。艇体头部有伞骨状刚性骨架，以保证艇体不被空气动力压瘪。头椎上有用于地面系留用的接头。

1838，齐柏林出生在一个普鲁士贵族家庭。1853 年在斯图加特市学习理工知识。1855 年进入路德维希堡（Ludwigsburg）的一所军校，自此开始了军人生涯。1861 年，美国南北战争爆发，23 岁的齐柏林成为了联盟军队的一名炮兵观察员，在乘坐炮兵观测气球升空的过程中，萌生了研发可操作飞艇的想法，这一不寻常的经历和意外的启发，敲开了其传奇人生的大门。1874 年，36 岁的齐柏林在其笔记中首次提到了“大型飞艇”这一概念，并对其进行了大致描述：一个大型的坚固的外部框架，内含一定数量的独立气囊。

成熟期巨大的齐柏林飞艇—LZ-127“齐柏林伯爵”号

1890 年，52 岁的齐柏林辞去了中将职务，开始全身心地研究大型飞艇，他认为在飞机技术还不成熟的时候，可控大型飞艇会在军民领域大放光彩。1891 年，齐柏林聘请了工程师西奥多·格罗斯（Theodor Gross）帮他评估并挑选制造硬式飞艇的材料及动力装置。1892 年又雇用了工程师西奥多·科伯（Theodor Kober）完成飞艇的详细设计方案。1893 年，齐柏林向普鲁士飞艇服务委员会（Prussian Airship Service）递交了详细的设计方案，第二年该委员会通过了方案的评审但并未给予资金支持，缺少资金支持也是未来齐柏林将要一直面对的问题。

1895 年 8 月，飞艇的设计方案获得了专利，称这一设计成果为“空中飞船 - 火车”（Airship-train），作为新兴事物的巨型飞艇在当时还没有明确的、单独的词语描述它。齐柏林在专利中描述道：整艘飞艇由三部分组成，前部 117.35 米长，容积为 9514 米^3，主要用以安装动力装置和机组；中部 16 米长，能够搭载 600 千克的货物；尾部 39.93 米，能够搭载 1996 千克的货物。从这一点可以感受到这艘飞艇的巨大和震撼。

1896 年，齐柏林在德国工程师协会（VDI）进行了一次演讲，这次演讲极大地震撼了 VDI 成员。随后，VDI 批准向齐柏林提供多方面支持，包括资金和技术，这也导致了齐柏林与企业家卡尔·伯格（Carl Berg）签署合同，由后者向其提供飞艇所必须的铝合金。随后齐柏林获得的支持越来越多，1898 年，齐柏林投资 441000 马克（总资本的 50%）成立了一家股份公司（Gesell-schaftzur Förderungder Luftschiffart），并开始制造齐柏林 LZ-1 型硬式飞艇。“Luftschiff”是德语中的“飞艇”一词，齐柏林系列飞艇编号采用了“Luftschiff”的首字母 L + 数字的方式。

1900 年 7 月 2 日，LZ-1 型硬式飞艇在德国南部博登湖（Lake Constance）的腓特列港（Friedrichshafen）首飞。LZ-1 是第一艘齐柏林飞艇，在博登湖上漂浮的艇库中制造，长 128.02 米，直径 11.73 米，体积 11298 米^3，铝合金框架，外面裹着棉布，里面装有 17 个独立氢气囊，装配了两台 15 马力的戴姆勒 4 缸水冷活塞发动机，飞行速度可达 17 英里 / 时（27 千米 / 时）。值得一提的是，此戴姆勒就是第二章讲的发动机先驱，他与齐柏林签订合同专门为他研制飞艇所需要的发动机，由此可见当时齐柏林飞艇技术团队之豪华。LZ-1 的试飞过程持续了 20 分钟，但在着陆时由于突风、发动机可靠性和转向控制等方面的原因，艇身受到了损坏。此后，经修缮的 LZ-1 又分别在 10 月 17 日和 24 日进行了两次试飞，并超越法国军用飞艇速度纪录（法国纪录为 22 千米 / 时）。

1900 年 7 月 2 日，LZ–1 硬式飞艇在博登湖上首飞实拍照片

LZ–1 位于博登湖水面上的艇库

尽管 LZ–1 有了这样的表现，但其在试飞过程中暴露的一系列问题，使得股东们（含政府）拒绝对项目投入更多的资金。在公司债务的压力下，齐柏林尽管不情愿，但还是于 1901 年将 LZ–1 拆卖抵债。至此，这艘被誉为开启“飞艇金色时代”的 LZ–1 型飞艇，便终结了其历史使命。

在资金和技术的双重压力下，齐柏林并未选择退却，他通过不懈努力，获得了巴登符腾堡州（Württemberg，德国西南部的一个联邦州）国王 124000 马克、普鲁士公众 50000 马克，以及合作伙伴戴姆勒和卡尔·贝格的多方资助，于 1905 年 4 月开始了 LZ-2 的研制。这一年，距第一艘飞艇首飞已经过去 5 年，齐柏林已经 67 岁了。同年 11 月 30 日，LZ-2 试制完成。1906 年 1 月 17 日，首飞高度达到了 427 米，过程中由于发动机故障，在附近的山上迫降。停泊过程中被树枝剐蹭，艇身轻微受损，更为糟糕的是，第二晚的强风袭击，对其造成了更为严重的损伤。由于不可修复，LZ-2 不得不被拆除。

LZ-2 飞艇（齐柏林系列飞艇中的第二艘，齐柏林飞艇系列的重要成员，在 LZ-1 的基础上大幅改进，后续的型号均在此基础上改进而成，是整个齐柏林飞艇家族的真正鼻祖）

1906 年 5 月，齐柏林开始了 LZ-3 的研制，其结构外形和规格尺寸与 LZ-2 相同，唯一不同的是气囊更大。LZ-3 的试制于年底完成，并成功进行了两次 48 千米 / 时的飞行，在 1907 年创下了 58 千米 / 时的飞行佳绩。LZ-3 的成功改变了政府的态度，德国国会提议授予齐柏林 50 万马克以支持其研究工作，并决定对齐柏林飞艇进行政府采购，但前提是，飞艇能持续飞行 24 小时。齐柏林意识到，LZ-3 的性能根本无法满足政府的这一需求，于是开始研制 LZ-4，一艘更为庞大的飞艇。1908 年 6 月 20 日首飞，同年 7 月 1 日的飞行中，飞行里程约 386 千米，飞行最大高度达到了

795 米，但测试持续飞行能力（24 小时）未能完成，因为飞艇飞行过程中再次发生发动机故障，迫降在斯图加特附近的埃赫特汀根（Echterdingen）进行维修，这也是戴姆勒的工厂所在地。然而祸不单行，1908 年 8 月 5 日下午的一场风暴导致飞艇脱离系留装置，并随风撞树着火，由于填充气体为氢气，飞艇很快迅猛燃烧，并化为灰烬，展现出氢气燃烧的巨大威力。

长度达到 136 米的 LZ–4 飞艇尾部

燃烧后的 LZ–4 飞艇残骸

LZ-4 的这次遭遇以完全失败而告终，山穷水尽之际却意外解决了一直困扰齐柏林的资金问题。LZ-4 的这次飞行活动及意外烧毁引发了公众极大的关注，德国人强烈的民族自豪感此刻发挥了重要作用，公众为齐柏林捐款，最终的捐赠额高达 600 万马克。同年齐柏林利用这笔巨款创办了齐柏林飞艇公司（Luftschiffbau Zeppelin GmbH/ Airship Construction Zeppelin Ltd.），并成立了齐柏林基金会对其进行管理。齐柏林基金会至今仍存在，世界著名 500 强企业德国采埃孚股份（主要业务与汽车技术相关，是一家底层技术公司）仍由齐柏林基金会持有并控制，自此齐柏林公司进入高速发展阶段。

1909 年 11 月 16 日，齐伯林创办了世界上第一家商业民航运输公司——德国飞艇旅游公司（DELAG），经营德国国内外多条航线的载客飞行，1910—1914 年第一次世界大战爆发前，共完成了近 4 万人次的无事故飞行，真正意义上开创了商业性民航运输的新时代，并确立了此类航空公司的基本经营形态。而齐柏林飞艇借此机会快速发展，在战争期间得到了广泛的应用直至“兴登堡”号空难作为终结，成为飞艇发展史上的巅峰之作，对于这些内容将在第四章“战争期间的航空”中进行详细介绍。

十三、陀螺的妙用——最早的导航设备和自动驾驶仪

飞机已然飞向天空，那么如何知道自己飞行的方向呢？早期的飞机飞行高度较低，均采用目视导航，飞行员主要是参考地面的地标，如道路、河流、铁路等进行导航，很少有飞机安装有导航仪表。当飞行员开始尝试长途飞行以后，开始对飞机提出了导航仪表的需求。这一时期可用的导航仪表主要是磁罗盘，飞行员需要结合地图与磁罗盘才能进行导航，但当时的飞机在飞行过程中振动和颠簸非常剧烈，磁罗盘的指针总是来回摆动，辨读比较困难。此外，地磁场很容易受到外界环境的影响，而且随着飞机开始越来越多地采用金属材料生产，磁罗盘的工作精度开始下降。寻找适应性更强的导航技术成为当时众多科学家和发明家孜孜以求的目标。而这一切要从对地球自转的研究说起。

最典型的磁罗盘（其原型就是我国“四大发明”之一的司南）

莱昂·傅科（1819—1868 年）画像

1850 年，法国著名的实验物理先驱莱昂·傅科（Léon Foucault）首先发现了高速转动中的转子由于惯性的作用，它的旋转轴永远指向一个固定的方向。1852 年，在巴黎召开的一次学术会议上傅科指出“轴保持于水平平面内的陀螺，力求在自转的地球上使其轴与子午线同步转动”。这一论述后来被称为傅科定理，它奠定了陀螺罗经研制的基本理论基础。

经过无数先驱长达半个多世纪的研究，终于在 1906 年，由德国发明家赫尔曼·安舒茨－坎普夫（Herman Anschütz-Kaempfe）研制出人类第一台陀螺罗经，并将其运用到船舶、潜艇等的导航，他所设计的陀螺罗经形式，后来以他的名字命名为安舒茨陀螺罗经（Anschütz gyrocompass）。安舒茨是一位兴趣爱好广泛、学识渊博的学者，起初他从事的是医学研究，继而研究美术史，然后又立志于探险，驱使安舒茨发明陀螺罗经的动力，正是完全来源于他试图乘坐潜艇从水下潜到北极点去的大胆设想。为了到达北极，磁罗经由于地磁北极的影响是无法指示出正确方向的，必须寻找到一种可以替代磁罗经的新的方位指示装置。安舒茨在家乡慕尼黑将自己所有的精力和全部的积蓄都投入到了新的方位指向装置的研发当中，1906 年制造出第一台实用型陀螺罗经，在通过了相关的测试后，于 1908 年开始大量装备德意志帝国海军，作为海军舰艇的标配导航装置。

安舒茨与爱因斯坦的合影

在德国人发明人类第一台陀螺罗经后不久，在大西洋对岸的美国，另一位叫作埃尔默·安布罗斯·斯佩里（Elmer Ambrose Sperry）的发明家，也同样研发出一台相同功能的陀螺罗经，而他所发明的陀螺罗经，以他的名字命名为斯佩里陀螺罗经（Sperry gyrocompass）。斯佩里为生产陀螺罗经专门在1910年创立了斯佩里陀螺仪公司（Sperry Gyroscope Company，后来成为美国霍尼韦尔公司的一部分）。同一年斯佩里陀螺罗经首次在美国海军战舰上进行测试并取得成功，与德国一样首先大量装备海军。

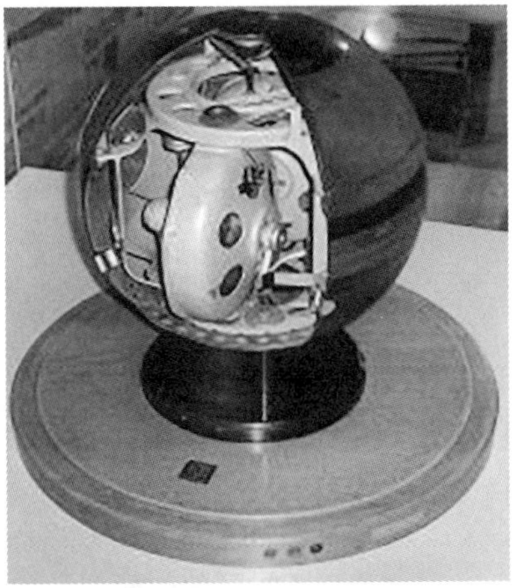

安舒茨陀螺罗经内部结构图

综上所述，斯佩里与安舒茨并称为陀螺罗经共同发明人，陀螺罗经也很快使用在了飞机上，成为最早的导航设备。对于此二人，不同的是斯佩里的研究成果更胜一筹，他还研制了一种名为陀螺稳定器（gyroscopic stabilizers）的装置，这一装置的出现对于航空领域来说也是一次跨越式进步。

而说到陀螺稳定器，就不得不说说老斯佩里的第三个儿子——劳伦斯·博斯特·斯佩里（Lawrence Burst Sperry），他是航空的疯狂爱好者。1912年，仅20岁的劳伦斯就拿到了飞行驾照，是当时全美最年轻的飞行员。加入他父亲的公司后，在原有陀螺稳定器的基础上改进出一种更小、更轻的陀螺仪，并将这一装置集成到了飞机的液压控制系统中，通过控制系统，陀螺仪能够自动调整飞机控制面，进而保证飞机的平飞方向和平飞高度。这一装置实现的功能正是现代飞机自动驾驶仪的最基本功能，因此这种陀螺稳定器也被称为陀螺自动驾驶仪（gyroscopic autopilot）。

埃尔默·安布罗斯·斯佩里（1860—1930年，陀螺罗经和陀螺稳定器的发明人）

通过试验，劳伦斯发现自己的装置可以很好地控制飞机，虽然斯佩里陀螺仪公司的相关研发是在海军监管下进行的，但是海军的飞行员根本不相信这一机械装置，他们只相信自己的双手。如何让这帮人接受陀螺稳定器的作用，劳伦斯想出了最简单的办法：用事实说话。他偷偷地将陀螺稳定器安装在飞机上并在一个周日清晨进行了测试，一架“没人驾驶”的飞机在天空中飞过（劳伦斯坐在飞机内的地板上）迅速引发了关注。而随后的1914年，劳伦斯携带安装有陀螺稳定器及相关控制系统的寇蒂斯C-2飞机参加了法国的航空博览会。当这架飞机从满是观众和军方观察员的看台前飞过时，他把双手高高举起脱离飞机驾驶杆，飞机仅利用陀螺自动驾驶仪飞行，随后的飞行中他甚至离开驾驶舱爬到了机翼上，飞机依然平稳地飞行。这一下让当时的航空界沸腾了，劳伦斯和陀螺稳定器一战成名，随后的订单纷至沓来，老斯佩里的公司取得了巨大的成功。

斯佩里父子设计的陀螺罗经和陀螺稳定器在人类飞行史上具有划时代的意义，尽管在当时还表现得不明显，但正是由于他们两人的努力成果，使得美国著名的空军将领，当时的特技飞行员詹姆斯·哈罗德·杜立特（James Harold Doolittle）于1929年完成了人类历史上首次将驾驶舱完全用窗帘遮蔽、仅依靠仪表指示的飞行。当然，现代飞机中的导航和自动驾驶仪的作用已经无可取代了。

十四、飞机出现前后的航空技术发展小结

进入20世纪的前10年，真正意义上的固定翼飞机出现了，航空技术发展的各项

要素被莱特兄弟有效整合，迈出了人类航空史上最重要的一步。虽然仍有不少人固执地坚持在“多翼机”和“扑翼机”方向探索，但没能经过时间的检验，单/双翼机最终成为航空的主流。

从飞机材料应用来看，这一时期飞机结构多采用杉木，杉木甚至成为当时的航空标准结构材料。优质的杉木易于获取，加工修理非常简单，强度甚至比初期的铝更好（在铝合金发明前）。部分飞机的非主要承力构件也采用了更轻的松木。金属材料主要用作连接件、加强件、发动机安装支架使用。对于飞机外形的维持，当时的飞机飞行速度普遍很慢，多以粗棉布覆盖在飞机外表，即使撕裂也很容易修补，取得了不错的效果。

从飞机的动力装置来看，蒸汽机完全退出历史舞台，内燃机大行其道。几乎所有的飞机都使用了活塞汽油发动机，冷却方式分为水冷和气冷，动力多在十几至五六十马力之间，超过 100 马力的鲜有应用，因为当时的飞机受制于材料和结构形式的限制，尺寸通常不大，因此也难以安装大马力发动机。

从飞机的操控角度来看，基本解决了俯仰偏转控制，升降/方向舵多数安装在机翼之前，形成最早的鸭式布局，少量型号安装在机翼之后。“飞行者”1号通过钢索拉动，使得机翼扭转实现飞机的横向控制，后期的飞机已经全面安装了副翼。

飞机的应用初期的试验、展示、竞技，向着载客、货邮运输领域全面展开，在多个领域实现第一次，但要成为一种公共空中交通工具还为时尚早，飞艇的出现填补了这一缺口，也带来了飞艇的快速发展。在军事领域，飞机首次直接参与战斗，展现出巨大的发展潜力，《制空权》思想指导将空军作为一个新的军种，将改变战争的形态和制胜机理。寇蒂斯飞机实现了在舰艇上的起降，成为现代航母和海军航空兵发展的推手。飞行不再是单一的对极限的追求和挑战，实用性的探索将成为航空未来发展的主要方向。

在法国兰斯举办的世界第一次航展，多型飞机同台竞技，一时间举世瞩目，极大地提升了飞机作为新兴事物的社会认知度，从此不再会有人认为“飞行机器”是异想天开，航空的发展将步入一个新的时期。

第四章

血色残阳中快速成长

——战争期间的航空科技发展

战争是人类面对的最残酷的事，无数人丧命其中。但不能否认的是参战国对于生存的需求不断地激发出强大的创造力，推动科学技术大跨步地向前发展，航空领域当然也不例外。20 世纪上半叶，人类经历了史上最大规模的两次世界大战，经过战争洗礼的航空业和其所支撑的空军，由初出茅庐到独立成军，到后期战争中已起到关键的乃至决定性的作用。

经过战火的洗礼，飞机的速度越来越快——气动布局由多翼机逐渐发展为单翼机；飞得越来越高——最大飞行高度由几百米到上几千米直到突破万米高空；动力越来越足——活塞发动机发展到了极限进而出现涡轮发动机；航空材料越来越强——所用材料也由木头、帆布改为各类金属；飞机的控制、导航、通信、雷达等各配套系统不断被发明并逐渐升级完善……这无一不是在战争中演变、进步而来。航空工业和航空科技在战争的巨大需求牵引下，快速创新成长。两次世界大战期间是航空发展的朝阳期，但笼罩在战争的血色之中，代价巨大。

本章将讲述 20 世纪上半叶，在人类两次世界大战中发展壮大的航空业。这里需要说明的是，由于两次世界大战时间跨度大，有的航空技术发展贯穿整个战争期间，而有的没有，因此本章各节之间时间跨度会出现重叠现象，但这并不影响阅读，相信读者在读完本章全部内容后，会对战争期间航空业及其技术的发展有更深入的了解。

一、早期天空中的战斗

塞尔维亚青年在 1914 年 6 月 28 日枪杀奥匈帝国皇储斐迪南大公，引爆了欧洲列强之间因经济、殖民地矛盾而埋藏已久的炸弹，在德国的支持下，奥匈帝国首先向塞尔维亚开战，随后整个欧洲爆发了激烈的武装冲突。当时的欧洲分为两派，分别是以德意志、奥匈帝国、奥斯曼和保加利亚为核心的同盟国，以及以大英帝国、法兰西共和国、俄罗斯帝国和意大利为核心的协约国，战争在这两派之间展开。

飞机作为一种全新的战争工具，在三年前爆发的意土战争中表现出的优秀品质，使得各国在随后爆发的第一次世界大战中将大量的飞机投入战场。第一次世界大战初期，飞机担负的主要任务依旧是侦察、修正炮兵弹道等辅助性工作，飞机上并不配备武器系统。两军飞机在空中遭遇时，会出现有趣的一幕，双方飞行员像中古时期欧洲骑士一样互相举手示意，然后各自离开。然而战争是残酷的，随着参战各国的空中侦察越来越频繁，在空中的摩擦也越来越多，没有看到猎物却不动心的猎人，参战各国在任何空间上都不会放弃消灭敌人的决心，当然也包括人类刚刚触及的天空。

1914 年第一次空战的想象图

1914 年夏，一名执行侦察任务的法国飞行员与一名同样执行侦察任务的德国飞行员在空中遭遇，德国人很有风度地挥手致意，法国人做出侮辱性手势，引发双方空中手枪对战，子弹耗尽，互交白卷后各自离去，人类历史上有记载的第一次空战就这样发生了。其实在空战发展初期的摸索中，飞行员通常将手枪和步枪等常规地面武器带到天空，但效果并不太好，因为飞行员在控制好飞行姿态的同时，还要在颠簸的气流和强烈抖动的飞机中瞄准敌方进行射击，命中率显然不会太高。也有人将当时流行的一种投箭游戏用到的钢质小短箭作为武器带上空中；有的在飞机上放置石块；有的在飞机的尾部安装长刀用以切割敌机；有的在飞机尾部拖曳一条连有重锤的钢索用以缠绕敌机螺旋桨；甚至有一名俄国飞行员使用钢索 / 细绳拖曳一枚爆炸物，依靠与敌机碰撞引爆爆炸物炸毁敌机。总之对付敌人的方法可谓是五花八门，真正做到了各显神通。虽然此次战斗并没有任何的战果，但是它的出现，正式拉开了人类向海陆空三维空间全面开战的新篇章。

有战斗就会出现战损，第一次空战出现不久，就出现了人类首次有飞机被击落的空战。1914 年 10 月 5 日，法国飞行员约瑟夫 · 弗朗茨（Joseph Frantz）中士和他的机械员兼观察员路易斯 · 凯诺（Louis Quénault）在空中击落一架德国飞机。当天他们驾驶一架瓦赞飞机执行巡逻任务，和一架德国的阿维亚蒂克（Aviatik）型飞机遭遇，弗朗茨操纵飞机占据有利的射击位置后，凯诺向敌机射击，德机因此陷入螺旋并坠落地面。很难确认德机是否是被当时威力不大的手枪子弹击落的，但德机因受到攻击而进入尾旋状态直至坠毁是不争的事实。这是人类历史上第一次由飞机“击落”敌方飞机，因为两人这次出色的表现，法国政府授予两人荣誉勋位和勋章。

第一次击落敌机多少存在一些运气的成分，如前文提到的，在机动飞行中互相射击，瞄准是非常困难的，尤其是在第一次世界大战初期，空战受武器装备性能的限制很大，自1914年10月后近一年的时间里，法国飞行员一共才击落了8架战机。

弗朗茨（左）和凯诺（右）（人类首次驾驶飞机击落敌机的两个人）

空战迫切需要提高效率，尤其是武器的效率。当时的机关枪因为射速高、载弹量大、火力猛成为最适合空战的装备。但在第一次世界大战初期，由于射击精度不高且机枪本身可靠性很差，真正由机枪击落的飞机不如用来复枪击落的数量多，大幅提高机枪在空战中的瞄准精度和作战效率成为各国飞机设计专家和武器专家苦心钻研的关键课题。

当时法国著名的特技飞行员罗兰·加洛斯（Roland Garros，目前法国著名的网球比赛以他名字命名）认为，应该将机枪固定在机头前方，沿飞机纵轴发射子弹，让飞行员顺着自然视线进行瞄准，由此形成了战斗机格斗射击的概念。时至今日，飞机机炮仍然采用类似的瞄准原理。

但这种射击方式又带来了一个新的难题，机枪应该放在什么位置，因为第一次世界大战期间的飞机大多是前置单发螺旋桨飞机。如果将机枪布置在方便飞行员射击的位置，子弹可能会射到前面的螺旋桨（当然对于推进式飞机则没有这一缺点，但推进式飞机在当时并不是主流）；如果把机枪布置在其他位置，则射击会非常低效，比如，法国的纽波尔“侦察兵”（Nieuport Scout）双翼机，将机枪高架于机翼上方，这样可以躲过螺旋桨，但是射手必须从机身中站立起来进行操作，这种情况类似于如今在航展上看到的空中杂技，在不稳定的气流中站立并准确瞄准敌机并不是一件容易的事。作为比较，读者可感受汽车速度在 100 千米 / 时以上时（当时的飞机速度也就 100 千米 / 时左右），手伸出车窗外稳定保持姿势的难度，当然对于射击需要的稳定度会更高。

法国纽波尔“侦察兵”（可以看到机枪架在了飞机上翼之上）

罗兰·加洛斯采用了一个非常简单的措施解决了子弹打螺旋桨的问题，他在螺旋桨桨叶经过机枪口前面的部位安装了一块导向钢板，钢板的作用是将打在螺旋桨上的子弹偏导到其他地方去，这样做的缺点是相当一部分子弹会被旋转的螺旋桨挡开。自 1915 年 4 月 1 日开始，罗兰·加洛斯驾驶安装有这种偏导钢板的莫拉纳 – 索尔尼埃 L（Morane–Saulnier L）型单翼机，连续击落 3 架德军飞机，一时间在法国国内声名鹊起。这型飞机是第一次世界大战期间第一种可以有效进行空战的“战斗机”，应当算作战斗机的鼻祖了。但不幸的事没过多久就发生了。1915 年 4 月 18 日，罗兰·加洛斯驾驶的飞机被击中，迫降在德国军队占领的一侧并被俘，飞机被德国人缴获，缴获到的飞机立即被送往在德国开设工厂的荷兰发明家安东尼·福克（Anthony Fokker）的手中，从此协约国飞行员的噩梦开始了。

莫拉纳－索尔尼埃 L 型单翼机（注意其螺旋桨外形，这架飞机的螺旋桨还未被改装）

被改装后的莫拉纳－索尔尼埃 L 型单翼机螺旋桨（可以清晰地看到钢制的导向板）

福克参考了这架飞机的螺旋桨设计，并开创性地研制出螺旋桨与机枪射击协调装置。装置的原理是在螺旋桨轴上安装一个凸起部分触动连接机枪枪机的机构，凸轮随螺旋桨旋转，在桨叶经过机枪口前面时，触动联动机构，使机枪停止发射，这样每一发子弹都能从螺旋桨转动的间隙射出去。

福克将新研制成功的机枪与射击协调装置安装于自己设计生产的福克单翼机（Fokker Eindecker，简称福克 E）上，并交付给德军投入空战当中。福克单翼机优异的飞行性能加上射击协调器辅助下的机枪提供的强大火力，迅速改变了德军被动的空战格局，书写了一段被称为“福克灾难”的空战传奇。

1915 年 6 月起，持续改进的福克 E. Ⅰ / Ⅱ / Ⅲ 型飞机源源不断地装备德军，协约国的战机也源源不断地从空中被击落。尤其是机动性较强的福克 E. Ⅲ 型飞机，总重 610 千克，装有一挺 7.92 毫米的机关枪，最大飞行速度达到 140 千米 / 时，升限达到 3600 米，凭借飞机本身的性能及在当时无异于独门绝技的福克射击协调器，让协约国空军损失惨重。这一时期一度是协约国空战历史上最黑暗的时期，而天空中的福克飞机则被称为“福克灾难”。自打装有射击协调器的福克飞机在天上战斗之日起，每一架执行任务的协约国侦察机都必须配备多达 3 架的护航飞机，原来简单的侦察任务变得险象环生，福克 E 型飞机因此名声大噪。

早期福克 E 型飞机机头（在发动机与机身连接处可以看到射击同步凸轮机构，如圈中所示）

福克系列中最为出色的福克 E. Ⅲ型飞机（这型飞机在第一次世界大战初期令协约国飞行员十分沮丧）

协约国方面，由英国飞机设计大师德·哈维兰（Geoffrey de Havilland）设计并在 1915 年 7 月首飞的一款经典的推进式布局单座双翼战斗机成为英国人的救星，这就是大名鼎鼎的艾尔科 DH.2（Airco DH.2）飞机。这是英国皇家空军历史上第一款真正意义上的战斗机，由于采用推进式布局形式，飞机的螺旋桨布置在飞机驾驶舱的后面，这样就成功地避免了机枪与螺旋桨两者的不协调，它的出现，使得在德国人制造

“福克灾难”的期间，英国人有能力与其周旋。但初期艾尔科 DH.2 上的机枪被放在驾驶舱内的三脚架上，飞行员既要驾驶飞机又要瞄准敌机，如前文分析的，这样会导致射击精度非常差，后来在飞行员的要求下，将机枪固定在驾驶舱前部。此外，英国的第一位王牌飞行员拉诺·乔治·霍克（Lanoe George Hawker）少校帮助改进了机枪的瞄准具，大幅降低了射击的难度。

单人驾驶的艾尔科 DH.2 飞机（最大起飞重量 650 千克左右，最大速度 150 千米 / 时。第一次世界大战期间一共生产了 453 架）

实际上，当时不仅仅使用机枪作为武器，法国人甚至还将炮装到了飞机上。因为机枪作为这一时期的主要武器，它的攻击威力与其口径大小直接相关，但随着战斗的不断发展，飞机也越来越结实，而且地面目标中像坦克和碉堡这样有防护的目标成为飞机的攻击对象，使得以前的小口径机枪在攻击输出上越来越力不从心，机枪的口径增大成为必然，当然大到一定口径后就称为炮了，通常将口径大于等于 20 毫米的采用连续击发机制的机载武器赋予一个新的名字——航空机炮（简称航炮）。

英国第一位王牌飞行员拉诺·乔治·霍克少校（1890.12—1916.11）

最早在飞机上安装的还真是炮。最早被装上飞机的是法国哈奇凯斯（Hotchkiss）37 毫米 /

47 毫米火炮，它是由陆军使用的火炮改进而来。这种火炮生产数量巨大，在第一次世界大战期间有数百架法国空军的飞机装备了这种火炮，机型主要包括布雷盖 Bre. 5（Breguet Bre. 5）和瓦赞Ⅳ / Ⅴ（Voisin Ⅳ / Ⅴ）。这款火炮需要手动装填弹药，直接导致其射速极低，效率很差，而且空战中往往火炮还没准备好，飞机已经错过了瞄准位置，所以其在空战中完全没有用处。无奈之下法国空军只能用装备这种火炮的飞机执行对地攻击和对潜攻击的任务，但安装有大炮的飞机在天上手动向着地面开炮的景象也成为第一次世界大战独有的奇景。

法国陆军使用的哈奇凯斯火炮

布雷盖 Bre.5 型轰炸机（机头安装一门 37 毫米哈奇凯斯机炮）

装备火炮的瓦赞飞机（飞行员工作量很大）

使用飞机上的小口径火炮对地攻击显然效率不够，在真正的对地攻击方面，战争初期双方通常还是由飞机携带轻重量的炸弹进行轰炸，而德国人则开创性地使用了载弹量较大的齐柏林飞艇对英国本土进行轰炸，效果十分显著，当时被英国人称为“齐柏林灾难”。但飞艇载重大目标也大，而且速度很慢，容易受到天气尤其是风的影响，再加上战斗机的拦击以及地面火力的打击，在战斗中后期战损比率非常高。

专门执行轰炸任务的飞机显然是替代飞艇的最优方案。德国人为此研制了德军历史上首款专门的轰炸机哥达 G. Ⅱ（Gotha G. Ⅱ），最大总重量接近 4 吨，约是前文

第一次世界大战中英军飞行员手掷炸弹的照片
（当时的英国还没有专门的轰炸机，这应当算是最早的对地攻击形式了）

齐柏林飞艇在 1915 年 1 月 15 日起开始对英国进行轰炸
（此图为罕见的齐柏林飞艇在伦敦上空轰炸的照片）

提到的艾尔科 DH.2 战斗机的 6.5 倍，堪称当时的“空中巨无霸”（但很快就被别的飞机超过了，因为第一次世界大战期间航空科技的发展速度实在太快）。哥达 G. Ⅱ在 1916 年年底左右投入战斗，次年开始执行对英国本土的大规模轰炸任务，作战效果较飞艇大幅提高，第一次世界大战期间持续对英国本土进行了长达一年的轰炸，被称为“哥达”式灾难。尝到甜头的德国人后续还研制了多款专门的轰炸机，哥达 G. Ⅲ / Ⅳ / Ⅴ、齐柏林 R 式重型轰炸机等，但由于有限的数量及有限的载荷，轰炸机在第一次世界大战期间并未对战争起到决定性作用。

德国研制的第一种专门用途的轰炸机哥达 G. Ⅱ

英国人在饱受轰炸之苦后也着手研制了他们自己专门的轰炸机，如汉德利 · 佩奇 O 系列（Handley Page Type O），该系列中的汉德利 · 佩奇 O/100 型是英国历史上第一款专门的轰炸机，他的研制时间与哥达 G. Ⅱ很接近，两型飞机的外形也很接近。汉德利 · 佩奇 O 系列飞机后期的一款改型，成为第一次世界大战后首批能够大规模载客（当时的大规模仅指能够载人超过 10 人）的民用客机（后文有专述）。

哥达 G. Ⅳ飞机头部

（设有专门的自卫机枪手）

二、著名的“红男爵”——飞行员与航空

除了飞机性能之外，在第一次世界大战初期飞行员素养在某种程度上是决定空战胜败的关键，有时一个人的力量都会对战局产生影响。第一次世界大战期间公认的名声最响的王牌飞行员来自德国，他就是号称“王牌中的王牌”的曼弗雷德·阿尔布雷希特·弗赖赫尔·冯·里希特霍芬（Manfred Albrecht Freiherr von Richthofen），德意志帝国陆军航空队著名战斗机飞行员（此时飞机已经参战，但多从属于陆军指挥，并未独立成军），他在德国有一个家喻户晓的外号“红男爵”（Red Baron），他在第一次世界大战中创造了击落 80 架敌机的辉煌战绩，其中就包括刚刚提到过的英国第一位王牌飞行员拉诺·霍克的座驾。

里希特霍芬（1892.5.2—1918.4.21，去世时未满 26 岁）

1911 年刚刚从军校毕业的 19 岁的里希特霍芬

里希特霍芬 1892 年 5 月 2 日出生在布雷斯劳（德国第二次世界大战后失去的最大城市，现更名为弗罗茨瓦夫（波兰语的“Wroclaw”），是目前波兰第四大城市）的一个著名普鲁士贵族家庭里，11 岁进入施韦德尼茨少年军事学校进行军事训练，后又被推荐至德国皇家陆军学院继续深造。1911 年在接受完候补军官训练后，里希特霍芬被分配到第一枪骑兵团正式开始他的军旅生涯（当时的骑兵团多为侦察部队），

在这之前他非常系统地接受了长达 8 年的军事训练，从一名儿童直至青年时期全部都在军事学校度过，打下了极为坚实的军事素养基础。

里希特霍芬在 1912 年获得少尉军衔，第一次世界大战爆发后的 1915 年 5 月加入陆军航空队服役，初期只是执行空中侦察任务，当年 10 月正式开展飞行员训练，1916 年 8 月成为德国第一个战斗机中队的飞行员，开始了自己的空中战斗生涯。

里希特霍芬最为著名的一次空战发生在 1916 年 11 月 23 日，他击落了当时非常著名的英国第一位王牌飞行员拉诺·霍克少校。当时，里希特霍芬驾驶一架“信天翁”D. Ⅱ（AlbatrosD. Ⅱ）战斗机，霍克驾驶着前文讲到的艾尔科 DH.2 推进式战斗机，经过很长时间的空中格斗后，霍克被击中头部身亡，此时的里希特霍芬仅拥有 3 个月的空战经验。到 1917 年 1 月的时候，里希特霍芬已经击落 16 架飞机了，这在当时是一件非常了不起的事。要知道驾驶可靠性很一般的飞机在天空中进行格斗，能安全返回已然算是胜利了，而里希特霍芬自参战以来平均每个月击落 4 架飞机，为此德国皇帝亲自向其颁发德国当时的最高奖章“功勋勋章”，并在当月任命他为第 11 战斗机中队的指挥官。后来，这个中队在他的调教下涌现出一批德国飞行员精英，其中包括他的表弟。他的这位表弟非常值得一提，名为沃尔夫冈·冯·里希特霍芬，在 1918 年追随其表哥的脚步，并加入其表哥指挥的飞行中队，也是一名王牌飞行员，直至最后成为德意志帝国的空军元帅。

在成为中队长以后，里希特霍芬将自己的“信天翁”飞机涂成了红色，第 11 中队的其他飞行员也纷纷效仿。官方的说法是可以让友军清楚地分辨敌我，以免误伤。从这个时候开始，红色对于协约国空军来说成为了一种噩梦般的颜色，也是从这时候开始，里希特霍芬“红男爵”的绰号开始在整个德国和欧洲战场上传扬开来。

1917 年佩戴“功勋勋章”的里希特霍芬

1917 年 4 月，里希特霍芬带领他的中队取得了空前的战绩，英军损失惨重，这个月被英军称为“血腥四月”（Bloody April）。当然其中也还有天气的原因，从 4 月 5 日开始连续几天

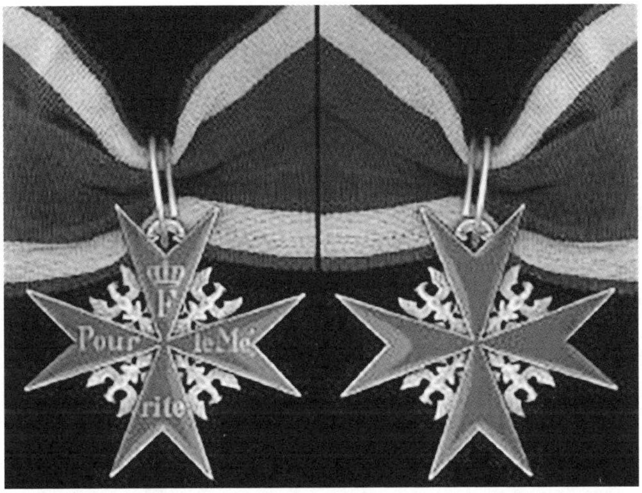

"功勋勋章"也被称为"蓝马克斯勋章",是德国的最高国家荣誉,
在第一次世界大战期间获得此勋章的飞行员屈指可数

的大风将英国陆军航空队飞机吹到了德军阵地一侧(第一次世界大战期间的飞机速度较慢且抗风能力差),在里希特霍芬中队和地面炮火以及大风的攻击下,英军损失飞机131架、飞行员105名,其中75架飞机被击落(50余架因事故坠毁,由此可见当时飞机的可靠性之差)。里希特霍芬一人就击落了22架,其个人总成绩上升到了52架。同年6月,他被任命为新成立的第1飞行联队队长,联队下辖4、6、10、11四个战斗机中队,后来这个联队被命名为"里希特霍芬联队"(在他去世后)。随着里希特霍芬的名声越来越响,德国人民都把他作为胜利的象征。德国军队的高层也开始考虑要把他从空战一线给撤下来,保护起来,但是无论上方下达何种命令,他总是能找出各种理由溜进自己的战机,投入蓝天的怀抱。

任何人都不能保证百分之百的胜利,里希特霍芬也是一样,终归有一天噩运会降临。1918年4月21日上午11点,里希特霍芬走到了人生的尽头。当时在索姆河附近空域,他正驾驶着自己的福克Dr. Ⅰ三翼机追赶一架英国皇家空军第209中队的索普威斯"骆驼"战斗机(第一次世界大战名机之一,后文有专述)。里希特霍芬全神贯注地追赶着敌人,丝毫没有发觉危机即将降临。他又一次以极低的高度飞临英军的阵地。正当他即将把英军飞机追至机枪射程范围内时,一颗0.303英寸[①]口径子弹穿

① 1英寸=25.4毫米。

透了他的心脏和肺叶。受到如此重伤后，里希特霍芬仍然依靠最后的一点意识将飞机迫降在地面上。根据后来英军多个目击者的回忆，里希特霍芬在着陆时，还保持着一定的意识，但是并没有坚持多久，“红男爵”这个传奇的名字就永远地成为了历史。他的著名红色座驾也被随后蜂拥而至的英军肢解，每个在场的英军都希望得到一块红色的飞机碎片作为纪念。

里希特霍芬阵亡后，曾经把他作为最重要敌人的英国皇家空军却给予这位传奇人物最大的尊重，为其举办了一场非常隆重的葬礼。皇家空军第3战斗机中队全员出席了“红男爵”的葬礼。1918年4月22日，里希特霍芬被安葬在亚眠（法国北部城市）附近一个小村庄的墓地里。

里希特霍芬执行最后一个任务前的照片
（穿得非常厚实，北欧天空远比地面冷得多）

英属澳大利亚军人抢到了“红男爵”的尾翼

为了与他的身份匹配，6名协约国上尉军官一起护送灵柩下葬。从此，里希特霍芬这位传奇勇士就长眠在这片法国异乡的土地上了。1975年里希特霍芬的遗体回到了位于德国威斯巴登的家族墓地，现在游客仍然可以从墓碑上读到他的传奇。

“红男爵”葬礼的现场实况（6名协约国上尉为其抬灵，这也是战争中极其罕见的一幕）

由于在当时极度出名，里希特霍芬在所有飞行员群体中的声望极高，协约国在俘获他的遗体后，为其举行了隆重的葬礼，澳大利亚士兵为其鸣枪致敬

三、首次出现的全金属飞机

早期的航空先驱们生产的飞机往往都是采用重量轻、韧性强的木材作为主要的结构材料。由于木材加工方便、容易获得、成本低，在很长一段时间内都是飞机制造者的首选材料。但飞机速度越来越快，载重越来越大，对飞机本身机体结构的承载要求也越来越高，此外伴随着冶金技术的提高、金属生产成本的降低，不少飞机设计师开始考虑采用金属结构制造整架飞机。

德国著名飞机设计师雨果·容克斯（Hugo Junkers）走在了世界的最前面。容克斯 1859 年出生在德国赖特，少年时曾经在柏林、卡尔斯鲁厄和亚琛等地学习热动力学。1897 年他开始在亚琛一所大学担任热动力学教授。容克斯不仅在热动力学方面基础深厚，在空气动力学方面也具有非常雄厚的实力。1910 年，他就设计出飞翼布局（一种特殊的飞机布局形式，后文中有专门叙述），并为此申请了专利，飞翼布局的优势直到 20 世纪 40 年代才逐步被世人所重视。

雨果·容克斯（1859.2.3—1935.2.3，德国著名的飞机设计大师）

第一次世界大战爆发后，容克斯开始为德国军方工作。1915 年 12 月 12 日，容克斯设计的 J.1 型单翼机首飞，而 J.1 则是人类历史上第一架全金属飞机。

J.1 飞机采用悬臂梁式中单翼，容克斯发明的悬臂梁式机翼使得 J.1 可以不用像以前的飞机那样在机翼外面还需要复杂的撑杆和张线。机身主承力结构采用角钢、型材和钢管焊接而成，机身外面包裹薄铁片作为蒙皮，机翼表面也以薄铁片作为蒙皮。由于全部使用金属材料（钢 / 铁）制成，整机较为笨重，也因此获得了“锡驴”（Blechesel）的别称。容克斯之所以采用钢材 / 铁材，而不是更轻的铝材，主要因为当时的工艺条件下铝材的焊接十分困难。

悬臂结构（cantilever structure）：有较大悬臂而仅靠根部的支反力平衡外力的一

种结构。不同于早期的还需要撑杆和张线来配合承力的结构形式。

中单翼（mid-wing）：机翼与机身的连接位置位于机身中间位置的飞机布局形式。

容克斯 J.1 全金属飞机（外形比其他飞机简洁许多，采用了当时罕见的中单翼的设计）

J.1 飞机机翼平面形状为梯形，越到翼尖弦长越短。机翼沿展向至少采用了三个翼型剖面，即机翼设置了气动扭转，这使得这副机翼具有更好的气动特性。J.1 机翼蒙皮下铺设有波纹板，这增加了机翼的刚度。飞机采用一台 90 千瓦梅赛德斯 D. Ⅱ型六缸液冷直列式活塞发动机作为动力，发动机安装在机身前部的发动机舱内，舱内下部为散热器。

气动扭转（aerodynamic twist）：沿机翼展向各剖面（翼型）的零升力弦线不在同一平面内，而相互间有一定扭转角分布的情况。

由于德国军方对容克斯的设计抱有怀疑和排斥的态度，所以 J.1 型飞机并没能投入生产。虽然如此，容克斯并没有放弃他的全金属飞机，继续不断对其进行改进。他将机体外蒙皮由薄铁片改为当时德国刚发明出的轻质铝合金杜拉铝（Duralumin），进一步减轻了飞机的重量。1917 年 1 月 18 日，容克斯生产的公司代号为 J.4 的全金属双翼机首飞，德国军方给予其编号为 J.1，到 1919 年该型号退役，一共生产了 227 架交付部队。

全金属的双翼机容克斯 J.1

J.1 是一种专门为完成对地攻击任务而研发的飞机，是现代对地攻击机的雏形，它也是第一种在实战中运用的全金属结构双翼机。它的全金属结构和配备的重装甲，能够保护飞行员和飞机在低空执行对地攻击任务时，不受地面轻型火力的伤害。这架飞机采用了一种对于现代对地攻击机（如大名鼎鼎的 A–10）都具有深远影响的机身设计——“浴缸”式防护结构。从螺旋桨起，到飞行员驾驶舱后部为止的整个机身段，全部用厚装甲保护起来形成一个整体，飞行员坐在驾驶舱内，就犹如坐在浴缸中一样，它的名字由此得来。“浴缸”的防护装甲厚度为 5 毫米，总重 470 千克，它同时保护了飞行员、发动机、飞机油箱和通信电台。飞机的操纵系统放弃了常用的钢缆，采用推拉杆和曲柄组合成的硬式操纵系统来控制飞机，这个也同样提高了飞机承受地面火力打击的能力。飞机上翼面面积 35.89 米 ^{2}，下翼面面积 13.68 米 ^{2}，上翼面面积是下翼面面积 2 倍有余。飞机总共能够装油 120 升，油箱分为两部分，其中一个 30 升的油箱为重力供油油箱，它能够保证在燃油泵损坏的情况下，发动机仍然可以全功率状态下运行 30 分钟，飞机配备一个手动泵可以在重力供油油箱用尽的时候为发动机供油；飞机的主要部件均可拆卸，如机翼、机身、起落架和尾翼，这样方便了飞机的铁路或者陆路运输。地勤人员只需 6 ~ 8 人，4 ~ 6 小时就可以将拆解的飞机恢复到待飞状态。飞机机翼的铝制蒙皮仅 0.19 毫米厚，非常容易受到破坏，地勤人员在组装机翼时需要非常小心。

J.1 右侧机翼（在图中右侧可以看到机翼蒙皮内侧的波纹板）

J.1“浴缸”式防护机身（这架飞机也就这个部位没有损坏了）

J.1 超薄的铝制蒙皮机翼

第一次世界大战后期，容克斯又为军方生产了 J.9（军方编号 D. Ⅰ）和 J.10（军方编号 CL. Ⅰ）两个型号的全金属对地攻击机，这两种机型均采用全金属材料，飞机蒙皮为铝合金波纹蒙皮。这两个型号最大的特点是首次采用了下单翼气动布局形式。容克斯考虑的是一旦飞机失事坠毁，机翼可以吸收撞击的能量，有利于飞行员的安全，这一理念直到今天还影响着民用飞机设计师们。

下单翼（lowwing）：逆航向观察飞机，机翼与机身的连接位置位于机身下部的飞机机翼布局形式。

下单翼的全金属飞机容克斯 J.9

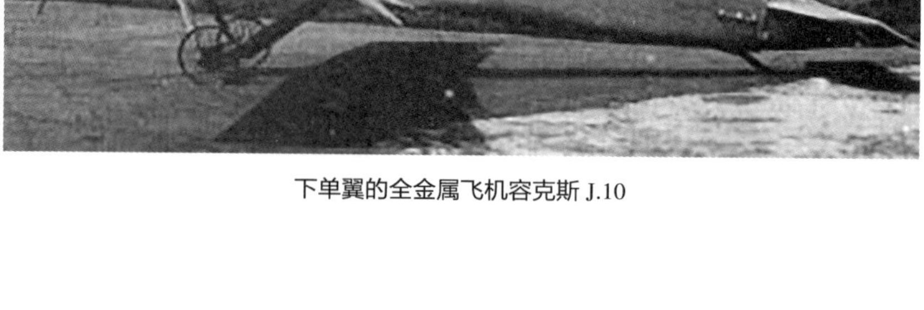

下单翼的全金属飞机容克斯 J.10

第一次世界大战结束后，《凡尔赛和约》禁止德国组织空军。容克斯开始将研制精力从军用飞机转到民用飞机，这也与德国当时通过民事研究来保存科技实力的战略有关。1919年4月24日，容克斯离开原公司并创办了以自己名字命名的“容克斯飞机工厂”，同年6月25日，世界上第一种专门设计的民航客机——容克斯F.13首飞成功。

F.13的设计继承了大量前文提到的J.9和J.10的经验，它也是一架全金属、采用铝质波纹蒙皮、悬臂梁式下单翼布局的单发活塞飞机。全机机长9.6米，翼展14.8米，起飞重量1640千克，可载客4人或者689千克货物，飞行员2人，最大平飞速度173千米/时，续航时间5小时左右。1919年9月，该机创造了乘员6人、飞行高度6700米的世界纪录（乘客需要使用氧气面罩）。

采用悬臂梁下单翼的全金属容克斯F.13（外形已经很接近20世纪40年代的飞机了。确切地说，很多后来的飞机都借鉴了它的外形设计）

F.13一经推出就大受欢迎，曾经有30多个国家装备过这种飞机，直到20世纪30年代，F.13才开始逐渐被淘汰，其间F.13共生产了322架，容克斯公司收益颇丰。用容克斯本人的话说：“从南美洲热带的哥伦比亚，到北部的加拿大和芬兰的雪域，都有人使用这种飞机。”国民党政府也进口过这型飞机的水上型。这型飞机在国际民航史上占有重要地位，它是世界上第一架使用硬铝的全金属民用飞机，它的出现影响了几乎一代民用飞机的设计，在相当长一段时间内许多相同类机型都或多或少地借鉴了它的设计。

国民党军队装备的带浮筒的水上型 F.13

回顾容克斯设计的几型作战飞机，在第一次世界大战期间并不像其他明星飞机一样风光无限，且产量不大，但作为首次使用全金属的飞机，代表着一个全新的方向和全新时代的到来，毕竟人们对飞行速度和高度的追求不断提高，只有金属材料才能满足这些要求。另外，容克斯在战后研制的全金属运输飞机则取得了重大的成功。整体上来看，容克斯全金属系列飞机的出现，标志着木材、布料、金属张线等传统材料即将退出历史舞台，飞机即将迎来“金属时代”。

四、第一次世界大战中最著名的战斗机和轰炸机

据不完全统计，在第一次世界大战开战初期，参战各国的军机总数在 1500 架左右，在 4 年后战争结束前夕，仅在前线直接作战的各型飞机总数在 8000 架左右。整个第一次世界大战期间仅英法德三国制造的飞机总数估计就超过 15 万架。其中在 1917 年 11 月进行的一次战役中，英德双方就先后各派出超过千架飞机参战，其中包括战斗机、侦察机、轰炸机等多型飞机，从这一角度来看，说战争是军用飞机的“催生婆”完全不为过。

整个第一次世界大战期间飞机的性能水平提高很大，但如果放到整个航空发展史中，则仍显得相对初级，各型飞机之间没什么大的区别，多为金属 / 木质、单发活塞低速飞机。其中较为优秀的机型包括前文提到过的瓦赞飞机、阿维亚蒂克飞机、纽波尔“侦察兵”双翼机、“信天翁”D. Ⅱ、莫拉纳 · 索尔尼埃 L 型单翼机，以及著

名的福克 Dr. Ⅰ / Ⅱ / Ⅲ型、艾尔科 DH.2 飞机。但相对知名一些的当属索普威斯 F.1（Sopwith F.1，绰号“骆驼”（Camel））和汉德利·佩奇 O（Handley Page O），它们都是英国在战争中后期研制的机型。要知道英国人在第一次世界大战中前期非常不幸，遭遇了“福克灾难”“红男爵”“血腥四月”“齐柏林灾难”“哥达”式灾难，但他们都挺住了。下面我们来聊聊第一次世界大战中后期英国航空工业“火力全开”的两款代表作。

索普威斯 F.1 是一款单座双翼战斗机，由索普威斯航空公司生产制造，这家制造商也因为这款飞机名扬天下。飞机于 1916 年 12 月 22 日首飞，在战争结束前一年的 1917 年 6 月正式交付，自参战直至第一次世界大战结束的 16 个月期间，击落了 1294 架各型飞机，是第一次世界大战期间击落飞机最多的型号，堪称奇迹。

第一次世界大战中最致命的索普威斯 F.1 飞机
（绰号“骆驼”。因其发动机上方配备的两挺机枪带来的鼓包类似驼峰而得名）

由于索普威斯的前一个型号“幼犬”（Sopwith Pup）无法应对德国新型战斗机的挑战，英国军方提出需要设计一款新飞机。随着“空中战斗”的频发，机动性成为对飞机的主要要求，研制一款更快、更灵活，并且具有更强大火力的战斗机势在必行，“骆驼”就是在这一背景下研制的。

“骆驼”采用当时较为常规的设计，木制盒式机身结构，铝制发动机整流罩，胶合板作为驾驶舱的包围，机身、机翼和尾翼结构非常简单，之间采用张线连接，外侧则采用蒙布包裹。飞机机头并排安装有两挺 0.303 英寸口径的机关枪，配备了射击协调器，这使其成为当时火力最强大的飞机之一。为了保护机关枪在欧洲寒冷的空中不结冰，两挺机关枪外部被包裹了一个金属的外壳，金属的外壳凸起就像骆驼的两个驼峰一样，因此得名“骆驼”。飞机上翼中部有块明显的缺口，这是当时这种飞机的特有设计，为的是保证飞行员向上的视野。“骆驼”装备的发动机在当时也较为先进，多数装备了 130 马力和 140 马力的克莱热 9B（Clerget 9B），或 150 马力的本特利 BR1（Bentley BR1）旋转汽缸发动机，使得最大起飞重量 660 千克的“骆驼”动力十足，“骆驼”的最大速度为 182 千米 / 时，失速速度为 77 千米 / 时，航程为 485 千米。

“骆驼”飞机的结构复制品（可以看到非常轻巧简洁的机身结构，这是具备高机动性的基础，同时也可以看到驾驶座上方有一块缺口）

早期的空战多依靠盘旋绕至敌机后方六点钟方位进行攻击。“骆驼”在设计伊始就充分考虑了敏捷性要求，即未来空中缠斗用途的要求；再配以优秀的动力装置，使得“骆驼”在当时拥有极为出色的机动性，尤其是盘旋性能十分优秀。此外，两挺安装有射击协调器的机枪提供了强大的火力。在这三个方面因素的作用下，“骆驼”一战成名，在 1917 年 7 月 4 日—1918 年 11 月 11 日的 492 天中，击落敌机 1294 架，平均每天击落 2.6 架，当时无出其右。1917 年 5 月，军方发出第一份 250 架订单，1917 年总计制造了 1325 架飞机，在“骆驼”退役以前，一共生产了 5490 架，广泛装备了英国及其盟军。“骆驼”在投入战斗的第二年，索普威斯公司就开始为英国海军生产舰载型，此外“古板”的英国人还尝试不同的“骆驼”使用方法，比如，将“骆驼”挂在飞艇下以延长它的航程。

航母上的“骆驼”战斗机群（这实际上是一艘英国“无畏”级战列巡洋舰改装的“航母”）

1918 年夏，挂在英国 R23 飞艇下方的“骆驼”飞机（也许称 R23 为“航空母艇”更为合适）

第一次世界大战中另一型著名机型为英国所研制的汉德利·佩奇O（Handley Page Type O）系列双发双翼轰炸机。这是英国当时生产制造的第一款专用轰炸机，同时也是英国最大的飞机，最大总重量超过6吨，但速度提高到157千米/时。它的后续机型汉德利·佩奇V/1500则是非常著名的大型四发轰炸机，该型飞机在战后的改进型（W系列）成为专门的民航载客飞机，是现代公共运输航空的鼻祖之一。

该型飞机由当时英国著名的飞机设计师弗雷德里克·汉德利·佩奇设计。他早在1910年就设计了第一型飞机，即汉德利·佩奇A型，从那之后他的飞机按顺序以大写英文字母进行命名。1911年，佩奇就已经着手大型飞机的设计工作，1914年年底，根据英国海军的要求研制了汉德利·佩奇O型。最初的汉德利·佩奇O型主要作为海军的大型双发巡逻机使用，随后改为汉德利·佩奇O/100型，“100”表示其机翼翼展为100英尺，该型飞机于1915年12月首飞，1916年11月就正式投入战斗，从时间间隔来看，战事要紧，飞机边设计、边制造、边改进、边作战。

汉德利·佩奇O/100具有非等间距双翼，采用传统的撑杆和张线结构，矩形机身，双垂尾，双方向舵，仅上翼面安装副翼，副翼突出机翼后缘。采用罗尔斯–罗伊斯公司（Rolls—Royce，英国著名的航空发动机制造商，简称罗罗公司）250马力“鹰”型12缸液冷发动机，发动机驱动四叶螺旋桨，左右发动机采用对转的方式平衡扭矩影响。发动机封闭在装甲短舱内，短舱通过钢管支架与飞机机翼连接。发动机短舱后部有很长的锥形结构，以减小飞机的阻力。飞机机身和机翼结构主要采用云杉木，全机采用中空部件以减重。

在生产交付46架汉德利·佩奇O/100型后，汉德利·佩奇开始生产汉德利·佩奇O/400型轰炸机。汉德利·佩奇O/400与汉德利·佩奇O/100最大的不同在于换装了罗罗公司360马力“鹰”Ⅷ型发动机，飞机的翼展仍然为100英尺。与原来版本不同的是，汉德利·佩奇O/400的发动机没有采用左右对转的方式，而采用同侧旋转方式。因为风洞试验表明，汉德利·佩奇O/100由于螺旋桨对转的影响会导致航向不稳定。另外，两侧采用同样转向的发动机可以大大简化发动机的生产和维护（相同的桨叶及齿轮机构），而两台同向旋转的发动机扭矩对飞机的不利影响，可通过略微偏转垂尾来抵消。

汉德利·佩奇O/400加固了原有机身，增加了飞机载弹量，并重新设计了油箱系统，发动机短舱内的油箱被取消，取而代之的是两个590升的机身油箱，以及两个与

英国皇家海军飞行队的汉德利·佩奇 O/100 型
（机翼与撑杆上涂有迷彩伪装，请注意尾翼上的双方向舵）

之配合的 68 升重力供油油箱。短舱油箱的取消使得飞机发动机短舱减小，可以简化发动机短舱的支撑结构，从而大幅减小飞机的阻力，提高飞机的速度和升限，续航时间达到了 8 小时，航程超过 1100 千米。生产型汉德利·佩奇 O/400 于 1918 年年初开始交付部队，一共生产了约 550 架。

第一次世界大战临近结束时，英国人又研制了更大的汉德利·佩奇 V/1500 轰炸机。原设想利用这种超远航程的飞机直接轰炸德国纵深区域的设施，但汉德利·佩奇 V/1500 尚未参战战争就结束了。这架飞机拥有当时惊人的 12 小时续航时间，载荷能力超过 6 吨（含油料及飞行员，最大能携带 3.4 吨的炸弹），被公认为历史上第一款战略轰炸机，也是现代大型战略轰炸机的鼻祖。这型飞机的最大总重达到了 13.6 吨，翼展更是长达 126 英尺，实在太长了，为了方便停放，机翼被设计成为可折叠状态，这也是该型飞机的一大特点。值得一提的是该型飞机在战后完成了从英国到印度的首次飞行。

第一次世界大战后的汉德利·佩奇 O/400 和汉德利·佩奇 V/1500 没有闲着，在意识到大型飞机远距离运输的价值后，佩奇在它们的基础上进行了改进，并研制了专门的民用运输机汉德利·佩奇 W 系列，其中较为出名的是 1926 年生产的汉德利·佩奇 W10 型，这应当算是最早的纯民用运输飞机之一了。

汉德利·佩奇 O/400（在第一次世界大战结束前装备英军，配备了当时最大的单枚 1650 磅炸弹对德国工业区展开轰炸，一定程度上提前了第一次世界大战结束的日期）

汉德利·佩奇 V/1500 四发重型远程轰炸机（请注意图上看不到通常并排安装的四台发动机，因为其采用了类似串联的方式将发动机两两一组布置）

机翼折叠状态下的汉德利·佩奇 V/1500（请注意一旁的履带式车辆大小，可作为汉德利·佩奇 V/1500 大小的对比）

专门为载人航班研制的汉德利·佩奇 W10 飞机（算作现代客机的雏形）

飞机内部的藤制座椅（这些座椅都是非固定的）

读到这里，细心的读者能够发现在仅 4 年多一点的第一次世界大战期间，飞机的性能有了很大的提高。最大速度从 1914 年开战初期的 100 千米/时上下，增至战争结束时的 180 ~ 220 千米/时，升限从几百米提高到几千米（轻型战斗机福克 E. Ⅲ的升限就达到了 3600 米）；飞行距离从几十千米增大到 1000 多千米；总重从大战初期飞机的 500 千克左右，增大到十几吨；而载荷能力则从一般 200 千克左右提高到汉德利·佩奇 V/1500 型的最多近 6 吨。需求牵引供给的经济学规律在航空领域表现得淋漓尽致。可以说战争不仅是新飞机的“催生婆”，更是航空科技创新的“倍增器”！

五、战争初期的航空动力发展情况

第一次世界大战是旋转汽缸发动机的天下。当时以英法为首的协约国的主要战斗机发动机中，有 80% 为旋转汽缸发动机，例如，英国著名的“骆驼”战斗机，装有一台 130 马力的旋转汽缸发动机；德国福克三翼战斗机（Dr. Ⅰ），安装了一台 110 马力的旋转汽缸发动机；德国著名的福克 E. Ⅰ / Ⅲ单翼战斗机，也装备旋转汽缸发动机。第一次世界大战 4 年的时间里，在欧洲战火弥漫的天空中，到处充斥着旋转汽缸发动机单调、刺耳的轰鸣声。值得一提的是 1913 年 7 月，北洋政府从法国购置的第一批作战飞机“高德隆”型飞机装备的就是“土地神”旋转汽缸发动机，这是当时中国军队装备的第一种飞机。

旋转汽缸发动机结构的最大特点是取消了飞轮和液冷装置，曲轴固定让汽缸与螺旋桨一起转动，这种结构的发动机无论在飞行中还是在地面静止状态，都可以让汽缸得到有效的冷却。另外该发动机暖机快，起动也快。旋转汽缸发动机虽然优点突出，但缺点也同样突出。由于汽缸数目不能太多，限制了发动机功率的增加，如果要增加功率则需要再增加更多排的旋转汽缸，但沉重的金属汽缸在旋转时会产生严重的陀螺效应，影响飞机的操纵性能。此外，为了给缸内活塞进行润滑，旋转汽缸发动机的燃油里必须混入蓖麻油作为润滑剂。但蓖麻油很容易溅出引发火灾，而且蓖麻油蒸发气体对飞行员的肠道有很强的刺激作用，会使飞行员发生拉肚子等不适情况。别小看拉肚子，强烈的腹痛会直接影响飞行员的状态，这在空战中是非常危险的。

作为润滑剂的蓖麻油高温燃烧后在发动机上形成的印记

随着更大的飞机不断出现，对动力的要求也逐渐超出了当时旋转汽缸式发动机所能提供的动力极限，而水冷式发动机在工业技术整体进步的基础上，进行了全新的设计并有效地提高了功重比，再次回到人们视线中。

1905 年，一位年轻的瑞士工程师马克·布莱克特（Marc Birkigt）怀揣梦想来到了西班牙，他受雇于西斯巴诺－苏伊扎（Hispano-Suiza）汽车与发动机公司，从事汽车发动机研发。第一次世界大战爆发后，西斯巴诺苏伊扎公司转向军需品生产。在布莱克特的带领下，以公司原有的汽车发动机为基础，研制了一款新的 V 形 8 缸水冷活塞式航空发动机。1915 年 2 月，西斯巴诺苏伊扎 8A（Hispano Suiza 8A，也被称为 HS 8A）发动机正式投入生产。布莱克特对原有的发动机设计进行了大量的改进，采用铝合金铸造汽缸缸体和缸头，搭配更轻的曲轴箱，同时简化发动机曲柄箱设计等，使得西斯巴诺－苏伊扎发动机结构非常紧凑，不仅成功减重而且还减小了发动机装机后的空气阻力，整台发动机的重量功率比为 3.1 磅 / 马力。由于团队工程师拥有长期汽车发动机的设计经验，使得在此基础上设计出的西斯巴诺－苏伊扎 8 系列航空发动机运行可靠性相当不错，一经推出就收获了巨大的成功，在之后的 20 年中都一直影响着 V 形水冷活塞发动机的设计。美国的莱特航空公司后来也引进了这型发动机的生产许可，而在欧洲它最后演变成为第二次世界大战时著名的罗罗公司的梅林（Merlin）发动机（这款发动机后面的章节会介绍到）。

西斯巴诺－苏伊扎 8 系列航空发动机（外形十分简洁）

1917 年投入使用的梅赛德斯 D. Ⅳ a 型水冷发动机（被用于哥达Ⅲ / Ⅳ / Ⅴ / Ⅵ / Ⅶ重型飞机上）

同期，德国的梅赛德斯（Mercedes）公司研制出梅赛德斯 D（Mercedes D）系列 6 缸水冷发动机，重量功率比为 3.43 磅 / 马力；美国寇蒂斯公司也制造出了重量功率比为 3.55 磅 / 马力的 OX.5V 型 8 缸水冷发动机。这些发动机的效率已接近当时最好的旋转汽缸发动机的水平。

1917 年，美国正式对德国宣战。整个美国工业为战争全面运转起来，展现出了强大的能力，在短时间内就研制出了一款更高性能的水冷发动机。1917 年美国联邦政府专门成立了名为“飞机生产委员会”（Aircraft Production Board）的联邦机构，专责协调全国的飞机及配套系统的生产。当时的委员会主席爱德华 · A. 迪兹（Edward A. Deeds）召见了美国国内最为优秀的两位发动机设计师，杰西 · G. 文森特（Jesse G. Vincent）和艾尔伯特 · J. 霍尔（Elbert J. Hall），他请求二人设计出一款能批量快速生产，并具有功率大、效率高、重量轻等特点的航空发动机。由于战争的迫切性，这款发动机不需要采用新的技术和设计，尽量为大规模生产而采用简单可靠的设计。1917 年 5 月 29 日开始，由两位优秀工程师带领的团队高效完成了初步设计，6 月 4 日两人便向飞机生产委员会提交了发动机的设计图样，委员会批准生产 5 台 8 缸和 5 台 12 缸的发动机进行试验，就这样仅仅过了 6 天时间，“自由人”（Liberty）发动机就诞生了。

通过发动机试验，“自由人”最后被定型为 V12（V 形 12 缸）水冷活塞式发动机并开始大规模生产，共制造了 20478 台。这款 V 形 12 缸的发动机能够产生 400 马力的动力，重量功率比达到了不可思议的 2.04 磅 / 马力。而同期迪兹全力推动的航空发动机标准化生产，使得美国几乎所有的汽车制造商都能够大批量生产这种航空发动机，大大提高了生产效率，以至于制造速度比它在飞机上安装的速度还要快，在战争结束时仍有几千台该型发动机没有被装到飞机上。同时，这型发动机也在不断改进，直到 20 世纪 30 年代它还在各型飞机上使用，开创了轻量级、强动力、量产发动机的先河。

著名的“自由人”V 形 12 缸（Liberty-12V）水冷发动机

从整体上来看，第一次世界大战前后，航空发动机的发展经历了由水冷到旋转汽缸再到水冷的过程，气冷的旋转汽缸发动机由于其自身的弊端，在第一次世界大战初期昙花一现，而水冷发动机在众多工程师的努力下不断优化，最终又从旋转汽缸发动机的手中夺回了航空发动机界的统治地位。

六、巨型飞艇的巅峰时刻

1918 年 11 月，第一次世界大战结束，德国战败，根据《凡尔赛条约》，盟军禁止德军拥有军事飞艇，自此齐柏林飞艇彻底退出了军事舞台。为了保存实力转而开拓民用市场，齐柏林飞艇公司开始重新制造新型民用飞艇。伟大的公司会培养自己的

雨果·埃克纳（1868—1954 年）（曾在 1932 年被提名为德国总统候选人，《时代》杂志给予的评价是飞艇先驱、伟大的政治家及德国英雄）

领导者，1917 年，齐柏林伯爵去世后，雨果·埃克纳（Hugo Eckener）接替他的位置成为了齐柏林飞艇公司的掌门人。此人曾是著名的航空工程师，而且还在第一次世界大战期间担任过德国海军的飞艇驾驶员，是当时德国著名的反战人士（确切的应当是反纳粹人士）。他一直认为飞艇应更多地服务于和平事业而非战争，希望在商业运营领域更好地发挥作用，也正是这种理念铸就了齐柏林飞艇公司的巅峰。

经过近两年的努力，齐柏林飞艇公司战后的第一艘商业客运型飞艇 LZ-120“博登湖”号于 1919 年 8 月 20 日完成了首飞，并在之后的几个月中实现了腓特烈港（德国、奥地利和瑞士的交界处）与柏林间的旅客运输；随后，其后续型号 LZ-121“诺斯特”号问世，并成功实现了腓特烈港与瑞典首都斯德哥尔摩间的定期旅客运输。第一次世界大战后这两艘飞艇分别赔偿给了意大利和法国。

赔偿给意大利的 LZ-120“博登湖”号

赔偿给法国的“斯诺特”号

德国的战败使得公司不能发展体积超过 28 000 米^3 的飞艇，同时军方不能再订购新的军用飞艇，仅有的一点工作量却是为外国制造飞艇作为战争赔偿。比如，1924 年完成制造的 LZ-126 号飞艇，专门作为对美国的战争赔付而制造，并被命名为“洛杉矶”号。

LZ-126（很多人会误以为这是美国研制的飞艇，
其实他是作为战争赔偿由齐柏林飞艇公司为美国海军制造的）

在惨淡的经营下雨果·埃克纳并未放弃，他多方找寻投资者，想方设法规避各种条约限制，艰难地推进着民用飞艇的研制和运营业务。就这样历经多年苦心经营后，齐柏林飞艇公司终于迎来了新的春天，1928 年 7 月 8 日 LZ–127“齐柏林伯爵”号诞生并成功首飞（这一天是齐柏林诞辰 90 周年）。这艘飞艇是当时世界上最大的飞艇，长 236.53 米，最大直径 30.48 米，气囊可容纳 105 000 米^3（远远超过了 28 000 米^{3}的限制），采用氢气填充，自重 118 吨，有效载荷 60 吨，装配了 5 台单台发动机功率为 550 马力的迈巴赫 VL2 型发动机，分装于飞艇的左右和下方，最大飞行速度为 128 千米 / 时，驾驶舱和双层客舱位于飞艇下部前端，可乘坐 30 名旅客。

随后的“齐柏林伯爵”号首航，开启了飞艇在航空史上最辉煌的时刻。1928 年 10 月 11 日，人类历史上首次跨大西洋商业飞行，从法兰克福出发，飞行了 111 小时 44 分钟，飞越了 9926 千米顺利抵达纽约。1929 年 8 月，“齐柏林伯爵”号用时 21 天 5 小时 31 分钟完成了环球飞行一周，航程 33 234 千米，轰动了整个世界。1930 年 5 月，开辟了欧洲经非洲到达巴西里约热内卢的航线。1931 年 7 月，在北冰洋地区进行了多项科学考察。1933 年受到特邀参加美国芝加哥世界博览会，美国人甚至为德国的飞艇专门发行了纪念邮票。

受“齐柏林伯爵”号成功的影响，齐柏林飞艇公司又加紧研制了更大的 LZ–129 号，这是人类历史上制造的最大的飞艇，也就是航空史上最有名的“兴登堡”号（Hindenburg），没有之一。“兴登堡”号于 1931 年建造，1936 年 3 月 4 日首飞并投

LZ–127“齐柏林伯爵”号飞艇头部

LZ-127 内部（图中一排圆柱罐体为燃料箱）

入运营，以德国总统兴登堡命名，是当时世界上最先进、最庞大、最豪华的一艘飞艇，主要用于跨大西洋载客商业飞行。

“兴登堡”号长 245 米，最大直径 41.18 米，拥有 16 个独立气囊，体积达到了惊人的 20 万米^3，装配了 4 台戴姆勒 - 奔驰 DB602 型 16 缸发动机，每台动力 1200 马力（与 20 年前的第一次世界大战期间相比提升巨大），分装于飞艇左右两侧，最大飞行速度提高到 135 千米 / 时，可以搭载 72 名乘客，但操作这艘空中巨物需要多达 40 名以上的工作人员。

LZ-129“兴登堡”号（艇身上印有“五环”标志，这是因为 1936 年夏季奥运会即将在 8 月于柏林举行）

在纽约上空飞行的 LZ-129“兴登堡”号（请注意它的尾翼，纳粹标志被遮起来了）

LZ-129“兴登堡”号内部休息室的一张实拍照片（应当算是飞在天空中的城堡吧）

飞艇下部的观景餐厅

然而“兴登堡”号出名并非因为成功，而是因为一次巨大的灾难，原因是因为它内部的填充气体——氢气。所有人都知道氢气易燃，全世界最强大的飞艇公司—齐柏林飞艇公司的设计师们当然也知道。原本计划使用惰性气体——氦气，这会极大地提高飞艇的安全性，但距离1908年首次发现氦气还没多久，且石油冶炼工艺还处于初级阶段（制备氦气的原料为含有氦气的天然气，属于石油工业的副产品，至今仍是如此），制备工艺落后，产量很小，价格昂贵，作为惰性气体在国防工业领域应用广泛。当时氦气主要的、也是最大的生产国美国，在1927年制定了限制氦气出口的法令，使得齐柏林飞艇公司最终选择了易燃的氢气，这为后来的“兴登堡”号空难埋下了极大的隐患。值得一提的是“兴登堡”号上甚至还配备专门的吸烟室，但登艇时并不允许携带任何火种，吸烟室内配有一台固定的点火装置。

1937年5月6日，投入运营仅一年多的“兴登堡”号，完成跨大西洋飞行抵达美国雷克霍斯特海军航空工程站（Naval Air Engineering Station Lakehurst）后，在降落的过程中突然起火，245米的飞艇在短短32秒左右的时间内燃烧殆尽，艇上97人中有35人丧生，此外还有一名地面工作人员不幸遇难。当时的事故分析以及后人制作了等比例24米模型并对其进行分析（2013年美国团队开展了此项试验）指出，原因与天气有关。当时的天气很糟糕，为了尽快调整姿态落地，飞艇曾在落地前8分钟剧烈地转向，导致尾部拉锁断裂并刺穿了氢气气囊。而且当地的雷暴天气使得“兴登堡”号在空气中飞行时，产生了大量的静电，积蓄在艇身结构上的静电在工作人员接到抛下绳子的一刻传导至地面，然而艇身外蒙皮导电性较差，电荷传导很慢，由此产生了电压，瞬间电压击穿结构与蒙皮间空气并产生火花，引爆飞艇。这是空难史上最著名的一起空难，同时也是人类史上最著名的一次爆炸事故。

事后，飞艇载客运被全面禁止，另一艘飞艇LZ-127“齐柏林伯爵”号也被殃及，当然也不再会有人乘坐这种交通工具了。1940年，时任德国空军元帅的赫尔曼·威廉·戈林（Hermann Wilhelm Goring）下令拆毁了LZ-1 27“齐柏林伯爵”号。自此齐柏林飞艇公司走下神坛，而处于巅峰时刻的飞艇瞬间沉入历史的长河中。然而这一事故却带来了意想不到的另外一个结果，那就是民航飞机的全面兴起。

“兴登堡”号燃烧时的图片（仅用时32秒左右就燃烧殆尽）

震撼的齐柏林飞艇的艇库照片

七、一位推动美国航空发展的英雄——林德伯格

查尔斯·奥古斯都·林德伯格（Charles Augustus Lindbergh），美国著名飞行家，他于1927年完成了人类首次不着陆跨大西洋飞行，那一年他仅25岁。林德伯格也因此成为那个时代美国精神的代表，在美国乃至整个西方世界都是重量级的时代人物。此外，林德伯格成功飞越大西洋这一事件也极大地推动了美国航空业的发展，从来没有如此多的注意力集中在航空领域，为林德伯格提供飞机的瑞安飞机公司当时就接到了240架飞机订单。

查尔斯·奥古斯都·林德伯格（《时代》杂志1928年2月年度人物）

林德伯格1902年2月生于底特律，是瑞典裔美国移民，其祖父曾是瑞典国会议员，父亲1906年起在美国国会众议院工作，作为一名推崇“平民主义”（Populism）的人士，经常发表演说批评华尔街及“托拉斯－垄断主义”集团。林德伯格在父亲身边耳濡目染，其价值观也倾向于“平民主义”，即强调普通人人生的真义，这是一种以自身的有限力量来为人类创造美好生活的一种思想，强调个人的创造力、个人的价值，也是当时美国精神的重要组成内涵。也正是在这种精神的鼓舞下（当然还包括对航空及飞行的热爱），林德伯格在后来发起了对横跨大西洋不着陆飞行（Non-Stop Flight）挑战。

横跨大西洋不着陆飞行是由法裔美国商人雷蒙德·奥泰格（Raymond Orteig）在

1919年发起的，悬赏2.5万美元奖励第一个完成从纽约至巴黎或巴黎至纽约横跨大西洋不着陆飞行的人，期限为5年，被称为“奥泰格奖”。奥泰格在第一次世界大战结束后设立这一奖项是为了向参加过第一次世界大战的美国飞行员致敬，但5年内没人能完成这一挑战。奥泰格在1924年修改了这一奖项，取消时间限制。

林德伯格参加如此高难度的挑战，在某种程度上就是对自己人生的挑战。在当时的技术条件下，完成不着陆横跨大西洋飞行风险极高，而此前（1919—1927年）美国、法国的多名著名飞行家多次挑战这一任务，付出了6死4伤的惨重代价，均未能成功。丧生的6人中就有第一次世界大战的法国王牌飞行员查尔斯·依格瑟（Charles Nungesser）和弗朗索瓦·柯利（François Coli）。最终林德伯格取得了成功，这是飞行技术、飞机性能、顽强意志共同决定的。

1917年4月美国参加第一次世界大战后，林德伯格曾打算入伍当一名飞行员，当时他仅15岁，因为年龄太小未能成行。他于1920年考入威斯康星大学学习工程机械。显然这并不是他追求的，因此于1922年辍学，进入林肯市内布拉斯加飞机公司的飞行学校，一边从事飞机维修工作一边学习飞行。1923年在其父亲的赞助下（500美元）购买了一架老式飞机并实现了个人首次飞行。1924年在得克萨斯州圣安东尼奥接受军事飞行训练，到1925年3月，最初的104名学员中仅有18人坚持了下来，而林德伯格则以第一名的成绩毕业，可见其飞行技术的扎实程度。毕业后林德伯格担任密苏里州国民警卫队预备役军官，同时被罗伯逊航空公司雇佣，成为一名驾驶运输航空邮件飞机的飞行员。1922—1926年，林德伯格积累了大量的飞机驾驶技巧和经验，尤其是在圣安东尼奥的那一年，其后来回忆总结道，接受军事飞行训练的一年，对未来的发展极其重要，为后来的成功打下了坚实的飞行技术基础。

林德伯格1925年3月的毕业照

在罗伯逊航空公司工作期间，林德伯格注意到“奥泰格奖”并决心发起挑战，其认定拥有一架性能良好的飞机是完成挑战的关键，显然林德伯格并不担心个人方面的因素，如飞行技术及追求卓越的意志。林德伯格最开始倾向于使用贝兰卡（Bellanca）式飞机（当时的一款新型单翼飞机），由于价格高昂而无力承担，而后林德伯格转而寻找其他方面的帮助。在此期间福特飞机制造公司愿意提供一款三发飞机，但附带要求过于苛刻，林德伯格并未同意，况且林德伯格从一开始就认定单发单翼飞机才是最适合的选择。最终在瑞恩飞机制造公司（Ryan Arilines Company）及多名商人和银行家的帮助下取得了进展。瑞恩飞机制造公司在60天内，为林德伯格制造了一架特有的飞机。该飞机装配了一台220马力、气冷式、9缸的莱特J–5型发动机，速度为160 ~ 170千米/时，机身框架由钢管制成，机翼由木材和布料制成，为满足长途飞行需要，将一切可能的地方都改装了油箱，载油量为450加仑①，飞机严格按照长距离飞行的要求进行了改装，尽可能地减少附带的设备，几乎将能拆的都拆了，将有限的载重用于储存更多的燃料以获得更大的航程。

飞机在1927年4月28日完工，林德伯格考虑到自己在圣路易斯得到的帮助，林德伯格将其飞机命名为“圣路易斯精神”号。为检验飞机性能，林德伯格单独驾驶“圣路易斯精神”号从圣迭戈飞行14小时25分钟抵达圣路易斯（1750英里），第二天再次飞行7小时20分钟抵达纽约，完成了从加利福尼亚州到纽约的横跨北美大陆首次长距离试飞，获得“孤独之鹰”（The Lone Eagle）称号。随后又进行了多次试飞以熟悉飞机性能，为历史性跨越做了充分的准备。

1927年5月20日清晨，林德伯格只身驾驶“圣路易斯精神”号缓缓从美国纽约长岛罗斯福机场起飞。飞机机身和机翼均装满了汽油，为进一步减重，林德伯格还放弃了无线电、降落伞、牙刷和剃须刀，仅随身携带了地磁罗盘、三明治和水。由于飞机过重，加之雨后泥泞的跑道，“圣路易斯精神”号爬升非常缓慢，最终惊险地越过了跑道尽头的电话线，仅仅超过了约6米，人类最伟大的一次飞行开始了。

飞行中，林德伯格为应对复杂的海洋气象气流，时而在3000米的高空穿过积云，时而在贴近海面3米的高度飞行，可谓惊险万分。夜间飞行时，为驱赶倦意，保持头脑清醒，通过冷风吹袭和双脚踏动等方法防止瞌睡。为防止迷航，凭借仅有的地磁罗盘结合航位推算法来引导飞行方向。就这样，在艰苦飞行了约5810千米，历时33小时30分钟后，飞机于1927年5月21日晚（周六晚10点22分）成功抵达巴黎机场。在巨大噪声、颠簸、雾、雨、大风的条件下，没有现代化的导航设备，不睡觉连

① 1加仑≈3.785升。本书中为美加仑。

“圣路易斯精神”号抵达纽约后开展的试飞

“圣路易斯精神”号飞离纽约

续工作 33.5 小时，这对任何人都是一项巨大的挑战，然而林德伯格完成了。在看见陆地并寻找着陆机场时，林德伯格认为自己飞错了，地面上的大量灯光就像从工业区上方看到的一样，而实际上那是迎接他的上万辆汽车的车灯，约有 15 万人自发前来迎接这位英雄。落地时，林德伯格被人群托举在空中长达半小时，人们从“圣路易斯精神”号上寻找各种可以取下的东西作为纪念物，尤其是包裹飞机的布料。最终是一群军机飞行员、警察将林德伯格（当然还有“圣路易斯精神”号）从“暴徒”中解救了出来。

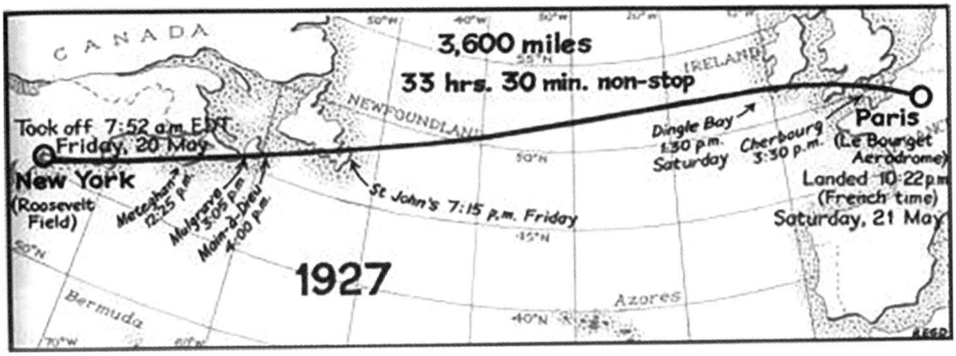

林德伯格的飞行路线图解照片

“圣路易斯精神”号飞抵巴黎

林德伯格一夜成名，热情的法国人为其举行了盛大的庆祝活动，法国总统杜梅格授予林德伯格“荣誉军团”勋章，随后美国柯立芝总统也授予林德伯格“国会荣誉”勋章和“优秀飞行十字”勋章，林德伯格返回纽约的时候，迎接他的人群比第一次世界大战结束时还要多。

林德伯格抵达纽约时的情景

返回美国后，各界的商机涌向了林德伯格。当时的报业大亨威廉·伦道夫·赫斯基（William Randoff Hearst）出高额费用邀请林德伯格拍摄一部商业电影，但被林德伯格拒绝了，他给出的理由是“不欣赏他的一些做法和价值观”。这在当时物欲横流、唯利是图的美国社会引爆了一枚“大炸弹”，林德伯格表露出的真实、简单、可信的气质，凭借理想精神、冒险精神取得的历史性成功，成为美国社会现实中鲜活的励志故事，极大地鼓舞了美国的民众，公众对社会的失望，在林德伯格的作为上找到了寄托。

时任美国总统柯立芝曾表示：“寻遍美国我们无法找到比年轻的林德伯格更能代表美国人民精神和意志的人。”这也许表露出当时整个西方世界对这一事件主角林德伯格的赞誉态度。

然而林德伯格成功飞行所带来的另外一个好处，则是引发了美国乃至整个世界对航空的高度关注，程度甚至超过了莱特兄弟的首飞事件。这则是林德伯格为人类航空科技发展做出的另外一个重大贡献了。

林德伯格在华盛顿发表演讲的照片（图中左下角鼓掌的人是美国总统柯立芝）

八、金属飞机的发展与转折

全金属飞机最早于 1915 年在德国出现，而大洋另一端的美国，全金属飞机的发展则要慢了好几年。虽然如此，对全金属飞机发展贡献最大的国家还是美国。

1922 年美国航空工程师威廉·布什内尔·斯托特（William Bushnell Stout）向 20 名投资人，包括福特汽车公司创始人亨利·福特（Henry Ford）和他的独子埃德塞尔·福特（Edsel Ford），每人融资 1000 美元。靠融资来的 2 万美元，成立了斯托特金属飞机公司（Stout Metal Airplane Company），开始生产他自己的金属飞机（他之前学习过容克斯公司相关全金属飞机技术设计），其代表作是 2-AT（Air Transport）上单翼全金属飞机。仅 3 年后的 1925 年，亨利·福特花费 50 万美元收购了斯托特金属飞机公司的全部股份，从此这家公司更名为福特汽车公司斯托特金属飞机部（Stout Metal Airplane Division of the Ford Motor Company），亨利·福特的航空发烧友独子埃德塞尔被任命为新公司的总裁。

斯托特金属飞机公司早期生产的 2-AT 单发全金属飞机
（图中这架飞机机身上喷涂的福特（Ford）标识表明他是在被福特公司收购后生产的）

公司被收购后，开始由制造单发飞机转向研制新的三发全金属客机 3-AT。3-AT 采用了 3 台莱特风冷星形发动机，并被亨利·福特寄予厚望。但 1926 年 1 月 3-AT 首飞时却发现动力严重不足，试飞员勉强在空中完成了一次盘旋后艰难着陆，并且在落地后拒绝再次驾驶这架飞机上天。参加首飞的亨利·福特对此表示震怒，他要求这架飞机的设计师斯托特远离新公司的设计室，当天 3-AT 的所有设计图样就被送到了福特工程实验室。然而不幸发生了，第二天上午发生的火灾，将整个工厂和里面停放的所有飞机烧为灰烬，其中就包括 3-AT 的原型机。亨利·福特出资重建了斯托特金属飞机部的生产厂房，并新雇佣了包括詹姆斯·史密斯·麦克唐纳（James Smith McDonnell，麦克唐纳飞机公司的创始者）在内的几名麻省理工学院航空工程专业毕业生参与 3-AT 的重新设计。

仅 5 个月后，1926 年 6 月 11 日，全新设计的工厂编号为 4-AT 的福特三发飞机实现首飞，这架飞机的英文名称叫作“Trimotor”，即“三台发动机”的意思，另外它还有个非常出名的绰号“锡鹅”（Tin Goose）。4AT 的气动布局与上一年首飞的福克 F. Ⅶ（Fokker F. Ⅶ）运输机非常相似，设计师们将原来 3-AT 直接安装在机翼上的两台发动机，改为翼下吊装的方式，将 3-AT 的开放式驾驶舱改为了封闭式，而且 4-AT 机体结构采用跟容克斯全金属飞机完全一致的铝制波纹板蒙皮，以提高飞机蒙皮的刚度，蒙皮波纹的走向均为顺航向，以减小飞机阻力。原型机 4-AT 装备 3 台莱特 J-4“旋风”（Wright J-4 Whirlwind）星形活塞发动机，发动机功率为 150 千瓦。

后续的改型不断提高所装备的发动机的功率，形成众多衍生型号。如采用了功率更大的普拉特 - 惠特尼公司（Pratt & Whitney Aircraft Company，简称普惠公司）发动机的 5-AT，相比它的前身 4-AT 的 9 人载客能力（不包括机长、副驾驶和 1 名空姐），5-AT 可以载客 13 人。

福克 F. Ⅶ三发运输机

福特 4-AT 三发客机

福特三发所采用的顺航向波纹铝板蒙皮

虽然福特三发飞机是按照客机进行设计的，但是它可以很方便地拆除飞机上的座椅，快速变换为运载货物的运输机形式。同时，为了提高飞机的货运能力，5-AT 还采用了一种非常不同寻常的方式，它在内侧机翼下面设置了一个可以向下开启的货舱，用于放置货物。作为美国第一款全金属三发客机，福特三发系列在 1933 年停产时共生产交付了 199 架，美国各航空公司、空军等国内部门均有采购该飞机，还出口至加拿大、墨西哥、中国等国家，不过与同样的三发飞机容克斯 Ju52/3m 共生产交付 4000 多架相比（后文会讲到，这是早期产量最大的全金属运输机之一），福特三发并不能称为一种成功的全金属飞机型号。这里的原因除了福特三发本身较为高昂的价格以外，还与美国等国家对刚刚出现在人们视野中的全金属飞机所持有的保守和怀疑的态度有很大的关系。

实际上，当德国杜拉金属公司生产的硬铝合金——杜拉铝让全金属飞机在德国蓬勃发展之时，其他国家的飞机设计师并没有马上加入全金属飞机设计的大潮之中，大家对全金属飞机还一直持有怀疑和非常保留的认可态度。英美等航空强国的航空管理当局也在当时对全金属飞机持负面态度，英国空军部明令禁止飞机制造业使用硬铝合金，尤其是飞机内部的承力部件，美国航空咨询委员会（NACA）也不建议使用硬铝合金，两者给出的理由几乎如出一辙，他们认为硬铝合金容易被腐蚀。

福特三发客机 5-AT 的客舱内景（看起来与汽车内部很相似）

福特三发 5-AT 独特的翼下开启货舱（图中右侧机翼下）

但是技术发展的趋势是无法改变的，当时一起著名的坠机事故戏剧性地改变了全美乃至全世界民众对于木质结构飞机的态度，全金属飞机首先在美国迎来了自己的春天。

1931 年 3 月 31 日，跨大陆及西部航空（Transcontinental and Western Air，T & WA，即后来著名的美国环球航空公司）的 599 航班使用福克 F.10 三发飞机执飞，航班由密苏里州的堪萨斯城到洛杉矶，在航班的第一个航段，由堪萨斯城飞往威奇托经停的途中飞机坠毁在堪萨斯城郊外，机上 8 名乘客全部遇难，乘客中包括当时全美著名橄榄球教练克努特·罗克尼。此人在美国群众心中是一位英雄似的人物，在他作为圣母大学橄榄球队主教练生涯的 13 年中，带领球队取得了 105 胜 5 平 12 负的骄人战绩，其中有 5 个赛季整个赛季球队保持全胜，创造过 88.1％的大学橄榄球联赛最高胜率，至今无人超越。考虑到橄榄球作为美国第一大体育运动，可以理解他在公众心中的地位。不仅如此，作为一名挪威移民后裔的公众人物（北欧移民在美国早期的口碑并不好），他在道德方面也表现出了优秀的品质，社会声望极高，同时被视为当时的全美偶像。当罗克尼坠机身亡的消息传遍美国的时候，全美民众一片震惊，在举国悼念罗克尼的同时，民众也对这次坠机事故的调查投入了前所未有的关注。

美国历史上最著名的橄榄球教练克努特·罗克尼

对于这起事故原因的分析，成为当时舆论的中心，一时间谣言四起。开始的说法是 599 航班在遇到雷暴后坠毁，但是当时可查阅到的气象记录显示，当天在航路上并没有出现强对流天气。另一个有争议的说法是由飞机本身结构问题引起的坠机，因为福克三发的机翼由木质层合板制造而成，在这起事故中，飞机的一侧机翼可能已经由于雨水渗漏导致层间剥离，有目击者称在飞机坠毁前，飞机机翼折断，完全脱离机身。还有人猜测是由于福克 F.10 机翼的某根翼梁失效，机翼出现不可控的颤振，最后直接导致机翼折断，飞机坠毁。

最后的事故报告也没给出确定的原因，只是分析飞机可能遭遇湍流或者机翼发生结冰，或者是两种情况同时发生，导致飞机操纵困难进而发生事故，其中也指出了飞机应力超过机翼的限制水平。不过无论事故起因如何，当时的舆论都将矛头指向了福克 F.10 的木质机翼，认为木质结构的失效是导致这次事故的关键因素。

这起事故让全美公众对木质结构飞机的安全性表示了严重的怀疑，民众再也不愿意选择木质结构的飞机作为自己的交通工具，甚至美国商务部航空司（Aeronautics Branch of the US Department of Commerce，即美国联邦航空管理局（FAA）的前身）也

因搭载著名教练发生事故而在美国引起全民关注的福克 F.10 运输机

要求航空公司必须对木质飞机进行更为频繁和严格的安全检查，这些检查也使得航空公司运营木质结构飞机的成本不断上升。民众和航空公司两方面的态度的转变，大大加快了全金属飞机替代木质结构飞机的速度。在航空公司对金属飞机的强烈需求背景下，波音公司研制了波音 247 全金属客机，稍后道格拉斯公司研发了 DC 系列全金属客机，而这两款飞机的出现则开启了全美甚至是全球的全金属民用客机新时代。

九、增压器——活塞发动机的最佳搭档

飞机性能在战争期间提升很大，其中很重要的贡献来自于动力装置性能的提升。除了发动机本身技术水平的提高外，另外一种发动机附件的推出，能极大地改善发动机对高空环境的适应性并提高输出功率，堪称活塞发动机“助力器”，它就是发动机增压器。

自飞机出现以来直至第二次世界大战结束，航空活塞发动机统治着全世界的天空。航空活塞发动机同样是内燃机的一种，内燃机所遵循的规律在它身上同样有体现，最典型的就是发动机工作环境中，空气密度和压力变化会影响到发动机的输出功率。当空气密度降低或者大气压力降低时，发动机吸气冲程进入汽缸内的空气就会减

少，与燃料混合后的气体中氧气的浓度也会减少，而氧气的减少会直接导致燃料燃烧不充分，进而使得发动机功率降低。

假设对于一台特定的航空活塞发动机在海平面能输出1000马力的功率，当它在22000英尺高度工作时可能只输出约500马力的功率，因为随着高度的增加，大气的密度和压力逐渐降低，22000英尺的高空空气密度只有海平面的一半。通常来说，当活塞航空发动机在高空环境中工作时，发动机集流管中空气燃油混合物的密度远低于海平面，汽缸中燃烧产生的压力将大幅减小，因此输出的动力也将大幅减弱，而这一切与飞机的飞行高度紧密相关。

实际上这个问题早在莱特兄弟利用活塞发动机实现人类“首飞”后不久就被发现了，只是在动力飞行最初的约20年间，飞机有限的飞行高度所带来的发动机功率损失可以接受。随着航空技术的不断发展，飞机的飞行高度也越来越高，工程师们意识到，如果要提高飞机的高空性能，必须寻找到一种手段来减少高度变化对发动机输出功率的影响。当高度升高时空气密度下降，飞机飞行所受到的阻力会有所减小，如果这个时候还能保持发动机输出功率恒定，那对于军用飞机和高性能民用运输机来说，其性能必将大大提升（对于低空低速飞机无关紧要）。活塞发动机功率降低是发动机进气压力的降低所导致的，工程师们很直接地就想到了引入增压器来提高发动机进气口压力，进而改善发动机的高空功率特性。

增压器是一种能够利用机械能将空气进行压缩的机械装置，通常因驱动形式的不同，被分为机械增压器（Supercharger）和涡轮增压器（Turbocharger）两种形式。机械增压器通常利用皮带、齿轮、驱动轴或者链条等机械传动装置与发动机曲轴连接，由发动机曲柄驱动实现增压，占用一部分发动机功率。而涡轮增压器与一个处于发动机废气管道中的废气涡轮连接，由发动机尾气带动废气涡轮来驱动增压器工作，不占用发动机本身的功率。

“Supercharger”最开始是增压器的通称，而涡轮增压器曾经一度被称为“Turbo Superchargers”。后来人们逐步习惯于用“Supercharger”特指机械增压器，而“Turbocharger”特指涡轮增压器。无论增压器的类型如何，它们的原理均是通过增加流入活塞发动机的空气压力来提高发动机输出功率的。当飞机在高空飞行时，增压器使得流入发动机的气流压力保持在恒定水平上，输出功率也就可以维持在恒定状态。下面我们就来说说涡轮增压器和机械增压器的发展。

涡轮增压器是由废气涡轮驱动的增压装置，它的作用与机械增压类似，均通过提高发动机的进气压力和密度来增加发动机的功率输出，提升发动机的高空性能。涡轮增压器由两个涡轮串联而成，驱动涡轮（废气涡轮）置于排气管中，由发动机排出的高温高速废气推动高速旋转，而与之串联的放置于发动机进气管内的离心增压涡轮在废气涡轮的带动下对发动机吸入的空气进行增压。由于涡轮增压器利用的是发动机没有任何价值的废气，不占用发动机功率，所以涡轮增压器比机械增压器对发动机性能的提升更高，但废气涡轮的转速与发动机排放废气的速度直接相关，所以在发动机小转速的情况下，涡轮增压器的响应远没有机械增压器的响应快速。

涡轮增压器出现得很早，他的发明人是一位瑞士工程师阿尔弗雷德·布基（Alfred Büchi，也有国内资料将其翻译成“比希”），他是当时一家发动机公司的首席柴油发动机研发工程师。1905 年 11 月 16 日，他从德意志帝国专利局申请获得了编号为 No.204630 的专利，这项专利的核心内容是利用发动机废气驱动压缩机来为内燃机提供增压空气，进而提高发动机动力输出。但是由于当时高温材料发展水平的限制，他的设计无法得到实际运用。第一次世界大战期间，法国工程师奥古斯特·拉多（Auguste Rateau）将涡轮增压器安装在雷诺公司发动机上，装备了一些战斗机，取得了一定的成功。

典型的涡轮增压器剖面（发动机排气装置中的废气涡轮（左）和增压涡轮（右）同轴）

涡轮增压器真正意义上的应用发生在第一次世界大战期间。1917 年刚成立不久的 NACA 接到了让一型发动机在高空保持输出功率不变的研发任务。NACA 找到了通用电气公司（GE 公司），通用电气公司指定其燃气涡轮研究室的一位叫作桑福德·亚历山大·莫斯（Sanford Alexander Moss）的工程师（康奈尔大学机械工程博士）负责涡轮增压器的研究工作。1918 年，美国军方麦库克基地（McCook Army Airfield，美国空军第二次世界大战期间重要的训练基地之一）、莫斯，以及通用电气公司签署了一份共同开发涡轮增压装置的合同。1918 年 9 月，莫斯和他的同事在“自由人”（Liberty）V12 水冷式发动机上安装了莫斯设计的涡轮增压器，飞行员驾驶装有涡轮增压器的飞机飞越了科罗拉多州柯泉市外的派克峰（Pikes Peak，也被称作“美国之山”，最高海拔 4300 米）。飞行试验表明，在 14190 英尺的高度，装了这种增压器的发动机仍然能够提供令人满意的功率。

马克Ⅷ型坦克（“自由人”V12 型发动机应用领域包括飞机和坦克，其中包括非常著名的英国坦克马克（Mark）系列）

第一次世界大战结束以后，麦库克基地的工程师们继续对涡轮增压器进行各种试验和改进。当时检测涡轮增压器在高空工作的唯一方法就是开展实际飞行测试，他们给一架双翼飞机装备了“自由人”发动机和莫斯的涡轮增压器。1920 年 2 月 27 日，麦库克基地的试飞员驾机起飞，经过长时间的爬升，飞机到达了惊人的 30000 英尺高度，并且飞机还能够继续爬升，充分验证了涡轮增压器的巨大作用，但飞行员的供氧系统突然出现故障。读者需要知道在这一高度空气已经非常稀薄，人只能存活很短的时间。这位试飞员更加清楚自己的命运所系，在他失去意识之前，关掉了发动机并且调整机头方向以快速降低高度，幸运的是他恢复了意识，此时飞机高度已经快速降低了5英里。在落地后对飞机的检查飞行记录时发现，本次飞行创造了当时的最高纪录——惊人的33143英尺，正是因为有这样一位勇敢的、出色的试飞员，莫斯的涡轮增压器被证明是非常成功的。

后来涡轮增压器在美国得到了广泛的运用。第二次世界大战期间，包括B–17“飞行堡垒”、B–24“解放者”、P–38“闪电”和P–47“雷电”都装备了安装有涡轮增压器的发动机。德国等国家也在FW190等飞机上运用过涡轮增压器，但由于涡轮增压器的生产需要优质的耐高温金属材料，所以在其他国家并没有得到广泛的应用。

另外一种发动机增压装置是机械增压器，它的动力来源是发动机本身，所以会消耗发动机自身的功率。机械增压器按照增压方式可以分为鲁兹式机械增压器（Roots supercharger）、离心式机械增压器（centrifugal supercharger）、螺旋式机械增压器（rotary–screw supercharger）、叶片泵式机械增压器（slid–ingvane supercharger）等。

在很多国内资料中，离心式机械增压器也被叫作涡轮机械增压器，但它与涡轮增压器有着显著的区别。涡轮机械增压器中的涡轮连在发动机曲柄（主轴）上，占用发动机功率，而涡轮增压器则安置在发动机的排气道中，不占用发动机功率。

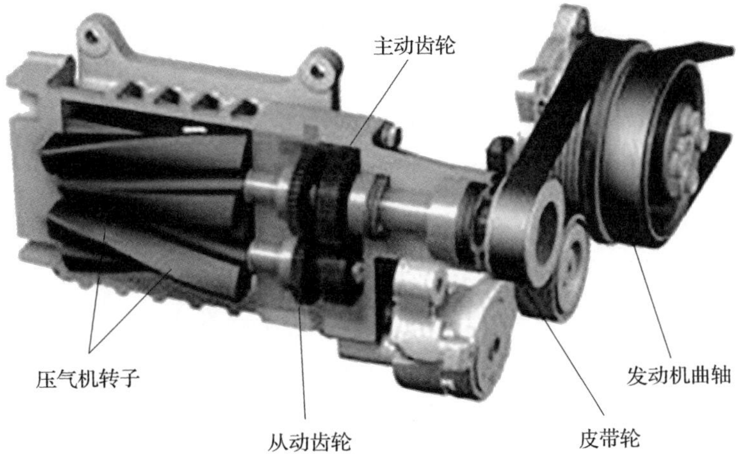

螺旋式机械增压器原理图（发动机工作时发动机曲柄会转动，而连在上面的皮带轮会带动增压器压气机转子转动，进而为发动机提供压缩空气）

布里斯托尔“人马座”（BristolCentaurus）离心式机械增压器的内部结构
（这种增压器主要利用安装在发动机曲柄上的涡轮高速转动，利用离心力将空气压缩并输送给发动机）

增压器的起步更早源自汽车工业，早在 19 世纪末汽车工程师们就意识到增压器对提高发动机功率的巨大作用。1878 年，杜格尔德·克拉克（Dugald Clerk）在他的第一台两冲程发动机上引入了世界上第一个实际投入验证的发动机机械增压器。1885 年，戴姆勒获得了内燃机机械增压器在德国的专利。1902 年，路易斯·雷诺（Louis Renault）在法国获得了离心式机械增压器的专利。

但增压器在航空发动机上的使用则到了 1925 年。这一年寇蒂斯 – 莱特公司才开始尝试将机械增压器安装在航空发动机上。1927 年，美国普惠公司首次将机械增压装置运用到批产航空发动机上，其发动机型号普惠 R–1340“黄蜂”（R–1340 Wasp）发动机也成为第一批采用机械增压技术的实用活塞发动机（著名的德国 Ju52/3m 和早期的波音 247 飞机都采用了该型发动机，后文会讲到），并由此取得了不俗的市场销量。

一年以后，阿姆斯壮·西德利（Armstrong Siddeley）发动机公司在英国开始生产 14 缸的双排“美洲虎”（Jaguar）发动机，这种发动机带有一个通过齿轮传动的机械增压器，在 1930 年后几乎所有的军用飞机和民用运输机使用的发动机都装有齿轮传动的机械增压器。采用机械增压器最为著名的航空发动机要数第二次大战期间罗罗公司制造的梅林 12 缸液冷活塞发动机了，机械增压器有效地帮助梅林发动机提高了适应性及输出功率。在英国科学博物馆航空馆梅林发动机的展品旁有这样一句话：拯救了英国的发动机（The engine that saved Britain）。这型发动机实在是太著名了，后文中有对它的详细介绍。

机械增压器极大地改善了航空发动机的高空性能，但是它也有一定的不足。比如，依靠发动机驱动，使得发动机会有一部分功率被增压器消耗；当发动机转速达到一定值时（临界值），机械增压器提高的发动机功率会与机械增压器消耗的功率相抵消；超过此临界值后，机械增压器不仅不会提高还会降低发动机的输出功率。

从整体来看，涡轮增压器和机械增压器出现得都很早，但真正对飞机性能提高做出贡献则到了第一次世界大战之后。总结原因一方面是早期飞机性能较低，对发动机增压的需求不明显，另一方面则是机械加工及金属制备工业也在不断成长中，这一点对涡轮增压器所需的耐高温合金来说尤为明显。如果反过来看待这一现象，则充分证明了航空的发展存在对基础工业水平提高的显著拉动作用。

十、全金属民用飞机的全面崛起

本节将要用不小的篇幅介绍全金属民用飞机的崛起过程，其中包括经典的容克斯Ju52、波音247、道格拉斯DC-3，这三型飞机完整代表了欧美从20世纪30年代起全金属民用飞机崛起的全过程。

首先来看欧洲方面。1928年，容克斯公司在Ju46运输机的基础上研制新的替代型号，被命名为Ju52，为一架单发活塞下单翼货物运输机，公司编号为Ju52/1m，1930年10月13日完成首飞。虽然实际运营测试表明Ju52/1m可以装载2000千克货物飞行1500千米以上，但是它的市场表现并不尽如人意，也正是这个原因导致首批生产的12架飞机在生产完第7架后就全部终止了。

在意识到货运飞机很难打开市场后，容克斯和他的工程师们决定发展Ju52客运型飞机。综合考虑发动机动力需求、客机的安全性和发动机可靠性等因素，容克斯将单发的客运型Ju52改为了三发飞机，公司编号为Ju52/3m，1932年3月7日完成首飞。出于节约成本和废旧利用的考虑，在完成首批7架Ju52/1m后，剩下的机身被改造，并用于制造Ju52/3m的原型机和最初几架Ju52/3m。

加拿大皇家航空博物馆展出的 Ju52/1m 复制品（波纹蒙皮属于典型的容克斯风格）

增加了两台发动机后，Ju52/3m 的整体性能明显提高。整体上可以装载 17 名乘客，客舱尺寸为 6.35 米 ×1.65 米 ×1.90 米，飞机机身左侧设置登机门，乘客可以方便地进出客舱，机身两侧设置了一排方形舷窗，增加客舱采光，提高了乘员的舒适性。动力方面，原型机采用的是 3 台单台功率 550 马力的美国普惠公司 R-1340“黄蜂”（R-1340 Wasp）星形活塞发动机，原型机没有安装发动机整流罩，3 台发动机均裸露在机身外部。后续的生产型号发动机逐步替换为功率更大的德国产 BMW132 系列星形活塞发动机，该发动机为美国普惠公司 R-1690“大黄蜂”（R-1690 Hornet）星形活塞发动机的德国授权生产版本。

容克斯 Ju52/3m 一经推出，就在民用客机市场上大受欢迎，各地的订单不断涌向容克斯飞机工厂。国际航空联盟（Federation Aeronautica Internationale，FAI）专门向容克斯定制了其主席的专用飞机，这也开创了民用飞机的一个专门的类别——要员专机，后来 Ju52/3m 还分别成为了德国纳粹元首希特勒和中华民国总统蒋介石的专机。

容克斯的所有客户中，德国国营汉莎航空公司（Lufthansa，一直经营至今）无疑在 Ju52/3m 的推广中起到了非常重要的作用。汉莎航空公司于 1932 年 5 月接收第一架 Ju52/3m 客机，凭借其优异的性能，Ju52/3m 迅速成为汉莎机队的主力机型（第二次世界大战期间汉莎航空公司机队的 3/4 均为 Ju52/3m）。1932 年 8 月 25 日，汉莎航空公司将首架注册号为 D-2201 的 Ju52/3m 装备上供氧系统后参加了环阿尔卑斯山脉

Ju52/3006D 原型机（可以看到发动机并未采用整流罩，尽管光洁的飞机外表面有利于降低阻力，但对于早期低速飞机而且是原型机来说，这么做的实际意义并不大）

的飞行，稍后又用 Ju52/3m 对慕尼黑 – 罗马 – 米兰航线进行了演示飞行，这条航线要求飞机飞越阿尔卑斯山区，而当时的运输机中，只有 Ju52/3m 可以做到这一点。1937 年 8 月，汉莎航空公司开辟了柏林到中国的航线，开辟这条航线时，注册号为 D–ANOY 的 Ju52/3m 飞越了海拔 7000 米高的帕米尔山脉。汉莎航空公司的成功是 Ju52/3m 最好的广告，世界各地的航空公司纷纷利用 Ju52/3m 来拓宽自己的航线覆盖范围，容克斯 Ju52/3m 也因此声名远扬，成为一代经典。

值得一提的是，容克斯本人是一位推行和平主义的反战人士。他非常不认同纳粹德国和希特勒的激进主义，拒绝配合希特勒的战前准备并遭到报复。1934 年，纳粹德国政府将容克斯赶出了他自己的公司，一年后容克斯郁郁而终，一代大师陨落，而容克斯公司则被纳粹德国政府全面接管，成为希特勒的备战工厂，Ju52/3m 也作为公司的拳头产品成为了战争工具。在后来发生的第二次世界大战期间，Ju52/3m 根据德国空军的不同要求形成了一系列的改进型号，通过升级发动机功率、扩大机身装载尺寸等手段，不断提高飞机性能和运输能力。除了作为运输机以外，其还被改装成轰炸机、侦察机、救护机、海上巡逻机、滑翔牵引机、轰炸训练机等，Ju52/3m 的起落架还可以被替换成滑橇或者浮筒，实现雪地、草地和水面的起降。第二次世界大战期间，德军绝大部分军需品均由 Ju52/3m 运送到前线官兵手中，因此它得到了“容克大婶”（Aunt Ju）的别称，这是后话。

喷涂汉莎航空复古装饰的仍然可以飞行的 Ju52/3m 飞机（摄于 1984 年）

在中国从事邮政业务的 Ju52/3m

德军利用 Ju52/3m 实施大规模空降

安装了消磁环的 Ju52/3m（用于引爆海面的磁性水雷）

在大洋另一端的美国，除了前文提到的不太成功的福特公司的全金属飞机之外，还有另外一家公司也在研制全金属飞机，它就是大名鼎鼎的波音公司。

1930 年 5 月 6 日，波音公司研制的第一架全金属单发活塞下单翼专门的邮政运输机“莫诺邮政”（Mono Mail）实现首飞。1931 年，波音又在“莫诺邮政”的基础上，为美国陆军航空队研发了一款全金属双发活塞下单翼轰炸机 YB-9。但是，无论是“莫诺邮政”还是 YB-9 都没有得到市场和军方的认可，仅仅生产了几架原型机，项目就被停止了。

波音“莫诺邮政”运输机

前文中“知名橄榄球教练事件”发生后，在充分考虑民用飞机市场对全金属飞机的强烈需求后，波音公司决定基于以上两种全金属飞机的技术研发一款专门的、现代化的客运飞机，波音 247 客机从此诞生。1933 年 2 月 8 日，波音 247 客机实现首飞，同年投入商业运营，并于1933年在芝加哥世界博览会上参展，波音247作为波音公司最重要的展品在展会上大放异彩。

就当时而言，波音247客机采用了大量先进技术。整架飞机结构全部采用金属材料，机身结构为半硬壳式；全机表面光滑，再也不像福特三发客机一样，由于采用波纹板而表面凹凸不平；采用悬臂梁式机翼，取消了张线、撑杆等多余部件，整体采用下单翼布局，可收放式起落架；在飞机的控制舵面上设有调整片，以便减轻飞行员长时间驾驶飞机的工作强度；此外飞机还装备自动驾驶仪，机翼和尾翼均采用了橡胶气动除冰套等。

正在进行飞行测试的波音YB-9轰炸机

半硬壳式（semi-monocoque）：以桁梁或桁条和蒙皮作为纵向主要承力构建的机身结构。

调整片（tab）：飞机主要操纵面后缘铰接或者固接的小翼片。控制调整片的偏度可以改变主操纵面的空气动力力矩特性，达到减小操纵面的操纵力矩的作用。

橡胶气动除冰套：敷设在翼面迎风面，橡胶材质，依靠周期性充入压缩空气，交替收缩膨胀，以防止表面堆积结冰的装置。

除此之外，早期的波音247客机驾驶舱风挡玻璃被设计成向前倾斜，而不是传统意义上的向后倾斜，这种设计现在看来是难以理解的，因为这样会增加阻力，但在当时低速飞行下影响不大。波音公司这样做的目的是解决夜晚飞行时发光的仪表板在风挡上的反光对飞行员目视飞行的影响，不过后来发现前倾的风挡特别是在着陆的情况下会反射地面的灯光，这一设计才被取消（从波音 247D 型后，风挡改为通常的后倾风挡，夜间强光问题通过在仪表板上安装遮光板予以解决）。

出于对更高安全性的追求，并且充分考虑到了发动机失效可能带来的严重后果，波音公司的工程师将波音 247 设计成为一款可依靠单台发动机飞行的双发客运飞机，这是世界上第一款可单发飞行的双发民用飞机。波音公司将民用飞机的安全水平提到了更高的层次，后来的所有同类产品都必须达到这一水准，这至今仍是所有双发客机必须达到的设计要求之一。同样是出于安全的考虑，波音 247 客机的主起落架收起时并不能完全收入机翼，主起落架轮胎的一部分还会暴露在短舱之外。这样做的初衷是考虑当主起落架故障无法放下而且需要应急着陆时，露出在外的起落架机轮可以起到缓冲作用，尽量减小飞机结构的损伤。

波音 247 全金属客机（从外观看起来已经超越当时绝大部分飞机了，请注意机头驾驶舱玻璃是十分罕见的向前倾斜方式）

除了更高的安全性，波音 247 在客舱设计方面也有很多独到之处，如采取恒温控制并装备空调，对客舱进行降噪处理，还配备了一名空姐，可以在空中为乘客提供必要的服务。世界上第一名空姐就是在 1930 年 5 月 15 日登上波音客机开始自己的职业生涯的。

为了更好地向世人展示波音 247 客机的出色性能，波音公司派其参加了 1934 年举办的麦克罗宾逊飞行耐力赛（Mac Robertson Air Race）。这个比赛是一项非常长距离的飞行比赛，飞机需要从英格兰的伦敦出发一直飞到澳大利亚的墨尔本，这项赛事吸引了全球各地的飞机参加，无论是原型机还是已经批产的飞机，通过这一比赛，可以向全世界范围内证明自己的出色性能。波音公司派出参赛的是一架波音 247D 型，采用了当时非常先进的可变距螺旋桨技术（后文有专述），机身内的陈设全部移除，用于安装 8 个额外的附加机身油箱。这架波音 247D 耗时 85.5 小时完成了全程飞行，并获得了运输机组的第二名，所有组别第三名。

1933 年 5 月 22 日，一架波音 247 客机创造了一项当时横穿美国的纪录，耗时 19.5 小时，中途经停 7 次，由洛杉矶飞往纽约。这是首次有飞机能够完成用一天不到的时间横穿美国的壮举，这也为航空业开辟了一个新的时代，从此乘客可以不用转机，当天即可穿越整个美国。

虽然波音 247 是最早投入批量生产的具有划时代意义的现代化客机，而且当时名噪一时，但是其本身仍有一些很严重的设计不足。波音 247 最初的原始设计是可以装载 14 名乘客，发动机采用的是普惠公司 R-1690“大黄蜂”星形发动机，但是在概念设计方案评审阶段，美国联合航空公司（United AirLines）飞行员对方案提出了异议，飞行员希望波音 247 可以采用功率更小的 R-1340“黄蜂”发动机，并降低飞机的承载能力，只需要其能够装载 10 人。因为在当时飞行员的头脑中认为世界上没有哪个机场可以安全起降一架 8 吨以上的民用载人飞机，他们反对采用大功率的“黄蜂”系列发动机，而且多数飞行员认为使用“大黄蜂”发动机很容易超速。当时普惠公司的首席工程师乔治·米德（George Mead）认为飞行员的这种观点是被误导的，而且几年后这种观点将被证明是非常落伍的。但普惠公司的主席弗雷德里克·伦奇勒（Frederick Rentschler）却坚定地支持航空公司飞行员的要求。最

波音 247D 客机麦克罗宾逊飞机耐力赛纪念海报

后波音公司也确实采纳了飞行员的意见，减小了发动机功率并导致载客能力降低至10人，这就直接导致航空公司无法依靠它的运载能力获得足够的机票收益，进而难以盈利。另一个严重影响乘客舒适性的问题是波音247机翼主承力梁横穿飞机机身，乘客从登机门进入前客舱时，必须小心翼翼地跨过主梁结构。此外，波音247机身低矮，乘客还无法在客舱中站直身体，这样使得乘客在客舱内移动非常不方便，也很压抑。

美国联合航空公司纪念涂装

以上缺点使得波音247客机很容易被竞争对手超越，事实也确实如此。当道格拉斯公司的DC-3客机出现时，波音247客机在民用市场上被打得再无还手之力。而道格拉斯DC-1/2/3系列飞机的出现还与波音247客机有莫大的关系。

当时的美国联合航空公司与波音飞机制造公司，同为波音公司创始人威廉·波音旗下所管理的企业。当美国联合航空公司的主要竞争对手环球航空公司向波音公司提出订购波音247客机时，波音公司出于对美国联合航空公司的保护，借由产能不足的问题，提出必须等到美国联合航空公司所有的波音247订单交付完毕后，才开始向环球航空公司提供飞机。这对环球航空公司来说无疑个很大的打击，他们开始转向道格拉斯公司求购全金属客机，而来自环球航空公司的订单促使了DC系列客机的诞生，也由这个型号终结了波音247客机在民用客机市场上的领导地位。

波音247客机共生产了75架，而其竞争对手DC-3在“珍珠港事件”爆发前就交付了800架民用订单，各种军民型号共交付超过10 000架。波音247客机的订单中，波音空运公司订购了60架，美国联合航空公司订购了10架，汉莎航空公司订购3架，最后零散交付2架，其中1架被中国客户买走作为私人飞机，而此人的名字在中国非常出名，他就是张学良将军。

波音247客机作为先锋开创了美国乃至全球的全金属客机的新时代，但真正将这个时代推向第一个鼎盛期的却是被波音公司“逼迫”出来的竞争对手—道格拉斯公司DC-1/2/3系列客机。下面让我们来了解一下这型在人类民机历史上最著名的飞机。

由于环球航空公司等不到波音247客机，但老旧的“木质飞机”机队亟待升级，以使公司尽快摆脱599航班失事后每况愈下的形象和收入。1932年8月2日，环球航空公司向当时航空界5家企业发出招标书，希望采购这一种全金属客机。标书对飞机的主要技术要求包括飞机需要是全金属结构，单翼气动布局，装备3台增压发动机，每台功率不小于500马力，由两名飞行员驾驶，可以装载12名乘客以不低于242千米/时的速度飞行至少1740千米。其中还有一条最重要的设计要求，飞机可以在自己航线所覆盖的各个典型机场内起降，包括阿尔布开克（Albuquerque）机场，该机场不仅海拔高，夏天还会出现较高的温度，这对飞机动力要求很高。此外，也要求在一台发动机失效的情况下，飞机仍然可以安全起降。

张学良在他的私人飞机——波音247客机前的合影

道格拉斯飞机公司开始并未接受环球航空公司的竞标邀请，他们怀疑有限的市场下，这个型号销售所挣到的钱能否回收研发成本，在经过详细的权衡后，他们还是拿出了一个在当时来说非常先进、也非常有竞争力的方案参加投标，这个方案被编号为DC-1，“DC”则是“Douglas Commercial”（道格拉斯商用飞机）的两个首字母。DC-1采用下单翼、双发全金属设计，没有采用环球航空公司标书中所要求的三发布局，而这一点也是后来 DC 系列可以成功的基础。整架飞机中央翼与发动机短舱形成的整体结构，在地板以下与机身连接，这样做不仅强度高而且翼梁不需要穿过客舱，使乘客在客舱内移动更为方便。外翼段用螺栓与中央翼连接，便于拆卸与维护。动力方面采用莱特“旋风”SGR-1820F3（Wright Cyclone SGR-1820F3）9 缸星形发动机，单台功率 690 马力，驱动汉密尔顿标准公司（Hamilton Standard）的三叶变距螺旋桨。正是由于 DC-1 采用了变距螺旋桨，从而获得了非常好的发动机输出特性，从而使其实现环球航空公司所要求的单发停车后在高海拔或者高温机场仍然可以实现安全的起飞和着陆。发动机外部安装了整流罩，进一步降低飞行阻力。

客舱方面，内舱有 5 排座椅，可装载 10 名乘客，且空间足够大，可以允许乘客在客舱内直立行走，这一点在当时的客机中是独一无二的。除此之外，客舱内还首次应用了盥洗室、客舱暖气和隔声等设施，舒适性与波音 247 客机相比更胜一筹。

“TWA”为环球航空公司的缩写，图中的 DC-1 正在下客

1933 年 7 月 1 日，道格拉斯公司 DC-1 原型机实现首飞，仅比波音 247 客机首飞晚了半年不到。但首飞并不太顺利，由于发动机化油器故障，试飞没多久就草草结束。首飞的不利并不能掩盖 DC-1 的优异特性，经过半年超过 200 次的飞行测试，验证了 DC-1 性能全面超越当时被航空公司大量使用的三发福特和三发福克飞机。DC-1 无论是双发工作还是单发失效状态下的飞行性能均达到或者超过环球航空公司

标书中的要求，1934 年 2 月 19 日，DC–1 以打破当时全美纪录的 13 小时 5 分钟完成穿越美国大陆的飞行。

环球航空公司认可了 DC–1 的基本设计，接收了 DC–1 的原型机，但没有继续订购 DC–1，他们希望道格拉斯公司对这型飞机进一步改进，因此 DC–1 只生产了 1 架。虽然环球航空公司没有继续订购 DC–1，但是仍然与道格拉斯公司签订了 20 架“升级版”的 DC 客机的合同。合同要求新飞机客舱宽度达到 66 英尺，而且能够装载 14 名乘客。

道格拉斯公司在原有的 DC–1 的设计基础上将机身加长了 0.61m，使得客舱可以增加两个座位，形成了新的型号—道格拉斯 DC–2。DC–2 采用的莱特“旋风”SGR–1820（Wright Cyclone SGR–1820）发动机，最大功率也提高到 710 马力。为了提高飞机的起降性能，DC–2 加装了襟翼增升装置，并根据 DC–1 试飞经验加大了飞机垂尾，改进了飞机尾轮。1934 年 5 月 11 日，DC–2 原型机成功首飞，同年 5 月 19 日开始在环球航空公司投入航线运营并取得成功。

环球航空公司的 DC–2 飞机（可以看到机头特有的两个着陆灯）

随着环球航空公司的成功，欧美各大航空公司的订单纷至沓来。此外，德国的福克飞机公司、英国的空速公司（Airspeed Ltd.）和日本的中岛飞机公司（Nakajima Aircraft Company）均通过向道格拉斯公司以购买生产许可的方式引进了 DC–2 飞机。为了证明 DC–2 长距离飞行的舒适性，荷兰皇家航空公司使用自己的首架 DC–2 客机参加了前文提到的 1934 年 10 月举行的麦克罗宾逊飞行耐力赛，也就是在同一届耐力赛中，DC–2 击败了波音 247 客机，获得运输机组的第一名，比赛的第二名，仅落后于德·哈维兰 DH.88 飞机，向全世界证明了 DC–2 不仅具有强于竞争机型的舒适性，也具有极为优秀的飞行性能。DC–2 的优异性能迅速获得了美国军方的关注，美国海军首先订购 5 架 DC–2 民用版作为海军要员专机，军方型号为 R2D–1，陆军也在稍后提出发展 DC–2 陆军型的要求，前后共订购了不少于 60 架作为军用运输机（按不同型号分别称为 XC–32、C–33、YC–34、C–38、C–39、C–41、C–42 等），一时间取代波音 247 的市场地位，成为全金属客机市场上的新领袖。

美国陆军订购的军用型 DC–2 飞机（图中为陆军型 C–39）

DC–2 的出现改变了美国民航公司的竞争局面。美国环球航空公司依靠 DC–2 的出色表现，成功地压制住了老对手美国联合航空公司和美国航空公司的上升势头。而美国航空公司在不利的竞争局面下，另辟蹊径地想出希望能够获得一款可以在飞机上布置 14 个卧铺的全卧铺夜班飞机，而 DC–2 并不满足这一要求。当时任美国航空公司总裁的 C.R. 史密斯（C.R. Smith）第一次向道格拉斯提出这一需求时，道格拉斯也同样没有同意他的请求。道格拉斯认为：既然已有 DC–2 型飞机，没有必要再研制一个性能相差不多的型号。史密斯通过长时间的电话交谈，并允诺首先订购 20 架这种新型号的飞机，终于说服了道格拉斯。

起初这个型号被命名为道格拉斯卧铺飞机（Douglas Sleeper Transport，DST）。

DST通过将机身截面由方形改为椭圆形，使客舱宽度比DC-2增加了0.66米。机身在原有DC-2的基础上加长了0.76米，翼展在原有基础上增加了3.05米。机翼逐渐向翼尖收细，翼尖为圆形并加长了副翼，机翼内部油箱容积增大，从而增加了航程。DC-3机翼的主承力结构由3根主梁组成，而非常见的2根，这一设计大大提高了机翼的耐久度，为了解决困扰DC-2的方向稳定性问题，DST还增大了整个尾翼（包括垂直安定面、水平安定面、方向舵和升降舵）的面积。动力装置方面，选用了莱特系列SGR-1820-G发动机，额定功率达到850马力，最大起飞功率达到了1000马力。

莱特SGR-1820-G和其配套的汉密尔顿标准三叶变距螺旋桨

DST于1935年12月17日首飞，但是当DST交付给美国航空公司后，其所开辟的夜间卧铺航班并没有想象中的受到欢迎。美国航空公司在接受了7架DST以后，将卧铺全部取消，改装成全座椅的普通航班客机，根据不同飞行距离和舒适程度客舱内可以布置21～28名乘客，最多时可达32人，而这一改，将原有的没人愿意乘坐的“卧铺飞机”改成了民用飞机历史上赫赫有名的DC-3客机。

拥有超常载客能力的DC-3开创了一个新的客机时代，大载客量大大降低了按座千米计算的运行成本（飞机每飞行1千米产生的成本分摊在每一个座位上的数值）。从出现DC-3开始，航空公司首次实现了在不依靠政府补贴的情况下，仅依靠日常客货运输实现盈利，这是民航确立自己在商业上地位的关键一步。正如美国航空公司总裁所说：“DC-3是第一架使客运也能赚钱的飞机。”客运成本的降低，大大刺激

DC-3 客机外形已经越来越接近现代民用客机了

了美国航空客运业务的发展。1939 年全年飞机运输人数达到 300 万人次，1940 年达到 400 万人次。而在这一过程中，道格拉斯的 DC 系列的市场霸主地位也逐步建立起来，1938 年 DC-2 和 DC-3 就已搭载美国所有空中旅客的 95%，1939 年 DC-2 和 DC-3 运送了当年全世界空中旅客的 90%。可以毫不夸张地说，DC-3 的问世是民用航空史上早期最重要的里程碑之一。

不仅如此，DC-3 在军用运输上也大放异彩。1941 年，日本偷袭珍珠港促使美国对日本全面开战，DC-3 也加入军队投入全面反法西斯战争中。在 DC-3 客机的基础上衍生出一系列的军用型号，在整个第二次世界大战期间起到了至关重要的作用。

DC-3 的第一个军用改型是 C-41/41A，每个型号分别只生产了 1 架，分别为美国空军司令和美国国防部长的专机，飞机内加装了军用无线电通信和仪表，客舱内安装了旋转座椅，可以召开机上会议。

DC-3 的另外一款改型则是最著名的 C-47“空中列车”（Sky train）。1941 年 12 月 23 日第一架 C-47 首飞，它是专门按军方需求改装的专用军用运输机，飞机发动机更换为普惠公司的军用发动机，原有的小型登机门被大型的货舱门所取代，而且前舱门上有可以单独打开的小舱门。飞机机翼翼展增加 1.83 米，驾驶舱后的机背上增加了气泡天文观察窗。飞机机组改为 4 人机组，包括正副驾驶员、导航员和无线电操作员。移除了原有客机型的所有内饰和座椅，取而代之的是 28 张固定在机身上的折叠帆布座椅，士兵面对面坐在飞机两侧，后来又将帆布座椅替换为金属座椅。为了提高飞机的承载能力，对飞机的机舱地板进行了加固，并在舱内设置了用于固定装载货物的固定锁扣，使其可以运送整辆吉普、拖车，或者一门 37 毫米反坦克炮。最为独特的改进是加装了机腹挂钩，可以对一些大尺寸、捆扎成卷的特定货物采用外挂方式运输，天空中飞行的运输机后还拖着一堆货物成为当时的一道奇景。进行伤员运输时，飞机上可以布置 14 副担架。

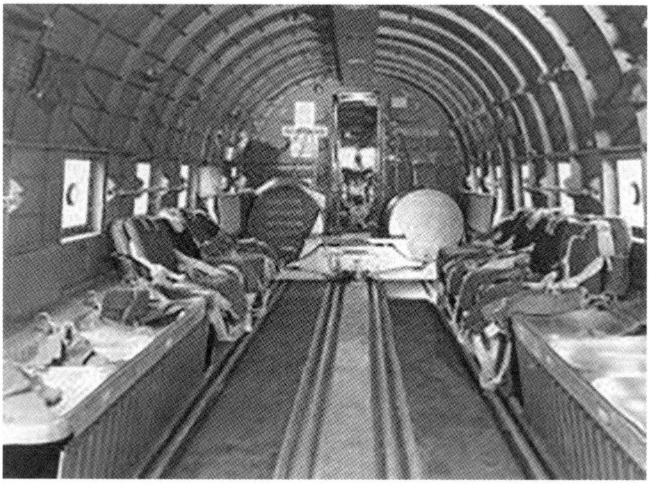

C-47 内部视图（可见对座的两排座椅和中间地板上用以搭载货物的滑轨）

诺曼底登陆（D-day）涂装的 C-47

美国陆军和海军（海军编号为 R4D–1）一共采购了 965 架 C–47 型。C–47 还拥有自己的改型。比如，C–47A 将原有的供电系统替换为 24 伏供电系统，并改进了机舱的暖气系统，这一改进型使其成为 C–47 家族中最受欢迎的型号，陆军和海军（海军编号为 R4D–5）共计采购了 5245 架 C–47A。另外一款改型为 C–47B，为了提高飞机的高空飞行性能，为两台普惠发动机加装了 2 级涡轮增压系统，为中国抗日战争做出重要贡献的中国—缅甸—印度“驼峰”航线，就主要由 C–47B 执飞。在“驼峰”航线上，C–47B 总共运送了将近 60 万吨的战备物资，在中国人民抗日战争最为艰苦的那段时间里，为维持中国的抗日力量做出了重大的贡献，这个改型生产了 3364 架。

C–47 在第二次世界大战战场上的表现也非常抢眼。1943 年 7 月，联军利用 C–47 在意大利西西里大规模空降了约 4000 名伞兵和滑翔机部队以支援盟军对墨索里尼的进攻。接下来的 1944 年 6 月 D–day 诺曼底登陆时，为配合登陆，1000 架 C–47 系列运输机在 60 小时内空投了 60 000 名伞兵和相应的装备，为盟军成功实现并巩固登陆的战果立下了汗马功劳。1945 年 3 月，代号为“大学行动”的跨越莱茵河战役被称为是第二次世界大战历史上规模最大的空降行动，盟军调用了 1700 架运输机，一次性空投兵力两个师，C–47 也是这次行动的主力。

诺曼底登陆成功后盟军士兵与 C–47 的合影

和 DC-2 一样，民用型 DC-3 和军用型 C-47 也受到了多个国家的青睐，包括德国、苏联和日本等国家都以不同的方式引进了道格拉斯这款出色的运输机，而跟中国关系最密切的要数苏联引进仿制的里 -2（Li-2）运输机。

1936 年 11 月—1939 年 3 月，苏联向美国采购了 18 架 DC-3 客机，其中 2 架为散件交付的零件，苏联同时购买了 DC-3 的制造授权，并派出技术人员到美国进行了为期两年的生产装配技术学习。苏联在 1941 年正式开始生产 DC-3，同年夏季就达到月产 30 架以上的制造速度。苏联在制造该机的过程中对 DC-3 的结构进行了修改，以适应苏联的生产工艺和生产条件。货舱门前移至机翼翼根后，并修改了外形，客机型的登机门在机身右侧，这与原 C-47 的位置正好相反，增加了更多舷窗。动力装置方面则更换了苏联国产的施维特索夫 Ash-62（Shvetsov Ash-62）星形活塞发动机，这款发动机实际上也是按照许可证生产的莱特 R-1820。苏联生产的 C-47 客机型被称为 PS-84，后来发展的军用型号采用苏联方面改进工作总工程师里苏诺夫（Lisunov）的姓名第一个音节命名为 Li-2，在中国则被称为里 -2。

里 -2 有多种改型，主要包括客运型里 -2P、货运型里 -2T、军用武装运输机里 -2VP 等。武装型的背装有炮塔，还可携带 4 枚 250 千克炸弹或 12 枚火箭弹。里 -2 在 20 世纪 40 年代和 50 年代初期是苏联使用量最大的客货运输及伞兵用飞机，自 1945 年停产后，在苏联仍旧使用了接近 40 年。1949 年年底，中国从满洲里进口 2 架里 -2。1949 年 10 月 ~ 1950 年 2 月，苏联空运部队 41 架里 -2 和民航大队 6 架里 -2 来到中国，协助新中国空运陆军部队进新疆。1950 年 3 月成立的中苏民航股份公司全部使用里 -2 飞机，最初有 14 架，1951 年增至 16 架。1950 年 7 月 19 日，苏联政府同意将里 -2 飞机及其发动机的制造权转让给中国，但中国并未仿制该机。到 1957 年，中国共进口里 -2 各型飞机 41 架，使该机成为 20 世纪 50 年代初期中国军民航空运输的主力。作为中国当时的明星机型，里 -2 还被印到了人民币两分钱纸币上。

回顾全金属飞机的发展历程，可见其发端在德国，成长在美国，而其中的 DC-3 则在全世界范围内大量使用。自这型飞机面世后，全世界范围内很少再有新研制的木质飞机了。从整体上看，因为这三型飞机的成功贡献，人类迈入了金属飞机时代。需要澄清的一点是，在第二次世界大战期间，因金属资源匮乏，英国和日本仍然制造了部分木质飞机，不过这应当算作特例。

博物馆内停放的苏军里 -2 运输机

1953 年版人民币上印刷的里 -2 运输机

十一、第一台飞行模拟器——林克模拟器

自飞机出现后，性能在不断提高的同时也越来越复杂，对驾驶飞机人员的要求也越来越高（后期还有空中机械师和导航人员），如何快速培养飞行员并让飞行员在空中安全地操作飞机成为一个亟待解决的问题，而且飞行员的培养与飞机的发展是相辅相成和相互促进的，显然制造一台能够模拟真实飞行的机器会极大地提高飞机人员的训练水平。而说到飞机模拟器，就不得不从航空的早期发展说起。

在航空发展的早期阶段，由于飞机载重能力弱，绝大多数都是单人驾驶，这使得飞行教员无法在真实的飞行实践中向学员传授相关技巧，也不能在危急时刻拯救飞机和学员生命，学员只能在地面理论学习和飞机地面滑跑中体会，逐步完成飞机驾驶感受和飞行技巧学习。这一过程风险极高且事故高发，同时培养效率也很低。因此航空界的有识之士在飞机发展的初期就一直在思考，如何在地面安全环境下使飞行学员了解飞机的操纵特性并基本掌握驾驶技巧。

1909 年，法国一家名为安托瓦内特（Antoinette）的制造轻型发动机的公司，与法国陆军在夏隆营（Camp Châlons）联合成立了一所飞行学校，为了训练飞行学员的反应能力，该公司为学校研制了一种被称为安托瓦内特训练器（Antoinette Trainer）的设备。这个设备由两个剖开的空木桶上下叠成，内部通过活动的万向节相互连接，设备外部再安装上木制支架和杠杆扶手。使用时飞行学员坐在设备上层的空木桶中，几个教员通过推动杠杆扶手上下左右晃动，以模拟气流的作用。坐在桶身上方的学员需要在晃动中操纵手轮来克服外力的干扰，还可以用脚控制“舵面”来调整方向。设备在学员的前方竖立起 T 形支架，作为保持水平位置的参照物。安托瓦内特训练器虽然可以训练飞行学员的反应能力，但它不能对学员的动作产生准确的反应。在实际的教学过程中，学校发现这个设备的培训效果并不理想，因此并没有广泛使用，这只能算作是对飞行模拟的一次不成功的尝试。

安托瓦内特训练器

1910 年前后，英国军官阿诺德·桑德斯（Arnold Sanders）发明了一种被人称为“桑德斯老师”（Sanders Teacher）的飞行训练设备，这种设备后来被认为是“地面飞行模拟器”的萌芽阶段，当然其还算不上是真正的飞行模拟器。桑德斯将自己设计的飞机机身通过一个活动支架安装在地面的固定基座上，当有风吹来时，在万向支架上的机身就可以运动起来，此时学员可以通过操纵升降舵、方向舵等活动部件来感受飞机在运动空气中的气动响应，虽然这种体验相对简单，但是它的安全性比直接用真飞机去体验还是前进了一大步，不过它的缺点显而易见，运行时严重依赖风，如果风不够大，“桑德斯老师”就成为了摆设。

现代飞行模拟器的鼻祖——“桑德斯教师”模拟器

后续诸如此类的不成功尝试还有很多，直到 20 世纪 30 年代林克模拟器的出现，飞行模拟器的发展才算走上了正轨。艾德文·林克（Edwin Link）在少年时代就对飞行这项运动抱有浓厚的兴趣，但他并不能负担起昂贵的飞行费用。在 1927 年离开学校之时，他便开始考虑发明一种可以模拟飞机飞行的模拟器。1929 年，他的第一台飞行训练器问世，前后研制共耗时 18 个月。从外观上这台设备就像是个玩具飞机，木制的机翼、平尾、垂尾和机身构成一个简单的飞机模型，整个模型通过万向节安装在底座上。得益于在父亲经营的管风琴工厂里所积累的一些机械原理知识，林克才完成了模拟器运动机构的设计。飞行学员在模拟的敞开式驾驶舱内通过操纵杆和脚蹬控制设备内的气动阀，让不同位置的风箱充气膨胀或者排气收缩，这样飞机模型就可以模拟飞行中的俯仰、滚转和偏航运动的动作，而另外设置的一个电动装置还会产生往复和连续的姿态扰动，增加飞行训练的难度。

在进行大量测试和调整后，林克申请了“林克模拟器”的专利。在申请专利时，他将这个模拟器称为“一种有效的航空训练辅助设备，也是一种新奇有益的娱乐装置”，可见初期的飞行模拟器功能之简单。林克模拟器可以用于演示飞行中操纵副翼、升降舵和方向舵时对机身姿态的影响，帮助学员熟悉驾驶飞机的基本操作，不过最初的林克模拟器驾驶舱内没有任何航空仪表，各操纵机构的模拟效果也是互相独立的，并不能体现真实飞行中受到的综合影响。在推向市场的初期，林克自己也是将其作为“游戏机”向游乐场进行推销的，甚至他还为模拟器加上了投币口，非常像现在路边看到的儿童摇摇车。1930 年，林克创立了自己的模拟器制造厂和飞行学校，用自己设计的飞行模拟机以低廉的费用招收飞行爱好者学习飞机驾驶技术。

艾德文・林克与他的模拟器

随着各种仪表的发明与运用，尤其飞机性能提高后开始在恶劣天气或者夜间飞行，飞行员对航空仪表的使用频率越来越高，林克敏锐地意识到对航空仪表使用技巧的学习将会越来越重要。结合飞行教学中的实际情况，他果断改进模拟器驾驶舱内部设计，将高度表、空速表、磁罗盘和地平仪等航空仪表增加到了模拟器驾驶舱的面板中，并为驾驶舱增加了不透明的舱盖，这样可以使飞行学员在进行仪表飞行训练时完全没有视觉参照物。尽管如此，升级版的林克模拟器仍然没有得到行业内人士的重视，在参加圣路易斯航空博览会时，他甚至被人拒之门外。不过值得欣慰的是，作为

“玩具”，林克模拟器倒是卖出了 100 多台。

转机发生在 1934 年，林克获得了他的第一个军方订单。当时美国陆军航空兵接管了美国航空邮政的运输工作，在短短的 78 天里，就有 12 名飞行员因为不熟悉仪表飞行环境而遇难。如此大规模的人员损耗和财产损失，使陆军航空兵受到了各方批评，迫使其想办法采取措施防止这种情况再度发生。美国陆军专门考察了林克的模拟训练机，并以每台 3500 美元的价格订购了首批 6 台进行试用。由于很早林克就意识到仪表训练的重要性并对模拟器进行了升级和改进，军方对林克模拟机能够针对性地对飞行员进行仪表培训的训练效果相当满意。至此林克模拟机的销量开始一发不可收拾，不仅来自美国国内军方和民间航空公司的订单剧增，还吸引到日本、苏联和英国等国外用户，为了及时地交付用户，林克还专门在加拿大设立分厂扩大模拟机生产。

早期的林克模拟器常常被涂成明亮的蓝色，而机翼和尾翼被涂成明黄色，这使它得到了一个被广泛流传的绰号——“蓝盒子”（Blue Box），虽然后续的很多模拟器改变了外面的涂装颜色，但是这个绰号被一直保留下来。早期模拟器的机翼和尾翼上都安装了对应的控制活动面，如副翼、升降舵和方向舵，这些活动面都可以实时响应飞行员的驾驶杆和脚蹬操纵，进行相应的偏转。不过在第二次世界大战的中后期，为了节省宝贵的生产材料和生产时间，这个时期生产的林克模拟器取消了机翼、尾翼，以及相应的活动面运动机构。

加拿大皇家航空博物馆展出的“蓝盒子”林克模拟器（驾驶舱内已经有大量的仪表了）

随着航空仪表的发展和对飞机动态特性研究的深入，林克模拟器的驾驶舱设计和飞行的动态模拟真实度都在不断地完善提高，并演化出了一些改型，其中最知名的当属陆军海军训练模型 ANT-18（Army Navy Trainer model 18），它不仅大量装备美国的各级飞行学校，甚至还被加拿大皇家空军和英国皇家空军广泛采购。ANT-18 模拟器可以绕全机的三轴运动，具有完备的飞行仪表设置，能够模拟失速前抖振、飞机尾旋等常见的飞行状态，安装有不透光的可移动式舱盖，能有效地训练飞行员盲降、仪表导航等飞行科目。

硬件上主要由两部分组成。一部分是模拟器本身，包括一个与飞机驾驶舱和前机身外形相似的木盒子和基座。木盒子通过万向节安装在基座上，内部是一个单人驾驶舱，其中包括所有的飞机操纵装置和全套的飞行仪表。基座内则包括一台真空泵，主要用于为基座内风箱提供气源，其原理是不同位置风箱体积的变化带动基座上的“驾驶舱”运动，用以模拟飞行姿态的变化。模拟器的另一部分是外部的教员指导站，指导站包括一个地图桌、一套与模拟器指示相同的飞行仪表盘和一个移动指示器。移动指示器在地图桌表面的玻璃上移动，指示飞行学员的飞行轨迹，飞行学员和飞行教员可以通过头戴式耳麦相互交流。

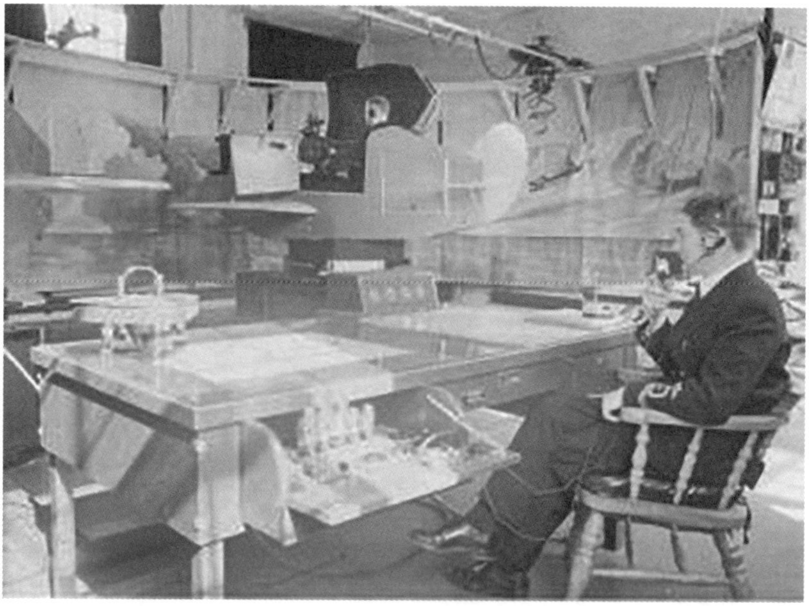

带外部指导站的林克模拟器（这是现代飞行模拟器真正的发端）

第二次世界大战的爆发促进了林克模拟机的快速发展。但是随着飞机技术的发展，针对飞行学员的训练科目要求也越来越严格，这对模拟器本身也提出了更高的要求。老式飞行模拟器虽然可以模拟真实飞机的气动特性，但是无法实时计算飞机的运动参数，飞行学员感受到的飞机的动态响应与真实飞机的飞行情况还有较大的差距。第二次世界大战期间出现的模拟电路计算机，为更真实地模拟飞机状态提供了新的手段。模拟器的设计者研究并构建了一套融合了飞机气动特性、飞行员操纵响应和外部环境影响等因素的飞行动态数学模型，然后利用计算机的数据解算能力求解实时的飞机动态数据，并通过模拟器的机械装置将飞机动态特性模拟出来，从此飞行模拟器由纯机械化模拟进入电子化时代。

1941 年，英国人设计了一种能解算飞机运动方程的性能更强的计算机（更强仅限于当时，计算能力远低于现在的一台计算器），通过计算机的解算模拟训练器可以模拟使用雷达引导飞机截击的整个过程。当时美国寇蒂斯－莱特公司生产的 AT–6 练习器也开始引入电子解算系统，该公司 1948 年还向泛美航空公司提供了波音 377 高空客机飞行模拟机，而这款模拟机是专门为民航业设计的第一种综合飞行模拟机，它采用与真实飞机一样的全套座舱设备，可以训练整个机组人员按程序进行飞行操作和意外故障的处理。在采用电子计算机系统后，模拟器就能根据操作者的输入信号计算出相关的运动参数，控制机电和液压装置相应改变座舱平台的姿态，使操作者感觉到身体所受载荷，以及从驾驶杆、脚舵等部件传来的操纵负载发生的变化，从而模拟出接近真实的运动感。

现代民航业飞行模拟器的鼻祖——寇蒂斯－莱特公司研制的波音 377 飞行模拟器

英国的 Redifon 公司在 1958 年设计的“彗星”4 民航客机模拟器
（配备了使整个机头部分产生俯仰的运动系统）

再后来，随着计算机工业的发展，航空模拟器对真实飞行环境的逼近效果越来越好，很多新研制的飞机试飞前都要求飞行员完成一定小时数的模拟器训练，甚至在每次试飞前，首先要在模拟器上进行针对性的训练。比如，第二次世界大战后美国开始的 X 系列技术验证机，通常都有类似的规定。模拟器的出现有效地保障了飞行活动的安全，其重要意义不言而喻，可以说模拟器的发展是航空业进步的最重要保障之一。

十二、螺旋桨的秘密——变距螺旋桨

前文提到的波音 247D 和道格拉斯 DC-1 都采用了变距螺旋桨（variable pitch propeller），而这一技术在当时属于绝对的高新技术，它的出现帮助螺旋桨飞机走上了新的高峰。这一节我们聊聊变距螺旋桨技术的发展及其在航空发展史上的重大作用。

螺旋桨依靠自身的旋转，将发动机的输出功率转化为飞机向前的拉力（对于推式发动机的螺旋桨则产生推力，下面以拉力为主要介绍对象），它是螺旋桨飞机动力系统的关键部分。螺旋桨桨叶从本质上来说，可以看作是快速旋转着的扭转机翼，它通过快速地旋转产生拉力。对拉力影响较大的因素主要包括桨叶的转速，桨叶的剖面决形状，以及桨叶的安装角（桨叶角）。桨叶转速很好理解，由发动机输出的转速所定，而桨叶的剖面形状其实就如同机翼翼型，这两个因素在选定发动机和桨叶翼型后就确定了。而桨叶角则被定义为桨叶剖面弦与旋转平面的夹角，显然相同转速和翼型下不同桨叶角的螺旋桨产生的拉力式是不同的，这就造成了飞机前进距离的不同。飞机行业中的“螺距”一词可以理解为桨叶旋转一圈后飞机前进的距离，可见螺距与桨叶角紧密相关。

早期螺旋桨飞机飞行过程中，桨叶固定在桨毂上，由此导致桨叶角是固定的，桨叶片不会绕着自己的轴转动，通常被称为定距螺旋桨，莱特“飞行者”整体式螺旋桨就是定距螺旋桨。在撑杆和张线的双翼飞机时代，几乎所有飞机的螺旋桨都是定距螺旋桨，这种螺旋桨有个主要的缺点，因为叶片上的每个翼型截面的攻角都是与最大升阻比攻角相对应的，并依赖于相对来流的方向，因此这种螺旋桨只能在一个特定的速度下才能达到最佳效率，在其他飞行速度，螺旋桨的效率将会有不同程度的降低。

这对于第一次世界大战时的低速飞机来讲并不是一个大问题，因为当时的大多数飞机起飞速度和最大速度也只有 50 ~ 70 千米 / 时的差距，螺旋桨不会偏离设计条件太远。但是在 20 世纪 30 年代后，随着许多像波音 247 这样的高性能飞机的出现，飞机的起飞速度和最大速度有了实质性的差距。如果一个定距螺旋桨以起飞的最佳性能为准来设计，那么它的高速性能将会为此做出妥协，即飞机的最大速度（螺旋桨的最大拉力）受限制。相反地，如果螺旋桨以最佳的高速性能为标准来设计，那么必须以损失起飞性能来妥协。最初版本的波音 247 飞机所采用的就是定距螺旋桨，1932 年航空公司对其进行验收试飞时发现，飞机飞越美国落基山脉时的性能就非常糟糕，以至于很多人怀疑新型运输机能否成功，而定距螺旋桨正是问题的关键。

解决这个问题的理论在第一次世界大战前就被人们所熟知，即设计一个螺旋桨让它的螺距角在飞行过程中可以改变，这就是变距螺旋桨的核心理论。事实上在 1871 年，法国人就第一次提出了变距螺旋桨的概念，但因为螺旋桨桨叶转动机械结构十分复杂，关于变距螺旋桨的理论并没有真正转化为实际的成果。第一次世界大战对飞机提出了更高的性能要求，刺激各国科学家继续研究变距螺旋桨，但仍未能设计出可用的变距螺旋桨，其症结一方面在于机械转动装置会造成螺旋桨根部的磨损进而损坏，另一个方面则是因为木质螺旋桨本身容易在变距后不同的气动力作用下碎裂。直到20世纪30年代金属螺旋桨出现之后，上述问题才被逐渐解决，而液压和电气机构也成功地运用于变距机构设计中，揭开了高性能飞机时代的大幕。

弗兰克·W.考德威尔（1889—1974年，将飞机带上性能新高度的螺旋桨设计大师）

美国工程师弗兰克·W.考德威尔（Frank W. Caldwell）是第一款成功实现量产并装备的变距螺旋桨的主要设计人员。考德威尔1889年出生于美国田纳西州，他先后在弗吉尼亚大学和麻省理工学院学习，并于1912年获得了机械工程的学士学位，他的学位论文的题目是《飞机螺旋桨研究》，其中包括了一些前卫的螺旋桨设计思想，他将毕生的精力都放在了螺旋桨设计上，是最知名的螺旋桨设计大师。考德威尔在寇蒂斯飞机和发动机公司工作过，并在螺旋桨车间担任领班和工艺工程师，1917年他成为螺旋桨部门的螺旋桨首席设计师，也正是在这之后，他开始了对金属螺旋桨和变距螺旋桨的研究。

最简单的两叶变距螺旋桨的变距机构（桨叶可以绕自身轴向旋转）

第一次世界大战后期，航空界已经清楚地意识到他们需要一个变距螺旋桨，并且用金属而不是木头作为螺旋桨的主要结构。1918 年的 NACA 年度报告上就曾经写道：变距螺旋桨的发明是“航空技术所需求的最重要的也是最突出的应用技术之一”，NACA 认为金属螺旋桨的制造是当时美国国内航空业界需要解决的最重要的问题。在同期英国位于范堡罗的皇家飞机公司设计并试验了变距螺旋桨以后，他们得出的结论是“变距螺旋桨的气动优点是不容怀疑的”，但变距的机械结构并不能令人满意，此时同一份测试报告也泼了冷水，“变距螺旋桨的主要缺陷就是机械结构”。

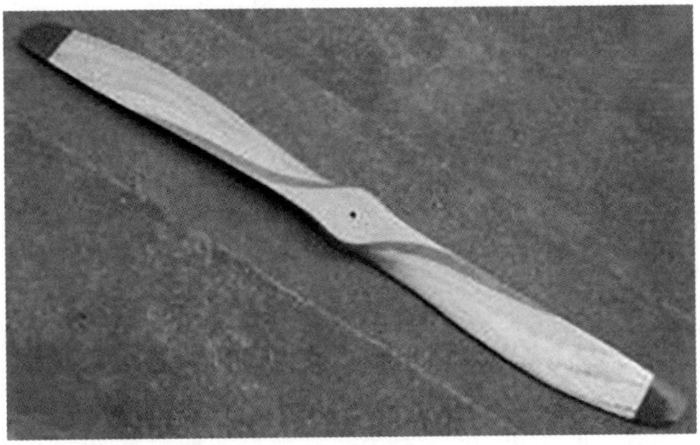

早期飞机通常采用的一体化的木质螺旋桨（此种飞机的桨距是固定的）

考德威尔不慌不忙地面对挑战，他先发明了一个由固定到桨毂上的可分离叶片组成的螺旋桨，而变距的机理就取决于那个桨毂，然后考德威尔寻找了一些比木头更好的材料。1918 年，考德威尔领导的寇蒂斯飞机和发动机公司螺旋桨部门，就已经开始研究以锻造钢为材料的螺旋桨，并在 1920 年与宾夕法尼亚州的标准钢铁公司合作生产了几种不同的钢制螺旋桨，由于振动以及叶片与桨毂连接部位的结构强度不足问题，这项工作在 1923 年被搁置。

考德威尔又转向了硬铝合金，也就是容克斯在全金属飞机上用的金属材料。运用铝合金叶片，标准钢铁公司的工程师又设计了一种新的钢制桨毂，这种桨毂可以使飞机在起飞之前，调整螺旋桨叶片的螺距角，选择一个特定的螺距角来适应当次飞行任务（如速度和高度），这是一个里程碑式的进展，这种变距螺旋桨被称为地面可调变距螺旋桨（ground-adjustable pitch propeller）。美国海军很快就与标准钢铁公司签署了订购 100 套螺旋桨的合同，但令美国海军感兴趣的是螺旋桨的材料而不是它的变距能力，原因是他们的一架马丁 T3M 鱼雷轰炸机，在起飞时木质螺旋桨断了。

1929 年，考德威尔离开了寇蒂斯飞机和发动机公司，成为了标准钢铁公司的首席工程师。也就是在那一年，他获得了液压变距螺旋桨的专利，同年标准钢铁公司和汉密尔顿航空制造厂合并创立了新的汉密尔顿标准公司，成为了美国飞机运输公司的一部分（今天的联合技术公司的前身）。拥有考德威尔发明的液压变距螺旋桨后，汉密尔顿标准公司很快成为了全世界最大、最主要的螺旋桨制造商。尽管考德威尔打算改进桨毂设计，直接使螺旋桨螺距能在飞行过程中随时调整，但汉密尔顿标准公司却选择了分步走的战略，首先研制了双模式变距螺旋桨，即螺旋桨有两个状态，一个是在起飞状态，另一个是在飞行巡航状态，两种模式由飞行员操纵切换，尽管测试还没有完全完成，但这个设计已经证明是非常成功的。

1932 年准备投产时，恰好赶上波音 247 改型，如前文提到的，采用定距螺旋桨的波音 247 在飞越落基山脉时的表现很差，用户对飞机的负面评价已经严重威胁到波音公司倾全力打造的波音 247 工程，当时汉密尔顿标准公司让考德威尔去协助波音公司解决这个问题。他将波音 247 的螺旋桨更换为自己的双模式变距螺旋桨，并开展了测试工作，结果表明采用新的双模式变距螺旋桨使波音 247 的起飞滑跑距离减少了 20%，爬升率增加了 22%，巡航速度增加了 5.5%。仅依靠一个小机构的改进就将整机性能提升了一个台阶，这是一项十分了不起的成就，波音公司大喜，立即将所有的波音 247 飞机螺旋桨更换为双模式变距螺旋桨，这使得波音 247 工程得以保存。毫不夸张地说，双模式变距螺旋桨挽救了波音 247 项目并改变了波音公司的命运。

波音 247 采用双模式变距螺旋桨并取得成功后，道格拉斯公司迅速在 DC-1 上也安装了双模式变距螺旋桨，随后在所有的在研型号中都使用了这一技术。到 1934 年春天，汉密尔顿标准公司已经卖出了 1000 套新型螺旋桨，而且在 1935 年还将生产权卖给了国外企业，包括大名鼎鼎的英国德·哈维兰公司以及德国的容克斯公司。

也正是因为考德威尔的设计，汉密尔顿标准公司收益颇丰且在行业内一跃成为领导者。为了表彰双模液压控制变距螺旋桨的贡献，1933 年考德威尔和汉密尔顿标准公司获得了“科利尔奖”（Collier Trophy），该奖项由美国航空协会（National Aeronautic Association）颁发，用以奖励在航空领域做出巨大贡献的人。在颁奖典礼上，当时的总统富兰克林·D. 罗斯福对新的螺旋桨给予了极高的评价："它的出现促进了现代飞机和发动机的设计，开启了一个全新的航空领域，超越了速度的限制。从今以后，我们飞上蓝天的步伐将会在这些大胆的富有想象力的工程师们的带领下越走越快。"因为这项发明，考德威尔在 1941 年成为美国航空科学学院（Institute of Aeronautical Sciences，IAS）的主席，而 IAS 则是今天大名鼎鼎的美国航空航天学会（American Institute of Aeronauticsand Astronautics，AIAA）的前身。

在获得 1933 年的"科利尔奖"后，考德威尔并未止步，他并不满足螺旋桨螺距仅能在两个位置进行改变，他将所有的精力投入到可连续改变螺距的螺旋桨机构设计工作中。事实上让螺距连续自由地改变才是最有意义的工作，只有这样才能够让活塞发动机以恒定转速工作，而不用因飞行环境的变化而变化，比如，在发动机以最大转速工作时，通过调整螺旋桨螺距可以同时让螺旋桨拉力最大化，这种叫作恒速螺旋桨。1935 年年末，汉密尔顿标准公司恒速螺旋桨投产，立刻被用到了新型的 DC-3 飞机上，在随后的 4 年中，汉密尔顿标准公司卖出了 25000 套恒速螺旋桨。

而寇蒂斯飞机和发动机公司在这一领域动作稍显缓慢，他们研制的恒速螺旋桨在 1935 年年末才投入了市场，但很快成为汉密尔顿标准公司恒速螺旋桨的竞争对手。这两型螺旋桨在第二次世界大战中被广泛使用，而恒速螺旋桨被后人称为"空气中的自动变速器"，如果没有它，那些在第二次世界大战中研制的拥有强大动力的发动机将无法发挥他们全部的潜力。变距螺旋桨是螺旋桨飞机时代最重要的技术发明之一。

十三、现代直升机的发端

直升机的发展和固定翼飞机一样，是伴随着人类的飞行梦想不断向前推进的，虽然并非是首先帮助人类实现有载人、有动力、可控飞行的工具，但其出现的时间并不晚。1907 年 8 月 24 日，法国著名飞机设计师路易斯·布雷盖（Louis Breguet）和其哥哥雅克·布雷盖（Jacques Breguet）就完成了直升机的雏形"旋翼机"1 号（Gyroplane No.1）的生产，这在莱特兄弟完成人类第一次有动力载人可控飞行后，仅仅只有 4 年时间，而距欧洲第一架飞机首飞后也仅 10 个月的时间。

1907 年，“旋翼机”1 号飞行的实拍图片

“旋翼机”1 号翼展 18 米，由一台 34 千瓦 8 缸安托瓦内特（Antoinette）液冷活塞发动机驱动 4 个直径长达 8 米的四叶双层旋翼作为动力，为了平衡旋翼扭矩，两副旋翼顺时针旋转，两副旋翼逆时针旋转（与现在共轴直升机原理类似，当然也是它的鼻祖）。“旋翼机”1 号最大起飞重量 578 千克，搭乘一名飞行员，确切地说应当叫作乘员，因为这架机器仅能够向上运动，而且无法自行保持稳定和可控。1907 年 9 月 29 日，“旋翼机”1 号完成首飞，飞行高度仅距离地面 0.6 米，由于不可控，4 个旋翼下的机身结构上分别伸出 4 个扶手，分别由 4 个人在地面控制以保持姿态，因此“旋翼机”1 号不是一种可以真正被投入使用的航空器，不过它实现了通过旋翼产生的升力搭载一个人脱离地面的飞行验证机。

当然在他们之后还有无数人尝试过研制旋翼机，但整体技术水平上差别不大。真正研制出直升机并推动其发展的当属德国人海因里希·福克（Herinrich Focke）和俄裔

“旋翼机”1 号最多算一台尝试离开地面的机器，距离实用直升机还很遥远

美国人伊戈尔·伊万诺维奇·西科斯基（Igor Ivanovich Sikorsky），前者发明了被称作是“史上第一架真正具有实用意义的直升机”，后者则被称为“现代直升机之父”，他俩的工作奠定了现代直升机发展的基础。

德国航空先驱海因里希·福克，他接触旋翼机是因为他参股的福克-沃尔夫（Focke-Wulf）飞机公司（后来与道尼尔飞机公司合并，目前空中客车公司的一部分）被授权生产西班牙研制的阿芙罗·谢尔瓦（Avro Cierva）C.19 和 C.30 旋翼机。

德国航空先驱海因里希·福克（1890—1979 年）

阿芙罗·谢尔瓦 C.19 和 C.30 旋翼机是一种早期的借助旋翼产生起飞所需部分升力的飞机，但并不是真正意义上的旋翼机，飞机上除了无动力旋翼外，还在机头上配有拉进式螺旋桨，飞机机身装有固定机翼，外形类似于固定翼与旋翼飞机的结合体，这种飞机并不能垂直起飞，与固定翼飞机一样也需要滑跑，确切地说，这种飞机应当算作是现在娱乐飞行中的自转旋翼机（Autogyro）的鼻祖。增加了无动力旋翼后也同时增加了空气阻力，这型飞机既不能像固定翼飞机一样“高速”飞行，也不能实现真正意义上的垂直起降，使用上存在明显的局限性。

在生产实践中福克逐渐意识到，要突破这型“旋翼机”的使用局限性，必须突破飞机的垂直起降技术，研制一款真正的直升机。他与其手下的工程师格尔德·艾切格里斯（Gerd Achgelis）从 1932 年开始了直升机的设计工作，到 1934 年，他俩生产了一架由两冲程发动机驱动的自由飞行模型，自由飞行模型验证了飞机构型的可行性。

C.19 旋翼机（可以看到尺寸较大的机翼，笔者猜测如果没有旋翼这架飞机也能飞起来）

C.30 旋翼机（前置机翼已经被取消了，尾翼面积增大且外段有上反）

1935 年 2 月 9 日，福克开始生产他设计的直升机原型机，即航空史上非常著名的 FW61，它的机身借用了福克－沃尔夫公司生产的成熟教练机 FW44 的机身，旋翼则借用了谢尔瓦旋翼飞机的旋翼。福克将原有 FW44 的机翼拆掉，换成了钢管制成的支架，机身左右两边平行布置了两副三叶旋翼，两副旋翼由一台 119 千瓦的西门子 Sh.14A 型 7 缸风冷活塞发动机通过一系列的复杂传动装置驱动，对转以抵消扭矩作用，单个旋翼直径 7 米。发动机前部同样也安装了一副螺旋桨，但是这副螺旋桨直径远比正常飞机小，其作用仅用来给发动机散热。机身上原来的垂尾得以保留，但是原来的平尾被移动到垂尾顶部，变成了 T 形尾翼。操控系统方面，FW 61 的设计非常巧妙，飞行员通过简单地推拉操纵杆，就可以使两副旋翼倾斜，进而控制直升机的飞行姿态，辅助性的方向控制则通过与脚踏板联动的方向舵完成，操作起来也很方便。

福克－沃尔夫 FW61 直升机，其机头螺旋桨尺寸比 C.19/C.30 小很多，仅用作发动机散热

1936 年 6 月 26 日，由福克－沃尔夫公司的试飞员埃瓦尔德·罗尔夫斯（Ewald Rohlfs）驾驶这架原型机成功首飞。为谨慎起见，首飞仅持续了 28 秒，不过原型机在这短短 28 秒的时间里表现非常稳定，试飞员表示“操控感极佳”。首飞后福克针对飞行中暴露的问题对原型机进行了一系列的改进，并于第二年开始展开大量的验证试飞。

1937 年 5 月 10 日，罗尔夫斯完成了一次很有戏剧性的试飞，当他驾驶 FW61 刚刚爬升至 344 米高度时，发动机停车，直升机失去动力，罗尔夫斯在仅仅依靠旋翼自转，实现了无动力安全着陆。这一优异表现向世人证明了直升机在抗坠毁方面的独特能力。在当时的技术条件下，如果是固定翼飞机在空中停车就意味着机毁人亡。正是由于其操控性和稳定性上远远超过以往“旋翼机”的优异表现，FW61 直升机被称为“史上第一架真正具有实用意义的直升机”。

德意志联邦共和国专门为 FW61 发行的邮票

尽管福克成功地研制了第一架具有实用意义的直升机 FW61，但当时另外一个人的声名却在他之上，那就是后来被称为“现代直升机之父”的西科斯基，他所创建的西科斯基航空工程公司至今仍在运行，近百年来一直处于行业的领导地位。这家公司的代表作则是著名的 S-70“黑鹰”直升机。

伊戈尔·伊万诺维奇·西科斯基（Igor Ivanovich Sikorsky），1889 年 5 月 25 日出生在俄国基辅，父亲为一名心理学教授，母亲是一名医生。1908 年在法国度假的西科斯基在当地报纸上看到了关于莱特兄弟飞行表演的报道和飞机飞行的照片后，在第二年前往巴黎学习航空技术，同年学成后西科斯基回到俄罗斯开始了飞机研发。当时他就设计完成了一架共轴双旋翼直升机，但这架直升机因为发动机功率不足没能飞离地面（当时的发动机普遍很小，这架飞机采用安扎尼发动机，功率只有 11 千瓦）。总结经验以利再战，西科斯基又设计了一架直升机，这次的结果略好，直升机刚好能够飞离开地面，西科斯基意识到当时的技术水平还无法实现旋翼机的垂直起降，他随后将精力转移到固定翼飞机的研制中。

“现代直升机之父”伊戈尔·伊万诺维奇·西科斯基（1889—1972 年，他手中拿的是其设计的 S-64 载重直升机）

1917年，俄国“十月革命”爆发，西科斯基举家迁移到了法国巴黎；1919年3月，西科斯基横跨大西洋来到美国纽约；1923年，西科斯基创办了西科斯基航空工程公司；1928年他加入美国国籍。值得一提的是1929年，西科斯基公司加入了联合航空器和运输公司（United Aircraft and Transport Corporation），而这个公司因1934年美国出台的《反垄断法》被拆分为三家公司，分别是联合航空器公司（United Aircraft Corporation）、波音飞机公司（Boeing Airplane Company）和联合航空公司（United AirLine Transport），其中的联合航空器公司在1975年更名为联合技术公司（United Technologies Corporation）。这令人很震惊，一家美国公司竟然演化出了目前全球航空界在整机制造（波音公司）、发动机研制（联合技术公司）、航空运输（联合航空公司）三个核心业务群中的领导者。

回到主题，美国西科斯基公司创建后，最初的设计方向还是固定翼飞机，西科斯基设计的S-29、S-38、S-42、S-44等型号都取得了很大的成功，这也给他提供了充足的资金去进行直升机的研发。经过几年在旋翼动力方面的研究，西科斯基终于在1939年9月14日自己进入航空领域30年后，成功驾驶自己设计的直升机完成了第一次系留飞行试验，这架原型机在离地2～3米的空中悬停了约20秒后轻巧地降落回地面。1940年5月24日，这架原型机完成了首次自由飞行。

西科斯基在VS-300原型机上进行地面试验

通过不断的飞行试验和改进，VS-300 的构型得到了进一步的简化，尾部的 3 副尾桨简化成了 1 副尾桨，从此现代直升机被广泛采用的单旋翼单尾桨构型正式形成，西科斯基因为发明了这一构型，被后人誉为“现代直升机之父”。新的 VS-300 旋翼直径 9.14 米，起飞重量 522 千克，由一台 67 千瓦富兰克林（Franklin）4AC-199-E 活塞发动机驱动，最大留空时间达到了 1.5 小时。取得这一成绩与发动机技术的进步息息相关，作为对比，20 年前西科斯基设计且仅能飞离地面的旋翼机的发动机功率为 11 千瓦。

1939 年，西科斯基亲自试飞 VS-300 原型机（图上可以清楚地看到系留绳和直升机尾翼上的 3 副尾桨）

1940 年，西科斯基试飞新 VS-300（这架飞机被认为是现代直升机的发端和鼻祖）

1941 年 4 月 17 日，机身两侧加装圆柱形浮筒的 VS-300 完成首次水上起降
（这是世界上第一架实用水陆两栖直升机）

再后来，福克、西科斯基等人都成功地研制了一大批直升机并且在第二次世界大战中表现出色，而直升机作为人类实现飞行梦想的途径被正式确立，自此单独成为一个门类并进入发展快车道，在第二次世界大战后则成为与固定翼飞机并重的航空两大主要分支，并逐渐演化出相对独立的技术体系。

十四、“木头奇迹”——“蚊”式战斗机

前面说到了 DC-2 在 1934 年举办的麦克罗宾逊飞行耐力赛中获得了所有组别的第二名，而这次比赛的第一名则是以飞行速度而闻名于世的德·哈维兰 DH.88“彗星”（DH.88 Comet）双发活塞竞速飞机，但 DH.88 只是 20 世纪 30 年代德·哈维兰公司的众多高速飞机的代表之一，在它之后德·哈维兰公司又研制了能够装载 22 名乘客的 DH.91“信天翁”（DH.91 Albatross）四发活塞客机。“信天翁”采用了下单翼布局，流线型机身，在高度 3400 米时飞行速度达到 340 千米 / 时。这比 20 世纪 30 年代中期流行的汉德利·佩奇公司 HP.42 双翼运输机快出将近 160 千米 / 时。除了高速以外，DH.91 还有一个特点，它是一架全部采用木质结构的客机。

当时的航空界，随着冶金技术的发展及公众认知水平的提高，金属已经替代木材成为飞机制造的首选材料，全木质结构飞机似乎与时代发展格格不入。事实也确实如此，尽管有着优秀的性能，DH.91 总共才生产了包括 2 架原型机在内的 7 架飞机。但随着第二次世界大战的爆发，金属成为短缺战略资源，木材易于获取的优势就体现了出来。全木质飞机能够可靠并且高速地飞行已在 DH.91 飞机上经过验证，而这正是催生出本节主角——德·哈维兰“蚊”（Mosquito）式飞机的重要原因。

德·哈维兰“蚊”式飞机，公司内部编号 DH.98，在采用了当时特立独行的全木质结构的同时还表现出优异的性能，被冠以“木头奇迹”（The Wooden Wonder）的称号。

1936 年 9 月 8 日，英国空军部发布了对新双发中型轰炸机的技术要求。当时英国皇家空军的主流思想是轰炸机需要强大的自卫火力，飞得要远，装得要多，能够胜任多种战场角色。但德·哈维兰公司的创始人杰夫里·德·哈维兰（Geoffrey de Havilland）的心中却一直萦绕着 DH.91 的身影，他写信给英国皇家空军主管飞机研发的威尔弗里德·罗兹·弗里曼（Wilfrid Rhodes Freeman，在他的管理下英国第二次

摄于 1934 年的 DH.88“彗星”竞速飞机

DH.91“信天翁”四发客机（正是由它奠定了“蚊”式飞机的技术基础）

世界大战期间名机辈出）中将。德·哈维兰认为按照英国空军部发布的技术要求只会生产出非常平庸的一架中型轰炸机，轰炸机最好的武器是速度，只要速度比所有战斗机都快，轰炸机就没有安装自卫武器的必要。此外，金属是战时重要的战略物资，而木材是最容易得到的战机生产材料，用木材生产飞机有着重要的战略意义，军方需要的是一款全木质结构的快速轰炸机。而此时第二次世界大战还没有打响，但战争的阴云笼罩着英伦大地，采用木头制造飞机充分证明了德·哈维兰十分超前并且独到的眼光。然而，军方没有任何响应，在此情况下，德·哈维兰决定自己独立研发这款全木质快速轰炸机。

1939 年 9 月 1 日，第二次世界大战爆发，德·哈维兰命令公司总工程师罗纳德·埃里克·毕晓普（Ronald Eric Bishop，他应当算是“蚊”式轻型轰炸机之父）加快 DH.98 的研制。在紧迫的战争形势和德·哈维兰本人的游说下，空军开始慢慢接受 DH.98 的设计理念，虽然他们仍然不接受其承担轰炸机的角色，但是觉得安装相机后 DH.98 可以成为一款不错的空军急需的远程侦察机。1940 年 1 月 1 日，弗里曼中将代表军方与德·哈维兰公司签订了第一架 DH.98 采购合同。同年 3 月 1 日，增签了 50 架轰炸 / 侦察型。同年 5 月，空军要求德·哈维兰研制战斗机型 DH.98，6 月军方正式命名 DH.98 为“蚊”式。

DH.98“蚊”式飞机，图中为轰炸型，特点是机头透明的投弹手观察窗

德·哈维兰公司仅耗时 11 个月时间就完成了飞机的详细设计，并制造了首架原型机。1940 年 11 月 25 日，公司的首席试飞员，也是德·哈维兰的儿子小德·哈维兰，驾驶第一架“蚊”式飞机成功首飞。1941 年 7 月，第一架照相侦察型“蚊”式飞机开始服役。截至 1942 年 1 月，“蚊”式飞机的订单就已经高达 1378 架。

“蚊”式第一架首飞的原型机

"蚊"式飞机是一架双发活塞中单翼轻型飞机，采用两台罗罗公司梅林液冷活塞发动机，螺旋桨则为三叶的德·哈维兰液压变距恒速螺旋桨。战斗轰炸型的典型武器装载包括 4 挺 7.7 毫米机关枪、4 门 20 毫米航炮、2000 磅炸弹或 8 枚非制导火箭。

机身采用椭圆形截面的无框硬壳式结构。机身被分为左右两半，生产时用卡箍（Band Clamps）在模具上将材料铺设成形。机身硬壳是三合板结构，由加拿大桦木（Birch）薄板内夹厄瓜多尔轻木（Balsa wood）薄板组成，薄板通过树脂胶黏合在一起，在强度要求较高的部位，则采用硬度更高的木材薄板作为夹心层。这种三合板蒙皮的总厚度只有惊人的 11 毫米，但这种木质硬壳式结构非常坚固，所以从机翼后梁到尾翼安装框之间的后机身内，不需要其他的框来增加机身刚度，极大地减轻了飞机重量。

硬壳式结构（monocoque structure）：以蒙皮承受机体全部总体载荷的一种机身结构形式。该种结构蒙皮较厚，多采用夹层结构；无强的纵向和横向骨架支撑，一般只有维持外形的弱隔框；仅在承受较大集中力或在开孔、对接部位有少量的纵向和横向局部加强构件。

由于机身被分为左右两半，工程师们可以先将飞机内部布置完毕后，再将飞机机身合并起来，大大降低了飞机内部装配的工艺难度。两半机身外壳在成形胶干透以后（机身外壳首先固化），边缘被切割成锯齿状。工人在内部完成操纵系统钢索等设备安装后，用黏胶和螺钉连接的方式拼接成一个完整的机身，在飞机关键部位，如翼梁与机身的连接处、尾翼与机身的连接处等，布置额外的多层板制隔框以增加结构承力能力。

"蚊"式最开始用的黏合树脂为干酪素基底树脂，后来被当时一种叫作"陨石"（Aerolite）的合成脲醛树脂（Urea-Formaldehyde Resins，一种典型的胶接剂）所替代，这种胶接剂使黏合部件的耐久性大大提高。当两半机身被合成一个整体后，会在外面额外粘贴（胶接）一层棉质织布并涂上特殊的涂料保持飞机外表面光洁。

机翼采用双梁结构，采用与机身类似的木质三合板材料制造，内有金属框架，外部也包裹了棉布，在翼根通过 4 个连接点与机身相连；襟翼为木质结构，液压控制；副翼为木质金属包裹；发动机短舱为木质结构，出于强度考虑，发动机安装采用了金

爱好者复原的“蚊”式木质硬壳式机身

属管焊接的支架；发动机散热器安装在发动机短舱与机身之间的机翼根部结构内，因为散热器内置，大大降低了飞机的飞行阻力；飞机尾翼安定面为木质结构；方向舵和升降舵为铝制框架；外敷织物蒙皮。整架飞机用到的金属铸件和锻件的总重量仅130千克——这就是“木头奇迹”。“蚊”式几乎全木质结构的特点还带来一个意想不到的好处，就是雷达反射截面非常小。

“蚊”式飞机机身与机翼中间的凹口就是冷空气进气道（光看外表谁又能相信这是一架木头飞机）

由于“蚊”式的出色性能表现，它所能胜任的角色之多在第二次世界大战期间也是无“机”能出其右的。照相侦察（Photo-Reconnaissance）型是“蚊”式最先量产的型号，也是英国军方最先看中的型号，型号以“PR”开头，如PRMk Ⅰ型，照相侦察型最多可以装载4台相机执行侦察任务。另外一种是轰炸机型，与其他型号最大的区别就是其头部为透明风挡，投弹手可以通过风挡瞄准地面目标，型号以“B”开头，如BMk Ⅳ型。战斗机型“蚊”式型号以“F”开头，如FMk Ⅱ型。1942年，加装机载雷达的“蚊”式战斗机首次在皇家空军服役，“蚊”式成为夜间战斗机（Night-fighters），夜间战斗机型号以“NF”开头，如NFMk Ⅱ型。战斗轰炸机（Fighter-bomber）型号以“FB”开头，如FBMk Ⅵ型，FB型是“蚊”式生产最多的型号。教练机（Trainer）型号以“T”开头，如TMk Ⅲ型。皇家海军接受的“蚊”式被称为“海蚊”（Sea-Mosquito），曾经通过改装在航母上起降，“海蚊”主要被用作鱼雷轰炸机（Torpedo-bomber），型号以“TR”开头，如“海蚊”TRMk33。拖靶机型号以“TT”开头，如TTMk35。

“蚊”式最让人意想不到的用途则是作为运输机，在第二次世界大战中立国瑞典和苏格兰之间运送战略物资和特殊人员。“蚊”式机身下方的弹舱经改装后成为可装载一人的“卧铺”，配有阅读灯、对讲机、救生筏和降落伞等必备用品。乘客必须身穿双层保暖飞行服，头戴氧气面罩，横躺在弹舱中。作为特种运输机，“蚊”式运送

“蚊”式BMk Ⅳ轰炸机（可以清楚地看到透明机头和机腹炸弹舱门）

地勤正在为澳大利亚皇家空军的 FBMk Ⅵ装弹
（机头安装的 4 挺机关枪和机腹安装的 4 门机炮清晰可见）

过最为知名的一名客人是著名丹麦量子物理学家、诺贝尔物理学奖的获得者、哥本哈根学派创始人——尼尔斯·亨利克·大卫·玻尔（Niels Henrik David Bohr），他在 1943 年从丹麦逃亡到瑞典，盟军正是利用“蚊”式运输机将玻尔转移到了英国，最后前往美国。

作为第二次世界大战最为著名的战机之一，也是唯一大规模生产的木质飞机，“蚊”式一共生产了 7781 架，其中加拿大德·哈维兰公司生产了 1076 架，澳大利亚德·哈维兰公司生产了 212 架。可能有人会质疑用木头制作飞机是一种倒退，实际上恰恰相反，采用木头为原料制造飞机是超高技术水平的体现。在战争期间紧迫的时间内，用木头制作飞机并利用家具厂（甚至钢琴厂）制造飞机，对英国航空工业界在飞机设计相关的选材、结构、强度、工艺、飞行性能、标准化与质量控制等方面有着更高的要求。这不仅不是倒退，反而在某种程度上是对航空工业发展的促进。

十五、第二次世界大战天空中的霸主

说到第二次世界大战天空中的霸主，由于战争期间各国研制了太多型号的飞机，因此在不同领域、不同阶段及不同战场有很多“霸主”。但从夺取制空权的角度来看，最符合的先后有两种，一种是在战争初期统治太平洋天空的日制“零式（Zero）战斗机，另一种则是战争后期统治欧洲天空的美制 P–51“野马（Mustang）战斗机。

“零”式战斗机，由日本三菱重工（Mitsubishi Heavy Industries）研制，是一款舰载战斗机，1940 年 8 月投入战斗后对太平洋美军战机形成压倒性优势，是第二次世界大战初期最著名的战斗机。

“零”式战斗机的起源要追溯到 1937 年年初，日本三菱重工研制的 A5M 舰载战斗机（日本称为“九六”式）开始在日本帝国海军（Imperial Japanese Navy）服役，也在同年日本军部就开始筹备 A5M 的替代机型研发计划。

1937 年 5 月，日本海军同时向三菱和中岛（Nakajima，第二次世界大战期间日本最大的飞机及航空发动机制造商）两家公司公布了新一代的“十二 – 试”（“十二”代表时间为昭和十二年，“试”代表试制）舰载战斗机的研发要求。10 月根据日本在中国使用 A5M 的实际经验，日本帝国海军更新了设计要求，具体是：在 4000 米高度下，飞机最大飞行速度不小于 600 千米 / 时；3 分 30 秒内飞机能够爬升至 3000 米高度（平均爬升速度不小于 14.28 米 / 秒）；飞机具有可抛弃式副油箱；额定功率下的续航时间不小于 2 小时，经济巡航状态的续航时间在 6 ~ 8 小时；空战机动性能不低于“九六”式 2 号（A5M2 改型）；舰载起降在风速为 12 米 / 秒的情况下，起飞着陆滑跑距离不超过 70 米，着陆速度小于 92.6 千米 / 时；飞行员视界良好；翼展不允许超过 12 米；机载武器包括 2 门 20 毫米口径航炮、2 挺 7.7 毫米口径机枪、可挂载 2 枚 30 千克或 1 枚 60 千克的炸弹；装备新型的无线电通信、导航设备。

这一要求非常苛刻，以至于中岛公司的设计团队认为根本无法实现而退出了项目的竞争。三菱重工接受了这一挑战，这与其当时的首席设计师堀越二郎（Jiro Horikoshi）有关。堀越二郎后来回忆道：在第一次看到 A6M 的设计要求时，觉得海军简直是在做梦，但是他还是决定接受这个挑战。此人毕业于日本东京帝国大学（Tokyo Imperial University，即现在的东京大学，长期日本排名第一）航空专业，在

A5M 舰载战斗机性能优越，达到甚至超过了当时大多数陆基战斗机的水平（由日本三菱重工研制）

1927 年加入三菱重工下属的名古屋飞机制造厂，并在任职前被派往德国容克斯公司和美国寇蒂斯公司进行了一年半的学习，也正因为这段时间，堀越二郎学习吸收了大量欧洲和美国的飞机设计先进经验，为他以后的飞机设计工作打下了基础。在他看来，达到军方要求的首要任务是解决飞机的重量问题，为此飞机的结构一定要非常轻。巧合的是，1936 年日本住友金属工业（Sumitomo Metal Industries）研制出性能世界领先的超硬杜拉铝合金（Extra Super Duralumin），其抗拉强度比其他铝合金高出近 50%，这如同雪中送炭一样解决了堀越二郎最关心的结构重量问题。

但杜拉铝的耐腐蚀性较差，并不适合海洋环境。堀越二郎通过防腐衬套大大提高了飞机部件的耐腐蚀能力。利用超硬铝合金，A6M 的整机重量大大减轻，但堀越二郎并未满足，他甚至在包括飞机主梁在内的结构部件上钻取大量小孔来减轻重量，这也从一个侧面反映了当时硬铝合金的出色性能，当然还有结构设计师精准的设计。堀越二郎将 A6M 飞机的结构分为两个部分，发动机、驾驶舱、前机身和机翼为一部分，后机身和尾翼为另外一部分，两部分通过一圈 80 个螺钉完成对接。为了减重，全机尽量减少多余的铆钉铆接，并将所有的铆钉由 3.5 毫米减小到 3 毫米，甚至还取消了飞行员防护装甲，同时也没有采用自封油箱，可以说对重量控制做到了“疯狂”的极致，因此也创造了 A6M 在当时首屈一指的机动性能。但是，付出的代价则是飞机极弱的抗打击能力，这也是“零”式传奇陨落的根本原因。此外，为了提高 A6M 的飞行性能，还采用了可收放式起落架和纺锤形全封闭座舱盖。

堀越二郎（中）及其 A6M 设计团队的核心人员

1939 年 4 月 1 日，型号代号为 A6M1 的原型机首飞。日本海军在评估试飞后，认为不能完全满足设计要求，从第三架开始 A6M 更换了更大功率的中岛公司“荣”12 发动机，型号代号为 A6M2，这架飞机表现出极为优秀的飞行性能，完全满足甚至部分超越了当初的设计要求。首批 A6M2 于 1940 年 7 月交付日本海军，而 1940 年是日本皇帝纪年 2600 年，按照日本命名习惯将其命名为“零”式（Zero）。不幸的是首批飞机投入了中国战场。

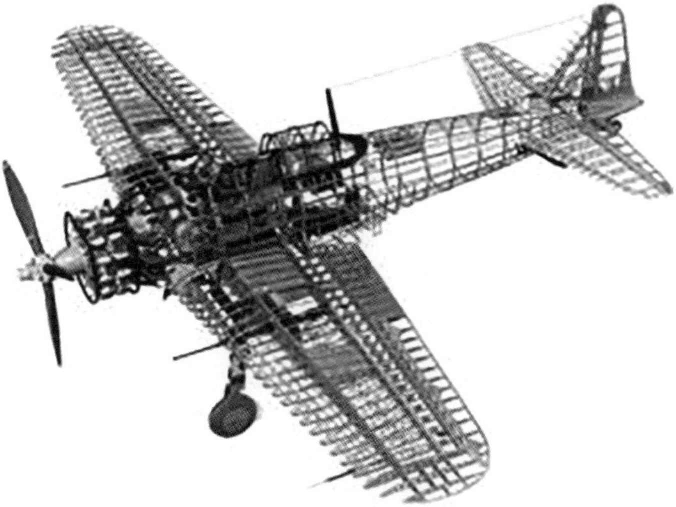

“零”式战斗机结构图（可以清楚地看到飞行员座位后的后机身对接框）

“零”式一经投入中国战场就取得了压倒性的优势。同年9月13日，13架“零”式在重庆以东空域和27架国民党空军的波利卡尔波夫（Polikarpov）I–15、I–16战斗机遭遇，“零”式无一损失，而国民党空军27架飞机中被击落13架，击伤11架。在随后的战斗中，国民党空军被击落99架各型战机（包括苏联参与作战的飞机），“零”式无一被击落（仅有的2架损失是因地面事故被焚毁）。

1941年12月7日，日本偷袭珍珠港，太平洋战争全面爆发。从偷袭珍珠港开始，“零”式战斗机就统治了太平洋天空。在战争初期，仅250架“零”式战机就在开战后几个月时间把盟军太平洋地区的战斗机部队消灭了2/3，战损比达到惊人的1∶12，对盟军空军的飞行员来说，“零”式简直就是噩梦。在性能被全面压制的情况下，盟军的空军部队只能依靠飞行员的素质、空战技巧进行周旋。比如，通常将2架F4F“野猫”（Wild cat）飞机编组，互相掩护作战，依靠F4F“野猫”较强的火力和防护装甲与“零”式周旋。

随着双方接触的增多，美军逐渐发现了“零”式飞机的一些弱点，但没能找到一架完整的“零”式进行针对研究。在1942年6月4—7日的中途岛海战中，依靠情报手段及战术安排，美国以损失132架飞机和一艘航母的代价，获得了摧毁258架飞机和4艘航母的战绩，一举扭转了太平洋战场的态势。另外一个巨大收获是，在周边

携带可抛弃式副油箱的“零”式正从“赤城”号（Akagi）航母起飞准备攻击珍珠港

太平洋战争初期盟军的主力战机是格鲁门公司研制的 F4F“野猫”战斗机

的岛屿上发现了一架迫降的“零”式战机，飞行员已经死亡但飞机几乎完整（仅燃料箱破损），1942 年 8 月，这架飞机被送往附近的美军基地，修复后立即送往美国本土进行测试。通过对“零”式战斗机进行密集的试飞，美军找到了它的弱点：高空飞行时的机动性能下降很快，高速俯冲时发动机易熄火，飞机结构轻量化设计过于极致导致高速俯冲时存在解体的风险，没有装甲和自封油箱导致中弹后易起火。针对“零”式的试飞评估报告和建议被迅速传递到太平洋盟军的各飞行单位，随后太平洋战区的美军则采用了穿甲燃烧弹以及特殊的缠斗方式，“零”式飞机很快被打成了“空中的火鸡”。同时美国人还在 F4F“野猫”的替代机型——当时正在研制的 F6F 上进行了针对性的改进，使得后期的 F6F 成为“零”式飞机真正的克星。1944 年 6 月 19—20 日，美日菲律宾海海战（Battle of the Philippine Sea）爆发，在美国海军飞行员的口中此次海战的名字更加有趣——“马里亚纳猎火鸡大赛”（The Great Marianas Turkey Shoot）。在这场大规模的空战中美军出动 956 架舰载战斗机，日本出动 450 余架舰载战斗机和 300 余架陆基战斗机参战。美军的 F6F 战斗机对“零”式形成了屠杀似的完胜，日本共有 378 架飞机被击落（主要为“零”式战机），而美国损失的 123 架飞机中仅只有 23 架为 F6F 战斗机。F6F 的出现标志着“零”式这款传奇战斗机的彻底陨落。截至日本投降，“零”式战斗机各型共生产了 10939 架。

美国搜索队找寻到那架宝贵“零”式战斗机时的现场照片

美军修复后进行试飞的“零”式战斗机照片

第二次世界大战末期，随着战场上的战斗优势丧失殆尽，“零”式走上了一条不归路——成为“神风”特工队（Kamikaze）的主力座机。而随着日本战败，“零”式的神话也彻底成为历史，但堀越二郎在“零”式战机设计过程中的重量控制理念却影响着一代又一代的设计师，就像航空工业界的至理名言所说的那样——为减轻每一克重量而奋斗。

“神风”特攻队“零”式出动前的最后照片

让我们再看看第二次世界大战末期欧洲天空的霸主，美制 P–51“野马”战斗机。

1940 年 4 月，英国采购委员会（British Purchasing Commission）赴美采购英国皇家空军急需的战斗机。起初他们的采购目标是寇蒂斯 – 莱特公司的 P–40“战鹰”（War hawk）飞机，但寇蒂斯 – 莱特公司生产任务非常繁忙，无力顾及英国的新增订单，英国采购委员会转而向北美航空公司（North American Aviation）寻求帮助，希望他们通过授权许可的方式为英国提供 P–40 战斗机（由北美航空公司获得寇蒂斯 – 莱特公司的 P–40 生产授权后销售给英国）。时任北美航空公司主席的詹姆斯 · H. 金德伯格（James H. Kindelberger）认为 P–40 已经落伍，北美航空公司准备授权生产的时间就已经足够他们设计出一款与 P–40 采用相同动力的新飞机了。他极力游说英国采购委员会接受新研飞机的做法。1940 年 4 月 10 日，英国采购委员会在得到北美航空公司 120 天内完成原型机生产的承诺后，将信将疑地批准了新机研发计划。合同签订仅 102 天后，首架原型机 NA–73X 下线，由于拟采用的艾利逊 V–1710（Allison V–1710）液冷活塞发动机没有到位，首飞推迟到 1940 年 10 月 26 日才进行。第一批次为英国皇家空军生产的 P–51 在 1941 年 5 月 1 日首飞（第一批次共 320 架）。1940 年 5 月 4 日，在北美航空公司许诺向美国陆军航空队无偿提供两架 P–51 进行试飞后，陆军原则上同意北美航空公司向英国出口 P–51 战斗机（这款飞机本来就不是按照美国陆军需求而研制的）。1940 年 9 月 20 日，北美航空公司向美国陆军移交了两架 P–51 原型机，获得试飞员的高度评价。1941 年“珍珠港事件”导致美军全面参战，美国军方也开始订购 P–51 战斗机。

P-51 首架型号为 NA-73X 的原型机

在 P-51 的使用初期，皇家空军的试飞员发现安装艾利逊发动机的 P-51 高空表现并不令人满意，但其低空性能卓越，因此决定将这款飞机用于高速地面攻击和战术侦察任务，美军也因为同样的理由主要将 P-51 用于执行低空对地攻击任务。1942 年，英国方面建议 P-51 采用英国罗罗公司生产的梅林发动机，这款著名的液冷发动机（后文有介绍）采用了机械增压装置，高空性能非常优良，正是梅林发动机补足了 P-51 高空性能的短板，更换罗罗梅林发动机和整体式风挡的 P-51 被编号为 P-51D，一代名机由此诞生。

P-51 的设计特点方面，他的首席设计师是德裔美国人埃德加·舒默德（Edgar Schmued），曾经在德国梅塞施密特公司（Messerschmitt AG，位于德国，是世界上第一种投入实战的喷气式战斗机 Me-262 的制造商）工作，在 P-51 的设计过程中消化吸收了很多最新的航空技术，正是这些技术成就了 P-51 的先进性能。

最初北美航空公司的工程师们计划在 P-51 上采用的翼型是传统的 NACA 翼型，不过没过多久他们就从到访的 NACA 专家口中了解到最新的层流翼型（Laminar Flow Airfoil profile）的研究进展——层流翼型可以减小超过 30% 的阻力。他们依据 NACA 的相关理论为 P-51 重新设计了一副采用层流翼型的机翼。为了进一步验证层流翼型，北美航空公司生产了使用层流翼型和原 NACA 翼型的两副机翼模型，进行风洞试验验证。试验表明层流翼型的升阻特性、失速特性等都远好于最初选定的 NACA

翼型，最终工程师们采信了风洞试验的结果，并用于指导 P-51 上层流翼型机翼的设计。这反映出北美航空公司对全新技术的快速反应和大胆运用，还表明了飞机设计部门开始重视风洞试验数据的运用，因为在此之前由于风洞试验技术条件的限制，飞机设计部门只是参考并不采信风洞试验的数据。

层流翼型（laminar flow airfoil profile）：飞行中大部分表面能保持层流边界层的翼型。层流边界层的黏性摩擦较通常翼型表面的湍流边界层小得多，因而层流翼型的摩擦阻力比一般翼型小得多。

P-51 采用的另一个先进技术是引入外部空气用于冷却发动机，P-51 的冷空气进气口位于机身正下方，处于机身轴线方向的中间处，而通常的发动机冷空气进气口，如 P-40“战鹰”的冷空气进气口在机身最前面。P-51 的冷空气进气口之所以布置在那个位置，是多轮优化设计的结果，因为在不同的飞行状态下，并不是所有流经冷空气进气口的空气都会进入到进气道内，部分空气会沿着进气口边缘绕开，这部分溢出的气流会引起对机翼或者机身不利的气动干扰，导致全机飞行阻力的增加。

P-51 的冷空气进气口位置是经过分析计算过的，处于该位置时溢出空气产生的干扰阻力最小。P-51 的冷空气进气口还有一个特点就是采用了边界层隔道设计，可以看到冷空气进气口与机身间有一小段距离，这样做的目的是保证机身表面的低速边

可以清楚地看到 P-51 腹部冷却器进气道的独特设计

P-40 发动机散热进气口位于机身最前方

界层不会流入进气口导致进气效率降低。这一设计在今天看来是进气道设计的常识，但是在 P-51 那个时代却是非常新颖的。另外设计人员还利用冷却发动机的空气在吸收发动机的热量后膨胀的现象，将这些空气合理地向后排出以产生额外的推力。

此外，舒默德还在 P-51 上首次采用二次曲线来设计飞机外形（可以理解为飞机的表面曲面更加光顺），这是舒默德追求低阻机身的极致表现，他创造出一种使“空气平滑流过”的机身外形，使得 P-51 阻力非常小，阻力系数是第二次世界大战所有螺旋桨飞机中最低的。

P-51 是第二次世界大战历史中盟军最优秀的活塞式战斗机，第二次世界大战期间共击落了 4950 架敌机，占美国陆军航空队在欧洲上空击落总数的 48.9%，击毁 4131 个地面目标，击落了超过 230 枚 V-1 飞弹，甚至还击落了德国空军最精锐的喷气式战斗机（后文会讲到），一直到朝鲜战争时期仍在使用。P-51 总计生产了 15 575 架，另外澳大利亚按许可证生产了 100 架。

通过航母准备运送至韩国参加朝鲜战争的 P-51

十六、第二次世界大战的终结者——波音 B-29“超级堡垒”

波音 B-29“超级堡垒”（Super Fortress）四发螺旋桨重型轰炸机，是波音公司在第二次世界大战期间研发的一款超级重型轰炸机，它的名字继承自前期研制的 B-17“飞行堡垒”（Flying Fortress），是第二次世界大战期间服役的最大的轰炸机，它最知名的一次行动就是搭载着人类历史上杀伤力最大的武器原子弹，轰炸了日本的广岛和长崎两地，终结了日本帝国主义的战争幻想，促使日本军国主义政府快速无条件投降。

B-29 的起源与前文提到的著名飞行员查尔斯·奥古斯都·林德伯格（Charles Augustus Lindbergh）颇有渊源。1939 年 4 月，林德伯格参观了德国飞机制造厂和空军基地，看到德国强大的军事实力后深深地感到震惊，考虑到当时欧洲大陆战争阴云密布，林德伯格所在的特别委员会向当时的美国陆军航空兵部（United Stated Army Air Corps）司令亨利·H. 阿诺德（Henry H. Arnold）将军提交报告，建议其研制一款可以直接从美国本土起飞打击纳粹德国军工设施的超远程轰炸机。

美军第二次世界大战初期的主力轰炸机—B-17“飞行堡垒”
（凭借坚固的机身和强大的自卫火力而得名）

第二次世界大战中最著名的轰炸机—波音 B-29“超级堡垒”超远航程重型轰炸机

仅 4 个月之后，1939 年 9 月 1 日第二次世界大战爆发，阿诺德将军立刻（同年 11 月 10 日）向美国国会申请启动远程轰炸机的研制项目，同年 12 月 2 日通过国会批准。1940 年 1 月，被陆军航空兵团称为“超级轰炸机”（Super Bomber）的研制要求正式下发给美国主要飞机制造商，主要指标要求包括能将 9100 千克炸弹投掷到 4290 千米外的目标，而且飞机飞行速度需要达到 640 千米 / 时。虽然第二次世界大战初期美国并未参战，但实际上美国人很早就开始筹划了，他们认为要战胜日本，需要一款能够轰炸日本本土的远程轰炸机（从印度起飞），而且如果英国无法抵挡德国的攻击被攻陷，他们也需要从美国本土起飞对德国实施轰炸，这两方面因素更加坚定了美国研制超远程轰炸机的决心。

实际上早在 1936 年，波音公司就提出制造一款能够向欧洲大陆实施轰炸的飞机。1938 年，波音公司应美国陆军航空兵部的要求，开始了增压远程轰炸机的预先研究工作。然而当时的美国陆军航空兵部没有充足的资金来启动该项目，波音公司经过评估后自己掏腰包继续开展相关研究，这也证实了波音公司眼光的独到之处。

由于前期进行了大量的研究工作，1940 年 5 月 11 日，波音公司仅耗时 4 个月就首先提交了针对军方要求的设计方案——Model345 方案，随后洛克希德公司、道格拉斯公司、康绍里德公司（Consolidated Aircraft Corporation）等也先后提交了各自的方案。最终美国陆军航空兵部只与这四家飞机制造商签订了正式的预研合同，并分别给予军方编号 XB-29/30/31/32。在意识到自身技术明显处于劣势、中标无望的情况下，洛克希德公司与道格拉斯公司后来在仅提交了初步的方案后就提前退出了该项目。

波音公司制造的 XB-29

最终美国陆军航空兵部选择了波音公司的设计，并与其签订了两架 XB—29 原型机订单。而康绍里德公司的 XB-32 则作为波音 XB-29 方案的备用，同样获得两架原型机的生产订单，继续开展研究，虽然整体性能并不逊于波音 XB-29 太多，然而作为备选的 XB-32 最终成了几乎没人知道的 B-32 “统治者”（Dominator）远程轰炸机，在战争期间仅有少量生产。

洛克希德公司提出的 XB-30 方案模型

道格拉斯公司提出的 XB-31 方案模型

康绍里德公司制造的 XB-32（1942 年 9 月 7 日首飞）

1940 年 8 月 24 日，波音公司完成机身的静力试验。12 月 14 日，军方追加了第三架 XB-29 原型机订单。1941 年战况趋紧，军方又增订 14 架 YB-29 服役测试机（完成测试后直接进入部队服役，美军惯例作为原型机的 X 开头的飞机一般不会加入部队，仅用于测试用途）。1941 年 5 月，美国军方在飞机还未完成设计定型的情况下，一次性订购了 250 架交付型，合同总金额高达 30 亿美元。作一下横向比较，1940 年苏联的 GDP 在 430 亿美元左右，德国的 GDP 在 560 亿美元左右，由此可见美国经济实力非常雄厚。这还没完，1941 年年底，美国因"珍珠港事件"宣布参战后，在第二年年初 3 月再次增订了 B-29 飞机，使得总订货量达到 1000 架，而此时真机还没造出来，更别提首飞了（仅有的就是全尺寸模型）。直到 1942 年 9 月 21 日，第一架 XB-29 才实现首飞，12 月 30 日第二架完成首飞，但这架飞机在第二次飞行时因为发动机空中起火而坠毁，造成大量地面人员伤亡，甚至在当时引起了总统和国会的关注。波音公司并未因此而停下制造 XB-29 和 YB-29 的脚步，飞机被不断地制造出来并开展了大量的测试，同时 YB-29 飞机尚未定型就预先交付部队进行试用并开展相关培训工作。这些并行开展的工作确保了高度复杂的 B-29 定型并在 1944 年年初服役。

波音B-29“超级堡垒”采用下单翼、单垂尾设计，翼展43.36米，全长30.18米，机高8.46米，最大起飞重量61 236千克，最大载弹量9吨，最大速度575千米/时（在9100米高空时能够达到，未能满足军方提出的指标要求），经济巡航速度354千米/时，升限9710米，最大航程6346千米（此时仍能携带2268千克炸弹）。B-29是最早装备机载雷达的飞机之一，此外还采用了许多当时的先进技术，包括在当时军用飞机上较少应用的增压舱设计、先进的机翼、双轮前三点式起落架、中央火控系统，以及全机4部遥控无人自卫炮塔和尾部半遥控自卫炮塔。这些炮塔拥有合计10门0.5英寸口径的机枪和1门20毫米的航炮（不同改型略有不同），而强大的自卫火力使得它可以单独完成整个轰炸任务，不再像以前的轰炸机需要在大量战斗机的掩护下完成任务，而且实施轰炸的最远距离还受到护航战斗机航程的限制。也正因为上述设计，B-29单架飞机的作战效率非常高，后来人们将B-29的出现称为“轰炸机历史上的革命”。当然操作这样一架飞机也不简单，B-29需要多达11人的机组执行任务，根据改型和任务的不同最多时达到16人，其中包括正副驾驶、领航员、无线电通信员、雷达操作员、空中机械师、投弹手、至少4名自动火炮操作人员和1名位于机尾的尾炮手。

增压舱（pressurized cabin，又称气密舱）：飞机内不和外界大气直接相通，但在高空飞行中保持一定压力、温度和湿度，以保证飞行员和旅客正常工作和生活的舱段。

B-29的驾驶舱（投弹手坐在最前方的防弹玻璃舱内，正副驾驶坐在投弹手后面位置，领航员、无线电通信员、雷达操作员坐在驾驶舱后部）

B-29 拥有卓越的性能，同时也拥有很多特点，其一就是他的动力系统。B-29 采用的是莱特航空公司制造的 R-3350 系列“双旋风”（Wright R-3350 Duplex-Cyclone）18 缸气冷星形发动机，并配有巨大的直径为 5.18 米的螺旋桨。这台发动机是当时非常先进的大功率发动机，单台功率高达 2200 马力，其后续的改型（R-3350-93W）动力进一步提高至 3500 马力。此外，还配有双涡轮增压器帮助 R-3350 适应高空飞行环境，请注意是两台涡轮增压器，这也是首创。唯一不足的是，这型发动机在初期使用时经常出现空中起火，好在一共有 4 台发动机可相互做备份。在高性能的发动机的帮助下，B-29 拥有了强大的载弹能力和远距离飞行能力，当然优秀的机翼设计也很重要。

需要指出一点，因为英文翻译的问题，国内很多资料将这款发动机的制造商简单地翻译为莱特公司，让读者以为其是莱特兄弟创建的莱特飞机公司，但并非如此。莱特飞机公司在 1929 年与寇蒂斯公司合并成为寇蒂斯 - 莱特公司，双方及其下属企业总共 12 家进行了合并，而后形成三大板块，分别是寇蒂斯 - 莱特飞机公司（Curtiss-Wright Airplane Division）——制造飞机；莱特航空公司（Wright Aeronautical Corporation）——主要制造发动机；寇蒂斯 - 莱特螺旋桨公司（Curtiss-Wright Propeller Division）——主要制造螺旋桨。此处制造 R-3350“双旋风”发动机的是莱特航空公司而不是莱特飞机公司。

马力巨大且适用于高空飞行的莱特 R-3350“双旋风”18 缸气冷星形活塞发动机

B-29 第二个特点是他的机翼设计。波音公司在初期遇到的最大的问题是使用已有的机翼无法使 B-29 达到军方要求的性能指标。已有的能够产生足够升力的机翼，不是巡航阻力太大就是失速特性差，而能够有良好的巡航及失速特性的机翼其升力特性又不够好。在经过多轮的设计后，工程师们为 B-29 设计出了全新的细长的机翼，这副机翼后缘采用了富勒襟翼作为增升装置。当襟翼展开时能够使机翼面积增大 20%，襟翼收起后机翼阻力又非常小，使得 B-29 在拥有良好的低速性能的同时又能在巡航高度下轻松达到军方的速度要求。实际上，为了验证机翼的相关特性，波音公司将一副按原尺寸 1/4 等比例缩小的机翼安装在一架费尔柴尔德（Fairchild，早期美国飞机制造商，2003 年破产）PT-19 教练机上进行了实际飞行验证，结果令人非常满意。此外，波音公司还优化了机翼内侧发动机短舱外形，将它向后段延长并伸出机翼后缘，这样可以减少对襟翼的气动干扰，并提供类似端板效应的有利影响，提高了襟翼的增升效率。机翼的翼梁采用了当时非常先进的铝合金整体冷压成形技术，由整块铝合金通过冷挤压成形，是当时世界上最大和最重的整体翼梁。

富勒襟翼（fowler flap）：机翼后缘下翼面，可向后滑动同时向下偏转的襟翼。使用时襟翼沿滑轨向后滑动，然后又向下偏转，并且在襟翼前缘与机翼后缘间保持一定的缝隙。

增升装置（high lift device）：机翼上用来改善气流状况和增加升力系数的活动面。在起飞、着陆或机动飞行时使用增升装置可以改善飞机起飞、着陆和机动飞行的性能。

端板（endplate）：机翼外端垂直顺气流设置的小翼面。端板阻挡下翼面的高压区气流向上翼面低压区绕流，起到增加机翼有效展弦比、减小诱导阻力的作用。

B-29 的第三个特点是整机采用的增压设计。美国军方对飞机的飞行高度要求是越高越好，最好达到当时绝大多数战斗机无法触及的高度。但这又带来另外一个问题，在高空飞行时人员会面临缺氧死亡的危险，仅供氧的话又无法解决长时间在低气压环境中工作带来的身体不适状况。波音公司的解决方案是采用增压舱设计，当时首架投入商业运营的增压客机“平流层客机”（Stratoliner）是波音公司设计的，他们在这方面已经积累了大量的经验。但轰炸机不同于民航客机，轰炸机在低空飞行时需要打开炸弹舱门投弹而客机不用，而且由于 B-29 载弹量较大，机身内部需要布置炸弹

用于 B-29 机翼试飞的费尔柴尔德 PT-19 教练机（机翼与机身相比显得十分纤细）

挂架等设备。波音公司只在驾驶舱和机身中段有乘员活动的区域设计了增压舱，且这两个增压舱互相独立，通过炸弹舱上方的密封管道相互连接，机组成员可以通过这条管道从驾驶舱到乘员舱内轮换休息，这种设计被后续的很多远程轰炸机继承。而部分舱增压的设计导致乘员无法进入自卫炮塔内进行操作，B-29 才使用了遥控炮塔（由美国通用电气公司设计），并由中央火控系统控制炮塔进行射击（机身上一共装有 5 个炮塔，机身背部前后各 1 个、腹部前后各 1 个、尾部 1 个）。说到 B-29 载弹量大的特点，其在投弹时需要考虑重量变化对飞机重心的影响，因为两个炸弹舱在机身腹部前后布置，单边快速投放时会影响飞机的重心，因此设有一个控制器控制炸弹从前后弹舱按计算过的顺序投放。

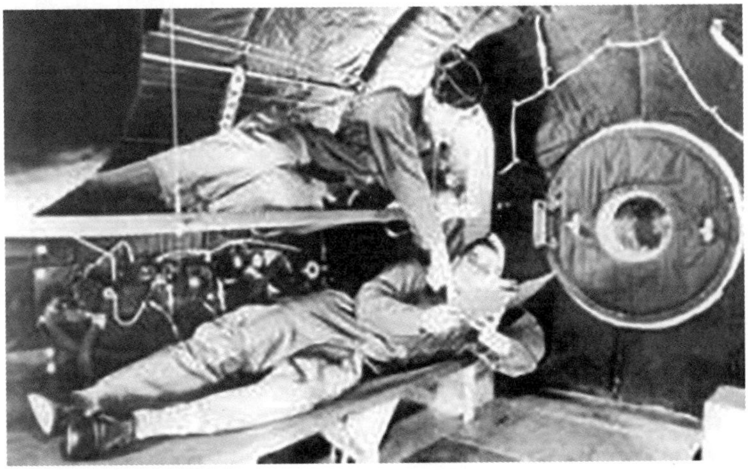

B-29 中段成员休息增压舱内景（通过图中的管道乘员可以进入驾驶室）

B-29 机身中段部装时的场景（机身上部的圆管就是连接驾驶舱和乘员舱之间的密闭管道）

自 1943 年 9 月波音威奇塔工厂交付第一架生产型 B-29，至 1945 年 10 月停产，B-29 系列累计生产了 3974 架。如此大量的飞机是在短短的两年时间内制造完成的，即使换做单发活塞式战斗机，这都是很艰难的任务，对于 B-29 这种四发、最大起飞重量超过 61 吨的飞机，如此短时间内完成如此大量的飞机制造，简直就是航空制造业的奇迹，这也从另一个角度显现出美国的战争动员能力。B-29 由波音公司设计，但制造却不仅限于在波音公司的工厂，贝尔飞机公司位于美国佐治亚州玛丽埃塔市（Marietta）的工厂和马丁飞机公司[①]（Glenn L. Martin Company）位于内布拉斯加州奥马哈（Omaha）的工厂也一同参与了 B-29 飞机的制造工作。每一架 B-29 的身份铭牌上都有记号用以区分产地，包括 BW、BR、BA、MO，分别是波音威奇塔[②]工厂（Boeing Wichita）、波音诺顿工厂（Boeing Renton）、贝尔亚特兰大工厂（Bell Atlanta）、马丁奥马哈工厂（Martin Omaha）首字母的缩写。实际上，在 XB-29 尚未

① 美国著名的水上飞机制造商，它制造的马丁“战神”（Martin Mars）四发飞机是美军历史上最大的水上飞机，最大起飞重量接近 75 吨。该公司是最后一个投产 B-29 的公司。

② 威奇塔位于美国堪萨斯州，是著名的飞机制造中心，多家知名飞机制造商和一处空军基地汇集于此，被誉为美国的“航空首都”。

首飞的时候，美国政府已经开始协调其他制造商的工厂进行 B-29 飞机的生产准备工作了，而且还提前建造了很多厂房低价出租给飞机制造商，甚至让其免费使用，波音公司位于威奇塔制造基地内的部分厂房就是美国政府建造的。

1945 年，波音威奇塔工厂第 1000 架 B-29 的下线仪式

波音诺顿工厂的 B-29 总装线上几乎完成总装的飞机（请注意尾翼上的弦号已经喷涂完毕，巨大的总装厂房中摆满了飞机，可见美国战争期间的军工生产能力之强大）

再来看看B-29的战绩，由于投入战斗的时间较晚且初期的数量有限，在1943年年底才形成战斗力，那时欧洲战场已经出现了明显的转机，美国人决定将全部的B-29投入到对日作战中去——轰炸日本本土及其殖民地的设施。美军的B-29主要部署在印度的几个英军基地、中国国民党政府控制的成都基地（包括广汉、新津、彭山和邛崃4个机场）。首次轰炸发生在1944年6月5日，在随后的一年多的时间内，持续的对日轰炸对日本来说造成了重大的损失。初期的轰炸目标多为工业设施，但美军意外地发现，炸弹的效果远不如燃烧弹，当时的日本城市建筑大量使用木材，这意味着很容易起火，采用燃烧弹（装有燃烧剂的炸弹，常用铝热剂，其燃烧温度高达3000℃）和凝固汽油弹（内含汽油与其他化学物质混合而成的胶状固体，爆炸后黏在物体表面持续燃烧）攻击的效果往往出乎意料。在美军的“燃烧”攻击下，直接死亡和因房屋起火而烧死的总人数，要远远大于后来在广岛被原子弹炸死的人数。此外，B-29还执行对日本的海上封锁，攻击运输船队并空投水雷封锁港口，加快了战争的结束进程。

第二次世界大战后期飞越日本富士山的B-29轰炸机群（执行这种轰炸任务少则几十架，最多达到500架，给日本造成了致命的打击）

1945 年 8 月 1 日，在经过 173 架 B-29 夜间轰炸后的日本首都东京一角
（所有的木质建筑都燃烧殆尽）

B-29 最著名的行动则是携带原子弹轰炸日本广岛和长崎的行动。1945 年 5 月 8 日，德国已经宣布无条件投降，而日本军国主义政府仍在负隅顽抗，为了尽快结束战争，1945 年 8 月 6 日，美军出动 B-29 携带名为“小男孩”（Little Boy）的 4400 千克的原子弹轰炸了日本广岛，当时就直接造成超过 7 万人死亡。3 天后的 8 月 9 日，再次由 B-29 携带另一枚名为“胖子”（Fat Man）的 4545 千克的原子弹轰炸了日本长崎，直接造成近 4 万人死亡。6 天后的 8 月 15 日，日本天皇宣布无条件投降。可以说随着 B-29 轰炸机在第二次世界大战末期加入战斗后的优秀表现，推动了日本快速投降，提前结束了太平洋战争。

B-29 系列并未随着第二次世界大战结束而结束自己的生命，作为一款良好的平台，波音公司基于该基础，衍生出一系列的轰炸机、运输机、加油机、侦察机和教练机等，例如，B-50“超级堡垒”（Super Fortress）轰炸机完成了人类首次不经停环球飞行，C-97“同温层运输机”（Strato freighter）及其后续客运型 Model377“同温层客机”（Stratocruiser），空中加油机 KB-29 及由 C-97 改型而来的加油机 KC-97。后来 NASA 著名的超大尺寸部件运输机古比（Guppy）系列也是基于 B-29 研发的，其中包括古比（Guppy）、迷你古比（Mini Guppy）、超级古比（Super Guppy）。此外，

1945 年 6 月 4 日，B–29 轰炸机群在日本神户的码头执行轰炸任务
（图中所有圆柱形的小点都是 B–29 投下的炸弹）

苏联还通过逆向工程仿制过 B–29，也就是图波列夫公司图 –4 轰炸机。B–29 的发展型及各种改型在战后继续服役到 1960 年，这是一个非常了不起的成就，要知道航空技术在第二次世界大战和冷战期间的发展极快，飞机更新换代通常不过几年时间，一款在第二次世界大战初期研制的飞机一直使用到第二次世界大战结束后的 20 世纪 60 年代，可见 B–29 在当时的设计是十分先进且超前的。

美国 NASA 基于 B–29 改装而成的超级运输机—超级古比

基于 B-29 改进设计出的 Model377“同温层客机”

十七、第二次世界大战期间的经典动力及其发展

自第一次世界大战结束至第二次世界大战开始，航空动力经历了 21 年的发展，此时的旋转汽缸发动机已渐渐消失在历史长河中，而与它外形几乎一致的星形活塞发动机（Radial Engine）则快速崛起，成为飞机可靠的动力来源。另一方面，因为新工艺、新材料的不断使用，传统的液冷发动机整体性能大幅度提升，并出现了经典的代表型号——罗罗梅林 V 形液冷活塞发动机。可以说第二次世界大战期间这两类航空发动机并驾齐驱。本节我们就说说第二次世界大战期间它们的发展历程。

首先来看看星形活塞发动机，其外观与旋转汽缸发动机类似，汽缸围绕着主轴并呈放射状分布于主轴的四周。从运动部件来看，两者之间则完全不同，星形活塞发动机的汽缸与飞机机身固定而主轴旋转，高速转动的主轴与螺旋桨相连并带动其旋转；而旋转汽缸发动机的主轴是固定的，发动机上呈放射状分布的汽缸作为整体快速绕主轴转动，通过机构连接螺旋桨并带动其旋转，进而为飞机提供动力。虽然运动方式完全不同，但星形活塞发动机与旋转汽缸发动机具有相同的优点，如不用外带冷却系统和冷却液、结构简单、重量轻、维护方便等。此外，星形发动机可以进行多排汽缸布置，以增加汽缸数目提高输出功率，也正是这个特点使其多用于对功率要求高的大型飞机，如运输机、高空轰炸机等。

人们常常认为星形活塞发动机是在旋转汽缸发动机消失后，借鉴与之类似的原理发展而来的，甚至将它称为旋转汽缸的继承者，这是完全错误的。其实早在1901年，美国工程师就为第三章提到的兰利的飞机研制过一台5缸星形活塞发动机，只不过是水冷式的。航空先驱布莱里奥飞越英吉利海峡所驾驶的布莱里奥XI型飞机，使用的也是星形活塞发动机。与早期的其他类别航空发动机一样，星形活塞发动机也同样受到发动机过热问题的困扰而发展缓慢。

装备安扎尼3缸星形活塞发动机的布莱里奥XI

随后欧美各国整体工业水平提高，工程师们利用铝制汽缸缸体设计成功地解决了发动机散热的问题（当然还有很多其他问题，因为过于专业就不展开介绍了），使得星形发动机更加实用，逐渐进入快速发展的轨道。英国工程师塞缪尔·达尔齐尔·海伦（Samuel Dalziel Heron）研制的RAF.8型14缸300马力的星形活塞发动机在1916年9月试车成功，此人后来因为与公司在星形活塞发动机研究方向上产生分歧，在1921年辞职并移居美国，随后成为美国军方雇员并继续开展他的研究工作。正是在美国期间，他开创性地提出了用于冷却的液体金属（钠和硝酸钾的混合物）阀门概念，到了1928年他的液态钠阀门已经用在了许多高性能的星形活塞发动机上，成为星形活塞发动机快速散热并稳定运行的保障。

与此同时，一位耶鲁大学毕业的美国工程师查尔斯·拉尼尔·劳伦斯（Charles Lanier Lawrance）也在进行着星形发动机的研发工作，他在第一次世界大战后创立了劳伦斯航空发动机公司（Lawrance Aero Engine Company），制造他设计的用于小型飞机的气冷式发动机。1921 年劳伦斯成功地制造出了 200 马力的 J-1 型 9 缸气冷星形发动机，美国海军一次性就订购了 300 台。由于海军担心其公司规模太小难以生产足够的发动机提供给军方使用，1923 年 5 月，海军主导莱特航空公司收购了劳伦斯航空发动机公司，劳伦斯出任莱特航空公司的副主席。随后在 J-1 的基础上改进研制出莱特 J-3、J-4、J-5 一系列发动机非常成功，这一系列也就是著名的莱特“旋风”（Wright Whirl-wind）发动机。美国海军大量采购了莱特“旋风”发动机，绝大部分装在教练机上，其余的装在舰载侦察机和战斗机上。由于“旋风”发动机的性能不断提高，高可靠性的名声也越来越响亮，美国陆军飞机和民用飞机也开始装备这个系列的发动机，其中就包括前文提到的著名的福克三发和福特三发客机。

1926 年，这两位星形活塞发动机的设计大师聚首了，海伦也加入莱特航空公司并负责劳伦斯发动机的改进设计，不久莱特 J-5 诞生，发动机性能和可靠性大幅提高。装备 J-5 发动机的飞机在随后的时间里创造出一系列长距离飞行纪录，这是 J-5“旋风”发动机高可靠性的最好证明。这些纪录中最著名的要数林德伯格驾驶装备 J-5C 发动机的“圣路易斯精神”号飞越大西洋的壮举，在这个过程中 J-5C 发动机持续工作了 33.5 小时，林德伯格的成功为 J-5 树立起非常好的口碑，而 J-5C 作为当年航空界最重要的进展，为劳伦斯赢得了著名的“科利尔奖”（前文中的双模液压控制变距螺旋桨也获得了这一奖项）。

结构紧凑、性能可靠的莱特 J-5 星形发动机
（1923 年第一次试车）

“旋风系列发动机的成功让莱特航空公司快速壮大，美国海军为了保证自己在发动机采购上的主动地位，决定扶持一家备选发动机供应商。与此同时，当时莱特航空公司的负责人弗雷德里克·布兰特·伦齐勒（Frederick Brant Rentschler）与公司董事们之间存在明显

林德伯格载入史册的飞行中使用的“圣路易斯精神”号采用的就是莱特 J-5 发动机

的分歧。于是在美国海军许诺给予新公司必要的订单以支持公司发展后，1925 年 4 月，伦奇勒带领他的追随者（包括公司的首席工程师）离开莱特航空公司成立了新的发动机生产公司。随后伦奇勒通过关系拿到了普拉特和惠特尼机械工具公司（Pratt & Whitney Machine Tool）的 25 万美元贷款，并被允许使用普拉特和惠特尼的名字将公司命名为普拉特 - 惠特尼公司（Pratt & Whitney Aircraft Company，简称普惠公司），目前世界三大发动机巨头由此诞生。1925 年年底，普惠公司组装出第一台发动机，425 马力的 9 缸活塞气冷星形发动机 R-1340“黄蜂”（Wasp），1926 年 3 月迅速通过美国海军测试，同年 10 月获得美国海军 200 台订单。凭借发动机优秀的品质，普惠公司很快就在美国声名鹊起，在喷气时代到来以前，莱特航空公司和普惠公司成为世界上两个主要的气冷星形发动机供应商。

普惠 R-1340“黄蜂”9 缸发动机

普惠公司在“黄蜂”发动机的基础上，发展出一系列的星形活塞发动机，发动机的汽缸数不断增加。在第二次世界大战结束之前，普惠公司研制出星形活塞发动机的登峰之作—普惠 R–4360“巨黄蜂”（Pratt & Whitney R–4360 Wasp Major）4 排 28 缸星形活塞发动机，其中，“R”表示“星形”（Radial Engine），“4360”表示发动机的排量达到了惊人的 4360 英寸[3]。早期版本的“巨黄蜂”功率为 3000 马力，而其改型 R–4360–51VDT① 在采用了发动机机械增压器后又加装了两个涡轮增压器，使发动机最大功率达到了 4300 马力，没有任何其他发动机能够企及。普惠公司及其标志性的“黄蜂”系列发动机也因为在第二次世界大战期间的优秀表现被载入史册。

水冷发动机方面，这种类型的发动机在第一次世界大战期间就树立了其在航空动力市场的统治地位，但随着星形活塞发动机在第一次世界大战后的逐渐崛起，尤其是可以通过多排布置的方式快速改型提高功率的特点，其在第二次世界大战期间逐渐占领了大功率发动机市场，而水冷发动机则多用于战斗机和中型的运输机 / 轰炸机。自第一次世界大战开始直到第二次世界大战结束，欧美各国研制的水冷发动机型号实在是太多了，但其中最著名的只有一款，那就是梅林发动机。

普惠 R–4360“巨黄蜂”28 缸发动机剖视图
（这是第二次世界大战结束时星形活塞发动机的巅峰之作）

① “VDT”表示变流量涡轮（variable discharge turbine）。

梅林发动机是一款帮助他的制造商——英国罗罗公司在第二次世界大战期间名声大噪的经典发动机，这是罗罗公司自行投资研究的项目，初始代号为PV-12。按照罗罗公司的发动机命名规则（罗罗发动机通常以捕食鸟类的鸟的名字命名），PV-12得名“Merlin”，其英文原意为“灰背隼”（捕食小型鸟类的猛禽）。

罗罗公司经典的梅林V形12缸水冷发动机（排量27升）

这款经典的水冷发动机的研制要追溯到20世纪30年代初，那时罗罗公司计划研制更大的发动机以替换原有的700马力“茶隼”（Kestrel）发动机。在没有得到政府订单的情况下，罗罗公司决定自主投资研发代号为PV-12的12缸活塞发动机（“PV”为“Private Venture”的缩写，意为“私募风险投资”）。PV-12原型机于1933年10月15日首次点火试车，1935年2月21日安装在霍克“雄鹿”（Hawker Hart）双翼机上实现首飞，经过多次修改后第一台生产型的PV-12于1936年完工。最早原型机采用的是蒸发式冷却系统，但发现可靠性较差，在从美国获得充足的乙二醇供应后，梅林发动机开始改用传统的液冷系统。

首批装备梅林发动机的有费尔雷“战斗”轻型轰炸机（Fairey Battle，这型飞机的名字就叫“战斗”）、霍克“飓风”战斗机（Hawker Hurricane）、超级马林“喷火”战斗机（Supermarine Spitfire），以及四发中型轰炸机阿芙罗·兰开斯特（Avro Lancaster）。说到这里，细心的读者会注意到，这4款飞机中3款是轻型飞机，唯一的中型轰炸机阿芙罗·兰开斯特，最大起飞重量不到33吨，而且使用了4台发动机。

采用梅林发动机的“喷火”战斗机

采用梅林发动机的四发重型轰炸机阿芙罗·兰开斯特

梅林发动机采用了许多方法来提高其性能，比如使用了涡轮机械增压器、双速齿轮箱，关于涡轮机械增压器前文已有所介绍，这里我们来说说双速齿轮箱。这种齿轮箱可以向驱动的增压器提供两种转速输出，具体来说，当发动机在3000米高度以下工作时，低速齿轮驱动增压器以相对较低的转速工作（大约21 000转/分，发动机转速大约在2850转/分，下同），当发动机在3000～5500米高度工作时，高速齿轮驱动增压器高速转动工作（大约25 000转/分），其实质就是根据空气密度的变化通过齿轮箱调整增压器涡轮的转速，进一步提高机械增压器的工作效率（减少对发动机功率的无效占用）。

此外，毕业于牛津大学应用数学系的史丹利·胡克（Stanley Hooker），在1938年帮助罗罗公司改进了梅林发动机的进气道设计，使得发动机进气效率更高。同时此人还优化了发动机增压器的涡轮设计，进一步改善了发动机的高度特性。1940年，英国军方要求研发一款能够在12 000米高空工作的梅林发动机，罗罗公司借此机会在梅林发动机上增加了双级机械增压装置，使得换装新发动机的同一款飞机（“喷火”V战斗机）的速度（在同一高度上）比老款高出110千米/时左右。

取得巨大成功的梅林发动机当然不会停止改进的脚步，先后发展出梅林Ⅱ/Ⅲ/Ⅹ/Ⅻ/ⅩⅩ等几十种改型。鉴于这型发动机的优秀品质，美国也以引进生产的仿制了超过55 000台梅林发动机，其编号为帕卡德V-1650（Packard V-1650），而这款发动机则帮助北美航空公司研制的P-51“野马”战斗机从一款优秀的战斗机变为最优秀的战斗机。随着新技术的不断应用和发动机的完善改进，在第二次世界大战结束时，梅林发动机民用版功率已经超过1600马力，军用版最大功率达到2030马力，而罗罗公司实验室里的台架试验功率已经可以达到2640马力。

第二次世界大战结束后，用户对梅林发动机的需求发生了转变，以往的军方用户需要更大功率的版本，但是来自军方的订单似乎在战争结束的一瞬间都消失了。幸好民航业的发展填补了这一空缺，但他们需要的是可靠性更高、经济性更好的发动机。罗罗公司针对这种需求进行了专门的改进，大幅提高了发动机的可靠性和返修间隔时间，到1951年，梅林发动机典型的大修间隔时间（Time Between Overhaul，TBO）提高到了650 ~ 800小时，成功地进入了民用发动机市场。截至1950年，梅林系列发动机交付总计超过16万台。

从公司发展的角度来看，罗罗公司从一家汽车制造商（第一次世界大战后开始从事发动机制造，但名气不大）转变成为知名的航空发动机制造商，直到成为目前世界三大民用发动机制造商之一，梅林发动机功不可没。

十八、涡轮喷气发动机和人类第一架喷气式飞机

涡轮喷气发动机（简称涡喷发动机）出现的时间并不算太晚，但将它置于本章的最后来写，是因为它太重要了，这种动力装置与活塞发动机相比重量更轻、振动更小、推力更大，具有划时代的意义。而说到涡喷发动机的发展，就不得不提到

两个人：英国皇家空军准将弗兰克·惠特尔（Frank Whittle）爵士和德国科学家汉斯·冯·奥海因（Hans von Ohain）博士。正是他俩各自的发明，让协约国和同盟国几乎同时研制出喷气飞机，也正是他俩的发明，为人类航空史掀开了崭新的一页。下面我们就分别讲讲惠特尔和奥海因以及他们的伟大发明。

惠特尔，1907 年出生在英国考文垂（Coventry），他是家中长子，父亲有一家机械加工厂，所以很小在帮父亲干活的时候他就掌握了许多机械设计与加工技巧。15 岁时怀揣着成为一名飞行员的梦想，向英国皇家空军提出参军的申请，由于身体条件不达标，他的前两次申请都被皇家空军拒绝了。第三次他换了个名字，也换了个套路，转而申请成为飞机维修技师，这次他成功了，他成为了英国皇家空军的一员，但学徒工严格的纪律和无法成为飞行员所带来的失望，让惠特尔几乎产生了放弃的想法。不过在经过了最开始的彷徨期后，他开始把兴趣转到模型飞机的制作之中。他在模型制作和数学上的天赋得到了指挥官的赏识。1926 年，经推荐惠特尔正式进入皇家空军的院校进行学习并且获得了军衔，同时也开始了他的飞行训练，仅经过了 13.5 小时空中训练的惠特尔就实现单飞，表现出极强的天赋。1928 年，21 岁的惠特尔以优异的成绩毕业，但由于他的一次危险飞行使他落选了正式飞行员的选拔。

惠特尔的毕业论文研究的是未来高空高速飞机设计发展，他在论文里提道："现有的发动机持续改进未必能够实现高空高速这一任务目标。"他提出了一种"喷气马达"（motor jet）的概念，用其取而代之。这种马达的原理是利用现有的活塞发动机为一个附加燃烧室提供压缩空气，燃烧室燃烧后的排气直接产生推力，这实际上是在现有的活塞发动机后面增加一个加力燃烧室。不过后续的研究和进一步的计算结果表明，若要产生相同的推力，惠特尔的喷气马达跟普通活塞发动机相比没有任何重量优势。

年轻时的弗兰克·惠特尔
（1907.6.1—1996.8.9）

惠特尔又提出了一个新的想法：用涡轮代替原有的活塞发动机。涡轮压气机为燃烧室提供压缩空气，燃气涡轮提取一部分功率来驱动涡轮压气机，剩余的废气直接排出产生推力，这其实就是现代涡轮发动机的基本原理。但是可惜的是，在活塞发动机大行其道的历史背景下，惠特尔得不到任何的资金支持。他的研发工作也处处碰壁，在得不到军方支持的情况下，只得先将其发明进行专利注册。

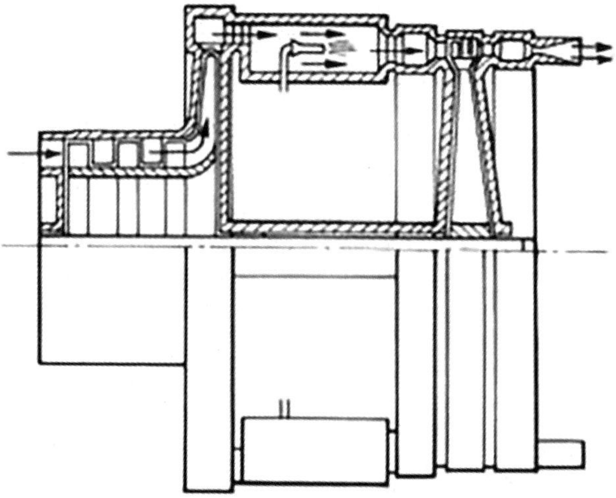

涡喷发动机结构的半剖示意（箭头示意空气流向，左侧为涡轮压气机，中部为燃烧室，高压气流经过最右侧的喷口流出产生推力）

经过痛苦的等待，惠特尔在 1935 年终于获得了投资，一个由银行家组成的商行决定资助惠特尔试制他的喷气发动机，并成立了专门的公司动力喷气有限公司（Power Jets Ltd.）。1937 年 4 月 12 日，惠特尔设计的第一台喷气发动机 Power Jet WU（Whittle Unit）试车成功，当天发动机转速就达到了 12000 转 / 分。英国皇家空军的一名官员在亲眼看到这台发动机确实在试车台上成功运转后，才答应给予该项目资金支持。1938 年 3 月，英国皇家空军与惠特尔签订合同。1940 年 1 月，英国皇家空军与格洛斯特飞机公司（Gloster Aircraft Company）签订合同，生产用于测试惠特尔 Power Jet WU 发动机改进型 Power Jet W1 的空中试车平台，也就是著名的格洛斯特 E.28/39 飞机，英国第一架喷气式飞机。

1941 年 5 月，第一架 E.28/39 试飞成功，时任首相的丘吉尔亲自到场观看，但作为喷气发动机的发明者惠特尔，只得到 10 万英镑奖金而未获邀请。直到 1948 年英国政府才公开承认了惠特尔的贡献，授予他勋章和奖金并封他为爵士，晋升为准将军衔。

作为惠特尔发动机空中试验平台的英国第一架喷气式飞机格洛斯特 E.28/39

PowerJetW1 涡喷发动机（虽然外形看起来与星形活塞发动机类似，但内部原理完全不同）

德国方面，第一台涡喷发动机于 1937 年 9 月成功试车，略晚于英国的进度。这台发动机的发明人是冯·奥海因。此人有着极为良好的教育背景，他在德国著名学府哥廷根大学（Georg-August-University of Göttingen，德国顶尖大学）接受了大学教育，获得了物理学和空气动力学博士学位。值得一提的是，他在校期间所在的空气动力学航空研究中心的负责人是“现代流体力学之父”路德维希·普朗特（Ludwig Prandtl），他的物理学导师是德国知名科学家罗伯特·波尔（Robert Wichard Pohl）。

在学校学习期间，奥海因就一直在构想一种“不需要螺旋桨的发动机”。但他的博士论文的研究方向却是一种麦克风的设计，使人们可以直接将声音记录在电影胶片上。显然他博士论文研究的内容与航空没有任何关系，但这项麦克风设计的专利却帮助奥海因获得了足够的资金用以研究自己的“不需要螺旋桨的发动机”。德国西门子公司出资3500马克收购了奥海因的麦克风专利。在拿到这笔钱后，奥海因在他修理跑车时结识的汽车机修师的帮助下，耗资1000马克制作出了他的第一个喷气发动机。

年轻时的汉斯·冯·奥海恩
（1911.12.14–1998.3.13）

奥海因利用这台发动机进行了一系列的试验，试验过程中他发现发动机的燃烧稳定性有很严重的问题，燃烧室内的燃油经常不能充分燃烧，剩余的燃油会进入发动机尾部喷流中燃烧，喷射出长长的火焰。这不仅导致驱动压气机的电动马达过热，最后还导致没有采用耐高温金属制造的发动机烧毁。

1936年2月，奥海因请求曾经给予他很大帮助和支持的导师波尔教授给德国著名飞机设计师恩斯特·亨克尔（Ernst Heinkel）写了一封推荐信，介绍他和他的喷气发动机设计。亨克尔收到推荐信后，指派几名工程师细致地与奥海因讨论了他的喷气发动机原型机和相关的设计问题。同年4月，奥海因和他的得力助手（帮助他制造发动机的汽车机修师）与亨克尔飞机公司（Heinkel Flugzeugwerke）正式签订合约，两人在亨克尔飞机公司专门为喷气发动机制造修建的新工厂里工作，将几乎是“理论状态”的喷气发动机改进并工业化。

亨克尔要求奥海因在两个月内再造一台发动机并使其运行起来，但奥海因觉得在如此短的时间里根本无法解决燃烧室的相关技术问题。为了尽快向亨克尔证明喷气发动机的实用性，奥海因提出先试制一台以氢气为燃料的验证机，这就是亨克尔HeS1。亨克尔接受了这个建议。1936年夏天，HeS1开始试制，1937年3月发动机制造完工，两周后以氢气为燃料的HeS1喷气发动机起动试车。同年9月，奥海因更换了原有的燃烧室，实现了HeS1在液体燃料供应下的正常工作。

奥海恩第一台涡喷发动机

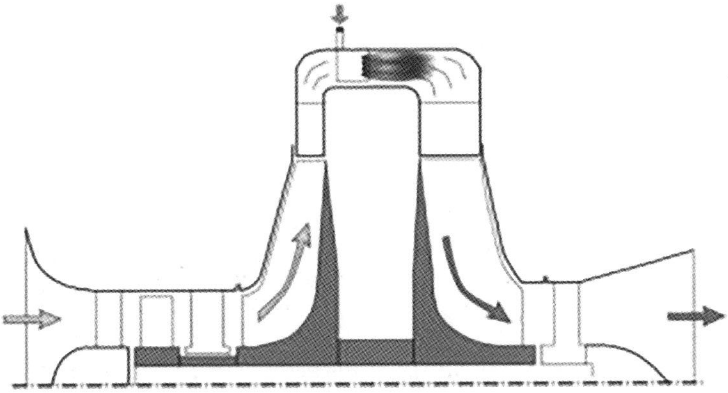

奥海因喷气发动机的原理示意图（与惠特尔的并无本质区别）

在 HeS1 喷气发动机可以使用液体燃料后，亨克尔开始了下一步计划——生产一架纯粹由喷气发动机驱动的飞机，而奥海因的任务就是提供一台推力不小于 1000 磅力[①]的发动机。奥海因在原有 HeS1 的设计基础上修改发动机结构、重新设计了新的环形燃烧室，减小了转子长度并减轻了发动机的重量，一个新的喷气发动机型号由此

① 1 磅力≈ 4.448 牛。

诞生，它就是亨克尔 HeS3。

1939 年春，亨克尔飞机公司的 He178 飞机和 HeS3 喷气发动机均完成了生产制造，但测试表明 HeS3 的推力在 800 磅力左右，满足不了飞机起飞所需要的最小推力。奥海因开始对发动机进行了新一轮的优化（更换了压气机扩压器的叶栅和涡轮定子），新的发动机方案被称为亨克尔 HeS3b。HeS3b 在 1939 年 7 月成功试车，随后的测算表明其推力已经可以达到 1000 磅力，满足 He178 起飞推力要求，随后立即展开地面滑跑试验。与此同时，奥海因还利用另外一台发动机进行耐久试验，这台发动机成功通过了连续工作 10 小时的测试，这是非常了不起的成就。发动机原型机就体现出如此高的可靠性，从一个侧面体现出当时德国的工业基础之雄厚。

亨克尔 HeS3 喷气发动机侧剖照片

1939 年 8 月 27 日，第一架由 HeS3b 涡喷发动机驱动的亨克尔 He178 飞机成功首飞，这使得 He178 成为历史上第一架由涡喷发动机提供动力的飞机，人类也由此揭开了航空发展的新篇章——进入喷气时代，而这次飞行，整整比英国的首架喷气式飞机 E.28/39 提前了 1 年 9 个月。虽然奥海因的发动机设计与制造进度均晚于惠特尔，但装机首飞却先于惠特尔完成，从而将“喷气式飞机的首飞历史第一”揽入怀中并载入史册。此外，奥海因与惠特尔之间颇有渊源。他俩几乎同时开始研究各自的涡喷发动机；奥海因的亨克尔 HeS1 与惠特尔的 Power Jets WU 在 1937 年同一个月内成功试车；英德两国的实用喷气战斗机同在 1944 年投入战斗；两位喷气发动机领域泰斗在第二次世界大战后同去了美国。

他俩之间还有一段轶事。1966 年，两人在美国第一次见面，但惠特尔怀疑奥海因借鉴甚至可能抄袭了自己的喷气发动机设计，导致双方不欢而散。时隔 12 年的 1978 年，两人再次相遇时惠特尔已经意识到奥海因的设计工作是“完全独立进行的”，两人化干戈为玉帛，分别拿着自己发明的喷气发动机图片合影留念。1991 年，惠特尔和奥海因同时获得了有“工程学界的诺贝尔奖”之称的“查尔斯·斯塔克·德雷珀奖”（Charles Stark Draper Prize）——机械工程界的最高荣誉。

人类第一架成功飞行的喷气动力飞机—亨克尔 He178

亨克尔（左）和奥海因（右）在 He178 首飞庆功宴会上

涡喷发动机的发明人、喷气动力研究领域的两位泰斗—来自英国的惠特尔（左）和来自德国的奥海因（右），在 1978 年手持自己设计的发动机照片的合影

十九、战争期间的航空发展小结

战争是残酷的，“航空”从初入战斗时的青涩到战争后期走向成熟进而担当大任，是在以命相搏的残酷斗争中得到的锻炼和成长。

从飞机材料来看，由最初的木质骨架蒙布张线结构，到中期的木质结构与金属结构混合使用，再到全金属飞机的出现，飞机的结构强度越来越强，战场生存力不断提高，更轻、更坚固的飞机结构，也成为后来飞机发展的良好平台。

从动力系统来看，从最初的水冷发动机的出现，到旋转汽缸式发动机的昙花一现，再到第二次世界大战期间水冷 V 形和气冷星形发动机的交相辉映，再到喷气发动机揭开新的历史一页，无不是为了飞得更高、更快。喷气时代到来前，作为动力系统最为关键的部件的螺旋桨，也由定距螺旋桨发展到了可变距螺旋桨，这使得动力系统的适应性更好，输出特性大幅改观。而为了提高飞机发动机的高空表现，增压器的出现成为发动机性能的倍增器，在它的帮助下人类终于突破了万米高空。

从飞行员的培养来看，随着飞机越来越复杂，飞机对飞行员的要求也越来越高，飞行员培训速度、质量与战争需求的矛盾也越来越明显，林克模拟器的出现成功地解决了这一问题，大大提升了飞行员地面培训的安全性和效果，为源源不断向空军提供合格的飞行员做出了非常大的贡献。

从飞机的分类来看，随着战斗的打响，针对不同任务所研制的飞机的种类也更加细化。第一代直升机的出现使人类实现了垂直起降的梦想，而军用固定翼飞机也从单一的侦察任务发展到专门的侦察、对地攻击、反潜、战斗、轰炸、运输等一系列的军用机型。

综上所述，正是由于人类在战争中对胜利的渴望（也可以说是对生存的渴望），促使航空技术不断进步。飞机体量更大、飞行速度更快、飞得更高、结构更强、火力更猛、环境适应性更好。航空工业则从无到有，不断发展壮大成为最庞大、涉及面最广的工业体系之一，而经过战火洗礼的航空工业，为冷战期间技术的飞跃奠定了坚实的基础。

第五章

博弈中的飞跃

——冷战时期的航空

随着第二次世界大战的结束，世界逐渐归于平静。但出于对世界主导权的争夺及意识形态领域的巨大差异，以美国为首的北大西洋公约组织结成了资本主义阵营，以苏联为首的华沙条约组织结成了社会主义阵营，两大阵营之间出现了严重的经济、军事和意识形态对峙状态。

1946 年 3 月 5 日，英国前首相温斯顿·丘吉尔在美国富尔顿发表名为“和平砥柱”的演讲，在演讲中严厉批评并指责苏联的扩张主义，提出了应当采用高压的方式对苏联及其盟友进行控制。这次演说俗称“铁幕演说”，也被认为是冷战大幕拉开的标志。冷战期间，虽未爆发全面战争，但零星的区域战争不断，世界逐渐形成了两极化的新格局，冷战作为新的斗争方式也逐渐成型，直到 1991 年华约解散、苏联解体，冷战最终落下帷幕，美国成为了世界上唯一的超级大国。

在长达 44 年的冷战期间，两大国家集团之间的科技军备竞赛十分激烈，在航天、航空、航海、陆军装备领域技术的竞争尤为明显。而经过两次世界大战洗礼的航空科学与技术，取得了长足的进步，冷战则将航空科技的发展推向了新的高峰。随着冷战期间的航空技术整体发展，固定翼、旋翼机这两种主要的飞行方式逐渐形成了单独的门类，而本章的篇幅有限，完整地讲述长达 44 年冷战期间某一类飞机的发展尚显不足，更遑论两种门类了。在综合考虑航空的应用、发展及对技术的整体带动作用等多方面因素后，本章选择固定翼飞机门类，并以美苏对峙作为主要线索，以双方推出的新机型为载体，讲述冷战期间航空及其科学技术的发展。

一、突破声速的传奇

飞行速度是人类百年航空科技不断突破发展的主轴之一。

飞机作为一种空中的工具，其存在的重要意义之一是提高所从事领域的效率。以作战来说，飞得更快显然有利于建立相对优势，取得战斗的胜利，而对民用交通而言，则意味着缩短漫长的旅途时间。长期来看，更快的速度都是飞机恒久不变的追求目标。随着飞行速度的增大，已有的关于低速飞行的经验将难以适用，而更高的速度也意味着更强的动力、更加结实的机身、更加复杂的操控，可以说高速飞机代表了整个时代航空技术的精华，这一节将介绍在飞机速度领域的发展。

在第二次世界大战期间，战斗机的速度越来越快，当时活塞战斗机的最大速度在

700 千米 / 时以上，如英国的“喷火”式战斗机和美国的 P-51“野马”战斗机。作为在第二次世界大战中顶尖的活塞式飞机，它们在俯冲时的速度已经超过 800 千米 / 时，飞行员报告称，当速度增加到一定程度时，他感受到了极大的阻力，速度很难继续提高，同时机身剧烈抖动、操纵效率降低，这实际上是在接近声速的高速飞行时，受到空气压缩性效应的影响，解决空气的压缩性也成为提高飞行速度的关键。

英国“喷火”式战斗机（具有较薄的椭圆形机翼、细长的机身，在 1936 年的试飞阶段就达到了 554 千米 / 时的速度，后续进一步提高）

美国 P-51“野马”战斗机（作为英美合作的产物，实际上是在“喷火”基础上的改进型，是第二次世界大战中最优秀的空中格斗飞机，最大速度达到了 765 千米 / 时）

所谓的空气压缩性，是指空气体积会在外力的作用下改变。随着体积的缩小，空气会显得更加“致密”。对于在空气中运动的飞机，空气压缩性的极致体现就是空气“激波”。让我们换一种方式，以便理解。当我们向平静的湖面上扔一块石头，会激起涟漪，一圈圈的水波朝着四周扩散，石头是扰动源，此时是固定的扰动源做单次扰动。如果是非固定扰动源不停地扰动呢？比如小船，缓慢运动的小船也会激起水波，当小船的速度越来越快，直到超过水波运动的速度，这时就会出现快艇高速行驶时的景象，船头密集的波浪呈楔形向两侧扩散。空气激波与此类似，飞机在飞行中，会扰动附近的空气，空气的振动向四周传播，传播的速度就是声速，当飞行速度接近声速的时候，会逐渐追上自己在不同时刻对空气扰动发出的声波，此时汇集在飞机前方的声波会叠合累积，其结果就是激波，在激波后面，空气因为被压缩，压强会很高，阻止了飞机的进一步加速。

扰动空气对飞行的阻碍（通过风洞模型获得的聚集在飞机前缘的激波影像）

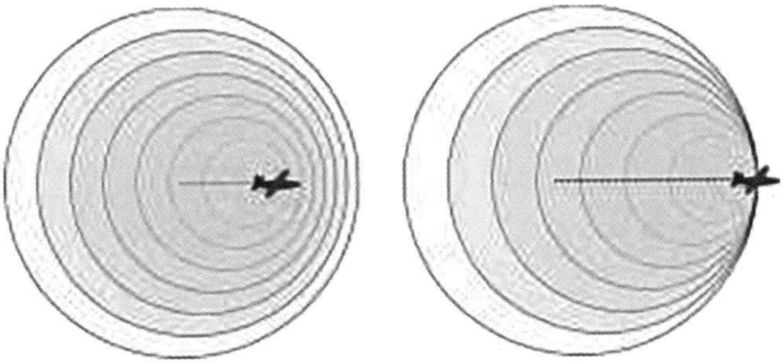

激波的原理图

对于飞机来说，由于表面各处的形状不同，当飞机速度为 700 千米 / 时，飞机局部的空气速度会因局部气动加速而比 700 千米 / 时大得多，当飞机再飞快一些，局部气流的速度可能就达到声速，产生局部激波，使流经飞机表面的气流变得非常紊乱。当飞机速度进一步加大时，飞机抖动加剧、操纵更加困难，甚至导致飞机结构破坏。

第二次世界大战中高速俯冲的飞机，其速度已经足够产生局部激波，最严重的案例就是飞机的空中解体。激波成为限制飞行速度和影响飞行安全的关键，突破激波也成为航空界共同努力的方向，直到美国贝尔飞机公司（Bell Aircraft Company）的X-1飞机完成这一壮举。

X-1并不是一款量产飞机，其“X”代表“experimental”（试验类的技术验证飞机），同时也代表“探索未知”的意思，是美国国家航空基础科研机构开展预先研究的所有航空产品的通用代号。X-1是X系列试验飞机的第一型，用来研究飞机的超声速飞行。1947年10月14日，试飞员查理斯·耶格尔（Chuck Yeager）驾驶X-1在13 100米的高空实现了*Ma*1.06的飞行，X-1也成为世界上第一架在平飞状态下实现超声速飞行的载人飞机。

马赫数（*Ma*）：用来描述飞行速度与当地声速的比值。以奥地利物理学家恩斯特·马赫命名。马赫曾在19世纪末期进行过枪弹弹丸的超声速试验，是在该领域研究的先驱。马赫数小于1和大于1分别代表亚声速飞行和超声速飞行。

美国人在X-1飞机的研制过程中，借鉴了英国的经验。1942年，英国航空部与米尔斯飞机公司（Miles Aircraft Company）开展了一个机密项目，计划研制世界上第一架能够突破声障的飞机，该项目的最终成果——使用涡喷发动机的米尔斯M.52飞机，在1944年已经完成了90%的设计工作，并计划制造3架原型机。而就在同年年底，英美之间签署了一份协议，约定双方交换在高速飞行方面的所取得研究成果（含数据），美国的贝尔飞机公司也由此得到了英国在M.52项目上的大量经验（当时的贝尔公司已经开展了大量的研究，正在设计一架使用火箭发动机的超声速飞机），而后促进了X-1的诞生。

恩斯特·马赫

1945年3月，美国空军及美国国家航空咨询委员会（National Advisory Committeefor Aeronautics，NACA。NASA

的前身）与贝尔飞机公司签订合同，制造三架 XS-1 飞机，完成人类首次超声速飞行。其中的“S”代表“supersonic”（超声速），后来重新命名为 X-1。

在风洞中进行气动试验的英国 M.52 飞机

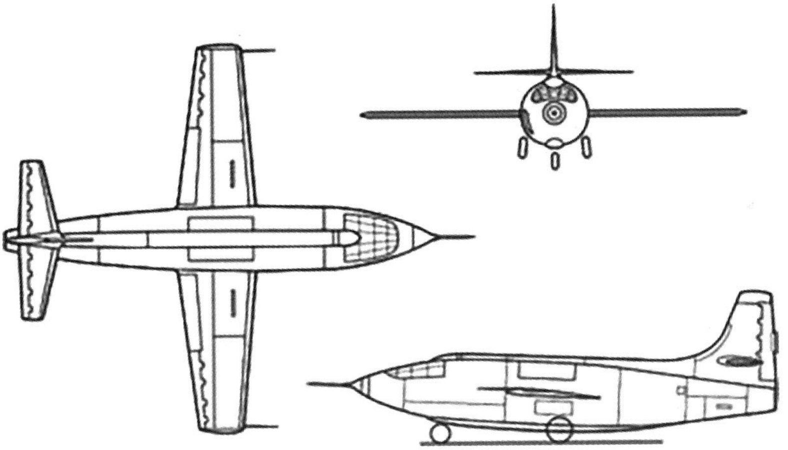

X-1 飞机的三视图（从比例关系能够看出飞机采用的机翼非常薄）

这架飞机实际上是“一枚长着翅膀的子弹”，它的机身外形设计灵感来自于 12.7 毫米机枪子弹，因为这种子弹已经被证明能够做稳定的超声速飞行，飞行员则坐在飞机的机头里，这架飞机的座椅不能弹射（1940 年左右德国人首先发明了弹射座椅），如果出事则意味着牺牲，整架飞机长 9.4 米，机高 3.3 米，翼展 8.5 米，最大起飞重量在 5557 千克，采用非常薄的平直机翼，动力装置则为 XLR11 火箭发动机，其燃料为液氧与酒精和水的混合物。三架飞机的编号分别为 X11、X12、X13，第一、二架于 1945 年年底相继出厂并开始试验飞行。

X-1 飞机（可以看到像子弹一样的机身和很薄的机翼）

XLR-11 火箭发动机

贝尔飞机公司的首席试飞员杰克·乌姆斯（Jack Woolams）成为驾驶 X-1 的第一人，在 1946 年 1 月期间进行了 9 次滑翔飞行，以获取相关数据为动力飞行进行准备。而就在同一年，英国航空部做出了受到广泛争议的决定，改变研究方向，停止了 M.52 飞机的研制，转为使用火箭发动机完成模型的超声速飞行，而后该模型在一次试飞中达到了 *Ma*1.38 飞行速度。如果英国继续 M.52 的研制，很可能走在美国的前面，但他们错过这个重大的事件。

1947 年，杰克·乌姆斯在一次飞行事故中不幸丧生。X-1-1 改为由查姆斯·古德林（Chalmers Goodlin）进行动力飞行测试，直到 1947 年 6 月，他先后完成了 26 次成功飞行。这是一种稳妥的飞行方式，有利于一步一步地摸清新飞机的性能，打开飞行包线。但美国空军很不满意，他们觉得进度太慢了。随后他们停止了贝尔公司的试飞，转由美国空军飞行测试部门开展试飞，具体工作则由 NACA 组织实施。

飞行包线（flight envelope）：以飞行速度（或马赫数）、高度和过载等飞行参数为坐标，以不同飞行限制条件（如最大速度、最小速度、最大过载、升限、最大动压等）为边界所绘制出的封闭几何图形。不同类型飞机所受的飞行限制条件不同，飞行包线也就不一样。同一类飞机由于要完成的任务不同也会有不同的飞行包线。

1947年10月14日，美国空军上尉查理斯·耶格尔（Charles Yeager）驾驶X-1-1飞出了*Ma*1.06的高速，迈出了人类超声速飞行的第一步。由于极小的机翼和有限的火箭发动机燃料，X-1-1并不能依靠自身动力起飞，而是由改装过的B-29轰炸机携带至高空投放，随后X-1-1发动机起动，实现超声速飞行，在燃料耗尽后滑翔落地。首次超声速飞行也恰好是X-1-1的第50次飞行，在这次飞行后，对人类第一次超声速飞行做出重大贡献的贝尔公司、试飞员及NACA的一名工程师在美国白宫接受了总统颁发的奖章，也不知道英国人得知此事后作何感想。

查理斯·耶格尔和X-1-1（可见飞机的机身直径较小，飞行员需要从图中的小口钻进去驾驶飞机）

X-1-1和他的载机B-29轰炸机

不久第二架飞机（X–1–2）也在飞行试验中的速度也超过了声速，此后 X–1 型飞机成为美国空军测试超声速飞行的平台。贝尔飞机公司又根据军方的要求建造了 4 架改进型 X–1，分别为 X–1A、X–1B、X–1C、X–1D，以进行动力稳定性、载荷、机载武器和气动加热研究，其中 A 型和 D 型在飞行试验中因液氧油箱中的一个小垫圈的故障而引发爆炸（飞行员丧生）。随后贝尔公司修改了设计以避免再次发生此类悲剧。而 NACA 的工程师们也没闲着，他们对 X–1–2 型飞机进行了改进，比如更换新的机翼、新的燃油系统，改变驾驶舱门为向上开启的座舱盖，产生了新的 X–1E 飞机，主要用以测试超薄机翼的性能。而 X–1–3 飞机，则在一次试飞中由于燃料泄漏事故和载机 B–50 一起在空中爆炸。

气动加热（aerodynamic heating）：超声速和高超声速气流绕物体流动时所引起对物体的加热。主要热源为气流经过激波被压缩而升温和由于黏性摩擦而产生的摩擦热。

事实上，先后有多达 30 余名飞行员参与了 X–1 系列飞机的飞行试验，总飞行次数超过 200 次，是所有人共同的努力铸就人类超声速飞行发展的基础。

就在 X–1 项目进行的同时，还有另外一个项目也在同步进行，那就是 X–2 项目，同样由贝尔飞机公司制造，由美国空军和 NACA 开展飞行试验。

X–2 超声速试验机在美国爱德华兹空军基地内的照片

（地面上的轮子并不是 X–2 的起落架，而是一具托架的轮子）

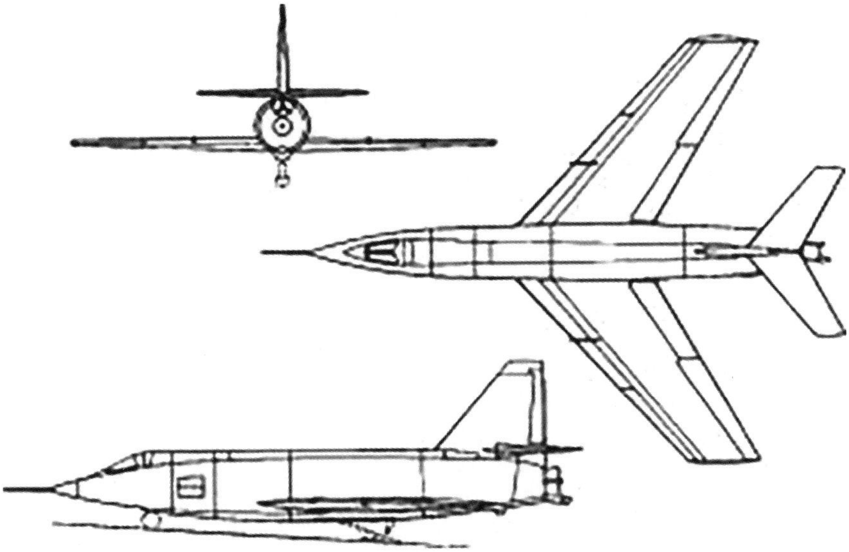

X–2 的三视图（采用后掠翼，机身依旧是子弹形）

X–2 项目的目标是研究“热障”及高速飞行下的飞行控制问题。发动机换为 XL–25 火箭发动机，飞机长 11.5 米、翼展 9.8 米、高 3.6 米、最大起飞重量 11300 千克，足足比 X–1 大了一圈。与 X–1 不同的是，X–2 采用了后掠翼，并且鉴于 X–1 的试飞中多名飞行员丧命，在 X–2 上为试飞员设计了一个逃生舱，在危急时刻，逃生舱可脱离机身并由在降落伞帮助下减速，待逃生舱稳定后下降到一定高度速度后，试飞员可自行打开逃生舱跳伞逃生。之所以先将逃生舱减速而后飞行员跳伞，是因为这架飞机的速度太快了，一般飞行速度为 *Ma*2 ~ 3，在这样的速度下，飞行员直接跳伞无异于自杀，存活率极低。X–2 也无法依靠自身动力起飞，它由改装后的 B–50 携带至高空后飞行。

1955 年 11 月 18 日，试飞员弗兰克 · 艾佛李斯特（Frank Everest）驾驶 X–2 进行了首次动力飞行（在之前的 3 年进行了大量的滑翔试验）；1956 年 7 月 23 日，艾佛李斯特进行了他最后一次 X–2 飞行，在 20800 米的高空，速度达到了 *Ma*2.87（约 3050 千米 / 时），这次飞行让他获得了“世界上最快的人”（Fastest Man Alive）的称号。请注意英文的描述，也许翻译成“活着的最快的人”更为合适，由此也能感受到这项工作的风险之高。

1956 年 9 月 7 日，另一位试飞员埃文 · C. 金切洛（Iven C. Kincheloe）驾驶 X–2

飞到了 38 466 米（126 200 英尺）的高空，他成为世界上第一个飞行高度超过 10 万英尺的人。

B-50 与 X-2 飞机（X-2 被固定在 B-50 的弹舱里，机身腹部打开的黑色部分就是弹舱）

X-2 飞行时的照片（可以看到它的主起落架并非轮式）

9 月 27 日，艾佛李斯特保持仅两个月的最快飞行纪录被打破，一位名叫米尔本·阿普特（Milburn GApt）的试飞员在飞行中将速度提高到 *Ma*3.196（3370 千米/时），取得这一成绩的飞行高度是 65 500 英尺，约 19 960 米。之所以要标注取得速度纪录时的飞行高度，是因为空气在不同高度上的密度相差很大，在 20 000 米高度空气已经很稀薄了，在更高的高度飞行时空气阻力更小，也有利于获得更大的速度。

阿普特是世界上第一位飞行速度超过 *Ma*3 的人，但他没能赢得 “Fastest Man Alive” 的称号。这是他第一次驾驶由火箭发动机提供动力的飞机，同时也是最后一次。在起飞前，阿普特被告知要按照最大 / 最佳能量飞行路径（optimum-maximum energy flight path）进行飞行，意为避免过多的飞行动作，使火箭发动机所产生的能量最大限度地用在飞行速度提升上，同时他也被告知，在飞行速度超过 *Ma*2.7 后，要避免采用任何大的飞行动作，直到速度降低到安全范围内。

这次飞行前半段十分完美，在达到最大速度后，阿普特做了一个危险动作，他操纵飞机进行了转弯，而此时飞行速度仍然大于 *Ma*3，事故分析结论是落后的仪表（速度表）没能给阿普特正确的信息。因为从来没有飞机飞到如此高的速度，仪表失灵了，使他认为速度已经降低到了安全范围，而此时飞机已经飞离着陆场地太远，着陆场为罗杰斯湖床（Rogers Dry Lake），他需要调整飞机以返回着陆场。

在时机不恰当的操作和 “惯性耦合”（由于惯性增大造成的飞机偏转力矩、滚转力矩和俯仰力矩增大并相互耦合的现象，在高空高速情况下易于发生，这种现象也在 X-1A 上也出现过）的作用下，飞机进入了猛烈的失速尾旋状态，阿普特没能将飞机改出进入正常飞行状态，飞机螺旋式快速下降，虽然他的逃生舱成功脱离了飞机，但巨大的惯性压迫着阿普特，直至逃生舱坠地，他也没能出舱跳伞。阿普特牺牲了。

20 世纪 50 年代，美国空军为了解飞机在持续超声速飞行的情况下特征以及低展弦比高翼载荷机翼的性能，委托道格拉斯飞机公司研制了 X-3 飞机，首架飞机在 1952 年的 9 月出厂，基于 X-1 和 X-2 的经验，X-3 首次采用了高强度的钛合金制造。道格拉斯飞机公司的目标是让这架飞机的最大速度达到 3704 千米 / 时，然而却未能实现。这架飞机有着非常细长的机身和极小的机翼，机身长 20.3 米、翼展 6.9 米、机高 3.8 米、最大起飞重量 10810 千克。与外形一致，它的绰号就叫作 “利剑”（Stiletto）。

与 X-1/2 不同，X-3 不再使用火箭发动机，而是由两台西屋公司（Westinghouse Company）的 J34 涡喷发动机提供动力。这种选择是由它持续超声速飞行的目标决定的，火箭发动机需要携带液体燃料和额外的液体氧气，飞行的燃料消耗非常快，只能做短暂超声速飞行，而涡喷发动机就不一样了，它只携带燃料就够了，利用空气中的氧气与燃料混合，经燃烧后高速喷出就可以获取长时间的推力。当然这是理想状态。

1952 年 4 月，第二架 X-2 的首次飞行（在美国加州爱德华兹空军基地的罗杰斯湖床降落，飞机的前起落架折断，能够看到飞机身后戈壁上很长的起落架划痕，另外也能够看到飞行员的座舱十分狭小）

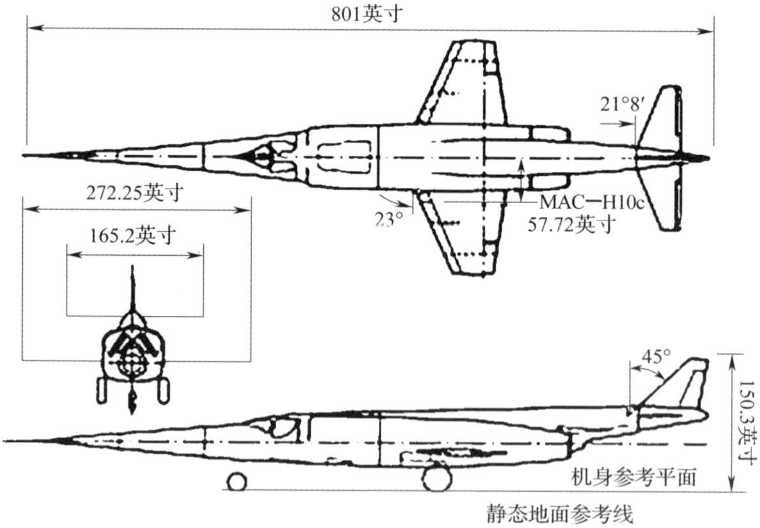

X-3 的三视图（X-3 看起来就像一枚飞行的钉子）

X-3 尖锐的机头（发动机的进气口分置于机身上部两侧）

飞行测试中的 X-3 飞机（这款飞机的菱形机翼后来被用在 F-104 战斗机上）

洛克希德－马丁公司的 F-104 战斗机（使用了菱形机翼）

实际上，X3 由于 J34 发动机动力严重不足，从未在平飞中超过 *Ma*1，但它在做俯冲时获得最大飞行速度为 *Ma*1.2，也超过了声速。由于未能达到预期速度开展测试，导致了 X-3 项目的终止。

X-1、X-2、X-3 成为美国乃至世界范围内最早突破声速飞行的飞机，而同一时期的苏联也在开展相关研究，与美国的方式一样，苏联的专家们用飞机在高空投放装有火箭发动机的模型飞机进行试验。模型从飞机上投下后进入滑翔阶段，而后火箭发动机点火，最终模型飞机也实现了超声速飞行，从而开展超声速飞行相关规律的研究。

值得一提的是，在美国人实现超声速飞行后，发现了一个有趣的现象，即“声爆”和“声爆云”。当一个物体以超过声速的速度前进时，由于突破激波后引起的强烈的压力变化，形成人耳能够听到的巨响，这就是声爆。但飞行员是听不到的，因为他的速度已经超过了声音传播的速度。而声爆云则因为飞机突破激波后，周边空气的压力会急速降低而导致周边空气温度的降低，在比较潮湿的天气，瞬间低温会使水蒸气凝结为微小的水珠，看起来就像一层雾，这也算是能够看得见的超声速飞行之美了吧。

让我们再来看看 X-1、X-2、X-3 的动力装置，这三型飞机都不是火箭和涡喷发动机第一次在飞机上的应用，德国在第二次世界大战末期的 Me-163 战斗机，是第二

飞机的声爆云

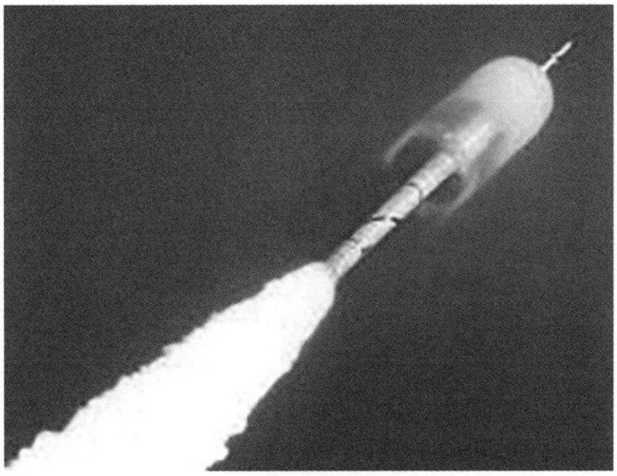

火箭的声爆云

次世界大战唯一使用火箭发动机的飞机，也是第一次在载人飞机上使用，在 1944 年试飞时达到了惊人的 1130 千米 / 时的速度，而涡喷发动机最早也是在德国 1941 年首飞 Me262 飞机上应用，其最大速度为 900 千米 / 时。从整体上来看，涡喷发动机结构复杂，但较火箭发动机具有无可比拟的优势，最突出的就是燃料消耗少同时推力大，虽然初期性能并不出众，在 X-3 上的使用说明人们已经意识到其巨大潜力，涡喷发动机即将拉开新时代航空动力的帷幕。

二、没有飞机哪来的航天飞机

在早期突破声速飞行的飞机中，有一型飞机是专门为了太空竞赛而实施的，它就是美国大名鼎鼎的 X-15 型飞机。这型飞机不仅创造了几十年内都无人超越的载人动力飞行高度、速度纪录，其所开展的 199 项试验飞行几乎涉及了高超声速研究的所有领域，为人类第一次航天飞行打下了坚实的基础，也为后来美国在冷战期间所开展的太空计划和航天飞机的发展提供了极其珍贵的数据。

X-15 飞机很大程度上是在德国的高速飞行研究成果上展开的。在第二次世界大战期间，德国 V-2 火箭的出现为英国人带来了极大恐慌，虽然实质损害并不多，但它的出现在战争期间引发了各方的强烈关注。二战一结束，苏美两国立刻展开了对德国火箭技术的争夺。根据雅尔塔协议的安排，V-2 火箭的生产基地划归俄国管理。美国人并不甘心，在 1945 年 5 月秘密派出部队占领该工厂并将所有的设备、V-2 导

美国航天研究的发端——X-15 超高速飞行验证机

弹及零件运回国，而这成为了美国航天工业发端的物质基础。更重要的是美国人成功说服了 V-2 导弹项目 100 多人的团队前往美国，其中就包括沃尔特·罗伯特·多恩博格（Walter Robert Dornberger）博士，V-2 导弹项目的负责人，可以说没有此人也就没有美国的高速飞机项目。此外还有一名当时年仅 33 岁的博士，他的名字叫作冯·布劳恩（Von Braun），而他后来取得了更加巨大的成就，是阿波罗登月计划的主要参与者，并被誉为“现代航天之父”。

多恩博格（1895—1980 年，原德国将军、科学家，V-2 火箭项目的负责人，X-15 项目的最初发起人）

X-15 项目最初的两种方案（一种采用飞翼布局，一种采用常规布局，最终入选的是采用常规布局的方案（图中右侧））

1952 年，多恩博格向美国军方建议发展一种性能更强的火箭飞机，以探索超高声速飞行领域，并能在大气层之上做短暂飞行，1954 年，这一项目由美国空军、海军和 NACA 正式确立，最初有两种方案供军方选择，分别采用三角翼布局和常规布局，由于大后掠三角翼布局技术在当时并不成熟，最终常规布局方案胜出。由两家公司分别在 1955 年 11 月和 1956 年年初赢得了这一项目，北美航空公司（North American Aviation）负责提供飞机结构，反应动力公司（Reaction Motors）则负责提供火箭发动机。

最初对于 X–15 项目还有过其他的设想，实际上曾考虑将 X–15 作为一种太空航空器，安装在火箭的顶部，由运载火箭携带至太空开展试验并返回，这就是美国航天飞机的最初设想。但实际操作中并未进行此类尝试，NACA 采取了更加稳妥的措施，先由 X–15 在大气层边缘进行试验收集数据，而不是用大推力火箭直接将 X–15 送上太空。NACA 为 X–15 项目设定四个主要目标：测试地球大气层的边缘的飞行条件；测试飞机短暂飞离大气层之后，重入大气层时产生的高温带来的影响；采集在亚太空几乎失重的情况下对飞行控制的有关数据；研究人类在太空飞行的反应。此外，由于 X–15 表现极大超出了 NACA 的预期，在富余的时间内，X–15 还承担了其他科学试验任务，比如利用安装在机翼末端的一个容器收集大气边缘的灰尘和微小的陨石，携带特殊的仪器测量太阳辐射对飞机表面的影响，等等。

X–15 飞机总计制造了 3 架，由 1 名飞行员驾驶，原型机长 15.45 米、机高 4.12 米、翼展 6.8 米、最大起飞重量在 15.4 吨左右，使用钛合金制造，中单翼设计（借鉴了 X–2 的菱形机翼设计），装备两台 XLR–11 液体火箭发动机（后期改为 XLR–99–RM–2）。垂尾采用了特殊的设计，尺寸远超过一般飞机尾翼，形状为楔形，面积接近 60% 的机翼面积，因为只有这种设计能够在超声速飞行时向 X–15 提供足够的方向稳定性。关于起落架，前起落架为传统的轮式结构，后机身两侧设有可收放滑橇充当主起落架作用，此举的主要目的还是减重，另外收放滑橇占用体积较小，能够留出更多的空间安装其他设备或燃料。此外在降落前 X–15 机身后部下方的腹鳍要被抛掉以提供足够的离地间隙，确保安全降落。

由于火箭发动机的燃料消耗量惊人，X–15 作为一种火箭发动机飞机，同 X–1、X–2 一样需要由载机携带升空投放，X–15 飞机每次都会被安装在 B–52 飞机的右翼下方。B–52 载机升空后，通常会在高度 13.7 千米、速度 805 千米 / 时左右投放 X–15，在执行刻意挑战飞行高度任务时除外。从载机上脱离后，X–15 作为一枚带机翼的火箭以 2000 千米 / 时的速度向上爬升。X–15 的每次飞行任务时长在 10 分钟左右，火箭发动机的燃料会在最多 2 分钟内使用完，因此余下来的时间内 X–15 只能做无动力高速滑翔。

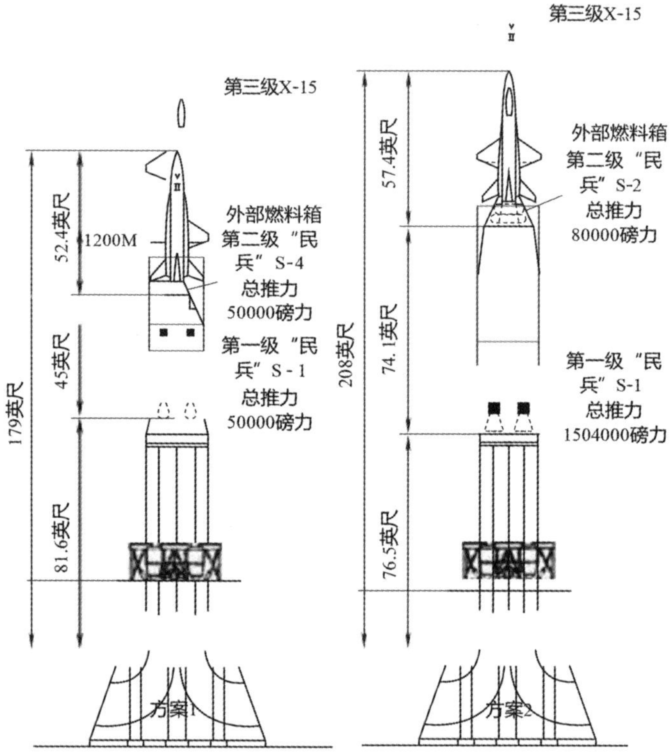

在图中可见 X–15 被安装在火箭顶部，但实际中并未按此方案实施

挂在载机 B–52 右侧机翼下的 X–15 飞机

X–15 被地面的升降机托举安装在 B–52 机翼下

X–15 的飞行高度已经接近了外太空的边缘，它的载人飞行高度纪录是 108 000 米，速度纪录是 7274 千米 / 时（*Ma*6.72）。这一纪录至今罕有载人飞机能够达到，要知道上个世纪 50 年代距今已 70 多年了，那是的这些技术了，可让我们想见美国在这一领域的发展之领先程度。

因为 X–15 飞机飞得过快过高，由此带来了一系列问题，比如气动加热和高空飞行姿态控制问题。技术人员为了抵御在高速飞行时的气动加热，在 X–15 机身表面覆盖有一层称作因科内尔 –X750（Inconel–X750）的镍铬铁特殊耐热合金，以防止 X–15 被返回地面高速飞行时产生的超过 1000℃高温熔化。而看起来像玻璃一样的座舱盖，它实际是一种透明的陶瓷，因为玻璃会在远未达到如此高的温度之前燃烧并汽化，舱内还采用了一些温度控制技术，以降低 10 分钟飞行时间内温度的剧烈变化对飞行员的影响。

为了解决高空空气稀薄导致的飞机操纵舵面效率急剧降低问题，技术人员还在 X–15 机翼上和机头上分别额外安装了 4 个和 8 个推力喷口，燃烧过氧化氢燃料通过喷口喷射产生的推力，用以在高空提供姿态控制力。这也是现代航天航空器太空飞行时姿态控制所采用的技术，因为在太空边缘空气极其稀薄，飞机上的控制舵面几乎没有任何作用，这种喷气推力装置是在几乎真空环境下最优的选择。此外，X–15 飞机的飞行高度是如此之高，所有的飞行员需要穿类似太空服的增压服，这也许算是现代航天服的起源了。

为了冲击高度纪录，X–15 的载机 B–52 会在能够达到的最高高度将其放下，而 X–15 能够达到的高度要远大于图中飞机的高度，在距地面 108 千米的地方能够更加明显地看到地球曲率

航空航天之间的高度分界线有不同标准的划分法。空气动力学家冯·卡门将100千米的高度作为航空航天分界线，又称卡门线。但按照美国军方的标准，飞行高度超过80千米的飞行就算为航天飞行，有8位美国空军飞行员先后在13次飞行中实现这一壮举，他们被授予了“航天员之翼勋章”。达到这一标准的飞行员并不止于此，其他人就没这么幸运了，非军籍飞行员直到2005年才被承认并补发勋章。此外，并非所有驾驶X–15的飞行员都能够达到这一标准，唯一来自美国海军的飞行员就没能驾驶飞机飞行超过80千米高度。而国际航空运动联合会则采用冯·卡门标准，将飞行高度超过100千米的飞行定义为太空飞行，在此标准下，只有一名飞行员两次驾驶X–15达到了这一高度，成为最早的太空飞行员。

从图中可以清晰地看到机头上的两个喷口在高空飞行时依靠这种装置控制飞行姿态

尼尔·阿姆斯特朗（Neil Armstrong）与第一架X–15飞机的合影（他就是第一个登上月球的人）

美国空军颁发的“航天员之翼勋章”

1959 年 6 月 8 日，X-15 进行了首次飞行，由斯科特·克罗斯菲尔德（Scott Crossfield）驾驶该机，进行无动力滑翔测试，第一次有动力飞行也由他完成，前面讲过 X-1 飞机，这些试飞英雄所承担了巨大风险，这是真正的用生命在飞行。也正是在同一年，苏联发射了“月球”1 号无人探测器，成为人类首个对月球进行探测的人造物体，这极大地刺激了美国政府，美国政府也将太空竞赛全面提速，这在一定程度上促进了 X-15 及其后续的研究。

在首飞 5 年后的 1964 年 2 月，两架 X-15 被改装为 X-15A-2 型。后者机身延长了 71 厘米，机翼下增加了两个分别装有液氨和液氧的燃料箱，它们为 X-15A-2 额外提供 60 秒左右的飞行时间。为了降低试验成本，这两个辅助的燃料箱会在飞机着

在干涸湖床上降落的 X-15A-1 飞机（由于故障机身已经扭曲折断）

这架飞机被修复后，被重新改造，更名为 X-15A-2 型，在翼下增加了燃料箱，以向更高的速度和高度发起挑战

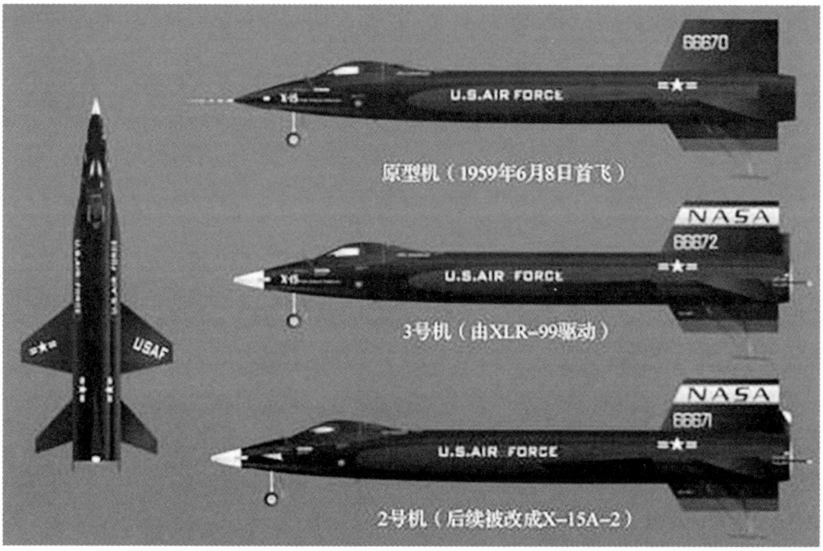

增加额外燃料箱的 X-15A-2 飞机（图中右下角）

陆前被抛离，并使用降落伞返回地面，经维修后再次投入使用。也正是在额外燃料箱的支持下，一架 X-15A-2 在 1967 年创造出了 *Ma*6.72（7273 千米 / 时）的世界载人飞机飞行速度纪录，飞行员为约瑟夫・A. 沃克（Joseph A. Walker），他创造的这一速度纪录至今仍未被打破，而 X-15 也成为迄今为止人类制造出的速度最快的载人飞机！

在如此大速度下的飞行风险非常之高，为了安全起见，针对每一次 10 分钟的飞行，都要求 X-15 试飞员在地面模拟器中至少训练 50 小时，其中包括在每次飞行之前，飞行员必须在模拟机上飞行 8 ~ 10 小时，以确保他们能够以正确的方式驾驶 X-15 飞机。飞行员必须能够十分熟练地驾驶飞机，飞行员必须记住他学到的一切东西，必须将这些操作变为自己的条件反射，因为在真实的飞行中难度要更大。飞行员必须快速而准确地操作，因为绝大部分动作都要在 6 左右的过载下完成，飞机速度变化如此之快，飞行员会被过载牢牢地压在座位上，此时任何操作的失误将会直接导致机毁人亡，飞行员必须使用全部的力量来精准地控制飞机向前飞行。要知道普通人身体能够承受的最大过载约为 4 ~ 5，而且是短时间的，而 X-15 飞行员要在至少 6 的过载下完成大部分时间内的飞行操控。作为比较，歼 15 在着舰时的瞬间最大过载为 5。也正是在经过了 X-15 项目的检验，多名 X-15 的试飞员后来成为美国第一批登月航天员，其中就包括阿姆斯特朗。

过载（load factor，又称超重）：用重力的倍数表示人或物体在加速度作用时所产生的惯性力。一般用数字（如 1，2，…）来表示过载大小。惯性力大小与产生加速度的外力相等，方向与加速度方向相反。过载为无量纲数。当惯性力的方向与重力的方向一致时，过载值应加上 1；反之，当与重力方向相反时，过载值应当减去 1。

在 X–15 首飞 10 年后，由阿姆斯特朗完成的人类历史上首次月球行走

对于过载的感受，其中一名试飞员报告称，当 X–15 以极高的速度下落冲入大气层时，身体承受着巨大的压力，完成一次简单的手臂动作都要付出很大的力量，呼吸变得更困难，身体被巨大的惯性撕扯着，说话不再是一件轻松的事。

尽管开展了大量的地面准备工作，然而飞机还是发生了重大的事故，这也是该计划实施以来仅有的一次人员伤亡事故，当时驾驶飞机的是美国空军飞行员迈克尔 · J. 亚当斯（Michael J. Adams）。悲剧发生在 1967 年 11 月 15 日，起飞后一切正常，这架飞机达到了离地面 8 千米的高空，飞行速度约 *Ma*5，当开始机翼测试时，飞机突然失去控制快速旋转，以极快的速度冲向地面。在巨大的飞行速度及惯性下，飞机在空中被撕碎，而这已经是他的第 7 次 X–15 飞行，也是 X–15 飞机的第 191 次飞行，世事难料。

1968 年 11 月，原计划开展第 200 次飞行，但由于恶劣的天气和仍有大量技术问题有待解决，此次飞行总计被延后 6 次，最终在 1968 年 12 月 20 日决定终止该项目，飞机被从B-52载机上卸下来并封存，随后交于位于赖特－帕特森空军基地的美国空军博物馆保存。从1959年的首飞直至项目终止的10年间，X-15总计进行了199架次的试飞，为美国太空竞赛反超苏联提供了宝贵的研究数据。

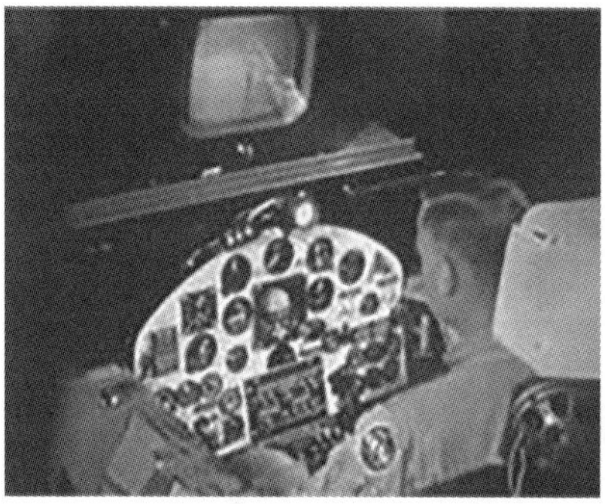

X-15的飞行模拟器

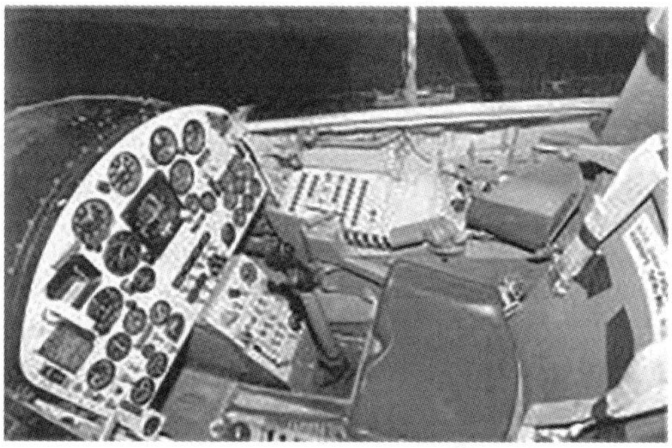

X-15飞机的驾驶舱（机械式仪表为主，仍然能够看到驾驶杆。虽然在高空时通过燃烧过氧化氢提高反作用力控制飞机，但低速飞行时仍然通过舵面控制姿态）

迈克尔·亚当斯少校最后一张与X-15飞机的合影（他脚下手提箱是他增压服在地面所使用的生命支援系统）

X-15的机身残骸（可见钛合金的飞机主体结构相对完整，有较强抗坚毁性）

也就是在这一时期，美国空军和NASA也在秘密地开展把美国第一位航天员送入太空的任务，当然还得将航天员安全地带回来。在此大背景下，一系列“太空航空器”诞生了，其中大部分是不具备升力的球形或类球形舱体，安装在火箭顶端被送入太空，重返地球后依靠降落伞着陆，基本都是一次性使用，另外一部分则是具备升力的“航天飞机”，计划能够多次使用以降低成本，这其中最著名的当属X-20飞机，虽然这架飞机从来没有飞行过。

X-20 的样机

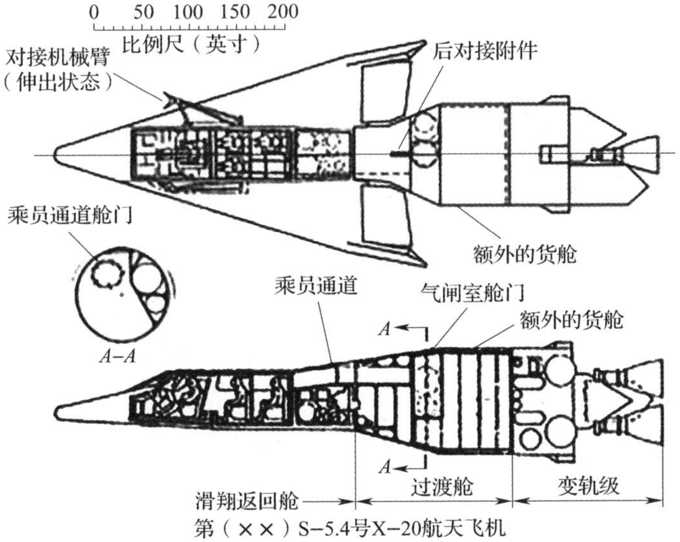

X-20 的布置及安装方式图

X-20 采用三角翼和方形机身，翼尖设计有大尺寸小翼，安装一台火箭发动机，依靠可收放前三点式滑橇降落，机长 10.77 米，空重 4715 千克。在美苏太空竞赛接近白热化的 20 世纪 60 年代，为了争夺太空中的各项“第一”，选择稳妥的方式显然比降低成本更加重要。对于美国政府而言，他们最终选择了更可靠的太空舱实施首次载人太空飞行，但这并不能影响 X–20 的历史地位，因为 X–20 是飞机与现代航天飞机进化链中的关键一环，作为现代航天飞机雏形的 X–20 在航天发展历程中也占有一席之地，在后续美国的航天飞机上依然能够看到 X–20 的影子。从这一角度来看，航空与航天飞机从起点上就是融合的。

三、千变万化的飞机布局形式

人类突破声障束缚实现超声速飞行后，从飞机发明伊始就在整个航空界普遍采用的直机翼在超声速飞行情况下的局限性日益凸显。同时，人们对飞机的需求也再不仅仅是能够飞得起来、飞得更快，还希望飞机能在更大的速度包线内都有良好的操纵性稳定性、更好的起降性能、更迅捷的机动性等，这些五花八门的各种需求开始催生着原始的直机翼有针对性地进行着不同的演变。

首先我们来看看最重要的后掠机翼布局及可变后掠机翼布局。1935 年，德国航空工程师阿道夫・布泽曼（Adolf Busemann）在罗马召开的第五届沃尔塔会议（Volta Conference）上发表的论文中，第一次提到了后掠机翼在高速情况下可以延缓激波产生的概念。当年沃尔塔会议的主题就是“高速航空”（High Velocities in Aviation）。布泽曼是受到船在航行中的尾迹的启示，联想到后掠机翼可以更好地适应高速飞行。当机翼向后倾斜后，航向来流矢量可分解为垂直于机翼前缘和平行于机翼前缘的分量，垂直于机翼前缘的相对气流是产生升力的关键。进行矢量分解后，该速度比来流速度要小，这样实际上就可以推迟和缓和空气压缩性的影响，也即推迟机翼上激波的产生，使飞机的跨声速性能得到提升。当时并没有太多的人注意到布泽曼的想法。不过 1942 年实现首飞的德国 Me–262 喷气战斗机已经开始采用了后掠式机翼。

1945 年 1 月，美国空气动力学工程师罗伯特・托马斯・琼斯（Robert Thomas Jones）依据薄翼型理论提出了三角翼的概念。三角翼可以看作是后掠翼的一种极端形式。三角机翼除了具备后掠机翼超声速阻力小的特性外，还有结构简单、机翼内部容积大和安定性较好等优点。开始琼斯的理论也没有得到美国航空界的重视，直到西奥多・冯・卡门（Theodore von Karman）领导的研究小组发现德国人已经在后掠翼上进行了数年的研究。1945 年夏天，冯・卡门率领美国科学家代表团到德国考察战后遗留的航空技术资料，他们在实验室中发现了一架机翼后掠的飞机风洞试验模型和大量高马赫数风洞试验数据记录。通过数据的分析，大家发现后掠机翼具有极大的优越性，当时在代表团里的波音公司技术专家乔治·S. 谢勒（George S. Schairer）马上电报美国国内，要求马上停止现有喷气轰炸机的研发。随后的 1948 年，美国第一种采用后掠机翼的喷气式轰炸机（也是世界上第一种喷气式远程轰炸机）B–47“同温层喷气”（Stratojet）飞机投入了生产。从 B–47 到后来的 B–52“同温层堡垒”（Stratofortress）轰炸机，再到波音 707 开始的喷气客机系列，可以看到一脉相承的高亚声速后掠机翼的发展历史。后掠机翼逐步成为所有喷气式高亚声速和超声速飞机的标准配置，朝鲜战争中发生了人类历史上的第一次喷气战斗机之间空战，而空战的主角，就是我们后面要讲到的美国 F–86 和苏联的米格 –15，二者均是第一代采用后掠机翼的喷气战斗机。

既然提到了后掠式机翼，那么很重要的一个概念就是后掠角，可以将它理解为飞机机翼后掠的程度，具体还包括飞机前缘后掠角和后缘后掠角。

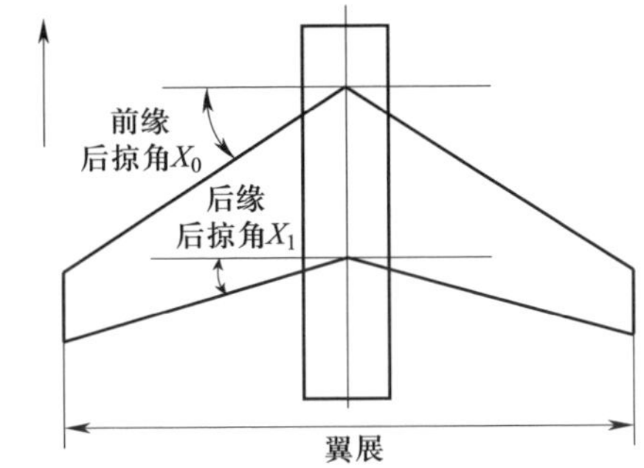

后掠角定义

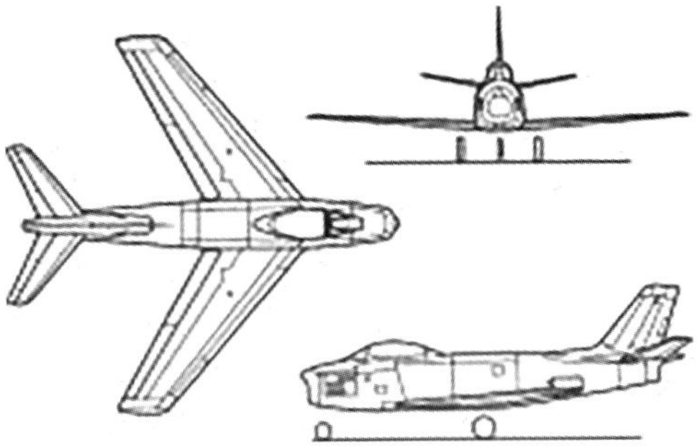
第一代喷气式战斗机 F–86
（可以看到采用了明显的后掠式机翼）

后掠翼通过分解来流减小实际机翼上的垂直于机翼气流速度，可以在高速情况下延缓激波产生。但是当飞机处于低速状态下时，机翼上有用的相对气流速度减小，则直接导致飞机失速速度变大、低速性能严重下降。后掠角越大高速性能越好，但低速性能恶化也就越严重。当飞机要兼顾低速性能和高速性能时，后掠角到底选大还是选小，成为不可调和的矛盾。应对这种矛盾，最好的办法就是高速时飞机机翼能够拥有大的后掠角，低速时机翼的后掠角又能变小到基本能跟直机翼相似，可变后掠机翼（variable–sweep wing）正是根据这种需求而诞生的。

最早的可变后掠机翼飞机为 1944 年设计出的梅塞施密特 P.1101 单发喷气战斗

机，由于不久之后第二次世界大战就结束了，梅塞施密特公司并没有完全制造出原型机来。已经完成80%的原型机被美国缴获并运回美国本土（当然还有大批的工程师），正是在P.1101原有的设计基础上，通过原梅塞施密特公司工程师的努力，1951年6月20日，贝尔公司研制的X-5可变后掠机翼验证机首飞。

盟军战士与缴获的P.1101的珍贵合影

X-5机翼改变后掠角的示意图（机翼上可以清楚地看到NACA和美国空军的标志）

第一种实用型量产可变后掠机翼战斗机为美国通用动力公司（General Dynamics）的F-111“土豚”（Aardvark）。20世纪50年代末，美国空军和海军均提出需要新研飞机以替换空军现役的F-100、F-101、F-105和海军F-4、F-8。

1961年1月，罗伯特·斯特兰奇·麦克纳马拉（Robert Strange McNamara）出任美国有史以来最为年轻的美国国防部部长（44岁时出任美国国防部部长），出于控制研制成本的考虑，他提出研制一种能同时满足空军和海军需求的飞机，项目代号为“战术战斗机试验机”（Tactical Fighter Experimental，TFX）。空军和海军唯一相同的技术需求就是采用“可变后掠机翼”。1961年12月，美国国防部收到了波音公司、通用动力公司、洛克希德公司、麦克唐纳公司、北美航空公司等多家飞机制造企业的投标方案。通过评选，波音和通用动力公司的方案进入了下一阶段的研发工作。1962年11月，在空军和海军均倾向于采用波音公司提供的战斗机方案的情况下，麦克纳马拉却将最后的TFX研制合同授予通用动力公司，理由是“该方案具有更高的通用性，更容易实现低成本的目标”。

麦克纳马拉大大低估了项目研发过程中的不确定性因素，导致F-111首架原型机的研制成本从当初估算的450万美元增加到600万美元。1964年12月第一架按照空军要求研制的原型机首飞，1967年10月首批空军生产型正式交付使用。而海军型的研制则更加艰难，由于结构重量严重超重，导致飞行性能无法达到军方要求，飞机采用的火控系统研制也迟迟得不到有效的推进。1968年5月，美国国会参众两院均拒绝对F-111海军型的生产计划进行拨款，7月美国国防部宣布终止海军型的研发工作。

首架F-111空军型原型机总装下线

四架处于不同机翼后掠状态的F-111飞行编队

F-111 最大的大特点在于它的可变后掠机翼设计。起飞状态下，机翼被设定保持 16° 后掠角；亚声速巡航和着陆时，保持 26° 后掠角；超声速飞行时，可选用 20°～72.5° 之间的任意合适的机翼后掠角。F-111 的机翼后掠角调整依靠飞行员手动控制后掠角控制杆调节，这样在飞行时飞行员的工作量会非常繁重。苏联的米格 -23 直接将机翼后掠角的选项限制在 18°、47° 和 74° 三个位置上。20 世纪 70 年代，美国诺斯罗普 - 格鲁门公司研制 F-14 可变后掠翼舰载战斗机时，就考虑了飞行员工作量的问题，F-14 的机翼变后掠机构完全由自动控制系统控制，机翼后掠角可以根据飞机的飞行马赫数自动调整到适合的角度。此外法国的达索公司（Dassault Aviation）也曾在 20 世纪 60 年代研制过可变后掠翼战斗机。

可变后掠机翼布局形式的主要优势在于既能够满足起飞、着陆和低速飞行的气动需要，同时又具有良好的高速飞行能力，航程远、续航能力强，起降滑跑距离短。但其也存在突出的问题，机翼后掠角改变带来气动中心大幅变化，从而给飞机稳定性带来恶劣影响；其次变后掠翼所采用的结构非常复杂，大幅增加了机身结构重量，并且导致机翼外悬挂点减少，负载降低。由于当时技术的限制，很多服役的可变后掠机翼飞机都存在超重、转动机构不可靠、飞行稳定性不佳、生产复杂度和维护费用较高的问题。20 世纪 80 年代后，没有国家再新研可变后掠机翼战斗机。

很少人知道法国达索公司也曾经研制了过可变后掠翼飞机—“幻影”G 型

美国诺斯罗普－格鲁门公司研制的 F-14“雄猫”战斗机（图中机翼处于最大后掠角状态）

气动力中心（aerodynamic center，简称气动中心，又称气动焦点）：升力增量的作用点。在一定的迎角范围内，空气动力合力对气动中心之矩不随迎角的变化而变化。正常式布局飞机，气动中心位置越靠后，飞机越趋向稳定。当飞机从压声速进入超声速飞行时，气动中心会向后移动，稳定性增加，给飞机的操纵带来困难。

可变后掠机翼是后掠翼布局的一种特殊形式，有后掠机翼布局自然就有前掠机翼布局。后掠机翼随着超声速飞机的发展而被人们所熟知，绝大多数情况下一提到高速飞机，人们就会自然地联想到后掠式机翼布局。然而与后掠机翼气流矢量分解减小有效气流速度的原理相同，机翼前掠时，同样可以推迟机翼上表面激波的产生，这就是前掠翼布局（forward swept wing）。

在飞机设计中，对这种机翼布局的探索与应用，比后掠机翼还要早，早在第一次世界大战期间，就有人设计前掠翼的飞机。1944 年 8 月，德国的第一代喷气式轰炸机—容克斯 Ju287，就采用了前掠机翼。无独有偶，美国康维尔（Convair）公司 1944 年提出的 XA-44 中型喷气式轰炸机方案，也是采用前掠机翼的。1943 年，在德国丧失了欧洲战场的制空权后，希特勒命令容克斯公司研制一款“能够超越盟军任何一种轰炸机”的重型轰炸机。起初设计小组提出的方案是采用涡喷发动机和后掠翼的设计方案。这种方案在高速飞行中优点明显，但后掠翼飞机在低速时稳定性较差，从而会影响轰炸机的投弹精度。因此设计小组提出将后掠翼方案改为前掠翼，兼顾高速和低速飞行的需要。前掠翼虽然高低速性能均优秀，但是在速度和迎角达到一定值时，飞机的操控性会下降，气动力会使机翼会发生弯曲，且随着飞机迎角增大而增大，直至结构被破坏，德国人发现前掠翼对机翼结构和弹性变形有特殊要求，为此他们在设计Ju287的机翼时专门做了有针对性的改进，以防止机翼在特定情况下发生破坏，但付出的代价是机翼超重。

容克斯 Ju287 原型机（一共由 4 台发动机提供动力，2 台布置于前机身两侧，另 2 台吊挂在机翼翼下）

美国 XA-44 前掠翼中型喷气轰炸机方案（并未实际制造）

为了加快研制进度，第一架原型机 Ju287V1 机身采用 He177A 的现成部件，机尾沿用 Ju388，主起落架沿用 Ju352，前起落架甚至取自被击落的美军 B-24 轰炸机，只有前掠翼是重新设计的。1944 年 8 月 16 日 Ju287V1 首次试飞，结果十分令人满意。在接下来的试飞中，当速度达到 650 千米 / 时左右时，气动发散问题显现。不过幸运的是，飞行员仅感觉到飞机的控制面舵效减小和不自主地向下俯冲。而后经过将前机身两侧发动机改为翼下悬挂，气动发散的问题得到一定抑制。1945 年，生产线上未装配好的 V2 型（增压座舱改型）和设计小组被苏军俘虏，带回苏联对 Ju287 计划继续研究。但是限于当时的技术水平，前掠翼的气动发散问题除加强飞机结构外无有效解决办法，所以并无实际进展（另外，加强机翼结构会导致机翼增重，内部储油量减小，整体上弊大于利）。

第二次世界大战结束后，航空工程师对前掠机翼做过更深入的机理研究，特别是对前掠机翼的气动弹性发散问题。工程师们发现当前掠机翼的迎角增大时，在气动载荷的作用下，其翼尖的前缘向上扭转，使局部迎角进一步加大，而进一步增大的迎角会导致更大的扭转，如此进入恶性循环，直至飞机机翼断裂，同理当飞机的迎角为负时，也会发生该情况。此外前掠机翼的前掠角越大，飞行速度越高时，这一现象就越严重，正是这个原因严重限制了前掠机翼在实际领域的运用。

随着航空技术整体的发展，从 20 世纪 70 年代开始，复合材料逐渐开始在飞机结构应用。这种材料密度比金属轻、强度比金属高，此外还有一个不同于一般金属材料的非常重要的特点，那就是各向异性。正是由于复合材料的这一特点，材料学专家们发明了“气动弹性剪裁”（aeroelastic tailoring）技术（又被称为“气动弹性拼配”），复合材料部件可以通过修改纤维铺层方向来改变部件的形变方向，即按照机翼各部位承受力的不同，针对性地铺设复合材料的纤维铺层。通过对纤维铺层方向、厚度等参数的设计，使它能更为有效地抵抗气动弹性发散，此外还能使机翼结构重量更轻。在复合材料的帮助下气动弹性发散问题得以解决，让前掠机翼再次回到飞机设计师的视野中。

各向异性（anisotropy）：物体的物理性质在不同的方向不尽相同的一种特性。

1977 年美国国防部先进研究项目局（DARPA）和美国空军飞行动力学实验室

（US Air Force Flight Dynamics Laboratory）开始联合进行 X-29 前掠翼试验机项目。格鲁门公司（Grumman Aerospace Corporation）被选中进行两架飞机的制造。1981 年 1 月开始设计前掠机翼最重要的部分——复合材料机翼结构。出于节省研发费用的考虑，X-29 其他部件采用了不少生产型飞机的现成设备组件，例如 F-5A 的机头和前起落架，F-16 的主起落架。这种验证机的气动布局设计得很巧妙，它的机翼中央部分是后掠的，而机翼外段是前掠的，在机翼的前方设置了小展弦比的鸭式前翼（后文有详述），气流流经机翼的外段上表面时，由于前掠角的影响，其水平于机翼前缘的气流分量方向是指向翼根的，使气流向内侧流动。而后掠的中央翼上表面的气流则向外侧流动，这样两股气流会在中、外翼交接处堆积；另一方面，由鸭式前翼拖出的旋涡恰好从机翼“气流堆积”的部位流过，卷走这些“淤积迟滞的空气”以改善飞机机翼上的流场，进一步使机翼在大迎角飞行的情况下，推迟机翼上表面气流分离的发生，从而改善飞机大迎角下的失速特性。

正在进行大迎角飞行试验的 X-29（可以清楚地看到机身上用于流场显示的丝线、尾部的反尾旋伞等）

1984 年 12 月 14 日，首架 X-29 验证机首飞成功。从 1985 年 4 月以后，NASA 对 X-29 飞机进行了大量飞行试验和风洞试验，结果表明这种飞机在迎角高达 70° 时仍能保持稳定和良好的横侧向操纵性。到 1991 年两架 X-29 试验机共试飞了 616 次。

X-29 的飞行性能给人留下了非常深刻的印象，但复合材料机翼的制造非常复杂，需要精确地计算机翼上的各种载荷，并且需要更加精确地完成复合材料机翼的铺层制造。在当时技术条件下，少量制造的机翼质量都难以保证，更别提批生产的质量控制了。此外生产这种机翼需要大量人力并且成本很高。当时的美国军方认为前掠翼不符合美国对隐身飞机的设计思想，而且对复合材料的认识还不是很透彻，采用全复材的前掠翼布局有一定风险，所以前掠翼布局并没有应用到美国下一代飞机上。俄罗斯方面也曾经制造过一款前掠翼战斗机，并于 1997 年的 9 月实现首飞，代号为苏 –47，但由于资金和技术等多方面原因，最终并未量产。

再来看看有着“悠久历史”的飞机布局形式——鸭式布局。对于人们熟悉的飞机正常布局形式来说，平尾都是在机翼的后面，如果把平尾移到机翼的前方，这种布局形式飞起来像一只鸭子，人们就形象地将其称之为“鸭式布局”（Canard），此时的“平尾”——前翼，被称为“鸭翼”。其实，载入史册的莱特兄弟“飞行者”1 号就是一架鸭式布局的飞机，但是由于这种布局形式稳定性差、配平困难（前翼产生的升力使得飞机有抬头趋势，此时需要对其进行配平使飞机保持稳定飞行状态），不久就被正常式布局的飞机所取代。

图中正中间位置的就是俄罗斯曾经研制的苏 –47 前掠翼飞机

第二次世界大战结束前，德国亨克尔公司 HsP.75（Henschel HsP.75）、英国迈尔斯公司 M.35“蜻蜓”（Miles M.35/M.39 Libellula）、意大利安布罗西尼公司 SS.4（AmbrosiniSS.4）、日本九州公司 J7W“震电”（Kyushu J7W Shinden）和美国寇蒂斯 –

莱特公司XP-55“爬升者”（Curtiss-Wright XP-55 Ascender），都是较为著名的鸭式布局形式战斗机。但基本上都是停留在图样阶段或造了原型机后就没有再继续发展了，主要原因在于相比正常布局的飞机，当时的鸭式布局飞机并无太大的优势。

第二次世界大战后，随着空气动力学中旋涡理论（Vortex Theory）的发展，航空专家预测在涡流的作用下机翼会产生升力，并且使飞机的升力呈几何级数增加。而鸭式布局正是利用了前翼产生的涡流对主翼面流场的有利干扰，增强飞机大迎角飞行性

日本研制的“震电”飞机（又名海军18式乙型战斗机，前翼位于机头处）

英国研制的M.35“蜻蜓”鸭式布局飞机（图中可见非常巨大的前翼）

能并改善飞机升阻特性，使飞机具有优异的机动性能、操纵性能和短距起降性能，是典型的对涡升力的利用方式。特别是当采用鸭式布局的飞机需要做大机动飞行时，飞机的前翼和主翼上都会产生强大的涡流，两股涡流之间的互相耦合，会产生比常规布局更强的升力，从而使飞机具有要比常规布局飞机更为优异的机动性能，这一点对于

追求高机动性的战斗机来说尤为重要。

为了最大限度地利用前翼产生的涡对主翼施加的有利影响，航空工程师们提出了“近距耦合鸭式布局”的概念。从字面上很好理解，前翼与主翼距离较近，两者产生的涡相互耦合（可以简单地将耦合理解为叠加）。1967 年 2 月，瑞典萨博公司（SAAB）生产的公司第一种鸭式布局飞机 Saab37“雷”（Viggen）战斗机首飞成功。它正式将“近距耦合鸭式布局”的概念转化为实际的战斗机型号，并开始引领三代战斗机的近距耦合鸭式布局的风潮。

欧洲战斗机方案验证机 EAP 水洞试验图片（图中可以清楚地看到前翼涡与主翼涡的耦合作用）

瑞典研制的 Saab-37 鸭式布局战斗机（图中的这架飞机的前翼上还配有舵面）

Saab-37 是由萨伯公司根据瑞典皇家空军要求研制的“一机多型”的战斗机。瑞典国土面积小，瑞典皇家空军出于战时机场被破坏后需要飞机通过公路起降的考虑，非常重视研发型号短距起降的能力要求，这正是萨博飞机公司选择近距耦合鸭式布局形式的原因所在。Saab-37 前翼翼面产生的脱体涡（翼面产生的脱离机体的涡）在主翼上不仅可以产生附加升力，还可以抑制大迎角机动时的气流分离，大大提高 Saab-37 的格斗机动性能。前翼后缘设置襟翼，这进一步提高飞机的短距起降能力。作为最高速度 *Ma*2.1 的战斗机，Saab-37 能够在不采用复杂增升装置的情况下实现短距起降，前翼的作用功不可没。

Saab-37 堪称近距耦合鸭式布局飞机发展史上最重要的里程碑，萨博公司后续在 Saab-37 基础上研制的 JAS-39 “鹰狮”（Gripen）战斗机，现在仍然是世界轻型战斗机市场上的一颗明星。

在公路上滑行的 JAS-39 战斗机（强大的短距起降能力有近距耦合鸭式布局的一份功劳）

提到鸭式布局战斗机，就必须要说一下现在我国空军的主力战斗机——歼 10。歼 10 的 1001 号原型机在 1994 年开始建造，1998 年 3 月 23 日首飞成功。

歼 10 战机主要有单座型和双座教练型，该机于 2008 年中国珠海航展上首次亮相，引起了极大轰动。歼 10 飞机陆续装备部队后，已成为中国空军新一代主力战机。代表国家空军形象的“八一”飞行表演队，也于 2009 年换装歼 10 战机。

我国目前的主力战斗机歼 10

于中国航空博物馆中展出的
歼 10 战斗机 1001 架原型机

再来看看飞翼布局，机翼是飞机上产生升力最为重要的部件，研究飞机气动的工程师们的梦想就是去掉所有的多余部件，仅仅保留作为升力体的机翼，飞翼（flying wing）的概念由此诞生。飞翼可以使飞机的气动效率达到最高，由于其没有多余的提供稳定性和操纵性的平尾、垂尾，飞翼的飞行控制一直是困扰航空工程师的问题。

美国从事飞翼布局研究的泰斗级人物是诺斯罗普公司（Northrop Corporation）的创始人约翰·努森·诺斯罗普（John Knudsen Northrop）。早在 20 世纪 40 年代，诺斯罗普就设计了 N-1M 和 N-9M 两款飞翼布局的双发推进式螺旋桨航空器，这两个型号验证了飞翼布局的相关技术，正式拉开了诺斯罗普公司在飞翼布局飞机研制道路上的序幕。

诺斯罗普设计的 N-1M 飞机

N-9M 飞机（与 N-1M 的
主要差别在尺寸上）

1941 年 11 月，美国陆军与诺斯罗普签订了研制四发飞翼轰炸机的合同，在 N-9M 的基础上，诺斯罗普开始了 XB-35 飞翼轰炸机研制，首架原型机装有四台普惠公司的“大黄蜂”活塞式发动机，每台发动机功率 3000 马力。两侧的螺旋桨对向旋转以增加稳定性，星形发动机的冷却空气通过机翼前缘的开缝导管引入。飞机采用襟副翼控制（襟翼副翼一体化设计），但也可根据需要单独控制，翼梢后缘有开裂式舵面（舵面为上下两片，可以分别向上 / 下偏转），起方向舵的作用。

1946 年 7 月 25 日，这架当时世界上最大的飞翼式飞机 XB-35 从诺斯罗普公司厂区跑道飞上天空，十分震撼。在 XB-35 试飞过程中，暴露出很多问题（主要是动力方面）。1945 年 7 月，美国陆军与诺斯罗普公司签订了两架改型机的合同，要求安装 8 台 J35-A-5 喷气发动机，型号代号改为 YB-49。1947 年 10 月 21 日，喷气型的 YB-49 在飞行试验中创造了 12810 米的升限纪录，最大速度也达到 832 千米 / 时。在经历了 20 个月的试飞后，YB-49 的有效载荷和续航时间都打破了当时的纪录，但因为第一架 YB-49 在飞行中解体，第二架也在着陆中损坏，YB-49 项目被终止。但这些型号的研制为诺斯罗普公司储备了大量的大型飞翼布局飞机研制经验，对未来研制经典的 B-2 轰炸机打下了基础。

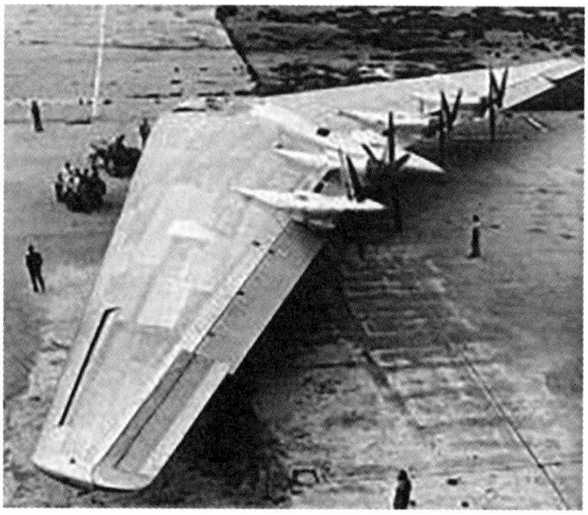

准备进行滑跑测试的首架 XB-35

飞行中的 YB-49

1980 年 9 月，美国空军颁布了 ATB 的方案征询书（RFP），由于该项目在成本和技术方面的严峻挑战，因此空军鼓励航空航天企业进行合作（很多顶级大学也参与了该项目），从而出现了两大竞争阵营：洛克希德公司（Lockheed Corporation）和罗克韦尔公司（Rockwell International）组成的团队，以及诺斯罗普公司、波音公司（The Boeing Company）和凌 – 特姆科 – 沃特（Ling -Temco-Vought）组成的团队。诺斯罗普基于以前 YB-49 研制经验提出了“高级冰”（Senior Ice）方案，洛克希德公司则基于 F-117 战斗机研制经验提出了“高级钉”（Senior Peg）方案。鉴于当时洛克希德公司在隐身技术上的成就以及罗克韦尔公司在 B-1 项目上的经验，人们普遍看好洛克希德公司一方。但 1981 年 10 月 20 日，美国空军宣布诺斯罗普公司成为 ATB 合同的赢家，飞机型号编号 B-2，绰号为“幽灵”（Spirit），并签订了 6 架试飞用机和两架静态测试机的合同，外加 127 架生产型轰炸机的意向订货，计划在 1987 年达成初始作战能力。

B-2“幽灵”是一个“纯粹的”飞翼飞机，飞机上没有任何形式的垂尾或方向舵，从俯视图看就像一个大的“飞来器”，机翼前缘与机翼外侧后缘平行，飞机的中间部位设有座舱、弹舱和电子设备舱，中机身两侧的隆起为发动机舱，锯齿状进气口布置在飞机的背部，每个发动机舱内安装两台无加力涡扇发动机，所以千万不要以为只有两个进气口的 B-2 是双发飞机，它实际上由四台发动机提供动力。机身尾部后缘为 W 形锯齿状，边缘也与两侧机翼前缘平行。操纵方面，整架 B-2 后缘布置了 8 块大型的控制翼面，以及整架飞机的最后（两台发动机尾喷口之间）布置了一整块控制面，8 块大型控制翼面中位于机翼两端最外侧的是开裂式控制翼面，它同时具备“减速板”和“方向舵”两种功能。

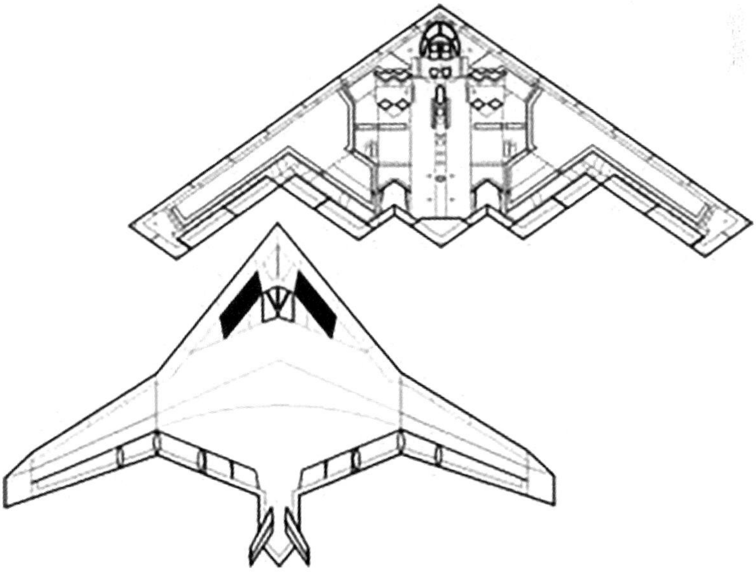

左下方为基于 F-117 设计经验改进的洛克希德公司的“高级钉”方案，
右上方为作为比较的 B-2 的俯视图

1989 年首次公开飞行中的 B-2 图片

B-2 飞机俯视图（可以清晰地看到整架飞机拥有多达 9 块控制翼面）

降落时的 B-2（请注意机翼外侧的开裂式控制面已经上下完全打开，此时起减速板的作用）

B–2 依靠这 9 块翼面不同的偏转角度组合进行飞行姿态控制，可以想象组合的种类量级要远远大于一般常规布局飞机，非常复杂，操作人员需要在飞行计算机的帮助下才能完成对 B–2 飞机的控制，这是飞翼布局飞机较为罕见的原因，也是 B–2 “幽灵”是目前唯一的大型批产飞翼布局飞机的原因。在先进的电子设备帮助下，B–2 飞机的机组仅有两人。

B–2 之所以被称为“幽灵”，是因为其优秀的隐身性能（特殊的吸波涂料），但同时这架飞机的维护非常复杂。作为目前唯一的隐身轰炸机，媒体估计美军为每架 B–2 付出的平均成本为 24 亿美元（含研制成本），这也是该型飞机仅制造 21 架的原因（内部编号从 AV–1 到 AV–22，）。B–2 的改进升级版 B–21 目前已下线，从外形上看，B–21 的整机尺寸略小于 B–2。

这一节介绍了后掠翼、可变后掠翼、前掠翼、鸭式、飞翼布局形式，但并不意味着飞机仅有上述布局形式，随着材料学、空气动力学、计算机技术等学科的发展（主要说明的是，其中的很多细分领域是在航空业的带动下发展出来的），千奇百怪的飞机布局形式已经出现，但在短期内并非主流。

四、涡轮动力——飞机强有力的“心脏”

世界航空发动机的发展有两个分水岭，第一个分水岭的标志是汽车工业发展背景下出现的实用内燃机，第二个分水岭的标志是实用喷气发动机在第二次世界大战后的崛起。前几章已经介绍了第一个分水岭——飞机出现初期的航空动力发展情况，并额外介绍了战争期间活塞发动机的更迭发展。而本节将着重描述第二个分水岭——战后喷气发动机的发展，并且从简要原理和细节描述展开，带领读者完整了解航空动力及相关技术的发展历程。

第四章中提到了喷气动力的鼻祖惠特尔和奥海因，他俩的发动机有着共同的特点—都有一个名为涡轮（Turbine）的核心部件，我们习惯上将结构中包含涡轮的发动机叫作涡轮发动机。

如果按照内部机构的差别，涡轮发动机又可进一步细分为涡轮喷气（Turbojet，简称涡喷）发动机、涡轮风扇（Turbofan，简称涡扇）发动机、涡轮螺旋桨（Turboprop，简称涡桨）发动机、涡轮轴（Turboshaft，简称涡轴）发动机四个大类。

如果按照气流在发动机中的流动路径划分，又可将涡轮发动机分为离心式涡轮发动机和轴流式涡轮发动机两个大类。

首先我们来了解一下涡喷发动机，早期惠特尔和奥海因的发动机，是典型的涡喷发动机，并且都通过离心涡轮对进气进行压缩，所以属于离心式涡喷发动机。离心式涡轮的原理是通过压气机叶片高速旋转将空气“甩”到四周进行压缩，优点是结构简单、制造方便、坚固耐用、单级增压效率较高、工作稳定性较好。早期的涡轮发动机大量沿用或继承了惠特尔和奥海因的发动机构型，多属于离心式涡喷发动机。但这种发动机为提高空气压缩效果，通常需要增大压气机叶片长度，导致发动机直径较大、迎风面积大，需要较粗的机身或者短舱来容纳，对于高速飞机来说会额外带来巨大的飞行阻力，这成为离心式涡轮发动机的致命缺点。

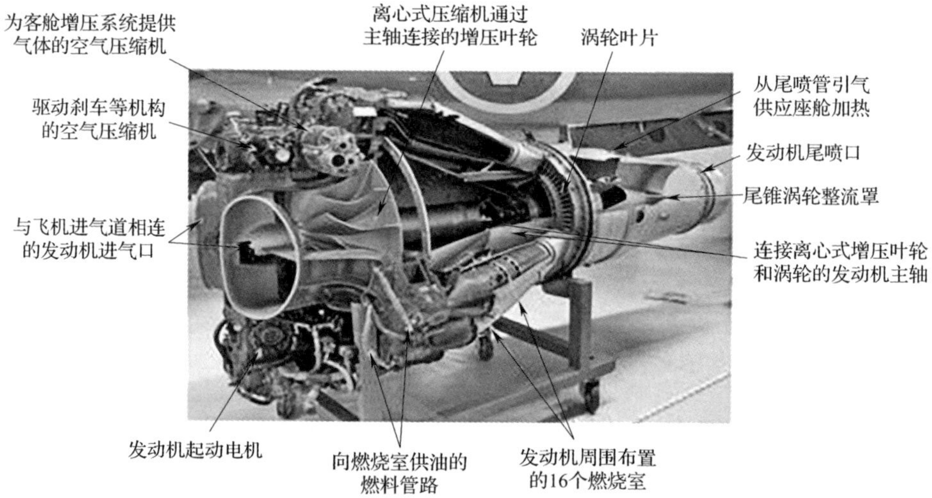

经典的离心式涡喷发动机—罗罗“哥布林”Ⅱ（Goblin Ⅱ）结构图
（可见一台发动机承担的功能之多）

而轴流式涡喷发动机在此方面就要好很多。在1926年，英国工程师艾伦·阿诺德·格里菲斯（Alan Arnold Griffith）在他的一篇论文里首次提到轴流式压气机，并分析了其原本低效的原因在于平板叶片，如果将叶片替换为翼型的形状，能够大幅提高压气机的效率，可能发展出实用轴流式发动机。论文中他还给出了轴流式发动机的基本构型图，但限于当时的工业水平，制造出来的轴流式发动机的压气机进气效率非常低，导致没有实用样机出现。1940年英国人海恩·康斯坦特（Hayne Constant）完成了第一台实用轴流式涡喷发动机梅特维克 F.1（Metrovick F.1）的研制工作。1943 年 3 月，美国的西屋公司（Westinghouse Electric Corporation）的 J30 轴流式涡喷发动机成功试车，成为美国的第一台轴流式涡喷发动机。这型发动机性能较好，于 1944 年安装在沃特 F4U“海盗”（Vought F4U Corsair）战斗机上并成功试飞，后来被麦克唐纳 FH-1“鬼怪”（McDonnell FH-1 Phantom）舰载机所采用，开启了轴流式涡喷发动机大规模使用的先河。

此后轴流式涡喷发动机的发展一发不可收拾，相比离心式发动机，轴流式发动机内部拥有以串联形式构成的多级增压叶片，空气进入发动机后沿发动机轴向后流动并被压缩，总的空气压缩效率要高于离心式压气机，并且在截面尺寸控制方面要比离心式发动机好很多。在 20 世纪 50 年代后大中型飞机发动机清一色地使用轴流式涡喷发动机是为例证。

但无论是离心式还是轴流式涡喷发动机，它们的内部工作原理是一样的，都是将空气进行压缩，输送到燃烧室与雾化燃料混合，点燃后体积膨胀高速喷出提供推力。涡喷发动机在大幅提高飞机速度和高空性能的同时，也暴露出燃料使用不充分的问题。涡喷发动机依靠喷射燃爆后的高温高压气体获得推力时，仍有许多能量未最大限度地转化为有效功（如燃料燃烧不充分、喷射出的气体温度很高、喷出气体未得到有效膨胀等），因此涡喷发动机的燃油经济性较差，尤其是使用加力燃烧室时，大量的

正在进行台架试验的梅特维克 F 系列涡喷发动机

采用西屋 J30 喷气发动机的 FH-1 舰载机

燃料直接注入尾喷管燃烧，耗油更加惊人，这是涡喷发动机的致命弱点也是导致其衰败的根本原因。从 20 世纪 60 年代开始，经济性更好的涡扇发动机开始逐步取代涡喷发动机。

对于什么是涡扇发动机，简单地说就是在涡喷发动机前增加了一个风扇，外面再加一个外壳。风扇由一根驱动轴与发动机的涡轮连接，并由涡轮驱动转动。外部的空气进入发动机后分流为两部分，一部分按照原有涡喷发动机的路线，经过压气机与燃料混合并燃烧产生高温气体，然后排出（同时还驱动涡轮转动）；另一部分气体不经过内部的涡轮结构而是经过风扇加速，从涡轮结构和外壳中间的空间直接流向尾喷管，与内部燃烧产生的高温气体混合后排出，涡扇发动机的推力由这两股气流共同产生。涡轮结构与外壳间的通路被称为外涵道，涡轮结构的内部通路被称为内涵道。流经外涵道空气质量与流经内涵道空气质量的比值被称为涵道比（by-pass ratio）。当内涵道产生的喷气推力占全部推力较大比重时，发动机被称为低涵道比（low by-pass）涡扇发动机，当外涵道风扇产生的喷气推力占全部推力较大比重时，发动机被称为高涵道比（high by-pass）涡扇发动机。一般情况下，低涵道比发动机多运用于军用战斗机上，高涵道比发动机多运用于商用飞机或运输机上，高涵道比发动机不带加力装置，军用低涵道比发动机会安装加力装置。

这种动力装置出现的时间也不晚，1939—1941 年期间，被誉为“苏联喷气飞机之父”的苏联设计师阿尔希普·留里卡（Arkhip Lyulka）就已经完成了世界上第一台涡扇发动机的设计方案。1941 年 4 月 22 日，他还为这项发明申请了专利，但由于纳粹德国的入侵，实体发动机的制造工作并未完成。1943 年 5 月 27 日，由德国戴姆勒 - 奔驰公司研制的 DB670（Daimler-Benz DB670）发动机成功试车，这是世界上第一款成功运转的涡扇发动机。但在活塞发动机上拥有巨大优势的戴姆勒奔驰公司起初并不看好这一类型的发动机，而且随着战争的发展和许多当时根本无法解决的技术问题，这个项目也有始无终。

直到 1946 年 11 月，英国布里斯托发动机公司（Bristol Aero Engines）公布了世界上第一款双轴轴流式涡扇发动机布里斯托 B.E.10 奥林帕斯（Bristol B. E. 10 Olympus），后来布里斯托公司合并到罗罗公司，这个型号被改名为罗罗奥林帕斯（Rolls-Royce Olympus），这型发动机提出的双轴涡扇结构，大幅提高了涡扇发动机的热力学效率，是现代双轴涡扇发动机的发端。

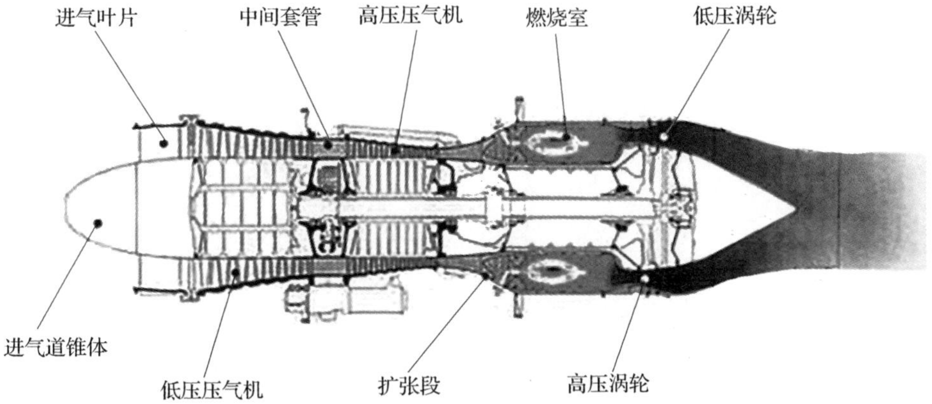

奥林帕斯 MK101 结构图（可见低压压气机和低压涡轮共轴，高压压气机和高压涡轮共轴，图中的进气叶片其实就是涡扇喷气发动机前置的风扇）

对于涡扇喷气发动机，很多人会理所应当地以为风扇都置于发动机的最前面，其实不然，美国通用电气公司的 CJ805-23 涡扇发动机就是一款风扇在发动机后部的涡扇发动机。这么做并不是为了标新立异，其原因在于当时的涡扇发动机遇到了难以解决的问题，首先是带动风扇转动的涡轮速度较高，导致风扇叶片的梢部线速度会超过声速产生激波；其次风扇的旋转改变了压气机的进气流场，对压气机的工作造成了负面影响；此外高速旋转的风扇叶片还会出现振动。CJ805-23 的后风扇设计正好解决上述三个问题。

CJ80523 后风扇每一个叶片由两部分组成，根部为涡轮叶片，置于内涵道的尾部喷流中，梢部为风扇叶片，置于外涵道中。后风扇与前面的结构没有机械连接，风扇类似于自由涡轮一样“自行旋转”。这样做的好处是可以通过涡轮叶片的角度设计风扇的转速，以避免梢部激波的产生；不影响压气机进气；两段结构有效地避免了细长叶片的振动。

不过随着老问题的解决新问题又随之产生。首先风扇叶片受热不均匀，风扇叶片根部处于高温燃气内，最高温度可以达到 500 ~ 600℃，而风扇梢部处于空气流中，温度只有几十摄氏度；其次后风扇处于发动机热端（后部），在此条件下工作使风扇本身可靠性下降；再则后置风扇发动机由于外部形状的原因，使得整机阻力比前置风扇发动机还要大。因此在权衡后置风扇的利弊后，除美国通用电气公司研发过两款后置风扇涡扇发动机后，再无其他公司跟进这一研究。

罕见的后置风扇涡扇发动机（图示为美国通用电气公司的 CJ805-23 发动机，可以清楚地看到蓝色进气道后面为后置风扇）

涡扇发动机的风扇由发动机涡轮驱动，而涡轮转速一般比较高，涡轮与风扇转速不匹配会导致风扇叶片梢部产生激波，除了利用先进的气动设计技术延缓叶片激波的生成外，还有一个解决办法，就是利用减速齿轮降低涡轮驱动轴输出到风扇上的转速，在这一理论的指导下产生了齿轮传动涡扇发动机（Geared Turbofan，GTF），简单地说，GTF 就是在涡轮驱动轴与风扇之间安装一个减速齿轮机构，将涡轮较高的转速降低到与风扇匹配的低转速，以延缓风扇梢部激波的产生并提高风扇的效率。典型的 GTF 有霍尼韦尔公司 TFE731 系列和普惠公司的 PW1000G 系列发动机。根据普

普惠 PW1000G 的减速齿轮

采用齿轮传动技术的普惠公司的 PW1000G 涡扇发动机

惠公司的对外宣传资料，采用 PW1000G 系列发动机后的测试结果显示，飞机油耗降低 10%~ 15%，噪声最多降低达 75%，目前该系列发动机已广泛应用。

介绍完涡喷和涡扇发动机，我们再看看涡桨和涡轴发动机的情况。与涡喷、涡扇发动机依靠喷气反作用力产生推力不同，涡桨和涡轴发动机的主要动力输出形式是轴功率，通过涡轮将燃料化学能转换为输出轴的扭矩并以轴功率形式输出，而转轴带动桨叶旋转进而牵引 / 推动飞机前进。由于核心部分基本原理相同，涡桨与涡轴发动机之间并无太大的差异，很多经典涡轴 / 涡桨发动机都会拓展出对应的涡桨 / 涡轴发动机型号来。例如普惠加拿大公司著名的 PT6A 系列涡桨发动机，其对应的衍生涡轴型号为 PT6B/C。

涡桨、涡轴发动机虽然很像，但二者还是有一些区别。前面讲到涡轮风扇发动机时，我们提过风扇叶片梢部由于线速度过高，出现激波导致风扇效率大幅下降，其实这一现象也会在螺旋桨上出现。涡桨发动机为了与低转速的螺旋桨连接，发动机轴转速需要大幅降低，为此在涡桨发动机内部设有减速齿轮箱。而涡轴发动机通常用于直升机，直升机一般设有与旋翼系统配套的齿轮传动机构，因此在涡轴发动机内部不用再额外设置一套减速齿轮机构，这就是涡桨发动机与涡轴发动机之间最显著的区别。

第一台驱动直升机的涡轴发动机是由约瑟夫 · 希德沃夫斯基（Joseph Szydlowski）领导的法国透博梅卡（Turbomeca）公司，在 1950 年设计制造的阿古斯特 I（Artouste I）发动机。这台发动机原计划是用作飞机的辅助动力装置（Auxiliary Power Unit，APU）的，不过希德沃夫斯基发现这种类型发动机更适合作为直升机动力。随后，透博梅卡公司以美国西科斯基 S-52 直升机作为验证平台，将原有的活塞发动机替换为阿古斯特Ⅰ涡轴发动机，取得成功。法国南部航空（Sud Aviation）公司以阿古斯特Ⅱ（阿古斯特Ⅰ的改进型，功率提高到500马力）作为动力设计出"云雀"Ⅱ（Alouette Ⅱ）轻型直升机，是世界上第一型以涡轴发动机作为动力的批产直升机，由此开始涡轴发动机逐步成为直升机的主要动力形式，透博梅卡公司也借此契机，发展成为世界知名的涡轴发动机生产商。

涡桨发动机方面，最早由匈牙利工程师杰奥杰·延德劳希克（GyörgyJendrassik）于1928年设计，并在1929年3月获得发明专利，但直到1938年他才生产出第一台100马力的小型验证机。随后他开始研制设计功率达到1000马力的验证机，但在1940年第一次试车时，测量出的输出功率仅400马力，随着第二次世界大战的爆发，这型发动机的研制工作被迫中止。1945年9月20日，一架装有罗罗公司的RB.50遄达（RB.50 Trent）涡桨发动机的英国"流星"（Gloster Meteor）战斗机成功首飞，成为世界上第一架首飞的由涡桨发动机提供动力的飞机。罗罗公司后续又研制了多个涡桨发动机型号，如克莱德（Clyde），这是历史上第一台民用/军用版本均获得型号合格证认证的涡桨发动机。另一型达特（Dart）发动机则是罗罗历史上最成功的涡桨发动机，从1946年第一次试车到1987年停产先后生产了超过7100台，而装备达特涡桨发动机的维克斯"子爵"号（Vickers Viscount）客机成为世界上第一种正式投入航线运营的四发涡桨客机。

阿古斯特涡轴发动机内部结构（可以很清楚地看到中间所采用的离心式压气机）

“云雀”轻型直升机上安装的阿古斯特涡轴发动机特写

布达佩斯工业技术博物馆内展出的延德劳希克 Cs-1 涡桨发动机

进行地面台架试验的 RB.50 遄达涡桨发动机

世界上唯一的由涡桨发动机驱动的战斗机——“流星”

值得一提的是苏联的涡桨发动机是在德国人帮助下发展起步的。1952年为了抗衡美国的B-52轰炸机而研制的图-95“熊”（Tu-95 bear）式战略轰炸机成功首飞，其动力装置为库兹涅佐夫NK12（Kuznetsov NK12）涡桨发动机，而这款发动机确切的说应当是属于“前德国”产品，因为它的设计人员是第二次世界大战结束后前往苏联的德国工程师，他们的领导者则是曾任职于容克斯发动机公司的著名发动机设计师斐迪南德·布兰登（Ferdinand Brandner）。

前述的涡喷、涡扇、涡桨、涡轴发动机，它们的核心部分都是压气机、燃烧室和涡轮。

苏联图-95飞机发动机特写（请注意不同寻常的对转螺旋桨布置，桨叶直径为5.6米）

NK-12涡桨发动机（请注意发动机前部有两套桨毂，他们的旋转方向是相反的）

对于压气机，其作用简单地说就是将发动机吸入的空气进行压缩，提高空气密度保证燃料在燃烧室内充分燃烧。前文说到的轴流式涡轮发动机与离心式涡轮发动机的根本区别即在于此，它们分别采用了轴流式压气机和离心式压气机。对于燃烧室，作为燃料燃烧释放化学能的结构，是发动机高密度空气与雾化燃料混合燃爆的地方，体积剧烈膨胀后的大量高能燃气就在此产生。涡轮则是将高能燃气的动能转化为机械能的装置，可以将其简单理解为“一架风车”，风吹过风车会带动其旋转，涡轮也是同理。高温、高速、高压气体流经涡轮时，带动涡轮转动并降温、降速、降压，涡轮则带动与其同轴的通常位于发动机前端的压气机工作。由于涡轮在高温高速高压的恶劣环境中工作，所以通常由特殊的耐高温材料制成，为了进一步提高涡轮的耐高温能力，在涡轮叶片中还引入了冷却系统，以降低涡轮叶片的温度。在航空界中将压气机、燃烧室和涡轮的组合称为“核心机”（engine core）。所有的涡轮发动机都是在核心机的技术上拓展而来，一款优秀的核心机能够演化出多达几十种军民用各型发动机。核心机是现代航空涡轮发动机的重中之重，而航空涡轮发动机则被誉为现代工业技术皇冠上的明珠，大家可以自行感受一下核心机在工业界的地位，目前全世界仅有几家公司能够独立研制核心机。

最后让我们用一组图片来比较一下离心式、轴流式核心机（涡喷发动机），以及涡喷、涡扇、涡桨、涡轴发动机。涡喷发动机最为简单，可以简单地将它理解为一台核心机；涡扇发动机是核心机加上风扇及外壳（外机匣）组成；涡桨发动机是在核心机的基础上通过减速齿轮降低涡轮轴转速，带动螺旋桨转动产生推力/拉力；涡轴发动机是在核心机上增加专门的轴功率输出涡轮。

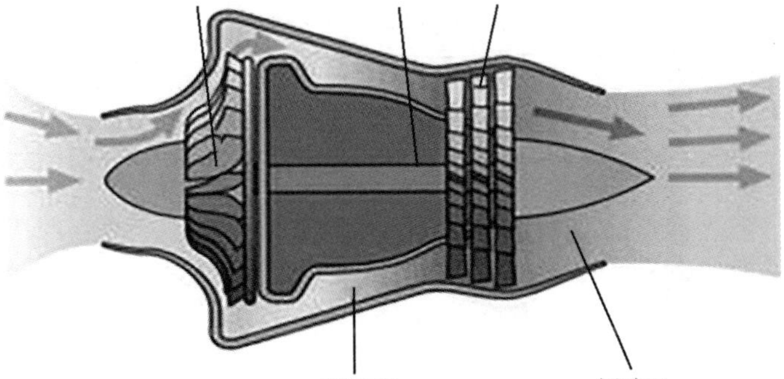

离心式涡喷发动机原理图（空气通过增压器叶片利用离心原理进行压缩）

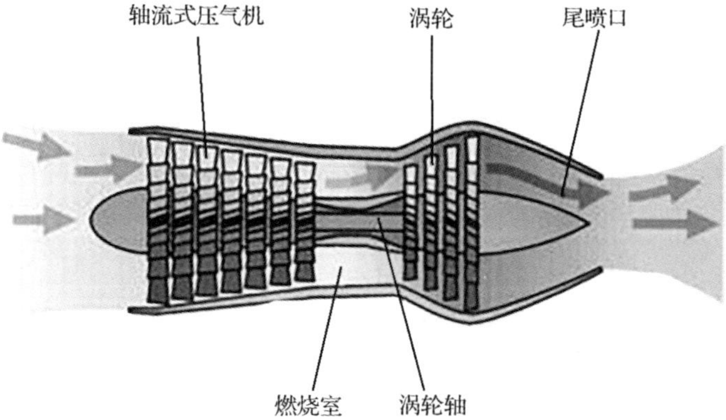

轴流式涡喷发动机原理图（空气沿涡轮轴向流动）

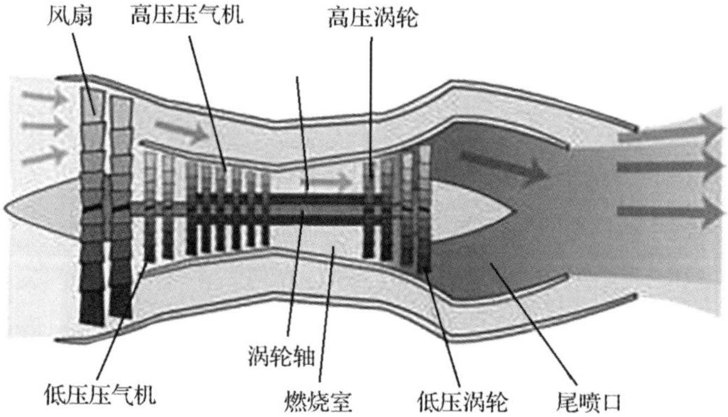

轴流式涡扇发动机原理图（可见由两股气流构成最终的推力）

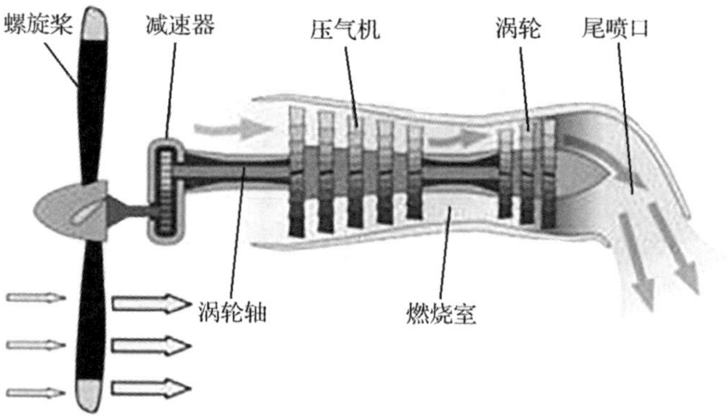

涡桨发动机原理图（在核心机基础上增加了减速箱，此外尾喷口喷出的废气仍能够产生一定的推力）

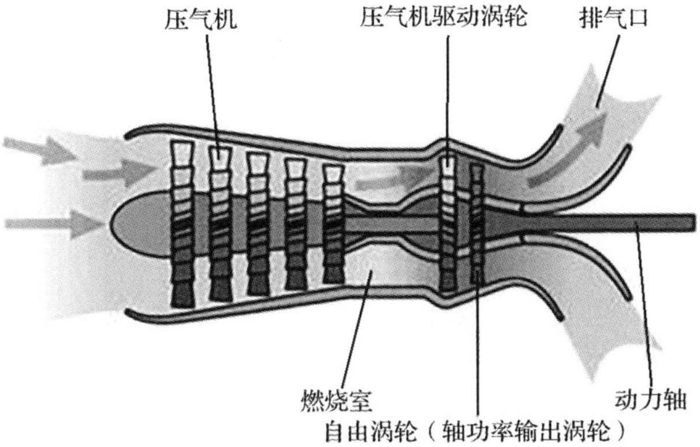

涡轴发动机原理图（在轴流式核心机的基础上增加了自由涡轮）

五、第一代战斗机——米格-15与F-86

美英法德苏作为第二次世界大战初期的主要参战国，动用了几乎全部的国家力量发展军事装备，其间的航空技术发展很快。美苏的航空技术在第二次世界大战前都属于二流水平，战争中后期参战后提升很快。在第二次世界大战后期，世界上第一型实用喷气战斗机德国 Me-262 投入使用，虽然航程短、可靠性差，但飞行速度更快、机动性更强，美国人和苏联人都明白这是划时代的技术，也都看到了喷气式战斗机未来发展的潜力。第二次世界大战刚一结束，德国及其占领区的航空技术专家成为美苏争夺的对象，双方都倾全力开展争夺，大量德国航空技术工程人员，成为美苏的航空技术快速发展的重要基础。

另一方面，世界大战虽已结束，但美苏对峙带来的局部摩擦从未停歇，为了确保空中的优势，双方竭尽其能地研发性能高于对手的战斗机，其结果是推出了一代又一代经典战斗机，从目前通行的划分方式，这些经典飞机被分为四代（也有将其分为五代的，主要区别是将本章中的第二代又进行了细分，无本质区别）。本节将以其中最为知名的机型为代表，讲述其中第一代喷气战斗机及相关技术的发展历程。

作为铺垫，我们首先需要了解一下世界上第一批喷气式飞机（非第一代喷气战斗机）。世界上第一批喷气式飞机当属德国的 Me-262 和英国的“流星”（Meteor）战斗机，作为第二次世界大战末期批产并投入实际战斗的机型，对后续美苏的第一批喷气机研制产生了影响，美苏都利用从德国缴获的航空技术协助自己的喷气式飞机研制。美国人带走了德国的工程技术团队，而苏联人带走了图样、成 / 半成品和设备，不同的是美国人在这之前依靠与英国的盟友关系，很早就开展了相关研究，并制造出了 XP-59A 型喷气飞机并开展试验（XP-59 是活塞飞机，美国人出于迷惑德国人的考虑，在其编号上加 A 让人以为这款飞机只是 XP-59 的改进型）。

德国 Me-262 战斗机（世界上第一款投入实战的喷气式战斗机）

英国“流星”战斗机（世界上第二款投入实战的喷气式战斗机，与 Me-262 同期投入战场，主要用作拦截德国 V-1 火箭）

美国方面在 1941 年派人参观过英国的喷气战斗机格洛斯特 E.28/39，立刻就意识到了这种飞机的重大意义，回国后立即着手开展相关研究，XP-59A 就是在此背景下产生的。

1941 年 5 月首飞的格洛斯特 E.28/39 喷气式战斗机

美国 XP-59A（发动机进气道被布包裹起来，机头上则装上了假螺旋桨用以伪装）

而苏联则采用了模仿途径，他们先是利用掠获的 Me-262 的原材料和半成品组装出了苏联版的 Me-262，并成功实现飞行，此外还制造了 Me-262 的仿制型苏 -9，产量极少。在关于苏联未来喷气机发展道路选择的讨论上，苏联著名飞机设计机构雅克夫列夫设计局认为，简单的组装仿制 Me-262 会扼杀苏联的喷气机设计能力，在他们

非常少见的苏-9照片（其外形与Me-262高度相似，作为技术研究的过渡机型并未量产）

在苏-9基础上改进的苏-11（外形几乎与苏-9一样，细小的差别在发动机吊装的位置）

米格-9（苏联第一批喷气式战斗机，同时也是苏联国产的第一架飞上天空的喷气式战斗机）

的坚持下，苏联领导人接受了这一观点，并开始了苏联第一批喷气飞机的研制。苏联人推出的第一批喷气式战斗机有雅克 –15 系列（包括改型 17 及 23）、米格 –9 飞机，这两系列飞机很相似，都采用后掠式下单翼、十字尾翼，全金属半硬壳结构机身，单发涡喷发动机提供动力，机头进气，驾驶舱位于发动机排气口上方。这几种飞机的发动机舱都十分短小，主要原因是过长的进气道和排气口会降低发动机推力，初期的涡喷发动机本身动力并不充沛，设计师们需要精打细算，因此设计出了这种“安装在发动机上的小巧飞机”。

雅克 –15（苏联第一批喷气式战斗机，采用后三点式起落架）

雅克 –17（雅克 –15 的改型，采用前三点式起落架，换装推力更大的发动机，可携带副油箱）

雅克 -23（雅克 -15 系列的最终版，发动机更换为性能更好的罗罗发动机）

早期的雅克 -15、雅克 -17、雅克 -23、米格 -9 飞机，并不能算作真正意义上的第一代战斗机，他们多用于试验和培训目的，产量较小，很快就退出了历史舞台。真正第一代喷气式战斗机的代表是米格 -15 与 F-86。1950 年，朝鲜战争爆发，这是第二次世界大战结束后两大阵营之间第一场大规模战争，同时也是第一代喷气式战斗机空中角逐的战争。1950 年 9 月 15 日，在联合国军 300 多艘军舰和 500 多架飞机掩护下，美军第十军团成功登陆仁川，拉开了大规模空战的序幕。占据绝对优势的联合国军在战斗初期多使用第二次世界大战期间的螺旋桨飞机，但随着中苏军队的参战，装备米格 -15 飞机的中苏空军对美军造成了出乎其意料的威胁，老式的螺旋桨飞机根本不是米格 -15 的对手，中国飞行员仅经过针对米格 -15 的简单训练后匆匆投入战场，依旧取得了不俗的战绩。为了改变这一状况，美军迅速大量换装了最新的 F-86 系列飞机，喷气式战斗机的首次大规模空战由此开始。

美空军的 F-86 的主要任务是攻击，而中苏军队的米格 -15 主要任务是防守。通常 F-86 编队要飞行 500 ~ 600 千米的距离才能抵达志愿军阵地，这一距离已接近 F-86 的作战半径，米格 -15 则以逸待劳。根据美方的统计，有 18 架美军 F-86 因燃料耗尽在返程途中坠毁。从战后中美苏公布的统计估算，米格 -15 损失的数量要高于 F-86。但考虑双方整体的训练水平、战法、参战机队数量等具体情况后，普遍的看法是这两型飞机的效能在伯仲之间。当然，他们的外形也十分相似，区别在于米格 -15 采用中单翼、十字形尾翼布局；F-86 采用下单翼，低置尾翼布局。性能方面，米格 –15 最大飞行高度较高、爬升速度较快，是一种高亚声速战斗机，在俯冲时能够接近声速，机炮威力较大，缺点是高速飞行时不稳定难操作；而 F–86 中低空机动性能更好、飞行稳定性高、机枪射速较快、飞行员配备有抗过载装备不易疲惫，缺点是飞行高度及爬升速度不如米格 –15、武器威力不足，整体上来看差别不大、各有千秋。

参加朝鲜战争的美军 F–86“佩刀”式飞机

中国志愿军的米格 –15 机队

米格 -15 一战成名并非凭空而出，让我们将时间从朝鲜战场向前推移 10 年，看看第二次世界大战中后期德国研制的一款飞机就可一窥端倪。德国在 1944 年开展了一项秘密计划，要求研制了一款喷气式战斗机，用以拦截在高空飞行的盟军轰炸机，以弥补现役飞机的升限不足，也就是 TA-183 战斗机，这型飞机未批产，第二次世界大战就结束了。苏联军队从占领区取得了 TA-183 完整的技术资料，随后米高扬设计局在 1946 年 3 月起开始组装 TA-183。基于对 TA-183 的研究，改进设计出了大名鼎鼎的米格 -15，并在 1947 年 12 月首飞（第一次飞行在 6 月，着陆时坠毁）。值得一提的是，英国人无意中帮了苏联人一把，他们将当时最先进的罗罗尼恩（Nene）喷气发动机卖给了苏联人，帮助苏联人突破了早期喷气发动机技术上的瓶颈，苏联人在尼恩发动机基础上仿制的 RD-45 型发动机，也让米格 -15 的成为当时苏联唯一能与西方匹敌的战斗机。苏联人依靠 TA-183 与尼恩，完成了从老旧活塞飞机向第一代喷气战斗机的跨越式发展，在第二次世界大战中名不见经传的米高扬设计局也一举成名。由于米格 -15 极其出色的性能，单一型号生产超过了 16 000 架，成为历史上产量最大的单一机型（战斗机类），仅在朝鲜战争期间，中国就进口了 1400 余架。美国方面，也通过种种渠道掌握了 TA-183 的技术，当然美国在第二次世界大战后期航空技术储备是也最深厚的，虽然不能证实美国人抄袭了 TA-183，但不能否认作为美国第一代喷气战斗机代表的 F-86 与米格 -15 实在是太像了，都可以感受到浓浓的“德国风”。

著名的“米格走廊”（由中苏军队驻防）

作为第一代战斗机的代表，F-86 与米格 -15 共同点在于普遍采用后掠机翼，全金属半硬壳式机身，装有带加力燃烧室的涡喷发动机，亚声速但在特定条件下可以实现超声速飞行，驾驶舱内主要以机械仪表为主，装备有简单的电子设备，包括通信电台、无线电罗盘、敌我识别器等，空战方式是近距格斗，主要武器是机炮，实施尾随攻击，这对飞机的机动性要求较高。在朝鲜战争期间，东西方阵营的第一代喷气战斗机第一次交手，难分高下，双方的技术人员进行了总结和反思，这也导致了第二代喷气式战斗机的诞生。

第一代喷气式战斗的代表作（左下为米格 -15，右上为 F-86，外观相似）

德国的 TA-183 型飞机（未量产，对第一代喷气战斗机设计有着深远的影响）

F-86 的驾驶舱（以传统仪表为主）米格 -15 的驾驶舱（与 F-86 属于同一档次）

六、第二代战斗机——米格 -21 与 F-4

第二代战斗机是根据朝鲜战争期间的经验总结而设计的一代飞机，突出特点是“高空高速”。“高空”到升限可达 2 万米，“高速”到最大速度 *Ma* 2，也就是著名的“双 2”。

米格 -21 战斗机与 F-4 战斗机同属第二代战斗机，其实这两种飞机并不完全对等，挑选二者作为比较，是因为第二代战斗机中这两型飞机交手最多。在爆发于 1961 年的越南战争（米格 -21 实际参战时间在 1966 年前后）、1967 年的第三次中东战争、1973 年的第四次中东战争中均有交手，其结果是互有胜负，中东战争中 F-4 表现出一边倒式的压倒性优势，而在越南战争中则陷入米格 -21 的泥沼，正是在越南天空中米格 -21 的优越表现，扭转了米格 -21 无法与 F-4 对抗的看法。毫无疑问的是这两型飞机及其改型，是同期世界战斗机中的佼佼者。

越南空军的米格 -21（这是米格 -21 的第一代型号米格 -21F）

米格 -21 于 1953 年开始设计，1955 年原型机试飞，1958 年开始装备部队。其是一种轻型战斗机，早期型号不具备全天候作战能力，设定的主要作战任务是高空高速截击，也可用于对地攻击和侦察，是 20 世纪 60 年代苏联防空军的主力战斗机。其作战任务标准设定与特定历史环境下苏军的战略防御理念有关。

在美苏对峙的坚冰期，全世界笼罩在核战争的阴影下。苏联军事理论界认为，对于执行对地攻击的空军部队而言，只要有一架飞机成功突防投放核武器即可完成战斗任务，对于防空部队而言，则要千方百计地拦截这些飞机。正是在这种战争理论的指导下，苏联的空军内部又分为空军和防空军，空军负责实施攻击，而防空军则负责防御作战，拦截进犯敌机，因此对航程要求不高。而一般轰炸机的飞行高度较高，通常还伴有护航编队，这就要求防御战斗机的高空高速战斗能力较强，米格 –21 就是在这种背景下研制的。

说一点不算是题外的话，苏联这样的战争防御理论也被认为和在冷战中最终被拖到了万劫不复的解体有关联。安德鲁·马歇尔（Andrew Marshall），他早年曾在美国最有名的智库——兰德公司工作，后供职于五角大楼，被誉为“冷战时期美国国防战略大师”。马歇尔经研究发现，苏联自 20 世纪 40 年代开始，在全国投入巨资建成了横跨 11 个时区、涵盖所有国土的巨型防空系统。这套系统由各种雷达、高炮、地空导弹、截击机（如米格 –21 战斗机）组成。到 20 世纪 60 年代基本建成时，苏联在防空系统上花掉的钱比同一时期进攻性核力量还多，而这些系统还必须不断进行维护及改进升级。就此发现，马歇尔提出，美国给苏联放血的最好办法，并非是对等搞类似防空系统，而是花相对小的代价搞进攻性武器系统，而苏联就不得不放血升级自己的防空系统。后来的 B–2 隐身轰炸机、半途而废的“星球大战”计划、“三叉戟”攻击核潜艇等项目相继被提出。马歇尔认为，美国只要不断诱使苏联在军备建设上血拼下注，凭借美国巨大的经济体量，绝对可以在经济上拖垮苏联。后世研究美苏冷战的很多学者认为，从某种意义上安德鲁·马歇尔才是真正拖垮苏联的人。其实，我们的老祖宗早就告诫了我们，进攻是最好的防御，在空、天作战域，这一道理似乎更加历久弥新。

正确的国家军事战略指导正确的武器装备体系建设。苏联的航空装备发展策略确实是值得商榷，但是这并不妨碍米格 –21 飞机成为一代名机。也在此条件下，苏联还设计了当时特有的截击机的经典——米格 –25。关于米格 –25 的内容后文有专述。

米格 –21 在早期的亚声速米格 –15/17 及超声速的米格 –19 系列飞机基础上改进而来，被认为是最典型的第二代战斗机。在 20 世纪 50 年代初启动研制，对于军方提出的 *Ma*2.0 速度期望，当时的发动机技术并不能支持它的实现，为尽可能地提高速度，苏联人做出了最优的选择，从机翼着手。当时的技术水平下，能够实现超声速飞

越南战争中美国海军的 F-4 执行对地攻击任务时的照片

行的机翼主要有两种，第一种是超薄高速平直机翼，最典型的是前文提到的 X-1 飞机和二代机中的 F-104；第二种是后掠翼，而后掠翼布局中又分为三角翼（如法国的“幻影”Ⅲ）和后掠机翼（如米格 -15）。

美国人基于 X-1 的经验选择了超薄的高速平直机翼作为发展方向，并研发了 F-104“星”式飞机，但为此付出了惨重的代价。F-104 由于采用了这种类型的机翼，导致了超高的事故率并被冠以“寡妇制造者”的绰号，其事故率很高的原因是机翼短小极大地影响低速时的升力，低空低速时起降性能很差。

西德空军装备的 F-104G 单座型（可以看出其机翼有多薄）

瑞士空军装备“幻影”Ⅲ型飞机（典型的三角形机翼）

苏联人则选择了后掠翼的发展道路。茹科夫斯基中央空气流体动力研究院在三角翼和后掠机翼之间开展了评测，分别制造了后掠式机翼的伊 –2 和三角翼的伊 –4 飞机进行测试，这被证明是明智的方式。伊 –2 首先在 1955 年 2 月首飞，伊 –4 在同年 6 月首飞。最初的伊 –4 性能一般，性能不及伊 –2 型，在换装新型发动机并对机翼进行大量修改后的改型于 1956 年 9 月 1 日首飞，被命名为伊 –5，这架飞机表现出了优秀的性能，速度达到 1970 千米 / 时，实用升限达到 17600 米，爬升率也很高。也许是因为这架飞机表现得太好了，苏联人在试飞阶段就将其命名米格 –21，这应当是定型飞机的编号，反映出军方对其相当满意并期待快速量产。但实际批产过程并没

米格 –19 采用的后掠式机翼

有那么迅速，1957 年年底苏联人推出了一款高性能发动机，决定在伊 –5 上使用。为了配合新型发动机，伊 –5 再次修改了气动外形及进气道，将其重新更名为伊 –6，并利用 1958 年近一年的时间进行试飞。从命名为米格 –21 开始经过两年多的修改和完善后，终于在 1958 年年底定型并开始批产，第一批飞机总共生产了 90 架，被命名为米格 –21F–13。一代名机由此诞生。

茹科夫斯基中央空气流体动力研究院：俄罗斯国家级研究机构。主要从事空气、燃气和水的动力学、结构强度、航空器操纵系统动力学和声学等领域的基础研究和应用研究；对具体航空器的气动布局、强度及其他问题提出建议；代表国家对设计局研制的方案作鉴定；对航空器首飞的可能性和安全性下结论；负责制订国家的航空技术发展计划；参与制定适航标准和国家的其他条例。

升限（ceiling）：飞机能达到的最大高度。最大爬升率等于 0 的高度称为理论静升限。国内规定亚声速飞机爬升率为 0.5 米 / 秒、超声速飞机为 5 米 / 秒时所达到的最大高度称为实用静升限。若把飞机的总能量全部转换成势能，这样所获得的最大高度称为理论动升限。为了能在高于静升限的高度飞行，可使飞机按照一定的过载变化规律跃升到允许的最小速度所对应的最大高度，此高度称为实用动升限。

爬升率（rate of climb）：单位时间内飞机爬升的高度。在一定高度上以最大推力状态爬升时所能获得的爬升率最大值称为最大爬升率，该状态的飞行速度称为快升速度或最有利爬升速度。

后掠式机翼的伊 –2 飞机

采用三角翼的伊 –4 飞机

伊 –4 的改进型—伊 –5 型飞机（修改了机翼并在两侧分别增加了 3 片翼刀）

1958 年 2 月首飞的 Ye–6 第一架原型机（也就是大名鼎鼎的米格 –21 的原型机）

伊 –4 型的基础太好了，苏联人对在其基础上发展的米格 –21 非常满意，整体上未做大的修改即定型，虽然满足了苏联空军作为截击机的全部要求，但也为米格 –21 后续发展成为制空战斗机留下了很多的先天不足。头部进气设计效率虽高，但却使战斗机无法使用大功率的火控雷达，限制了战斗机的战场感知能力；发动机占用了大量的机身空间，导致无法安装更多的电子设备；小巧的机身在战斗中具备优势，但却无法搭载更多的燃料和武器，导致航程短且攻击能力一般；为了高速飞行减小阻力而放弃了气泡式座舱盖（外形类似气泡的座舱整流罩，飞行员视野比传统座舱盖要优异得多），导致视野很差，尤其是后方、下方存在很大的观测盲区。严格地说，米格–21是在验证三角翼的试验机基础上诞生的，突出了三角翼的高机动性特点但却放弃了整架飞机的改进升级空间。但它的“双2”特点太明确了，这也是它的独特魅力所在。

第一批米格–21F–13中的一部分售往了战斗一线——中国、越南、波兰、埃及。米格–21F–13首次参战应当是在1966年前后，在越南战场上对美国空军的主力战机F–4造成了极大的威胁，但在1967年的第三次中东战争却一败涂地，一度产生了米格–21不如F–4的论调。以色列军方首先试飞了缴获的（伊拉克空军飞行员叛逃以色列）米格–21F–13，随后美军的飞行员也进行了试飞，他们对米格–21的飞行性能评价极高，这也反映出战斗机作为一种空中武器所发挥出的效能与飞行员直接相关，尤其是他们的训练水平和意志品质，尤其是对于阿拉伯联军而言。

作为一型优秀的二代机，米格–21拥有非常多的改型/仿制型（如中国的歼7系列）和极高的产量，苏联制造了超过6000架，如果统计仿制型产量就更多了（笔者推测应当超过10000架），现在仍有大量改型在服役。航空界人士评价米格–21战斗机——简单、便宜、可靠、实用，就像是枪械中的“枪王”AK–47。对此笔者深深赞同。美国《国家利益》网站2013年12月刊发题为“史上最强的五种战斗机”的文章，其中就有米格–21，可见它在冷战时期的强大。

作为米格–21的老对手，美军的F–4毫不逊色，不同的是F–4是一种重型战斗机，具有全天候作战能力，且航程与载弹量均优于米格–21，而这也与美军的战争理论有关。美军基于自身的经验总结对战斗机进行了重新定位，认为大速度是决定空中优势的主要因素，主张研制兼具空战和对地攻击能力的战斗机。由于航空电子设备的发展，认为空战战术应当在远距离上发现对方并发射导弹进行摧毁，因此F–4的主要武器是空空导弹。对于主要执行任务的区域，则为拥有巨大纵深的欧洲战场，要求这类飞机能够依靠自身的能力，快速长距离突防并实施攻击，遭遇对方截击机时能够进行反击。此外还要能够对敌方轰炸机进行攻击，在这种思维下，F–4被设计成一种综合性很强的战斗机。虽然对F–4最初的设想仅仅是作为舰载机保卫航母，但随着不断的改型，F-4 成为一架集战斗机、轰炸机、侦察机、攻击机于一身的超级多用途飞机。

F-4 飞机的发展可追溯到 1948 年，那一年美国海军就提出了舰载战斗机的招标要求，希望能够获得一款在性能上与即将进入现役的陆基战斗机相媲美的舰载飞机，用以拦截来袭的敌机。麦克唐纳飞机公司（McDonnell Aircraft Corporation）在当年 12 月中标，早期的飞机方案沿袭了 XF-88 飞机的气动外形，这是一款基于第二次世界大战期间护航机使用经验而研发的飞机，所不同的是采用的全新的喷气发动机，美军经典的 F-101 战斗机就是 XF-88 的改进版。

采用两侧进气的 XF-88 飞机

F-101 战斗机

1949 年年初，麦克唐纳飞机公司的方案被正式命名为 XF3H–1，由于当时的美国海军非常急切地需要一款能够在朝鲜战场中对付米格 –15 的飞机，这一项目被加速。在经过了大量改进设计后，飞机定型为 F3H 系列，包括 F3H–1N/1P/2N/2P/2M/2 等截击机、战斗机、攻击机、侦察机在内的多种型号，1951—1955 年总计生产了 520 余架。

1955 年，美国海军发出 F–4 的招标书，要求新飞机能够在距离航母 250 海里的距离巡航 2 小时以上，担负航母的防空护航任务，同时兼具对地攻击、能够全天候执行任务的飞机，麦克唐纳飞机公司、道格拉斯飞机公司（Douglas Aircraft Company）、

F3H–2N 型飞机（左）和 F3H–1N（右）（可以看到改进型的机翼面积明显增大，这是为了改善低速飞行时升力不足的情况）

准备着舰的 F3H–2N（舰载机要能在有限长度的航母甲板起降，需要在低速时有很高的升力）

北美航空公司（North American Aviation）、格鲁门公司（Gruman Company）一同竞标，最终麦克唐纳飞机公司中标，这一项目导致了F-4飞机的诞生。很多资料中声称的F-4由麦道公司生产，其实是一种误读，麦克唐纳飞机公司在1967年才兼并了道格拉斯飞机公司，而且在这之后F-4的生产仍旧由原麦克唐纳公司的工厂完成。

为了满足军方的要求，麦克唐纳飞机公司在F3H-2的基础上进行大量的改进形成YF4H飞机，这也是美国海军给予的正式命名。安装2台美国通用电气公司制造的J79加力涡喷发动机（一代著名的涡喷发动机），采用固定式进气道。虽然是强调高空高速的二代机，但为了能在航母短小的甲板上起降，做了很多针对性的改进，比如将全动平尾下反23°以增加大迎角飞行时的控制力，将主翼的折叠外翼段上反12°，并设置锯齿阻断气流分离向翼梢移动并推迟分离（因为随着飞机飞行迎角的增大，机翼上表面的气流会逐渐分离。从飞机设计的角度，工程师们希望气流分离首先从机翼内侧开始。但随着迎角的进一步扩大，气流分离现象会向翼梢扩展，而副翼布置在翼梢后，分离的气流会导致副翼操纵效率的骤减，进而影响飞机的控制，这对于大迎角飞行时是极度危险的，飞机会失速进入危险状态），飞机的进气道改为带边界层隔离板设计，以适应YF4H在各种速度下的进气要求，此外还安装了前缘襟翼、并在襟翼上安装了吹气装置（襟翼吹气装置）进一步提高低速、大迎角性能。

边界层（boundary layer）：指大雷诺数情况下，黏性小的流体沿固体壁面流动时，壁面附近受黏性影响显著的薄气流层。边界层内的流动状态为层流时，称为层流边界层；为湍流时，称为湍流边界层。

YF4H在1956年12月31日完成详细设计，制造和地面测试工作耗时一年半，首架YF4H在1958年5月27日首飞，但真正定型并装备部队则在1961年的10月了。第一批海军接收的F-4，最大起飞总重28吨左右（后续改型有区别），如此高的重量是因为使用了较强的结构设计以便适应航母起降的恶劣条件，但在强大发动机的推动下，F-4的海平面最大爬升率达到了惊人的251米/秒，不得不佩服美国人的发动机。

图中可以清晰地看到机翼前缘中外段连接处的锯齿（外翼上反、平尾下反的特有设计）

图中 F-4 与 F3H-2N 紧贴机身的进气道设计完全不同

F-4 的主要武器是 4 枚半主动雷达制导的“麻雀”空空导弹，没有装备机炮，这一点让 F-4 在越南战争初期吃到了苦头，与米格 -17/19/21 近距离缠斗时，F-4 飞行员缺少时间稳定飞机进行锁定，即便发射后还要考虑不能误伤友机，同时空空导弹的可靠性较差，尤其是在高温、高湿、高盐的越南地区。很多美军飞行员调侃，“如果不出意外，那些导弹都是坏的”。当然在越南战争的后期，随着技术的进步，空空导弹还是显示出了明显的攻击优势，F–4 在西方二代机中领头羊地位也更加稳固。

F–4 最初作为美国海军的机型，在表现出很强的对地攻击、空中拦截能力后，迅速被美国空军购买，甚至还装备了美国海军陆战队。F–4 的空中格斗能力并不突出，但强大的综合实力使其迅速成为整个西方在 20 世纪 60—80 年代的主力战机，所有美国的盟友均有配备。总计制造了 5100 余架，直到 1996 年从美国军队中退役，在新机辈出的美军中服役期长达 35 年。目前，西方国家仍有少量 F–4 在服役，可见性能之优良。在美军中，它最后的贡献（美军一共 254 架）是作为导弹和地面炮火的空中靶机。

米格 21 与 F–4 作为二代机的代表，他们的共同之处是使用三角翼或大后掠角机翼，半硬壳金属机身，传统的机械操纵系统，具备优秀高空高速飞行特性，装备了更多的航空电子设备（相比 F–4，米格 –21 在此方面要相对弱），开始使用空空导弹，近距格斗依然依赖于航炮（后来发展为红外制导近距空空导弹），战斗方式以从空中格斗为主，逐渐转变为在预警机、地面 / 机载雷达引导下发起攻击。但就像一开始所说的，这两架飞机又完全不同，有区别的地方在于它们的设计理念完全不同，米格 –21 目标是防御为主，F–4 则向着多面手的方向发展（虽然发起该项目的初衷也是防御作战）。经过中东战争和越南战争的检验，F–4 在整体上更胜一筹，美苏军方都清楚地看到了重型战斗机的综合性优势，也相继研制了经典的第三代重型制空战斗机，其中的经典代表就是苏 –27 与 F–15。

第 5000 架 F–4 战斗机（一代名机自然配有一代名发动机，从 F–4 夸张的爬升方式可见其动力装置的强大）

七、第三代战斗机——F-15 与苏 -27

美国发展战斗机的方式很明确，提前开展大量预研工作，通过非批产的技术验证机完成新技术的研究、验证、储备过程，对于我们所称的第三代战斗机，更是如此。美国早在 1965 年就发起了 F-X（Fighter-Experimental）试验战斗机计划，在当年的 12 月 8 日向 13 家飞机制造商发出了招标书，而 F-X 计划也是我们所说的“技术储备”或者说“关键技术攻关”“关键技术演示验证”，它最终的产物是赫赫有名的 F-15“鹰”（Eagle）战斗机，当然还有 F-14、F-16、F-18 等不同用途的第三代战斗机（其中 F-16 属于轻型战斗机）。

F-15“鹰”重型空中优势战斗机（专门为夺取制空权而设计）

对于 F-X 军方最初的想法是研制一款最大重量在 27 吨，最大速度 *Ma*2.7，整机的推重比为 0.75 的飞机，其主要目的类似于 F-4 综合性战斗机。一个非官方的富有经验的战斗机飞行员组织提出了完全不同的意见（这是由一名当时现役美军空军少将领导的飞行员精英组织），他们认为美军需要一款专门为空中格斗设计的飞机，而不是一架“万金油”飞机。这是一种真正意义上的“战斗机”，不负责对地攻击、不负责拦截护卫、不负责侦察指挥，除了夺取制空权外不担负任何其他任务。不出意外，决策者并未听取他们的意见。

推重比（thrust to weight ratio, thrust loading）：在海平面静止条件下，发动机最大推力与发动机重量之比为发动机推重比；发动机最大推力和飞机起飞重量之比为飞机推重比。

然而发生在朝鲜战场和越南战场中有趣的现象逐渐改变了军方的立场。针对核战争条件下研制的先进的综合效能很高的战斗机，并不适应局部战争中常规的空中格斗，尤其是在面对米格 –15/17/19/21 系列灵巧的小飞机时，简直令美军飞行员抓狂，虽然从最终战果来看美军的飞机并不落下风，但与美国人追求的压倒性的优势和绝对性胜利还相差甚远。在此背景下，美国国防部修改了早期的研制思路，重新设定目标为利用这种重型的优势战斗机夺取制空权，为其他飞机在敌空执行任务扫平道路。当时关于苏联人研制米格 –25（一代“神机”，后文有详述）的情报在另一个角度影响了 F–X 项目的转型，美国人高估了苏联的技术水平，认为米格 –25 是一款极具威胁的制空“战斗机”，在速度、高度和机动性能方面具有绝对优势，当时的西方战斗机无一能与之匹敌，为此 F–X 额外增加了高速高空的截击能力，变得不那么“纯”战斗机了。

值得一提的是，当时 F–4 取得的成功坚定了美军发展重型战斗机的决心，但无奈重型战斗机的价格十分昂贵，为了降低军机采购成本，军方还提出研制一款轻型战斗机与之搭配，这也就出现了经典的第三代战斗机的“高低搭配”现象，后来开展的 YF–16 轻型战斗机计划造就了 F–16“战隼”（Fighting Falcon），这也是第三代轻型战斗机的代表作之一。

1968 年 9 月，F–X 项目第二次招标书发布，要求研制一款优秀的空中优势战斗机，具备优异的机动性用以夺取制空权，同时还要有优异的高空高速能力用以拦截敌方的空中威胁，先后有四家飞机制造商提交了自己的方案，在 1968 年 12 月，军方与其中的三家（麦道公司、罗克韦尔公司、罗斯柴尔德公司）签订了飞机定义阶段的研制合同。考虑到 NASA 在前期也开展了相关研究，在美国国防部的要求下，NASA 也在同一年加入 F–X 项目。NASA 一共提出了四种方案，分别是 LFAX–4、LFAX–8、LFAX–9、LFAX–10，其中的 LFAX–4 最后成为了美国海军的 F–14 战斗机，LFAX–8 则成为 F–15，当然这是与几家制造商不断讨论的结果。

经过近一年的评估，麦道公司在 LFAX–8 基础上提出的方案最终夺标。1970 年

1 月 1 日，麦道公司与美国国防部正式签署合同，成为 F-15 的主承包商，首批制造 20 架，其中 10 架试验机 F-15A 型、2 架双座教练型、8 架生产型。仅两年半时间，麦道公司就完成了飞机的详细设计，并在 1972 年 6 月 26 日造出了第一架原型机；仅一个月零一天后，在 7 月 27 日 F-15A 成功首飞；在 1974 年 11 月首批 F-15A 装备部队，进展惊人地快。我国军事航空发展也应该采用了这种思路，按照“探索一代、预研一代、研制一代、生产一代、改进提高一代”的“五个一代”原则，走自主创新发展之路。作为对比，苏联米格 -21 完成设计到首飞花费了 5 年，苏 -27 花费了 15 年（后文有详述）。

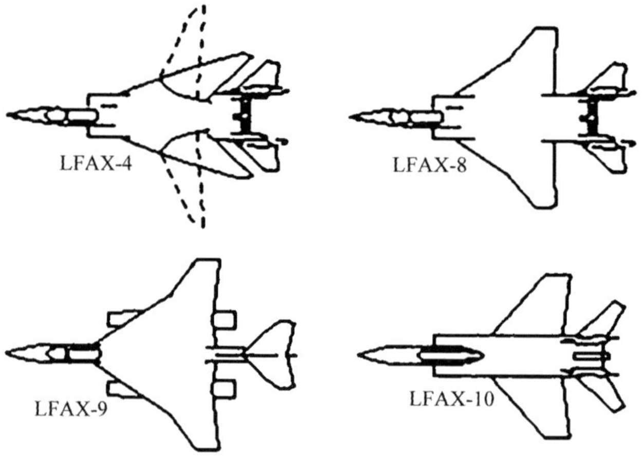

NASA 的 LFAX 系列提案（LFAX-4 可变翼方案，LFAX-8 固定翼双垂尾方案，LFAX-9 双发上单翼方案，模仿米格 -25 的 LFAX-10 方案）

值得一提的是，试飞是一项风险极高的科目，风洞试验并不能完全体现真实的飞行环境，而当时的计算机空气动力学计算能力还很弱，NASA 专门制造遥控模型开展 F-15 高风险试验，模型是风险及成本最低的方法，该经验来自 X 系列各种奇特构型的验证机。

F-15 的机身主要分为前段、中段和后段。前段机身布置电子设备，巨大的机头空间允许 F-15 可以安放大功率的搜索雷达。中段机身与机翼相连，飞机背部布置了减速板，前、中机身主要采用铝合金材料。机翼最早使用三角翼（上单翼），但在大过载机动时会发生颤振（颤振是翼面的自激振动，是飞机结构动强度中最重要的气动弹性问题），最后选择将三角翼外侧切掉一部分，形成了今天所见的 F-15 独特的斜切三角翼。机翼的翼梁采用钛合金制造。

编号为 No.71-0280F-15A 的第一架原型机首飞的照片（可以看到飞机上没有任何的外挂点）

由 NASA 开展的 X-15 的遥控模型试验（为降低成本起落架被滑橇替代）

F-15 独特的翼梢被斜切的三角翼（平尾采用了 F-4 机翼的锯齿设计，以改善大迎角飞行的效能）

F-15C 型的主动相控阵雷达（充足的机头空间远比二代战机大得多）

F-15 的背部减速板

钛合金制成的后机身隔框用以承受发动机的高温

此外，飞机还根据参加过越南战争的飞行员的强烈要求，采用了大型的气泡式驾驶舱盖，极大地改善了视野，尤其是下视能力极大拓展。

后机身主要安置发动机，采用钛合金结构。动力装置方面，第一批发动机选择了普惠公司的 F100-PW-100 发动机，单台最大推力接近 11 吨（美国 F-16 战斗机也曾采用该系列的发动机），是世界上最早投入使用的推重比达到 8 的军用发动机，在初期也因为太过先进导致问题不断，影响了 F-15A 的出勤率。

F-15E 型的驾驶舱（采用大幅改善飞行员视野的气泡型设计）

安装在 F-15A 型上的普惠公司 F100-PW-100 发动机

F-15C 型最大加力起飞的状态（C 型使用的是美国通用电气公司制造的 F110-GE-129 涡扇加力发动机）

F-15A 型的驾驶舱（比 F-4 更加复杂，还未出现现代化的显示器）

F-15E 型最新的驾驶舱（已经非常现代化了）

这架最大起飞重量在 30 吨左右的庞然大物，其空重不到 13 吨，经一次空中加油后的最长滞空时间可以达到 15 小时。主要的武器是空空导弹，但仍然保留有航炮（安装在右侧翼根的整流罩内，一般很少有人注意到），这一点也许是越南战场留下的教训太过深刻的原因吧。

一般难以注意到的 F-15 六管加特林航炮

这型飞机自首飞到现在（2023 年）已经 51 年了，其间经历了 20 世纪 70 年代以来的第五次中东战争、海湾战争、科索沃战争、伊拉克战争、阿富汗战争等所有美国对外用兵。极少有被击落的记录（美国人从未承认过被击落事件），显示出了强大的制空能力，当然这也与对手主要是二代或者二代半战斗机有关。在过去的几十年中，F-15 也在不断改进并拥有许多的改型，一般来说主要用新数字式计算机取代老式模拟式计算机，更换雷达、电子设备、增加保形油箱（一种改变飞机气动外形较少，基本能够与飞机外形相融合的附加油箱）、加强机身结构、换装发动机等。比较大的改型发生在 F-15E 的身上，该改型定位为双座全天候战斗轰炸机，偏重于对地攻击，在 1986 年年底首飞，全面升级了电子系统以适应新的作战任务、强化了机身结构、驾驶舱重新设计，总计制造了 224 架，是 F-15 系列中唯一的对地攻击型。得益于不断改善了电子设备和翻新工作，这型飞机目前依然是美国和其盟友的主力战机，仍然是世界上优秀的战斗机之一。美国几乎所有有实力的盟友都购买了 F-15 系列飞机，这么说的原因是它的价格也很“优秀”，比如 14 年前的 2002 年，韩国空军宣布向美国订购 40 架 F-15K（含备件），价值 42 亿美元。

在中东战争期间，埃及、叙利亚使用苏制米格系列飞机被以色列空军碾压，苏联人也需要一种新飞机以应对美国战斗机。当然这也只是其中一方面因素，另一方面的因素是正当美国人开始研制 F-15 的时候，苏联人也在关注着美国的研究，F-15 让苏联人感到巨大的威胁，苏联人也认为没有任何一种现役的苏联飞机能与 F-15 抗衡。没错，美国人高估了米格 -25，下大力气研制了 F-15 反过来威胁到了苏联人。苏联人没有选择，必须研制一款同类型的重型制空战斗机以与 F-15 抗衡。在此情况下，苏联空军提出了 PFI（Perspective Frontal Fighter，未来前线战斗机）计划，旨在针对美国 FX 计划。1969 年苏联航空工业部提出了主要技术要求，由三家单位参与并展开研究，分别是苏霍伊（Sukhoi Company）、米高扬（Mikoyanand Gurevich Design Bureau）和雅克夫列夫（Yakovlev Design Bureau）三个飞机设计局。在 1970 年中期，苏霍伊的设计方案基本成形，并被命名为 T-10 方案，另外两家后来提供的方案分别是米格 -29 和雅克 -45。其中 T-10 后来发展成为苏 -27，米格 -29 则成为与苏 -27 高低搭配的飞机。现在看来，这两型飞机外观非常相似，这是因为它们的气动外形都是由茹科夫斯基中央空气流体动力研究院参与设计的。

最早的 T-10 原型机

1971 年，苏联国防部对 PFI 提出了更加明确的要求，双发重型前线制空战斗机，火力强大，具备使用导弹在远距离上摧毁对方的能力，机动性优秀达到世界的顶尖水平，拥有短距起降能力，能够在近距离格斗中取得优势。具体来说，包括

最大速度 *Ma*2.35 以上，海平面最大爬升率为 300 ~ 350 米 / 秒，实用升限 21 000 ~ 22 000 米，起飞推重比为 1.1 以上，这些指标均指向 F–15，该计划也被称为“反 F15”（AntiF15）计划。最终苏霍伊和米格设计局的方案入选。雅克夫列夫设计局在落选后，将研究中心放在了垂直起降战斗机上，后来推出了“雅克 –41”成为世界上第一款超声速垂直起降战斗机。

苏霍伊设计局设计人员研究了多种气动布局方案，最终在原型机 T–10–1 架上采用了翼身融合一体化方案。风洞试验表明，这种设计大迎角下的性能良好，整机的升阻比很高，并且可以携带更多的燃料。但军方及很多专家并不认可这种设计，因为 F–15 是传统布局，工程师们并无太多翼身一体化的设计经验，新方案风险太大，但飞机的总设计师苏霍伊固执地坚持他的选择，也因此付出了沉重的代价。

米格 –29

雅克夫列夫设计局提出飞 PFI 方案—雅克 –45

雅克 –41 垂直起降战斗机

T–10 的详细设计在 1975—1976 年完成，1975 年 9 月，苏霍伊设计局的开创者、总设计师苏霍伊去世，由另外一位传奇人物西蒙诺夫接手 T–10 项目。

1977 年年初，首架苏 –27 原型机 T–10–1 出厂，5 月 20 日成功首飞。第二架原型机 T–10–2 在 1978 年 7 月 7 日首飞，发生重大事故试飞中空中解体，苏联功勋试飞员甫根尼 · 索洛维耶夫当场死亡。事故分析原因是飞机在超声速飞行时，因电传飞行控制系统设计缺陷，由飞行员诱发纵向振荡导致机体共振、空中解体。而这一情况在最初设计时并未发现，索洛维耶夫也成为缺乏经验设计人员的牺牲品，随后设计人员立刻修正了设计。1979 年 8 月 23 日，T–10–3 完成了首飞，10 月 T–10–4 也加入了飞行测试。

T–10–1 号飞机（其外形与定型的苏 –27 看似差别不大，在细节上却完全不同。一架好的飞机应当在所有细节上都是完美的）

在 1980 年前后，T-10 战斗机的试飞已接近尾声，苏联空军对 T-10 战斗机所表现出的优异性能非常满意，并且已经准备大规模订货。但飞机的总设计师西蒙诺夫和苏联西伯利亚航空研究院（俄罗斯最知名的航空研究机构，作用类似于早期美国的 NASA）却提出，要对 T-10 战斗机进行重大改进，因为他们要研发一款各方面性能全方位超越 F-15 战斗机 15% 以上的优异制空战斗机。他们经过对试飞结果

T-10-1 的驾驶舱（可见早期复杂的各类仪表）

我国海军引进的苏 -30MKK 的驾驶舱

分析得出 T-10 战斗机还存在一些重大改进空间：如，边条翼设计不够合理，会导致气流过早分离；机翼设计也有很多提升空间，T-10 战斗机在大速度小迎角时会出现气流分离，导致升力降低并带来抖振（飞机某些部分由于它自身或其他部分上的气流分离产生湍流所引起的强迫振动）；进气道、起落架设计等。从飞机设计的角度来看，更改飞机气动外形等同于重新设计飞机。没错，西蒙诺夫就是要将前面的设计推倒重来，因为他的目标是设计出一款各方面性能全方位超越 F-15 战斗机 15%以上的一代名机！而此时 T-10 项目已经进行了 10 年，尽管苏军急于拿到 T-10 战斗机，但在与苏霍伊同样固执的西蒙诺夫坚持下 T-10 战斗机进行重大修改。而修改的代价也十分大，修改后下线的前两架飞机先后出现了机毁人亡的重大飞行事故。关键时刻战斗民族的坚强意志战胜了所有艰难险阻，一代名机终于百炼成钢！当然西蒙诺夫也付出了一定代价，他被调离苏联航空部副部长和苏霍伊设计局总设计师岗位，但世界航空界永远铭记他的激情进取、创新超越的航空精神。

T-10 重新设计了机翼，加大机翼面积，减小后掠角，除去翼刀，将后缘襟翼和副翼改为一体的襟副翼，增加前缘襟翼，减速板从机身下改到机身背部，重新设计进气道，发动机安装位置重新调整，缩小机身截面面积，对机头、驾驶舱盖进行修改，修改尾锥设计等一系列改进，造就了苏 -27 在全世界第三代机中拥有最优的气动布局、最佳的气动性能和极强的苏 -27 家族谱系衍生能力，从而也证明西蒙诺夫的决定非常正确，改进后的 T-10 更名为 T-10S。

1981 年首架 T-10S（制造序列号为 T-10-07）完成组装，4 月完成首飞，9 月 3 日试飞中坠毁，试飞员逃过一劫。12 月 23 日，T-10-12 试飞中进入不可控侧滑导致飞机坠毁，试飞员死亡。1983 年，T-10-17 低空大表速（大速压）飞行时，前缘襟翼断裂并打伤垂尾，飞行员萨多夫尼科夫将残损的飞机安全降落。设计人员通过分析这一系列的事故，完善了很多设计，而萨多夫尼科夫也因此被授予“苏联英雄”称号，苏 -27 飞机最终被打造成了一代名机。

直到 1984 年苏 -27 正式进入苏联空军服役，T-10 系列测试机一共制造了 27 架，是苏联第一型使用翼身融合技术与 4 余度模拟电传飞行控制系统，也是苏联首型放宽静安定性的飞机。从项目发起至交付部队，耗时长达 15 年。凭借着苏 -27，第二次世界大战后名不见经传的苏霍伊设计局也一跃成为行业内最知名的研制机构。

电传飞行控制系统（fly-by-wire control system）：把驾驶员的操纵指令变换为电信号，并与来自飞机运动传感器的信号相综合，通过电缆直接控制气动操纵面作动器，对飞机进行飞行控制的一种闭环飞行控制系统。通常由飞行员控制杆、传感器、飞机计算机、伺服舵机及阻力器等部件组成。它不只是简单地用电信号的传递取代机械传动，而是与自动控制系统（如增稳系统）相结合。增稳系统可以通过电传飞行控制系统对飞机本身的静稳定度进行补偿，从而可以使设计师放宽对飞机本身静安定性的要求，从而设计出重量轻、阻力小、高机动性的飞机。

按系统所采用的电信号的形式，可分为模拟式电传飞行控制系统和数字式电传飞行控制系统。为了提高系统的可靠性，一套电传飞行控制系统往往由多个相互独立的控制回路组成。这种多回路系统被称为多余度电传飞行控制系统。

让我们一同看看苏-27的惊人表现。在1986—1988年间，由T-10-15架改装的P-42飞机，创造了27项爬升率和飞行高度的世界纪录。在1989年11月创造了用25.4秒爬高到3000米的世界纪录，在1989年12月又创造了用37.1秒爬高到6000米、47.1秒爬高到9000米和58.4秒爬高到12000米世界纪录。为了冲击纪录，P-42进行了大量的改装，拆除雷达、火控系统、减速伞、腹鳍武器挂架等全部无用设备，缩短尾锥，雷达罩改用轻质材料制造，换装大功率发动机，甚至连机身漆面都省了，每次只携带经过精确计算的燃料，P-42的整机推重比达到惊人的2。发动机起动后，需要用推土机拉住P-42，在爬升率挑战计时开始时断开连接，P-42像离弦之箭似的飞出去。笔者观看过P-42创纪录的视频，目测起飞距离不超过100米。

唯一的P-42（为了创纪录油漆都没有喷）

P-42 起飞时，机轮刹车已经没用了，需要由推土机牵引，前面的这辆奇特装备的是由坦克改装的，用于为推土机抵挡 P-42 喷射出的高温气体

在 1989 年 6 月的巴黎航展上，苏霍伊设计局试飞员普加乔夫驾驶飞机完成了一组高难度的复杂特技。其中一组动作震惊全世界，颠覆了业界对飞机大迎角操稳特性的理解，因为此前从没有一名飞行员能将一架远超失速迎角区域飞行的飞机平稳改出。苏 -27 由平飞姿态迅速抬头，但继续保持平飞（不增加高度），仰角迅速增大直至 120° 左右，飞机已“尾部朝前”飞行，速度骤减到 200 千米 / 时以下，但飞机并没有失速下坠或发生横向或航向偏离，而是自行改平飞后恢复原状，这一动作被命名为“普加乔夫眼镜蛇机动”，显示了苏 -27 惊人的气动稳定性，尤其大迎角条件下飞机的横 - 航向稳定性和过失速机动能力。因其在低空中的表现极具观赏性，苏 -27 飞机迅速成为各国航展的宠儿，研究“眼镜蛇”机动的实战应用也成为了一个热门话题。

为了展示苏 -27 的优异性能，苏联的继任者俄罗斯还在 1991 年成立了使用苏 -27 战斗机的“勇士”飞行表演队，目前仍是全球唯一一支使用重型战斗机作为

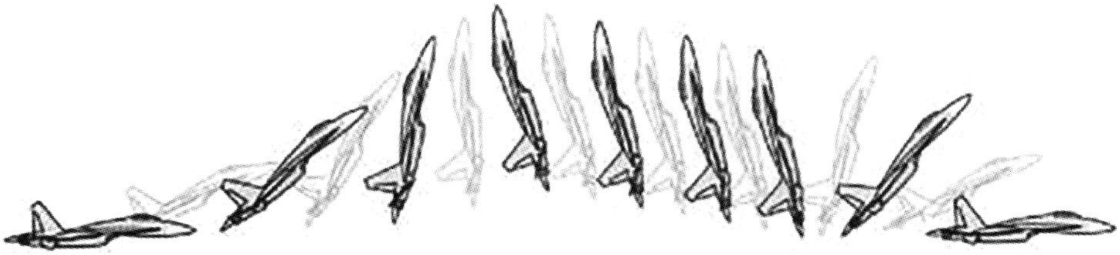

苏 -27 经典“眼镜蛇机动”体现出飞机极佳的气动性能

表演飞机的飞行表演队，是世界各大航展的常客。

1987 年 9 月 13 日，挪威空军的 P-3B 反潜机在苏联沿岸侦察，遭遇一架不明苏联飞机，这架飞机从 P-3B 的右翼下高速掠过，用垂尾在 P-3B 的右侧发动机上划开大口，右侧发动机停车，桨叶断裂并插入机身。P-3B 迅速掉高度但成功改平飞后返航，而苏联战机仅垂尾轻微受损，这就是冷战时期著名的“巴伦支海手术刀”事件，被载入史册，而那架苏联战机就是大名鼎鼎的苏 -27，不得不令人赞叹飞行员的胆识和苏 -27 的结实可靠。

苏 -27 此时迎角已经大于 110°

双机编队飞行

苏-27作为一种高性能战斗机也是一种非常好的平台，在其基础上拥有30余种改型，形成了庞大的苏-27家族谱系，包括对地攻击、舰载、侦察、电子战、教练、加油型，以及在其基础上发展而来的苏-30、苏-32、苏-33、苏-34、苏-35、苏-37、苏-47等系列机型。而俄罗斯的新一代隐身主战战斗机苏-57，身上依然可以看到苏-27战斗机的浓厚印记。

苏-27的改型苏-30低空通场（请注意与地面的距离，这是完美的飞行技术与完美飞机的完美结合）

以苏-27与F-15为代表的第三代战斗机，其主要的代际特点为：配有电传操纵系统以实现放宽静稳定性设计，机动性大幅度提升；配装大推力涡扇发动机（推重比8左右），大量使用钛合金及复合材料，实现能量—机动有机结合；实现武器火控与综合航电设备一体化设计（尤其是后期的改型），飞行员劳动强度得以大幅度降低；这一代飞机不仅强调制空作战而且强调对面（地面、海面目标）攻击能力，所以升限大部分在16 000 ~ 18 000米，最大飞行速度在*Ma*1.6 ~ 1.8，外挂能力突出；拥有全天候、全能力，配备先进空空导弹，可以实现超视距攻击，主要空战方式为在火控计算机的帮助下使用中距空空导弹和近距格斗导弹，仍然配备航炮，对面打击通常使用防区外发射空面武器；在气动布局方面，各制造商八仙过海各显神通，苏-27、米格-29采用了翼身融合体的气动设计，F-15、F-16、F-18采用传统设计布局，中国歼10、法国“阵风”、欧洲EF-2000均采用鸭式布局（不同之处在于EF-2000采用的是远距耦合鸭式布局），而“幻影”2000飞机又采用了无尾布局。这些型号的飞机目前仍是主流的空中优势战斗机，被各发达国家广泛应用于航空。

苏 -27 从 P-3B 右侧机翼下掠过（用垂尾破坏了最右侧发动机）

受轻伤的苏 -27 左侧垂尾

八、第四代战斗机——F-22

在 F-15 进行研制的同时，美国空军已经开始储备 F-X 飞机的后续机型，并启动了代号 TAC-85 的项目研究，1971 年完成了报告，对 F-X 后续机型进行了初步的方向性探索，形成了先进战术战斗机概念方案（Advanced Tactical Fighter，ATF）。在 ATF 概念方案中，明确了下一代飞机的初步定义，用一句话可以描述为“下一代战斗机的主要目的是应对未来可能会出现的任何全球威胁”，这意味着这架飞机要全面领先于已有的所有型号及潜在的新机型。这就是目前第四代战斗机的起源，而同期苏联人则刚开启苏 -27 项目。

在 1972 年 F-15 首飞后，美国空军全面启动了下一代先进战术战斗机的预先技术研究，这种研究并不是要从型号设计制造出下一代的战斗机，其重点在于储备下一代战斗机需要的先进技术。同期的 NASA、美国国防高级研究局、美国空军、美国海军都已经开始相关探索，比如近距耦合鸭式布局、翼身融合布局、超临界翼型、吹气襟翼、复合材料、火控 - 飞行 - 推进综合系统、随控布局 / 主动控制技术、短距起降、超远距离探测雷达、先进数据传输系统、先进动力系统、飞机雷达隐身技术，等等，而且这种超前储备技术的做法美军一直延续至今。

翼身融合布局（blended wing-body configuration）：机翼机身一体化设计的一种布局形式。翼身组合体的外形按照统一的设计要求，根据统一的机翼机身流场计算来确定。通过机翼机身的整体考虑，使翼身外形在“连接”部位融合在一起。优点是高速时零升阻力小，升阻比大，结构重量轻，内部容积大；但因外形复杂，给制造加工增加了难度。

超临界翼型（super critic alaerofoil sections）：由美国 NASA 的惠特康（Whitcomb）在 20 世纪 60 年代发展的一种适用于超临界马赫数飞行的现代跨声速翼型。

吹气襟翼（blown flap）：利用从机翼中喷出的压缩空气吹除襟翼上表面的涡流以增加升力的一种襟翼。机翼气流分离会造成升力下降。在前缘或后缘襟翼偏转时，气流在转折处更易分离。从喷气发动机中引出一定流量的空气，通过管道在襟翼偏转时沿襟翼表面吹气，给边界层注入能量，可以延缓气流分离，从而达到增升的目的。

主动控制技术（active control technology）：用多输入、多输出反馈控制系统提高飞机性能的一种综合技术。在飞机飞行控制领域内，专指根据飞机刚体模态和（或）结构模态运动变量的测量，产生并合理配置气动作用力和力矩，自动实现稳定性补偿、机动性增强、结构模态抑制、飞机边界限制以及运动解耦控制功能的反馈控制技术。在飞机最初设计阶段引入主动控制技术作为飞机设计的基本要素来对飞机的总体布局进行最佳设计，可以使飞机的飞行性能和机动性大幅提高，飞机品质大为改善外，并能实现一些按传统设计根本无法实现的新运动模式。这种在总体设计中使用了主动控制技术的飞机，被称为随控布局飞机。

1981 年，美国空军正式针对 ATF 项目，向美国国防承包商发出 RFI（Request for Information，向潜在供应商发出的征集方案 / 能力等书面信息的标书），综合性的文字描述为具备隐身 / 低可探测性、短距起降和超声速巡航能力，将使用到的主要新技术包括先进合金及复合材料、电传飞行控制系统，先进的推进系统。而美国国防部对 ATF 的整体要求是形成绝对的优势，任何其他飞机都无法与其比拟。

1983 年 5 月，美国空军向普惠公司与通用电气公司发出关于研制联合先进战斗机发动机项目（Joint Advanced Fighter Engine，JAFE）的 RFP（Request for Proposal，类似于国内的招标书，要求供应商提供完整的方案），在当年 9 月，这两家发动机公

利用 F-8 战斗机开展的超临界翼型、数字式电传飞行控制系统研究

NASA 开展的前掠翼、鸭式布局、近距耦合技术演示验证（图中为格鲁门公司制造的 X-29 飞机）

司与美国空军签订研发 JAFE 原型机的正式合同。与此同时，美国海军还与美国 6 家飞机防务承包商签订了研究合同，由他们完成进一步的 ATF 定义研究工作，其中波音、洛克希德、通用动力公司之间签署了内部协议，任何一家公司中标，作为主承包商将邀请另外两家公司共同研制这款飞机，诺斯罗普与麦道公司之间也有类似的协议，这几家承包商在这期间完成了多种设计方案。

X-14 短距起降技术验证机，1954—1981 年开展大量研究

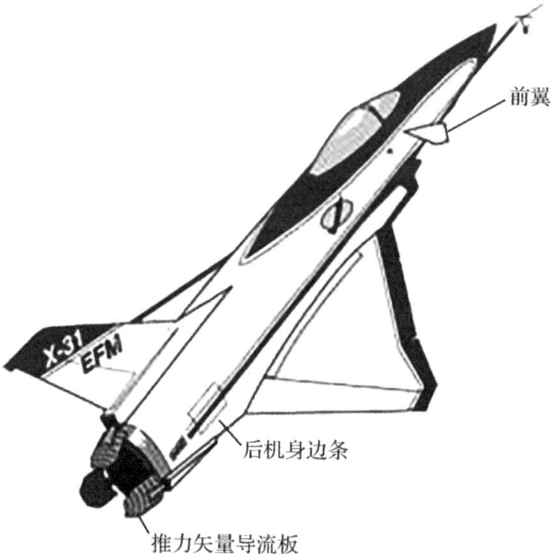

X-31 技术验证机（用以开展推力矢量技术、三角翼大迎角飞行控制测试）

X-31 在 1994 年切掉垂尾用以开展无尾翼布局研究

安装了大量传感器的 B-52 随控布局技术验证机（选择 B-52 的原因是其飞行性能稳定）

1984 年年末，美国空军明确了 ATF 的具体战技指标，包括最大起飞重量 23 吨、作战半径 1300 千米、能够以 *Ma*1.4 ~ 1.5 的速度进行超声速巡航、能够在 610 米（2000 英尺）跑道起降（后期又将这一指标改为 3000 英尺）。1985 年 9 月，首次提出 ATF 应当具备的 5 种能力：隐身能力、高度机动性、超声速巡航（非加力状态）、有效载荷不低于 F-15（F-15 的这一指标在当时所有战斗机中处于领先地位）、超远航程，这也成为后来第四代战斗机的门槛要求。此标准基本上是给美军自己定的。截至 2023 年，从目前公开信息看到的量产飞机中只有 F-22、F-35 同时具备这几种能力。

1986 年 10 月，洛克希德公司和诺斯罗普公司中标，标书要求在 50 个月的时间内完成飞机“所使用的技术验证及固化”，制造两架技术演示样机，洛克希德公司被赋予的飞机编号为 YF-22、诺斯罗普公司则为 YF-23。而此时发动机的研制也在同步展开，普惠公司与通用电气公司分别研制了 YF119 与 YF120 发动机，并在 YF-22/23 首飞时向其提供的充足的动力。值得一提的是 YF119 发动机，其最终的定型版推重比 10.2 左右（外界推测），批产发动机中排名第一，在其基础上改进的 F135 发动机则成为与 F-22 高低搭配的 F-35 战斗机的动力装置。

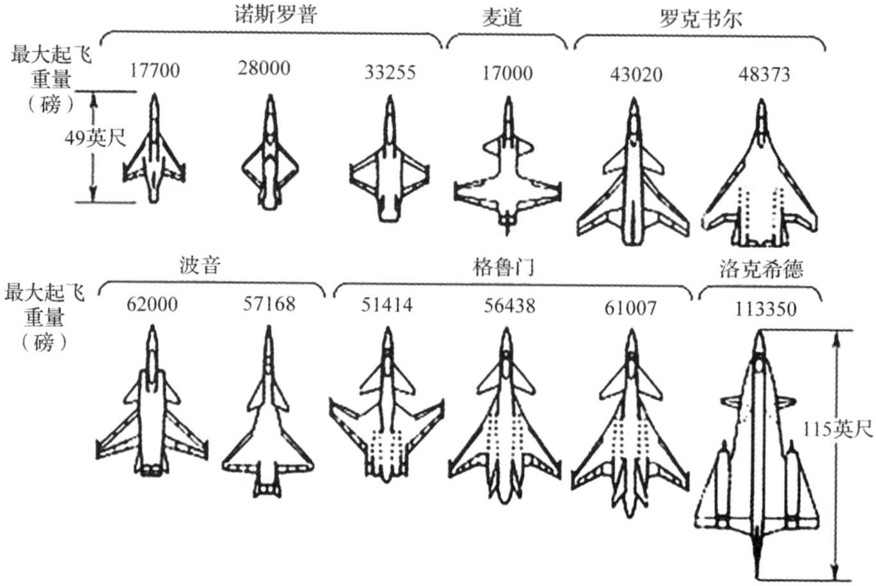

空对空方案的概念设计

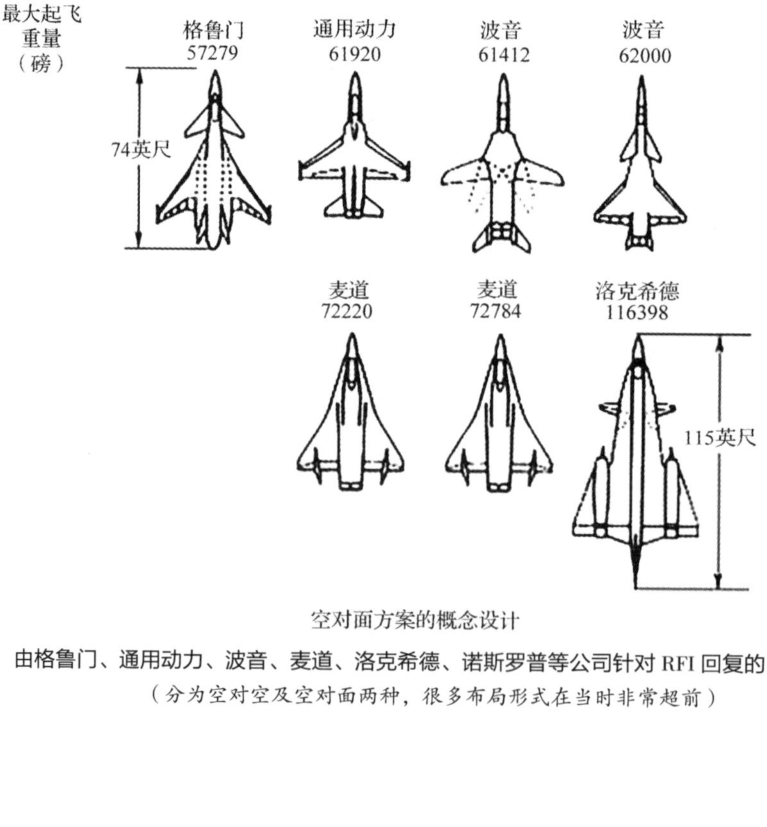

空对面方案的概念设计

由格鲁门、通用动力、波音、麦道、洛克希德、诺斯罗普等公司针对 RFI 回复的 ATF 方案

（分为空对空及空对面两种，很多布局形式在当时非常超前）

非常有名的 F–119 涡扇发动机测试时的照片（采用可上下偏转的二维矢量喷管）

4 年之后的 1990 年，YF–23 原型机在 6 月 23 日首先下线，并在 8 月 27 日第一个完成首飞，YF–22 原型机则在 1990 年的 9 月 29 日完成首飞。

这两架飞机均表现出非常优异的加速性能。使用普惠发动机的第一架 YF–23，于 9 月 18 日在不开加力超声速巡航下达到了 *Ma*1.43，而使用通用电气公司发动机的第二架 YF–23，11 月 29 日在不开加力超声速巡航下达到 *Ma*1.6，同年 12 月底，首架 YF–22（使用通用电气公司发动机）在不开加力超声速巡航下达到了 *Ma*1.58。

YF–22 与 YF–23 的合影（YF–23 看起来非常科幻，已经不再安装有传统意义上的平尾、垂尾）

YF-22 三视图

（翼身融合的传统布局）

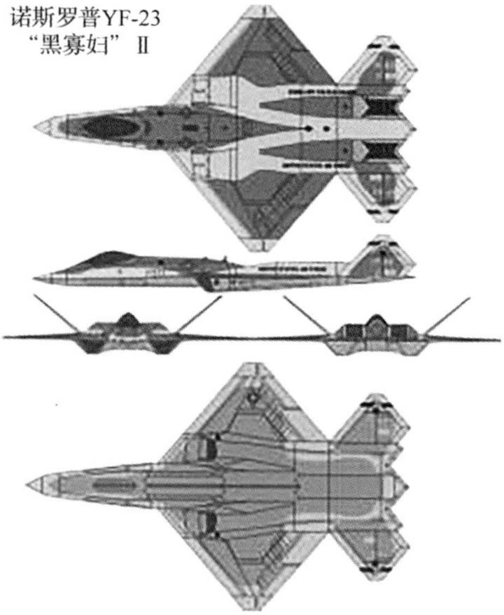

YF-23 三视图

（机身更加细长代表了速度会更快）

YF-23 试验机（明显的翼身一体化设计和独特的尾翼，确切地说，机翼、机身、尾翼已经一体化了）

1991 年 4 月 23 日，美国空军经过 90 天的评估后，最终选择了安装有普惠发动机的 YF-22，他们认为整体上 YF-23 的隐身和速度性能更好，而 YF-22 的机动性更强，显然这两型飞机性能在伯仲之间。至于 YF-23 落选的原因并未公开，外界猜测美国空军主要考虑是这两家公司的项目管理能力，对于如此先进的战斗机研制，必须在指定的时间、有限的预算完成预设的性能指标。YF-23 采用了太多的新技术，相比 YF-22 也更先进，相应的研制风险和使用风险也就更大，而军方更希望飞机能够在技术先进性和使用风险间取得完美的平衡，且诺斯罗普公司在B-2轰炸机项目上超支拖进度的表现，难以说服军方继续承接YF-23飞机研制。当然，纵观美国的军机研制史，军方也有意在研制项目的分配上进行微妙的平衡，当时的B-2项目（前文有详述）已经够诺斯罗普公司忙活很多年了。

请注意发动机尾喷口的样子，这么做的主要原因是为了向下遮蔽红外特征

YF-22经过大量的试飞修改，成为第一种量产的第四代战斗机，其性能指标目前仍为机密（除美国军方选择性公开的少量数据外），外界流传的数据都是猜测。可以看出，YF-22与第一批量产型F-22相比，总计有13处明显的不同，改进后的飞机更加漂亮。就像达索公司总裁说过的那样，凡是看起来漂亮的飞机，就是好飞机。

注意YF-23的控制面布置，飞行员必须在强大的飞行控制计算机帮助下，通过尾翼和复杂的机翼舵面完成对飞机的操控

进行低温测试的 YF-22

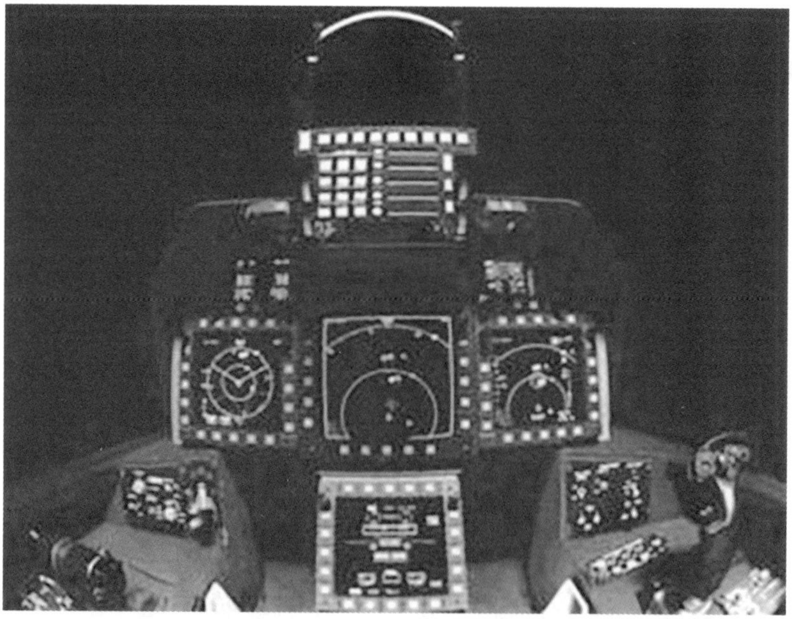

量产型 F-22 的驾驶舱非常简洁（基本上看不到传统的仪表，驾驶杆在右侧）

飞行试验中的 YF-22

量产型 F-22（右）和原型机 YF-22（左）

外界推测，F-22 在机载电子设备、机动性能、武器配置方面整体领先于世界其他战斗机（不含在研制的），但是价格不菲，推测的单价在 5 亿美元左右。财大气粗的美国也不得不精打细算，同时，该型号被纳入到美国武器禁止出口的名单中，只有美军配备，包括英国在内的任何美国亲密盟友也无法购买 F-22。此外，苏联解体后，其他国家没有研制 F–22 同等技术水平战斗机的能力，因此美国国防部一再削减 F–22 的订单直至 2011 年停产，一共制造了 187 架。关于飞机产量如此之小的原因，外界的一种猜测是随着航空电子技术的发展，先进的气动设计及动力装置的优势会被抵消，未来的空战模式将不再聚焦于空中格斗，超远距离发现对手并实施攻击将成为主流。F–22 将利用隐身能力，使配装脉冲多普勒雷达的第三代机对其探测距离大幅缩短到 20 ~ 40 千米，配合超远距离探测（200 千米以上）和超视距攻击（100 千米以上可发射后不管），将对第三代机形成压倒性优势。但随着雷达探测技术的发展，远距离发现 F–22 正在逐渐实现。且 F–22 机身上的隐身涂料维护极其复杂，需要经常更新部件且维护价格昂贵，这也许是美军放弃大规模量产 F–22 的另外一个原因。

按照美军军机研制的惯例，我们有理由认为美国人已经开展了第五代，甚至第六代战斗机的储备技术研究，这也许才是 F–22 停产的根本原因。但整体上来看，F–22 无疑是第四代战斗机中的佼佼者。

我们介绍了从第一代战斗机到第四代到战斗机在冷战期间苏美争霸推动下的发展历程，双方你追我赶不断推出一代又一代经典的战斗机，在航空技术领域，从第二次世界大战结束时美苏相差无几，到冷战结束时美国一超独霸，航空科技发展与经济基础息息相关。第二次世界大战期间美国远离战场的独特地理位置、雄厚的工业与经济实力，在战后还额外吸引了全世界大批的优秀技术移民，使其在战后仅花费十几年的时间，便迅速成为全球航空技术领域最先进的国家，从这几代飞机的研制过程都能够看出端倪。另一方面，航空技术有着同源的特点，即通过军机研制获取的经验，能够转化并为民机所用，从这一角度来看，美苏的战斗机争霸研制浪潮则为当今世界的民用航空技术发展奠定了基础。

九、“双三双雄”之钛合金 SR–71

20 世纪 50—60 年代，在高空高速飞机领域，美苏两国掀起了研制热潮，推出了多款机型，美国人除 XB–70 高速轰炸机验证机以外，还研制了一款高空高速侦察机 SR–71。当苏联人得知 XB–70 及 SR–71 项目后感到极大的威胁。这两型飞机飞得太高太快了，除了空空导弹（且当时命中率不高）之外，没有任何一种武器能够对其进行拦截（地空导弹射高不够）。作为对策，苏联人研制了一种能够追得上SR–71 的飞机，这就是著名的截击机米格 –25。而为了在高空高速角逐，两型飞机均付出巨大的机动性代价，其结果是造就了一代“双三双雄”，即飞行高度 30000 米以上，飞行速度 *Ma*3 以上，同时，二者也因为机动性奇差，被后人调侃为飞机中的奇葩。

首先来看看美国的 SR–71（也被称为“黑鸟”），作为最知名的战略侦察机，“黑鸟”并不是一种型号，而是一个型号系列。包括 SR–71 前身的 A–12、M–21、YF–12，这几型飞机同根同源，从外形上几乎很难分辨出它们的区别。这一系列机型源自美国的 U–2 替代机型研究项目，因苏联雷达技术和地空导弹技术的发展，美国侦察机不能再悄无声息地开展对苏侦察活动，而同期美国中央情报局（CIA）开展的减少 U–2 飞机雷达截面积的努力（“彩虹”项目）以失败告终，如何安全地对苏侦察成为摆在 CIA 面前的一道难题。

雷达截面积（radar cross section，RCS，又称雷达散射截面）：目标对雷达入射波散射能力的量度。4π 乘以目标向接受天线方向单位立体角内散射的功率与目标处雷达入射波功率密度之比。单位为米^2。

受 CIA 委托，洛克希德 – 马丁公司在 1957 年开始了 U–2 替代品—— 一款能够安全飞越苏联领空的新型侦察机的方案研究。为了达到这一目的，飞机被设定了高空高速飞行的目标，具体来说就是能够在 30000 米高空以超过 *Ma*3 速度飞行的侦察机。这一指标的提出应当与苏联的防空能力有关，30000 米及 *Ma*3 速度已经超越了苏联早期萨姆防空导弹的防御范围。该项目在内部被称为“大天使”（Arch–angel），洛克希德公司的工程师们先后提出了多种方案，这些方案以“Arch–angel”的首字母“A”加上阿拉伯数字顺序标号，包括 A–1、A–2、A–3、A–4 等。某些方案还有自己的改型，比如 A–3 就有两种方案，其中 A–12 代表第 12 次提出的方案，但远不止 12 种方案，这一方案就是 SR–71 的前身。

A–12 方案出自著名的 U–2 飞机设计师凯利 · 约翰逊（Kelly Johnson）之手，而他则是大名鼎鼎的“臭鼬工厂”（Skunk Works）当时的负责人。该方案在 1959 年参与美国中央情报局的“牛车”（Oxcart）项目（U–2 替代品项目）时一举中标，击败

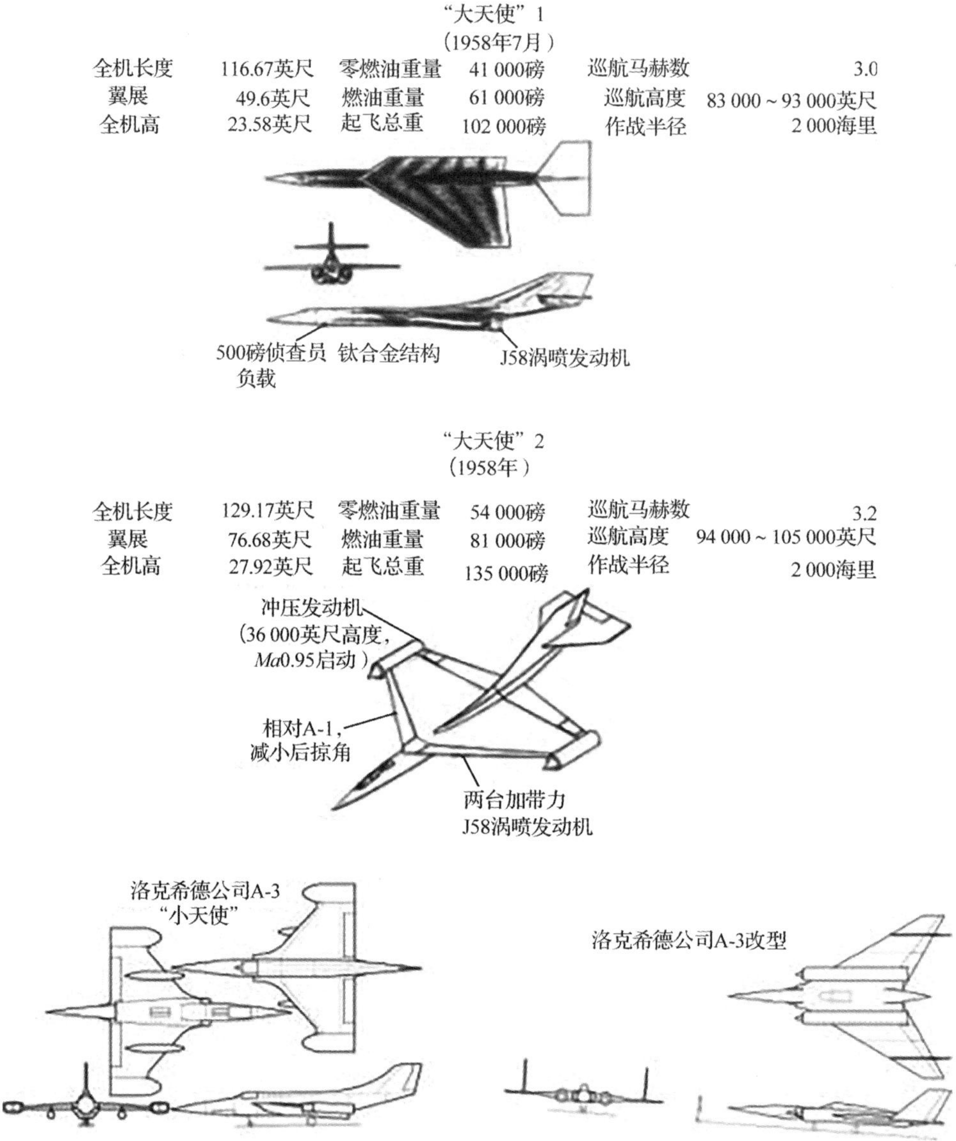

米高空洛克希德“大天使”系列的前两个方案（均采用了大后掠角薄机翼布局，为了增加高速高空飞行的稳定性，都有着巨大的垂尾/平尾）

了美国康维尔公司（Convair，早期知名的飞机制造商，代表作为F-106、B-58飞机）的“王鱼”（King fish）方案，正式成为U-2的替代品。A-12与F-117、B-2、U-2一样，为了降低RCS、提高隐身性能，涂上了黑色吸波材料。然而，SR-71巨大的激波锥和高速飞行时产生的高温，根本无法实现隐身飞行。这几型飞机因其特有的黑色外表，被CIA内部统称为“黑工程”（black project），这一项目中的所有型号至今仍未全面解密，仅公开了部分信息。

A-12在1962年4月25日实现首飞，在1962—1964年间进行小批量生产，整个系列总计制造了15架，包括13架A-12和2架M-21（后文有述），是集当时高技术于一身的典型高技术飞机。但同时因为采用了太多的新技术而导致飞机的可靠性较差，其中6架在执行任务中坠毁。

A-12的三视图

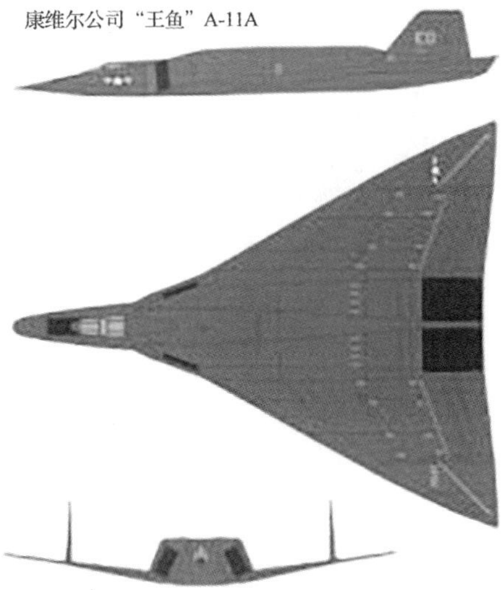

美国康维尔公司的“王鱼”方案

因为U-2飞机在1960年5月执行任务时被苏联被击落，飞行员被俘，这一事件对“牛车”项目影响极大。考虑到苏联及其盟友配备了越来越多更好的萨姆防空导弹，美国中央情报局倾向于使用无人机开展侦察活动，他们建议将A-12改为无人机，但遭到了凯利·约翰逊的坚决反对。原因是A-12如此巨大且高度复杂的系统并不适合改为无人机，但是可以利用A-12的技术基础研制一款小型无人机，通过A-12运载并发射。在此思路之下，研制了世界上首款高超声速无人机D-21“雄蜂”，并使用A-12的改型M-21作为平台，运载并发射。值得一提的是，D-21主要针对我国罗布泊的核试验基地开展侦察，其中一架坠毁在我国境内，目前由北京航空航天大学航空博物馆保存。

美国空军 A-12 飞机（这架编号为 06932 的侦察机在 1968 年 6 月坠毁于中国南海）

1966 年 7 月 30 日，在 M-21 载运 D-21 的发射试验中，因 D-21 未能正常脱离载机致使两机一同坠毁，M-21 后座飞行员丧生，该项目也因此停止。从此之后，D-21 改由 B-52 作为载机，M-21 仅制造 2 架，这是后话。

在 A-12 的试飞过程中，技术团队和军方发现这型飞机的潜力巨大，可以利用其速度优势改装成为截击机用以拦截苏联的高速航空器，因此，1962 年 10 月，洛克希德公司收到了来自美国空军的 3 架飞机的订货通知，“黑鸟”家族的 YF-12 由此诞生。然而，由于超薄的边条翼 / 机身和超高的飞行速度，A-12 并不适合挂载攻击武器。为了加装空空导弹和对空搜索雷达，工程师们修改了 A-12 的机头和边条翼，并在后机身后下侧安装了一个大面积的折叠式腹鳍。此外还在两个发动机舱下方各安装了一个较小的腹鳍，以提高因修改边条翼和机头带来的稳定性损失。YF-12 随后开展了一系列成功的发射空空导弹的试验，只有一架在 1963 年 5 月 24 日因空速管结冰导致坠毁。出于对外保密的原因，CIA 雇用一家媒体对外宣称是 F-105 战斗机失事，由此可见该项目的敏感性。该项目在 1968 年因资金问题被美国国防部叫停，虽然外界猜测飞机本身存在种种问题，如作为一种高速飞机，机动性能太差，并不适合作为截击机。但笔者认同“缺乏资金”一说，如前文所述的那样，同期美国开展的军机项目确实太多了。

在 A-12 基础上改进的 M-21 飞机携带 D-21“雄蜂”无人机的照片

美国空军的 YF-12（后来交于 NASA 开展科学试验。注意 YF-12 的尾部，发动机下侧的腹鳍清晰可见）

1964 年 7 月 25 日，为了回应国会议员对美国军方武器项目研制过慢的批评，时任美国总统林登·贝恩斯·约翰逊（Lyndon Baines Johnson）首次公开了 SR71 项目，公众一片哗然。曾被官方坚决否认的那些雷达上看到的高速通过的航空器、民航飞行员的不明飞行物目击报告，原来这一切都是真的。当然这也与 SR-71 过于科幻的外形有关，与当时的飞机看起来完全不同，哪怕在今天这样一架飞机也是特点鲜明的。

就在同一年 10 月 29 日，A-12 系列的最后一款、也是最著名的一款 SR-71 第一架原型机交付给美国空军第 42 工厂（Air Force Plant 42）开展相关测试工作。12 月 22 日，SR-71 系列的首架 A 型机完成首飞，从完成总装到首飞不到两个月时间，效率惊人。截至 1964 年年底，SR-71 的前身，整个 A12 系列机队累计飞行超过 1200 余小时，其中达到 *Ma*3.2 速度的累计飞行时间仅 33 分钟，这表明随着速度的提高，连“黑鸟”家族也难以承受高速飞行带来的种种问题，*Ma*3.2 应当接近该系列飞机的极限了。

值得一提的是，美国空军第 42 工厂虽然名为“Plant”，但这里是一个彻头彻尾的美国空军先进航空器试验中心，位于美国西南部加利福尼亚州帕姆代尔（Palmdale）的莫哈韦沙漠深处。这个工厂是美国著名的航天飞机、X-15、B-1、B-2、XB-70、F-117A 等飞机的试验基地，可以说拥有世界上最强的先进飞机试验能力。洛克希德公司下属的“臭鼬工厂”也位于此。经过多年的经营，这个基地的规模至少比 20 世纪 50 年代初建成时扩大了至少十多倍，美国人在航空先进技术领域探索方面的投入可见一斑。

仅花费一年时间的试飞，SR-71A 型就于 1966 年 1 月交付美国军方使用，与它的“先祖”A-12 相比，SR-71A 更长一点，整体气动布局偏向高空高速，采用三角翼、双垂尾布局，长宽比很大。全机长 32.74 米，翼展 16.94 米，机翼面积很小，最大起飞重量 78 吨左右。这种布局虽然可以保证高空高速，但是低速性能极差。

1953 年拍摄的帕姆代尔机场

SR-71A 最为出众的是它的高空高速性能，其最大飞行速度为 3540 千米 / 时，升限为 26 000 米。为了突破热障，机身主要结构几乎全部使用钛合金，因为高速飞行时的气动加热实在太严重了，在 *Ma*3.2 飞行时，全机外表的平均温度在 260℃以上，一般的铝合金会在这一温度熔化，而合金钢则太重了。

2016 年拍摄的帕姆代尔机场（作为对比可以看到机场的跑道扩大了许多，请注意上图中的三角形区域在本图中只占一小部分）

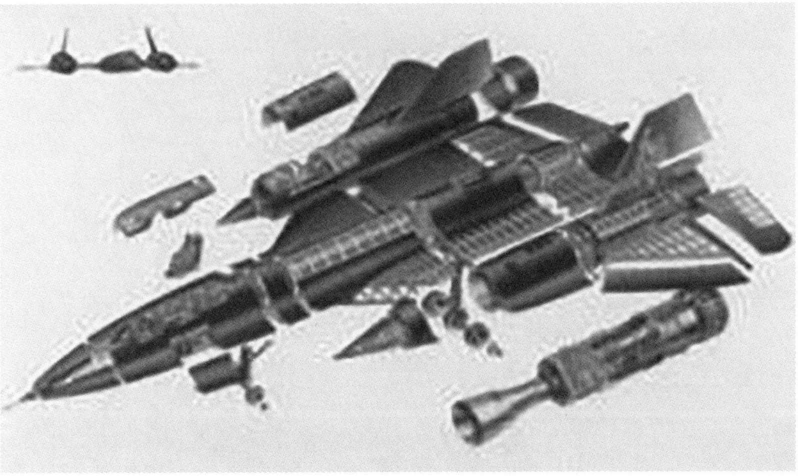

SR-71A 的分解图（拍照设备被布置于驾驶舱周边，图中红色部分）

“臭鼬工厂”内的 SR-71 生产线

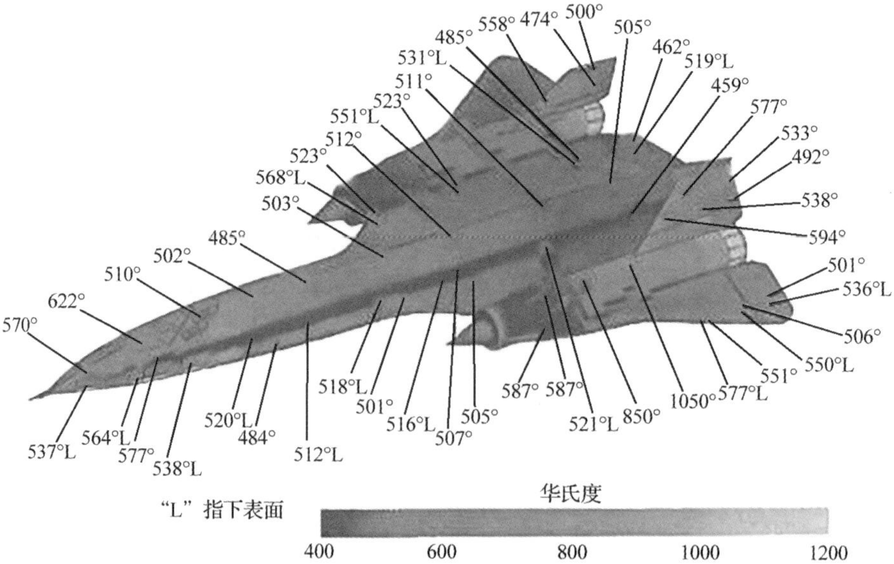

以 *Ma*3.2 速度飞行时的 SR-71 表面温度分布（前缘 573° F，发动机安装处 1050° F）

尽管采用了钛合金，工程师们为了这架“飞行的火球”还是费尽了心思。首先是钛合金的加工遇到了困难，这种金属化学活泼性太好，在加工中很容易与气体杂质化合，如氧化、氮化，最要命的是与氢气的集合，俗称钛合金氢脆现象。一般来说作为原材料的金属钛在冶炼提纯等初级加工过程中已经引入了氢，而加工成结构件的过程中再次与氢结合，其结果就是钛合金内部含氢位置存在应力点，导致钛合金结构件在某一次不太大的载荷作用下发生突然破坏，这种现象颇让人抓狂，因为不知道什么时候好端端的飞机突然就散架了。为了解决这一问题，美国人发明了诸多高端的方法，比如采用真空冶炼原材料制备，在惰性气体保护下或真空保护下进行加工，化学处理过程中严格避免氢参与，这些先进工艺在其他领域的作用也很大。

当然高温下还会带来金属的膨胀，如果不加以防范，这架飞机上各部件连接处会在高温膨胀下挤压变形。相对粗大的结构件也许能够勉强接受，但对于外表面的蒙皮来说这就是一场灾难，发生挤压变形的蒙皮会在局部产生鼓包，这将改变飞机的气动外形，对高速飞行极度危险。为了解决这一问题，SR-71 将机翼内侧蒙皮布置成褶皱状，在高温时使其发生上下（垂直于蒙皮表面）变形以避免横向变形带来鼓包，但会增大不少浸润面积增大阻力。

浸润面积（wetted area）：飞机各部件与气流接触的所有面积，是计算摩擦阻力的一个重要依据。在其他条件相同的情况下，浸润面积越大，摩擦阻力越大。

请注意发动机与机身中间部分机翼的蒙皮为褶皱状，会增加阻力，但也是无奈之举

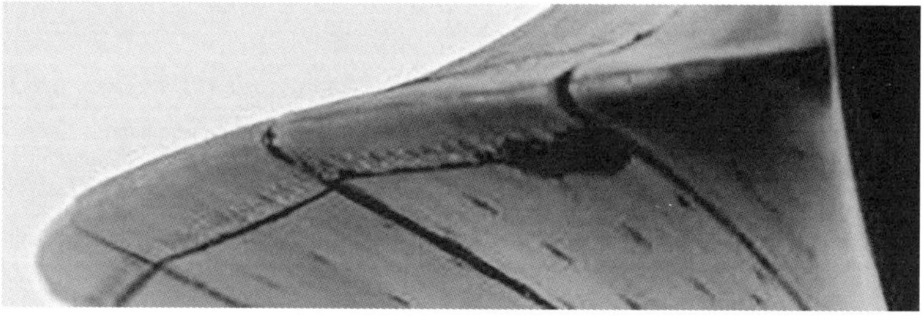

同一架飞机机头右侧前缘的特写（可以看到构件之间留有一定的间隙，这也是降低高温膨胀带来挤压影响的一种手段）

此外，美国空军前 SR–71 飞行员理查德·格雷厄姆（Richard Graham）曾描述过高速飞行时的温度：“在 *Ma*3.2 下，驾驶舱玻璃（应当是陶瓷的）外侧温度高达 300℃，内侧温度在 150 ~ 200℃，戴着压力服手套也只能把手放在玻璃上坚持 10 秒。”另外一些飞行员反映，在高速飞行时温度较高，内部仪表经常发生故障，随着速度的降低带来的温度降低，一切又恢复原样。此外，在 25 000 米的高度高速飞行时还有一个有趣现象，SR–71 机身表面涂层材料因为空气摩擦产生高温由黑色变成蓝色，并不是外界想当然地认为的“火红”色。

这架飞机太特殊了，为了高速飞行以至于飞机的油箱在常温下也故意留有一些缝隙，因为高温膨胀会使油箱撑坏，因此其常温下是漏油的。

展会上的 SR–71 飞机（请注意地面上的污迹，那是从油箱中渗漏的燃料）

SR–71 执行任务时通常携带少量燃料起飞，在天上冲刺加热油箱缝隙弥合后，再由加油机进行空中授油。美国空军为了配合 SR–71 的行动，专门配备了多达 56 架 KC–135Q 型空中加油机，其中的 Q 型指专门安装有能够给 SR–71 空中加注特殊燃料（JP–7）的 KC–135 飞机。

位于内华达沙漠上空正在进行空中加油的 KC–135Q 型飞机和 SR–71A（后来换装了更为经济的 CFM–56 型发动机而升级为 KC–135T）

SR–71 的另外一个秘密就是独一无二的普惠的 J–58 型变循环发动机，该发动机通过改变热力循环，使发动机在各种飞行和工作状态下都具有良好的性能。在低速飞行时，J–58 是一台涡喷发动机；高速飞行时（高超声速）是一台冲压发动机，充分利用了涡喷 / 冲压发动机各自的速度特性。

当然这台发动机油耗也不小，SR–71 以加力状态进行 *Ma*3 速度飞行时，每台发动机的小时油耗接近 10 吨，为了能够在天上多飞一会，SR–71 充分利用了飞机上每一寸空间布置油箱。

J–58 发动机被布置在机翼中，由于高速飞行时产生的高温，一般燃料会被点燃（有氧气参与的情况下），为解决此问题，J–58 所使用的燃料为经过专门设计的 JP–7，这是一种燃料闪点和燃点很高的燃料，其目的就是避免高温下自燃。然而这又带来另外一个问题，常温下如何起动发动机。工程师们使用了一种名为三乙基甲硼烷的活泼化学物质来起动发动机和为加力燃烧室点火，该物质常温下能够自燃，燃烧后会产生大量的热，常用作火箭推进系统点火燃料。

J–58 发动机（图中有 3 根粗大管子，它们一端连接发动机压气机，另一端连接发动机加力燃烧室。另一侧同样有 3 根，这 6 根管路叫作涡轮旁路管道，是空气绕过涡轮系统的通路。低速飞行时，空气流经涡轮；高速飞行时，空气直接经涡轮旁路管道进入加力燃烧室，形成冲压发动机原理）

J–58 发动机地面全加力状态照片（发动机尾部黄蓝色尾焰，蔚为壮观）

SR–71 飞行时 J–58 发动机全加力状态喷出的尾焰

闪点和燃点（flash point and fire point）：可燃性液体在规定条件下加热到它的蒸汽和周围的空气形成的混合物与火焰接触发生闪火的最低温度称闪点；能被接触的火焰点着并燃烧不少于 5 秒时的最低温度称燃点。

这里有必要对 SR–71A 的速度和高度性能指标进行说明，目前公布的数值都是实际测试而来的，升限和速度纪录是由洛克希德公司的试飞员在 1976 年 7 月完成，当时的飞行高度为 85068.997 英尺，飞行速度为 2193.167 英里 / 时。实际上如果遇到紧急情况，SR–71A 也许还能飞得更高、更快一些，比如 SR71 飞行员布莱尔 · 舒（Brian

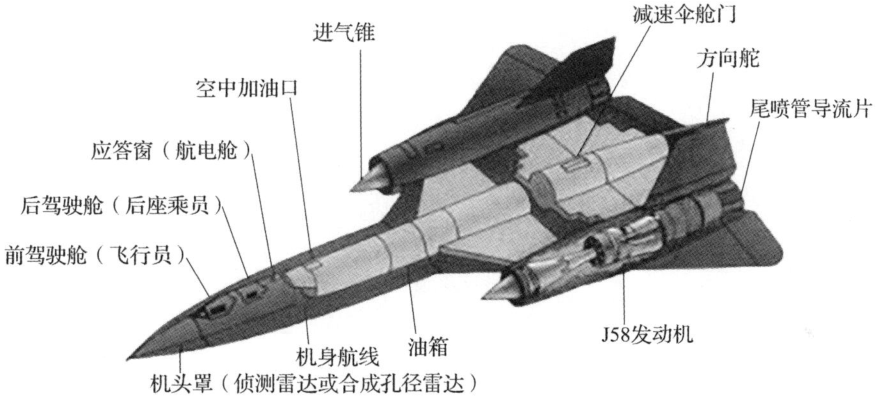

超薄的 SR–71 几乎每一寸有厚度的位置都用来安置油箱（如图中蓝色部分。拍照设备也因此被布置在了机头位置，具体来说在驾驶舱周边 / 下方）

罕见的 J–58 发动机地面点火测试图片（三乙基甲硼烷燃烧后会产生独特的绿色火焰）

Shul）在其自传《无法碰触》中描述，1986 年 4 月 15 日在利比亚上空逃脱导弹追逐时的最大速度超过了 *Ma*3.5，但未被官方证实。对于 SR71 是否属于“双三”飞机并不存在争议，军事爱好者将这款飞机“过于神话”，尤其是对 30 000 米升限的理解上与实际存在差异，SR-71 公开记录中从未达到过如此高度，虽然在设计初始阶段有过这样的设想，因此 SR-71 并不是一架严格意义上的“双三”飞机。

布莱尔 · 舒在 SR-71 驾驶舱中的自拍（他的描写驾驶 SR-71 经历的书的书名通俗点来讲应当译作“你根本摸不到的东西”（The Untouchables），这词用得也是惊世骇俗了）

SR-71 在超过 20000 米高度上拍摄的地球照片

对于SR-71的速度方面，并无太多争议，其瞬时最大速度纪录在*Ma*3.4左右。当然也有长距离飞行方面的纪录，比如在早期创下的至今还未被打破的纪录。1971年4月26日，耗时10小时30分钟飞行24000千米；1974年9月1日从纽约飞抵伦敦，耗时1小时54分钟56秒，飞行5571千米。对于速度更感性的理解可参考执行过越南侦察任务的SR-71飞行员的评论："当你看到地面有导弹飞过来，你需要做的就是加速离开。"当时越军装备的萨姆防空导弹根本追不上打开加力的SR-71飞机，这架飞机在战争中无一被击落，实际上SR-71从来没有被拦截过，在执行侦察任务时，SR-71以超过*Ma*2的速度巡航，当时唯一具有拦截能力的米格-25短时冲刺速度与SR-71属同一水平，但要说追击拦截就算了。

飞得这么高这么快，在缺少现代卫星等先进设备导航的情况下，SR-71通过观察星象实现对位置的判断，不是飞行员观察而是有一套专门的设备，即利用天文惯导系统——星象跟踪仪，在低空飞行时会遇到云层遮蔽的问题，但在高空飞行时就没问题了，只要抬头星星到处都是。此外通常执行侦察任务要数小时，飞行员通过头盔上的一个孔补充食物和水分，当然排泄物也只能在压力服中进行了。

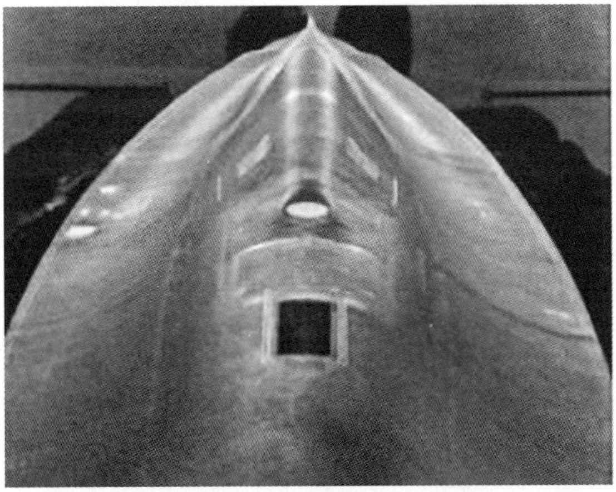

头部顶端圆形的小窗口就是星象跟踪仪

SR-71的主要任务是战略侦察，SR-71A通常在20000米以上高空以超过*Ma*3的速度飞行，其飞行范围覆盖全球。为了避免与中国和苏联不必要的麻烦，SR-71通常在边境上空飞行，如果观察到地面拦截飞机，只要加速离开即可，根本没有飞机能够追得上它。

截至 1990 年全部退役，SR-71 系列总计制造了 32 架（编号为 7950 ~ 7981），对于 SR-71 的改型，该系列共分为 A、B、C 三种型号，其中 A 型号是最常见的战略侦察型，一共制造 29 架；B 型是教练机一共制造 2 架，其中一架坠毁，另一架转交给 NASA 作为验证机；C 型同为教练型，不过是由第一架 YF-12A 型改装而来的，仅此一架。

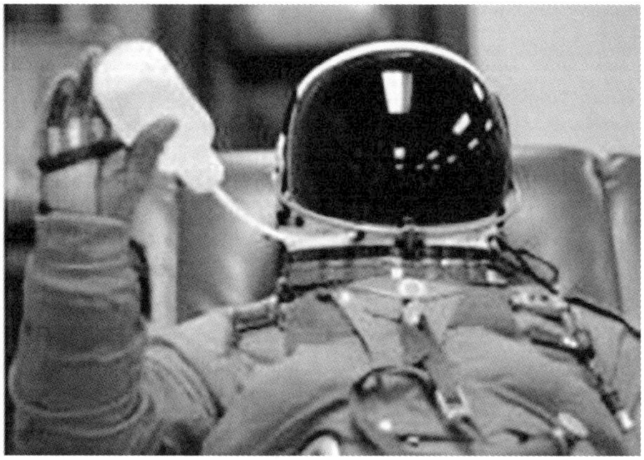

穿着压力服只能这样喝水了

1995 年美军恢复部分 SR-71 服役，经过现代化改装后曾在 1997 年短暂地执行过几次任务，最终因为成本过于高昂，以及随着高分辨率卫星技术的发展使用，SR-71 开展侦察的必要性已经大大降低，在 1998 年全面退役后，仅留有几架交由 NASA 作为试验机开展相关技术研究。

飞行中的 SR-71

十、“双三双雄”之钢铁侠——米格 –25

苏联人得知 XB–70 及 SR–71 这类高速飞机后非常紧张，正如前文所介绍的，苏联的空军体系分为对外作战的空军和防御领土的国土防空军，此时的苏联防空军急切的需要一款高空高速截击机，在此背景下，米高扬 – 格列维奇设计局领命，开始了研制任务，而这就是一代传奇米格 –25 的发端。

该项目的前期启动时间在 1959 年中期，估计展开预先研究的时间更早，约在 20 世纪 50 年中后期，为了拦截美国的高空高速飞机需要新研飞机能够突破“双三”，这就需要在飞机气动布局、动力装置、机体材料三方面下功夫。

首先是气动布局方面，最初米格设计局提供了多种布局方式，多数进气道布置方案多为头部进气，这种布局并不利用放置大功率雷达，在经过大量风动选型试验后，最终选择了机身两侧进气的方案，具体来看则为上单翼、双发、双垂尾、双腹鳍布局，这也是米格系列飞机中第一款双垂尾两侧进气的飞机，也开始了世界重型飞机双垂尾的先河，而且从此之后的米格飞机也一改机头进气的风格。

米格 –25 超大的明显后掠的垂尾、很小的机翼及翼面上的翼刀都说明这架飞机为高速飞行而生

在飞机布局确认的同期，新发动机的试验也在展开，米格设计局最早改装了米格-21进行新研R15发动机实机测试，改装后的米格-21被称为伊150和伊152/P/M，它们的区别在于安装的发动机不同（因为发动机也在不断改进）。在1960年7月8日第一架YE-150首飞，在随后的试飞中最大飞行速度达到了*Ma*2.65（在19100米高度），而此时发动机并未满负荷运行，由此可感受到其发动机动力的强劲程度。

首架改装的米格-21被命名为YE-150，使用的是为米格-25研制的大功率R-15-300发动机，看起来十分粗大

直到诸多准备工作已经全部就绪，米高扬-格列维奇设计局才在1961年3月10日正式签署研制米格-25原型机的合同，该项目的原型机代号为YE155。与米格-25同时进行研制的还有米格-23，为米格-21的后续机种，是未来的主力制空战斗机，因此由当时的总设计师米高扬亲自负责，而由格列维奇具体负责米格-25。这一年米高扬55岁，米格-23是他全面参与的最后一型飞机（1970年去世），而米格-25则成为格列维奇的巅峰之作。

经过两年多的研制，米格-25的第一架原型机YE-155-R1（“R”代表侦察型）于1963年12月出厂、3月6日首飞，第二架原型机YE-155-P1（“P”代表截击型）于1964年9月9日首飞。在随后的飞行试验中，这型飞机表现出了良好的高空高速飞行能力，最大平飞速度超过了*Ma*3，平飞高度超过25 000米，而加速跃升高度则超过了30 000米。值得一提的是大推力的R15B300涡喷发动机在1965年才定型，也就是说首飞及后续两年的试飞行中，发动机仍然处于试验状态，这从另一个角度说明了试飞员工作的高风险性（毫无例外的是，米格-25试飞过程中出现过机毁人亡的悲剧）。

最终定型的米格 –25 与 YE–155 有些许不同，在不断的试飞及改进后，最终定型的米格 –25 取消了原型机拥有的翼梢油箱，并将机翼下反（5°），并减小机翼翼刀尺寸，增大的垂尾尺寸以改善高速飞行时的稳定性。

米格 –25 第一架原型机 YE–155–R1（可以清晰地看到巨大的腹鳍，在 20 世纪 60 世纪习惯于单发单垂尾飞机的年代，整架飞机看起来非常震撼）

来仔细看看这台发动机，R–15B–300 是专门为米格 –25 的“双三”目标而研制的，最大推力 86 千牛、加力推力 110 千牛，这对于苏联来说已经是十分了不起的成就了。同期英国研制的斯贝发动机最大推力 55 千牛，加力推力 110 千牛。航空发动机并不是苏联航空界的强项，但在这一款发动机上苏联人走到了前面。当然这主要指

印度空军装备的米格 –25 侦察型（请注意右侧拥有巨大喷口的 R–15B–300 涡喷发动机）

请感受发动机尾喷管的巨大尺寸

推力，苏联发动机在可靠性和油耗方面依旧不如欧美发动机。R-15B-300 工作温度很高，为了防止高温工作状态下的发动机热量传递给机体，工程师们还在发动机舱内进行镀银处理，以反射发动机的辐射热，由于发动机尺寸巨大，每架飞机的镀银重量超过 5 千克。

巨大的进气道说明发动机是个大家伙

材料方面，为了突破热障（以 *Ma*3 飞行时，飞机前缘积累最高温度在 300℃左右），苏联人独辟蹊径地选择了高镍合金钢作为飞机结构材料，这也是无奈之举，因为钛合金加工难度实在太大了，苏联的工业基础还达不到这样的水平。所以，这是一架接近于全钢的飞机，主要使用俄制 BHC-2/4/5 三个牌号的钢材，只有少量部件使用了铝合金及钛合金。要知道高镍合金钢的密度大约是钛合金的 1.75 倍，是铝合金的 2.9 倍。当然优势也有一些，就是米格 -25 的最大机动过载能够超过 10（但飞行员肯定承受不了）。由于缺少耐高温铆钉，苏联人为了连接这些钢结构，大量使用了焊接技术，整机的焊缝长度超过 4000 米。

使用高镍合金钢作为机体结构的代价是飞机非常、非常重，仅空重就在 20 吨左右（不同的改型略有区别），在两台巨大推力发动机的作用下，整机的推重比仅为 0.6 左右。而且加速过程并不快，只能通过长时间持续加力的方式快速加速，而这样做的另外一个后果是燃料消耗巨大，且发动机损伤巨大。为了能多飞一会儿，米格 -25 在油箱方面也下了不少工夫，机翼整体焊接油箱储存 30% 的燃料，机身整体焊接油

为了减重，结构件经过详细的强度校核，图中这些钢制结构能掏空的地方已经都掏空了

箱储存70%的燃料，合计可携带高达14.5吨的燃料，这样算一算飞机满油状态的重量已经超过34吨了，然而整机的最大起飞重量在37.5吨左右，这就决定了米格-25的武器搭载能力是很有限的，米格-25截击型通常只能携带4枚中距离空空导弹。不管怎么说，米格-25战斗机都是贯彻系统工程学的一个良好范例，即很好地处理了局部次优与整体最优之间的关系，苏联人在材料领域虽然落后，但通过统筹兼顾，其在整机设计层面上取得了最优解。

米格-25首次公开是在1967年的7月的莫斯科航展上，4架伊-155原型机（3架侦察型，1架截击型）在展会的最后一天进行了短暂的飞行表演，一款不同于以往任何飞机的新型号伴随着巨大的轰鸣声从现场人员头顶飞过。解说员将其描述为一种战斗机，也许是出于迷惑西方的有意为之，但西方观察家们确实被迷惑了，在看到两个巨大的垂尾后，几乎所有的人都会认为这是为了增加大迎角状态下的稳定性而采用的独特设计，这是一款重型高机动性制空战斗机，并且具有高速飞行能力。第二天西方媒体不约而同地将头条给了这型重型“战斗机”。实际上当天还有另外一型飞机第一次公布，那就是苏联第一款批产的可变后掠翼攻击机米格23，但风头完全被米格-25所掩盖，而米格-25那令人迷惑的巨大的双垂尾，设计它的实际目的是增加高速飞行时的方向稳定性。

紧接着，苏联又有意无意地对外散布消息，宣称这是一架能够速度达到 *Ma*3 的战斗机，美国人根本没法弄清楚，苏联人如何迅速突破 *Ma*3 这道难题的。因为一向落后的苏联人无论如何也不可能在短短几年内研制出能以 *Ma*3 速度飞行的战斗机，而同期的美国人正花费巨资研究这一问题，并为如何突破热障挠破头皮。米格 –25 的出现成功地引起了美国人的强烈关注甚至恐慌，直接导致美国对 F–15 的前身 F–X 项目技术指标要求的提高。当然军机的制造商们喜欢把问题说得严重些，这样有利于得到政府拨款以开展新型号的研制。抛开这些不谈，仅观察这两型飞机的外形，F–15 的布局形式确实与米格 –25 非常相似，有模仿嫌疑。

1967 年莫斯科航展期间的引起西方世界震惊的伊 –155 双机编队
（巨大的双垂尾迷惑性很强，但从侧视图来看更像高速飞机）

对于飞机的机动性，真实情况是米格 –25 的机动性能非常差，整体布局为高速飞行设计导致低速性能很差，“全钢结构”太重导致整机推重比小，有效载荷仅仅几吨，因此不具备对地攻击能力及空中格斗能力。从高速飞行角度来看，超过 *Ma*3 飞行需要发动机持续加力工作，这会造成发动机损伤，因此通常飞行速度被限制在 *Ma*2.5 以下（另一种是 *Ma*2.63 以下）。从整体上来看，米格 –25 作为一种高速飞机其设计目标已经达到了。作为世界上第一种批产并列装的速度超过 *Ma*3 的军机，米格 –25 拥有多达十几个改型，但主要分为侦察型（照相、电子 / 通信侦察）、截击型、教练型三大类，没有专门的制空及对地攻击型。侦察型有过一款改型叫作米格 –25RB 系列，具备投放炸弹的能力，曾经创下过在 20000 米高度 *Ma*2.5 速度下投放炸弹的测试纪录，但准不准就不好说了，从这也可一窥其机动性好坏之端倪。值得一提的是，苏联军机发展思路与美国完全不同，苏军通常研制一个平台进而发展不同用途的改型，好处是每一型飞机的针对性很强，缺点是整个机队规模偏大，效能偏低，而美军的飞机则强调综合作战效能，从 F-4 战斗机开始就能明显地感受到这种特点。

作为对比请观察 F-15 的侧视图，机头更短小，垂尾后掠角更小，并非为高速飞行专门设计

米格 -25RBT 通信侦察型

米格 -25PU 截击教练型（机头更长）

1970 年，米格 -25 投产后，只列装了苏联的国土防空军，并且被纳入了禁止出口武器名单，可见苏联人对其重视程度。1971 年，刚刚列装的 4 架米格 -25R 型战斗机被秘密派往埃及，帮助其对以色列开展侦察任务。在一次任务中被以色列空军的 F-4 战斗机追赶并发射 AIM-9“响尾蛇”导弹后，成功加速离开。这并不为奇，F-4 战斗机的最大速度为 *Ma*2.3 左右，而 AIM-9 的最大速度在 *Ma*2.5 左右，尾随追击并不现实。米格 -25 也因此一战成名，西方评估认为没有任何一款现役战机可与米格 -25 匹敌，他们对这型飞机更加着迷了。

天上掉馅饼的事居然真的发生了，1976 年 9 月 6 日发生了冷战期间最著名的叛逃事件，一名驻守在堪察加半岛苏联国土防空军的米格 -25 飞行员，驾驶飞机叛逃日本并将飞机降落到函馆（日本西南部港口城市）的民用机场。这就是著名的别连科叛逃事件，这名飞行员的全名叫作维克多·伊万诺维奇·别连科，他当时是苏联国土防空军的一名上尉，这次叛逃导致美国人获得了梦寐以求的了解米格 -25 的机会。

别连科的身份信息

飞机被大卸八块运往附近的美军基地，美国人发现这居然是一架钢制的飞机，在惊奇之余也略微失望。这个事件带来的结果是美国重新评估了俄罗斯的航空水平，确切地说是下调所谓的“威胁值”。此外，这架飞机上的雷达、无线电系统、敌我识别装置、发动机等统统成为美国研究的对象，尤其是敌我识别系统落入美国人之手，苏联国内大批军机需要重新修改或换装新的识别系统，这个损失无可估量。在仔细研究了两个多月后，美国人在 11 月 12 日才将这架米格 -25P 归还苏联。

也正是由于该事件，米格 -25 再无保密意义，因此全面放开出口限制，在禁令解除后出口到了埃及、叙利亚、伊拉克、印度等国家，至今仍在服役。其中在伊拉克服役的米格 -25P 型表现抢眼，在海湾战争期间制空权被美军控制的情况下，击落过美军 F-18 战斗机。这是第一次米格 -25P 击落美国战斗机的记录（后来还击落过无人机）。但伊拉克终究敌不过美国，在战争开始后不久，就把飞机都藏到沙漠里了，这些被美国人缴获的米格 -25 中的一架，被运往位于美国代顿市的美国空军博物馆收藏。

降落在函馆机场并冲出跑道的米格 –25P 飞机（第二次世界大战后日本的国土防卫力量由美军帮助培训并建立，米格 –25 落在日本与落在美国没什么区别）

这架米格 –25P 飞机被立刻保护起来，所有标志物都被遮住

海湾战争中被伊拉克空军藏在沙漠中的米格 –25（颇有英雄迟暮的味道）

被美军从沙漠中拖出

说到米格 -25 的截击型，还有一些有趣的故事。本来用作截击机的米格 -25，最先投入使用的型号却是侦察型，而且全部产量中的 60% 都是侦察型，这与苏联的电子工业落后有关，在高空高速拦截敌机需要高性能的雷达、导弹及火控系统，这几样东西偏偏依赖于苏联不擅长的精密电子产品。在研制进度一拖再拖的情况下，米格 -25 却也只能先发展侦察型了。好事多磨，米格 -25 使用的"蓝宝石"-25 雷达（在米格 -23 专属雷达"蓝宝石"-23 基础上改进研制）终于在 1972 年完成研制。也正是由于苏联电子技术的落后，为了实现设计指标，在某些方面是靠加大功率来实现的，因此该雷达的功率大到了一种超乎想象的地步，公开的数据表明雷达的功率达到惊人的 600 千瓦。但大部分都是无用功且需要庞大的散热设备，好处就是搜索能力和抗干扰能力极强。但这款雷达有使用高度限制，因为电磁辐射太大会伤害地面工作人员而被禁止在地面开机，传闻中开机能够烤熟兔子的雷达就是下图这款。个人认为这不是玩笑，何止烤熟兔子，距离合适烤熟一头牛都不是问题。

米格 -25P 的另外一个独门杀器则是专门为其研制的 R-40 中远程空空导弹。这款导弹 1969 年投入批产主要装备米格 -25P 型，是当时世界上最大的空空导弹。早期弹体长达 5.8 米，重量达到为 461 千克，主翼翼展达到 1.45 米，后期的改型弹体长达 6.22 米，飞行速度 $Ma4.5\sim5$，在空中被它盯上只能自求多福了。实际上自从苏联携带 R-40 的米格 -25P 开始执勤后，美国的侦察机就再也没有深入苏联领空执行任务。

米格 –25PD 配备的“蓝宝石”–25 型雷达（天线直径达到夸张的 85 厘米，峰值功率 600 千瓦，重量约 499 千克）

专门为米格 –25 研制的巨大的 R–40 中远程空空导弹

最后，让我们看看这型特立独行的飞机所创下的纪录。在 1977 年 8 月 31 日，一架名为伊 –266M 的苏联飞机无负载飞行高度达到惊人的 37650 米。这实际上是一架米格 –25RB 飞机，这个高度纪录目前还没有任何载人飞机能够达到。当然还有其他的纪录，比如，携带 2 吨的载荷飞上 37090 米高度，仅耗时 4 分 11 秒自海平面爬升到 35 000 米高度。实际上人类已有的批产载人军机中只有米格 –25 具备上述能力，因为在这一高度已经几乎没有什么空气了，应当是载人使用涡轮动力的飞机极限。

苏联人为了冲击极限也是够拼的，为了增加发动机推力，在发动机进气道中增设了水 / 乙醇混合液体喷洒装置，在机身上专门一个油箱用来储存大约 250 升的水 / 乙醇混合液体（其实这不就是酒吗）。飞机前进的动力依靠发动机向后高速排出的气体，动力大小与排气速度和排出气体的质量有关，在合适的条件下向发动机少量喷水不仅不会浇灭发动机，反而会增加排气的质量，以增加发动机推力。

进气道中设计的喷水装置（处于低压压气机前端，用以增加发动机推力）

“双三双雄”米格 –25 和 SR–71 的雅号，虽然略有拔高，但无碍他们作为侦察机 / 截击机在世界军用飞机中的地位，二者是世界上仅有的两款，批量交付且突破热障能够以 *Ma*3 速度飞行的有人驾驶飞机，其中的米格 –25 甚至创下了 37650 米的飞行高度纪录（有人说米格 –31 也算作一款，但是米格 –31 作为米格 –25 的深度改型并非独立研制）。虽然同为高空高速飞机，但这两型飞机的特点却完全不同。技术方面，A–12 系列应用了大量的高技术，导致成本高、可靠性差且产量极小，试验的属性更多；而米格 –25 匪夷所思地大量采用焊接钢材，由此带来的是可靠性相对好、成本低廉，产量很大（超过 1000 架），是一种真正的实用军机。速度方面，米格 –25 系列的最大速度超过了 *Ma*3.2，但实用最大速度在 *Ma*2.5 左右且仅能持续几分钟，而整个 A–12 系列飞机都是可以做长时间高速（*Ma*3 左右）飞行的。机动性方面，这两型飞机的中低空机动性能都很差，SR–71 以 30° 坡度做 90° 转弯的半径为 130 千米，做到 180° 转弯时，完成掉头时已经距转弯起点有 260 千米；而米格 –25 的机动性也强不到哪去，因为机动性能较差，米格 –25 后来被西方嘲笑为“直线战斗机”。

十一、“女武神”高速轰炸机

20 世纪 50 年代中后期，超声速战斗机已不再是新鲜事，在新技术、新思想以及一个个成功的新型号的不断激励下，美、苏、英、法等国纷纷开始探索超声速大型飞机研制，一个个极富冒险精神的科学技术挑战性计划被提了出来。最具代表性的就是美国的 XB–70、英法联合研制的“协和”号飞机、苏联的图 –144 飞机和美国的波音 2707，这些空中巨物为世人带来的震撼则是那些战斗机完全不能比拟的，它们是整个 60 年代航空界的技术巅峰。

XB–70 计划始于 1955 年，在美苏冷战对峙期间，美国空军希望有一种全新的、能够携带核武器的洲际战略轰炸机替换 B–52 轰炸机，新飞机要具备在 70 000 英尺高度飞行的能力，最大飞行速度要超过 *Ma*3。这样的能力几乎可以无视当时任何截击机和导弹的威胁，在敌占区只需要几分钟时间就会横穿地面雷达的屏幕，在地面雷达完成定位和地面截击机起飞前就脱离危险区域，这样的要求实在太超前、太苛刻了。要知道 1956 年 9 月才由 X–2 飞机完成了人类第一次超 *Ma*3 演示验证飞行，然而对于第二次世界大战后强大的美国航空界来说，没有什么不可能。当时的波音飞机公司和北美航空公司（North American Aviation）分别递交了他们的方案。

北美航空公司最初的方案是“武器系统”110（Weapon System 110），这是非常有特色的方案。按照当时美国空军的要求，飞机要能够从本土起飞，携带十余吨的常规 / 核武器飞抵苏联进行轰炸，在核武器爆炸前还需要飞出爆炸半径，这就要求飞机能够携带足够多的燃料以足够大的速度飞行。在这种情况下，北美航空公司选择了“组合式”的设计，这也是称为“武器系统”110 而不是“飞机”110 的原因。WS–110 使用飞机加外端机翼油箱的设计，最外侧的两个类似飞机一样的东西是油箱，能够携带巨量的燃料以确保飞机的航程，在飞抵战区前抛弃以减轻重量，提高飞机的脱离战区速度，该方案能在短时间内超过 *Ma*3 速度飞行。飞机采用鸭式布局，与超声速战斗机头部的小前翼不同，WS–110 头部有一块巨大的前翼，因为在高空飞行时舵面的效率会降低，不得已只能增大前翼面积进行补偿。波音公司的方案与此类似，稍有区别的是采用单垂尾和发动机吊装在内段机翼的外缘。

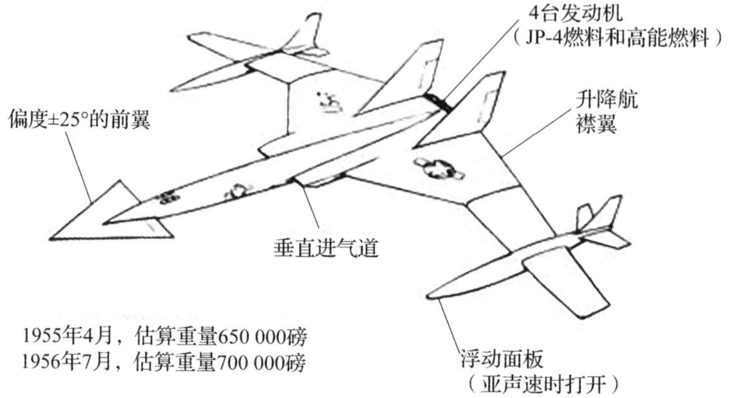

北美航空公司 WS-110 方案（尺寸超级巨大，喷涂美国空军标识的才是机翼，外侧的油箱大小与 B-47 飞机相当，令人十分震撼）

然而就在 1957 年 9 月 18 日，空军再次提高了要求，对于平飞性能则要求能以 *Ma*3.0 ~ 3.2 的速度长时间巡航，能飞到 23 000 米高度，并限制了重量不能超过 222 吨。对于重量的限制主要原因之一是飞机太大的话，已有的美军机库（最大的机库为停放 B-52 飞机）根本放不下那么大的飞机，而重新修建大型机库价格不菲。

在重新提交全新设计方案后，1957 年 12 月 23 日，美国军方确定北美航空公司中标，次年 2 月这型飞机正式被定命名为 XB-70“女武神”（Valkyrie）。按照美国军方对新研飞机的命名方式，会在未定型的型号代号前加上“X”或“Y”，“X”或“Y”的意义同前文的 X 系列试验机一致，代表着试验和探索，只有定型并列装军队的飞机才会取消这个“X”或“Y”。

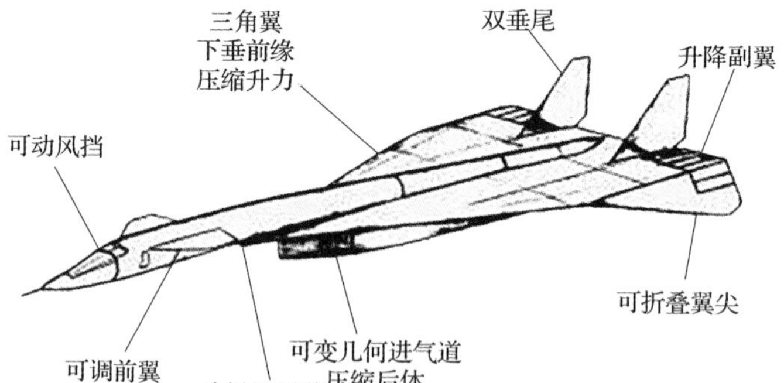

北美航空公司中标的 XB-70 方案（请注意机翼外侧部分是可以折叠的，用来在高速飞行时提供稳定性和增加额外的升力）

XB-70 轰炸机采用了鸭式、无平尾、双垂尾、大三角翼的总体布局，其机翼翼尖部分可向下折叠，以在高速飞行下提高飞行的稳定性并且会产生额外的升力。而前翼的设计则是为了抵消因高速飞行主翼升力中心后移时飞机的低头趋势。动力装置方面则装有 6 台美国通用电气公司的 YJ93-GE-3 加力涡喷发动机，特殊改进后的发动机加力燃烧室可长时间连续工作。

XB-70 由 4 人机组进行操控，包括正副驾驶员、领航员和防卫系统操作员。每一个试飞员都是一个国家飞行员中的精英，都是这个国家最为宝贵的财富。为了保护这些试飞员，XB-70 的驾驶舱进行了特殊的设计，所有 4 名机组成员的座椅均可弹射，且弹射座椅被设计成全封闭的，因为弹射座椅要能在 *Ma*3 下帮助机组人员逃脱，如果是开放式座椅，飞行员会被 *Ma*3 速度下巨大的动压（动压等于空气密度与速度平方乘积的一半）瞬间碾碎。

专门为 XB-70 设计的弹射座椅（可以看到全封闭的弹射座椅舱）

在 *Ma*3 巡航时，XB-70 机头和机翼前缘的温度在 330℃左右，整个机身的平均温度为 230℃。为了解决热障的问题，XB-70 大量使用了不锈钢，为了减重使用不锈钢的部位被设计成蜂窝夹层结构，两层不锈钢之间夹一层隔热夹层，夹层为六角形蜂巢式钢结构。在主要承受高温的结构上还使用了钛合金（如机头）。此外，燃料也不同于常见的航空煤油而是单独设计的，这种名为 JP-6 的硼基燃料有剧毒，但能够吸收飞机内部的热量，燃料燃烧顺序也被特殊设计，专门设有发动机供油油箱，飞机内部的热量经滑油传导至该油箱，只有吸收了飞机内部热量的燃料才被供往发动机，而后由相对低温的燃料进行补充。尽管如此，高速飞行的 XB-70 内部仍旧温度很高，JP-6 燃料需要完全与空气隔离，因此在油箱内填充了惰性气体进行防爆保护。

制造中的 XB-70 机身

XB-70 机身总装照片

首架机的研制花费了6年的时间，原计划在1962年要完成首架机制造，因液压、电力、蜂窝夹层、油箱和机翼外段等关键部件的制造都遇到了麻烦，进度被数度拖延。但这对于在20世纪60年代就应用了如此多先进技术的XB-70来说依然非常之快。第一架XB-70在1964年5月11日下线，并做公开展示，现场的人群震撼不已。有专家评价美国航空史上最漂亮的飞机有两型，XB-70和SR-71（前文有详述），习惯了B-52粗笨和战斗机小巧的人群第一次面对如此优美的XB-70，无不被它的气质

完成部装的机身被拖往总装厂房

工程师们在XB-70机身上部安装调试管线（请参考人身高的比例感受飞机巨大身躯的震撼）

XB-70A 首架机的下线仪式现场

图中飞机座舱前方机头上部被涂成黑色，主要目的是减少高空飞行时的强反射光，以减小对飞行员视线的影响和眼睛的损害

工作人员在 XB-70 的进气道中休息（进气道后段的扩压段长度近 17 米）

飞行准备中的 XB-70（请注意飞机前面的车载升降机，飞行员通过它进入飞机的驾驶舱）

所吸引。当然，它的造价也不菲，XB-70 一共建造了 2 架（第三架部分完工），平均每架的费用约 7.5 亿美元，作为对比，1961 年服役的世界上第一艘核动力航母的造价约合 4.5 亿美元（不含舰载机）。而 1956 年中国官方公布的财政收入约 1028 亿元人民币（当时的汇率为 1 ： 2.46），约合 419 亿美元，外汇储备 1.23 亿美元。过于昂贵的价格也成为 XB-70 项目终止的原因之一。

在经过了近半年的调试后，在1964年9月21日，XB-70进行首次飞行，其中的一名飞行员是埃尔文·S. 怀特（Alvin S. White），他是XB-70主要试飞员，而在这之前他是X15的助理试飞员。在随后的飞行测试中，工程师们不断地发现飞机有很多小毛病，比如蜂窝结构强度不够、燃料泄漏、起落架故障等问题。在第二年5月7日的试飞中，进气道前缘的隔板断裂，碎片被吸入发动机导致6台发动机全部报废。

第一架原型机6台发动机尾部喷口特写（科幻感十足）

XB-70起飞的照片（图中右上方伴飞的是B-52轰炸机，比对可感受到XB-70尺寸之巨大）

低速平飞状态时的 XB-70

经过了 16 次的飞行后，在 1965 年 10 月 14 日，1 号机终于完成了超过 *Ma*3 飞行，高度为 21 500 米，这是世界上最大的载人飞机完成超 *Ma*3 飞行，该纪录至今仍未被打破。然而在着陆后，工程师们发现飞机右侧机翼前缘有约 2 英尺的机翼结构破损，不禁让人为 XB-70 的试飞员捏一把汗，要知道在如此高的速度下飞行，任何一丁点儿结构破损都有可能带来连锁反应直至飞机空中解体。考虑到飞机使用材料的强度可能不足，随后美国空军决定限制 1 号机的飞行速度在 *Ma*2.5 以下，而这实际上也极大地限制了 1 号机的试验范围。

高速飞行时翼尖可根据速度和高度向下折叠 25°～65°

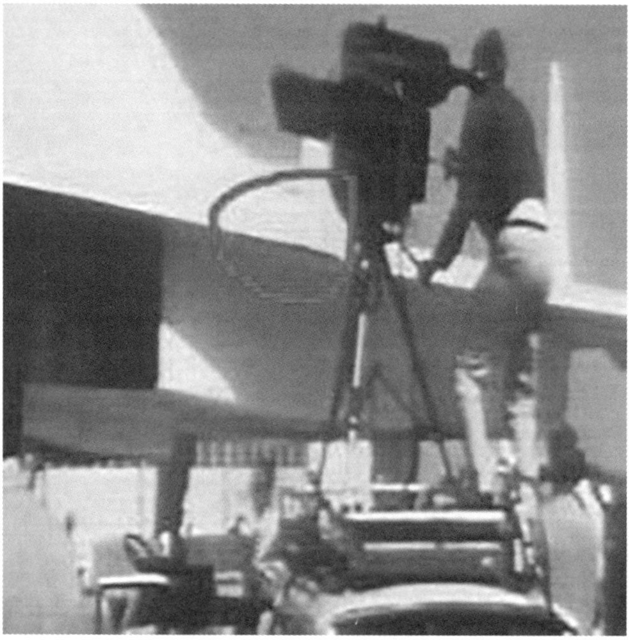

XB-70 第一架原型机在完成首次 *Ma*3 飞行后的视频截图（图中红圈内就是破损的位置，这对于高速飞行是极度危险的。美军对每次飞行都进行视频记录为后人留下的珍贵的资料）

右侧主起落架以图中的姿势完成了着陆，神奇的是飞机无任何损失

第一架原型机还出现过其他险情，比如，在1966年3月的一次飞行中，飞机的液压系统出现故障导致主起落架无法完全放下，结果飞行员还是把飞机安全地飞了回来。正是基于1号机的经验，XB-70的2号原型机进行了大量的改进设计，尤其是在机翼方面，从某种程度上来说，2号机已经与1号机大不一样了。2号机首次试飞于1965年7月17日，在首飞时就达到了*Ma*1.4的速度。第二年1月3日，首次达到了*Ma*3的飞行速度。在1966年5月19日的飞行中，以*Ma*3的速度持续巡航33分钟3840千米（按此速度从北京飞到海口也就20多分钟的事），以*Ma*2.5的速度持续巡航62分钟！这一成就即使放在今天，在现代科技的帮助下也极难完成。第二架原型机的完美表现，证明了该计划成功地达成原定目标，验证了其在70 000英尺高度以超过*Ma*3速度持续飞行的能力。唯一不足的是飞机的最大起飞重量超过了美国空军222吨的限制，XB-70第二架原型机的最大起飞重量为246吨。第二架原型机并未在幸运的道路上走得太远，尽管初期看起来是那么顺利。1966年6月4日，应美国通用电气公司的请求，XB-70与四型战斗机（F-4、F-5、T-38、F-104N）组成编队拍摄视频。摄影师乘坐一架公务机进行拍摄，在拍摄完毕编队分离的瞬间，F-104N战斗机距离XB-70右侧机翼距离太近，被卷入XB-70右侧的翼尖涡中。F-104N被巨大气流推向XB-70的背部并撞坏了两个垂尾（撞掉了一个垂尾），F-104N在空中爆炸，导致飞行员丧命。驾驶这架F-104N的是NASA的首席试飞员约瑟夫·A.沃克（Joseph A. Walker，是X-1/3/4/5/15和当时大量战斗机的试飞员，是NASA最宝贵的财富，是当时X-15最快、最高飞行纪录保持者）。XB-70则开始掉高度，飞行员试图拉起飞机无果，飞机失去控制并进入尾旋，坠毁在茫茫荒漠中。

翼尖涡（wing-tip carriage）：又称翼梢涡。空气绕有限翼展机翼流动时，在升力为正的情况下，机翼上表面压强低，下表面压强高，下表面的空气有绕经翼梢流向上表面的趋势，此时在翼梢附近形成旋涡并从翼梢伸向下游。

在这之后，仅剩的一架XB-70继续进行试验，但试验项目的大部分内容已转到民用超声速运输机方面。直至1969年2月4日，第83次飞行结束后飞往俄亥俄州的赖特－帕特森空军基地（Wright-Patterson Air Force Base），这是XB-701号机的最后一次飞行（2号机一共飞行了46次），空中“女武神”在这之后被拖进了博物馆。

图中垂尾被喷涂成橘红色的是 F-104N 战斗机

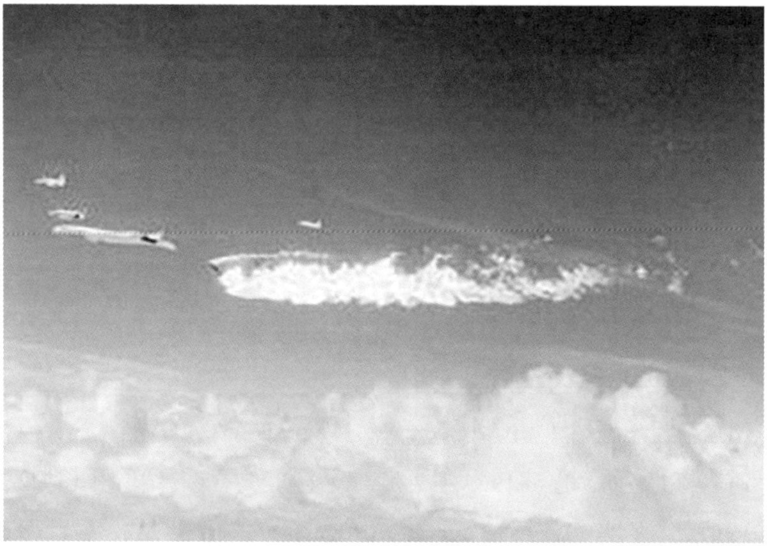

F-104N 被卷入翼尖涡，撞击 XB-70 垂尾后当场爆炸，飞行员乔·沃克殒命

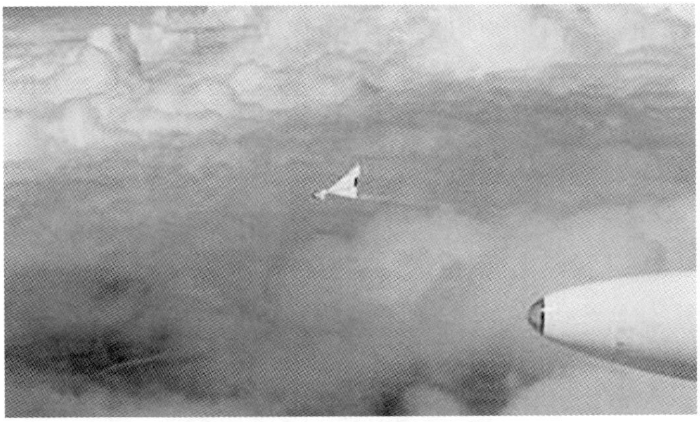

XB-70 失去平衡，迅速地降低高度

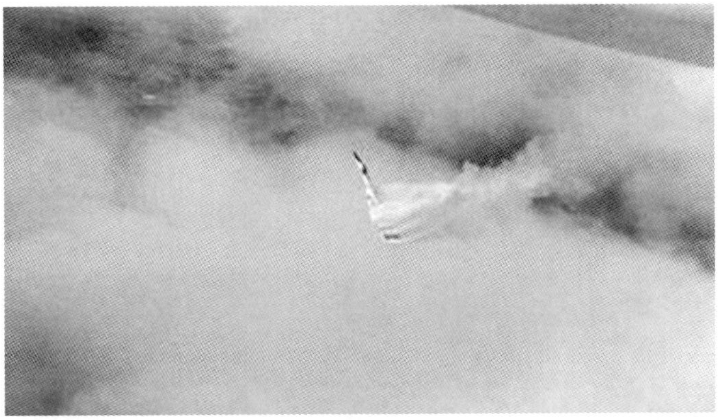

飞行员试图将飞机拉起，飞机已经失速，可以清楚地看到飞机背部的涡

飞机进入尾旋，坠毁已无可避免

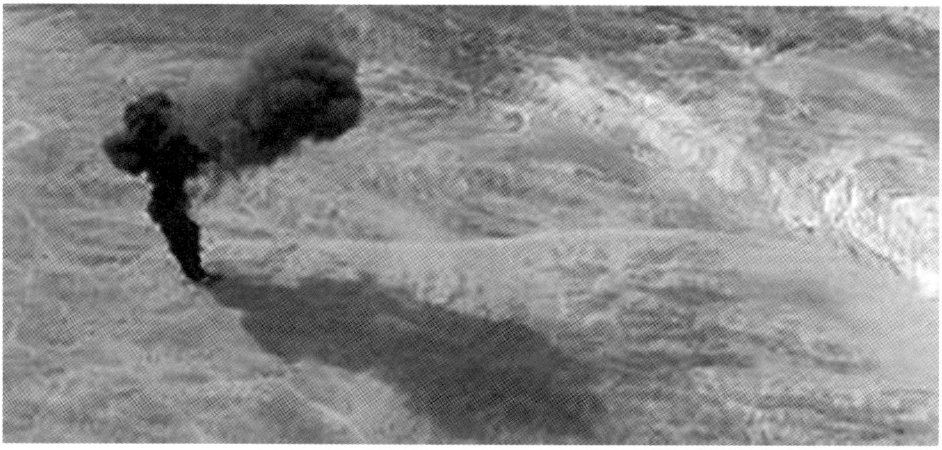

XB-702 号机坠毁在荒漠之中

在 XB-70 研制的同时，美军还为其研制了一款护航战斗机，为了能给“女武神”护航，这款战斗机也需要具备 *Ma*3 飞行的能力。为了节省成本，该型飞机采用了与 XB-70 相同的技术，但是随着“女武神”项目的终止，该型飞机也一同停止研发，这就是当时非常著名的 XF-108 飞机，是超越时代的存在。

采用大量与 XB-70 相同技术的 XF-108 飞机
（典型特征是机翼外侧在高速飞行时也能向下偏转提高稳定性）

XB-70 最初是计划量产的型号，但在 1960 年发生的一件事改变了 XB-70 的命运。一架美国 U-2 超高空侦察机在试图飞越苏联领土时被俄制 SA-2 型地空导弹击落，在引发外交危机的同时，也引发了美国空军对超高速远程洲际战略轰炸机项目的反思——极高的单价（两架飞机可以购买三艘半航母），其打击作用却可以被战略导弹所替代，高空飞行仍旧会被地空导弹击落，这所有的一切都证明 XB-70 已经不具实际意义。肯尼迪总统在 1961 年时宣布将 XB-70 计划裁减到仅剩研究用途，这也就是为何“女武神”飞机会加上试验机专用的“X”编号的原因，原计划制造的第三架原型机也在这之后终止了。

尽管 XB-70 的一生很短暂但却极其辉煌，它是世界上最大的超声速飞机，是世界上第一架速度超过 *Ma*3 的轰炸机，是世界上第一架能够以 *Ma*3 速度巡航的轰炸机，等等。而美国航空界巨大的实力令人震惊，仅耗时 10 年就完成了从人类首次 *Ma*3 飞行，到让一架 200 多吨的庞然大物实现 *Ma*3 巡航，科技创新创造奇迹。而 XB-70 所开展的探索并非没有意义，其为后来美国民用客机在高超声速飞行领域的发展探明了道路。

十二、西欧航空协作的精华——“协和”号

欧洲方面，第二次世界大战后老牌帝国主义国家大英帝国和法兰西辉煌不再。经过几年的发展后，战争带来的创伤已渐渐愈合，但欧洲作为冷战的最前沿仍处于美国的保护之下。在此种情况下，意识到单打独斗难以为继的欧洲各国抱团发展的意图更加明显，联合研制一款先进的客机以对抗美国的民航业垄断，同时也能将整个欧洲被战争破坏得支离破碎的航空工业进行充分整合，显然是一个不错的选择。以英法为主的欧洲国家开展了合作模式探索，而“协和”号超声速客机则成为这一模式的开山之作。

“协和”号（Concorde）飞机是全球仅有的两款民航超声速客机，另一款为苏联的图 -144。“协和”号成功运营 27 年，而图 -144 的定期载客商业运营时间仅半年，从这一角度来看“协和”号则成为超声速民航客机唯一的存在。

1962 年 11 月 29 日，英法政府签署了一项合作协议，共同研制一种超声速客机，命名为“Concorde”号，这一词是专门为这个项目创造出来的，其意思是“融合 / 联合”。项目的主要承包商为英国飞机公司（British Aircraft Corporation ，BAC）和法国南方航空公司（Sud Aviation，后成为法国宇航公司一部分）。其中 BAC 负责机头 / 前机身、尾翼、发动机舱、电气 / 燃料 / 氧气 / 防火系统、隔声和隔热材料；法国宇

全球唯一投入规模运营的超声速民航飞机—“协和”号（图中飞机为法航涂装）

航公司则负责中后机身、机翼、飞机控制面、液压 / 飞控 / 航电 / 空调 / 导航系统。此外还有很多欧洲的次级承包商也参与了这一项目，在项目的初期就充分体现了对欧洲航空工业的融合意图。事实上两国都有自己的算盘，英法早在 1955 年前后都开始了相关的研究并储备了大量的技术，比如英国 BAC223 项目和法国的“超快帆”项目，在意识到单独研制面临的技术和资金压力后，才决定将 BAC223 与“超快帆”项目合并，而这就是“协和”号的由来。

其中还有一段插曲，1964 年的时候，在意识到这一项目可能会取得技术成功、但在经济上会面临巨大的失败后，英国单方面决定停止该项目，法国方面意见很大，法方根据双方合作协议通过律师向英国提出了天价的惩罚赔偿要求。英国人在仔细研究了合同后发现继续投钱损失会更小，英国人被重新拉了回来，为了筹措资金，英国停止了自己多款军机的研制并削减了航空研究的支出，在相当长的一段时间内英国的航空工业资源都集中在了“协和”号飞机项目上，这也是英国军事航空后来走向落寞的重要原因之一。

原计划在 1968 年投入运营的“协和”号研制并不顺利，作为当时世界上民用航空领域高精尖技术于一身的“协和”号，遇到了很多难题。起落架、控制系统、机身材料、发动机、电气系统的研制都出现严重的滞后。自 1962 年启动，花费 3 年时间进行设计。自 1965 年年初开始首架机的制造，到 1967 年年底完成总装下线，制造又耗时近 3 年。随后又用了 15 个月的时间来完成地面调试工作，直到 1969 年年初才实现首飞，可见超声速客机的研制难度之大。

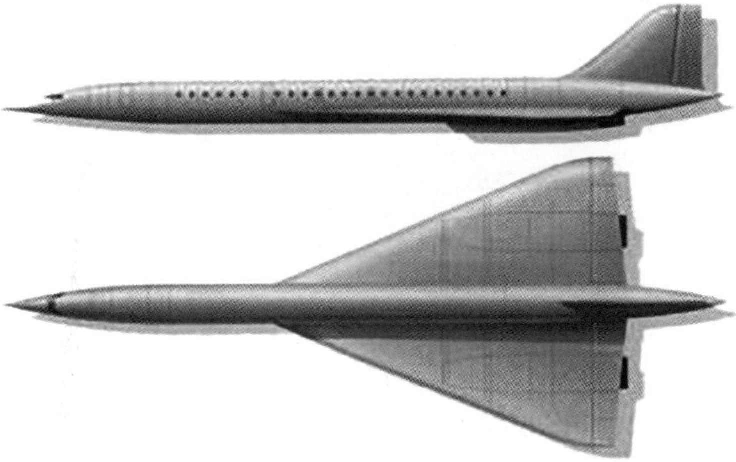

英国飞机公司的 BAC223 超声速飞机设计图（外形 / 尺寸与“协和”号近似，但明显的区别在于 BAC223 采用平直前缘的三角翼设计，而“协和”号的机翼前缘为更加复杂的 S 形）

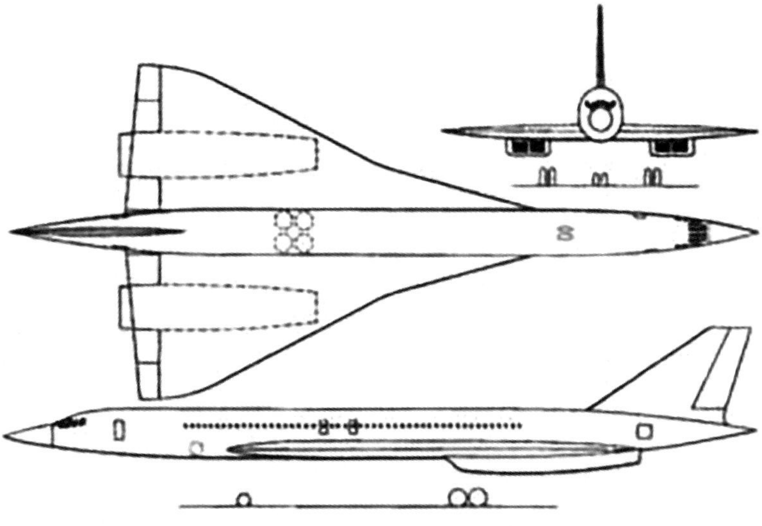

法国南方航空公司的“超快帆”设计（尺寸很小，主要有用于大陆内运输）

第一架飞机在法国图卢兹总装时的现场照片（可以看到飞机机身横截面非常之小）

根据合同要求，首批“协和”号飞机一共6架，其中2架用来进行飞行测试、2架用作地面测试、2架为预生产。法国宇航公司的图卢兹工厂和BAC的菲尔顿工厂各自制造一架原型，开展飞行试验工作。1969年3月2日，第一架“协和”号在法国图卢兹（Toulouse）成功首飞；同年4月9日，第二架“协和”号在英国菲尔顿（Filton）成功首飞。这些外形优美、身形巨大的白色飞机在全世界范围引起了轰动，开启了人类超声速客机的时代。

法国图卢兹机场，首架“协和”号飞机首飞时的照片（注意飞机喷出的黑烟，这一细节对“协和”号的一生都有重大的影响，这架飞机在10月1日首次完成超声速飞行）

在英国总装的 02 架“协和”号飞机于 1969 年 4 月 9 日首飞（拍摄地点英国菲尔顿）

由于超声速飞机的研制费用巨大，如前文所讲述的 XB-70 飞机的单机制造（含研制费）达到惊人的 7.5 亿美元，英法两国的资金压力也很大。早在项目启动的第二年，项目就已经开始寻找意向订单，但研制进展并不顺利，极少有用户会在飞机尚未飞起来之前就缴纳订金，尤其是对这样一款研制风险巨大的机型。在首飞两年后的 1971 年，两架“协和”号飞机以极快的节奏开始了全球的飞行促销之旅，参加航展，游说各国的航空公司，终于在 1973 年的时候收获了 109 架飞机意向订单，其中还包括来自中国的两架订单。

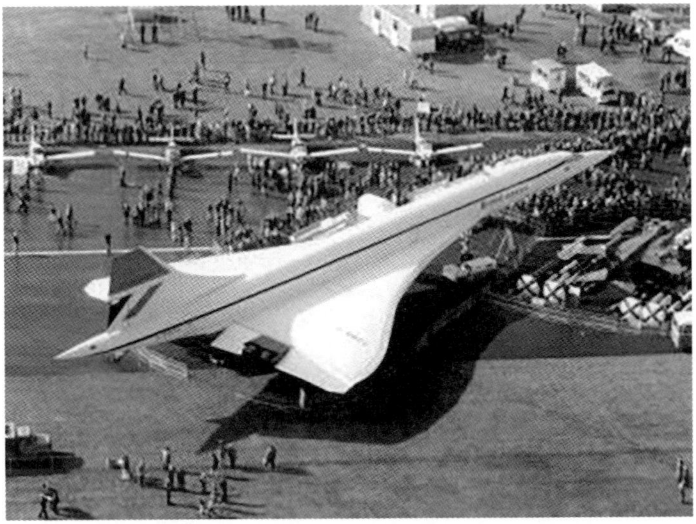

英国生产的第一架生产型“协和”号飞机（非常漂亮）

历经 14 年的长征，“协和”号终于在 1976 年 1 月 21 日迎来了首次商业飞行，而这一天已比原计划延后了 8 年之久，这期间发生的几件事令“协和”号项目更加艰难。

1973 年年底，出于地缘政治因素的影响（第四次中东战争爆发），当时处于全球油气资源垄断地位的石油输出国组织（OPEC），为了打击对手以色列和支持以色列的西方国家，宣布实行原油禁运及提高石油价格，油价从 3 美元 / 桶提高至 11 美元 / 桶，一次性涨幅达到 267%。这极大地影响到欧美工业活动的正常运转，凡是对能源价格敏感的行业都受到了极大的冲击，而民航运输业首当其冲。“协和”号不幸被殃及，几乎所有的订单一夜之间烟消云散，航空公司宁可舍弃订金也拒绝购买“协和”飞机。此外 1970 年波音 747 投入使用也极大地打击了公众对“协和”号的信心，虽然速度不及“协和”号，但波音 747 飞机的座 · 千米油耗（飞机搭载每 1 名乘客飞行 1 千米所消耗的燃料）不到“协和”号的 1/3。航程方面，“协和”号 6500 多千米的航程使得其不能进行跨太平洋飞行，通常需要中途落地加油，而波音 747 速度虽慢却省去了下降—着陆—加油—起飞—爬升这一大段时间。在油价较低的年份，航空公司勉强能够维持“协和”号的运营，但油价变为原来的 3.7 倍时，亏损无法避免。

直到首航时真正的用户也仅剩两家，分别是英国航空公司（ British Airways ）与法国航空公司（ Air France ），英航开通的第一条航线是从伦敦往返海湾国家巴林，法航开通的第一条航线是从巴黎往返巴西里约热内卢，并没有最初设想的跨大西洋航线——欧洲直飞美国，其原因与导致 B-2707 下马的原因一样：噪声和空气污染，而这进一步限制了“协和”号的使用。

空气污染方面，在起飞阶段需要打开发动机加力，让飞机爬升并达到 *Ma*2 的速度进行巡航，而“协和”号载油量约 95 吨（约 120 万升），这些燃料的大部分都将在 16000 米以上的高空被燃烧并排放进入大气中（远远高于一般民航飞机 10000 米左右的飞行高度），对臭氧层有不利影响。当然一架飞机问题不大，一个机队每天都这么做，长年累月的影响还是很大的。但是公众并不着重关注这些，他们看到的是“协和”号起飞和降落时拖着的浓密黑烟，这些对于 20 世纪 70 年代西方的环保主义人士已经足够了，社会舆情和公众在抵制“协和”号飞机的运行。

在噪声方面，由于起飞时需要打开加力燃烧装置，“协和”号的起飞噪声很大，当然其他飞机的噪声也不小，只是“协和”号飞机太特殊了，所有人都将注意力放在了它身上。考虑到机场跑道周围通常不是人口稠密的居住区，这一点倒也能够接受。

起飞时“协和”号飞机 4 台发动机喷出的黑烟

让公众尤其是美国人不满的是“协和”号超声速飞行时产生的声爆，原以为高空飞行会减少声爆带来的影响，但这种剧烈的振动（冲击波）抵达地面时依旧很强，长期声爆作用下会震坏房屋，这也是美国人拒绝“协和”号的主要原因（美国人在 XB-70“女武神”飞行时已经注意到了这个问题）。实际上，经过了长时间的公关，“协和”号终于在 1977 年开通了伦敦 / 巴黎—纽约 / 华盛顿的航班，但被要求在离开海岸线一定距离后才可以进行超声速飞行，并且所有的航班只能在白天飞行，本来就无处可去的“协和”号再次被限制了用途。后来新加坡航空与美国布兰尼夫国际航空曾短租过一架“协和”号飞机，分别经营新加坡—巴林航线和纽约 / 华盛顿—墨西哥的航线，但受到沿线国家的抗议，被禁止在其领空进行超声速飞行，“协和”号四处碰壁。

为了能够以 2 倍声速进行飞行，“协和”号采用了细长的机身，但这一设计带来的影响就是“协和”号的空间狭小，乘客感觉自己坐在一只细长的管子里，理论上“协和”号的最大座位数为 144，但实际上太挤了，从来没这么布置过。

“协和”号飞机狭小的客舱空间（请注意乘客的肩部空间很小，胳膊已经侵入邻座）

客舱中的显示器很有意思，图中的 4 组数字分别显示当前速度 *Ma*2、高度 49000 英尺、舱外温度 –58℃、飞行速度 1260 英里 / 时

根据英航和法航的说法，“协和”号能够勉强盈利，但代价是票价昂贵，不过这也无所谓，当时很多人就是冲着“协和”号去的，毕竟这是世界上最先进的客机。

直至 2000 年 7 月 25 日，法航的一架“协和”号飞机在巴黎戴高乐机场起飞时失事，恰巧有一位在附近的车内的乘客用手持摄像器材记录下这一切，这一视频被广泛传播并引起世界范围内震惊，而他最初的想法仅仅是拍下“协和”号起飞时漂亮的身影而已。

法航“协和”号在起飞时起火（最终全部机组人员和 109 名乘客以及 4 名地面人员遇难）

“协和”号在过去 20 多年的运行历史中从未出过人员伤亡的事故，为安全起见所有的“协和”号飞机全部停飞。事故分析的官方结论表明这是一场意外，前一架次的 DC-10 在起飞时掉落了发动机反推力装置的一个部件，而“协和”号起飞时恰巧碾过这个金属片，轮胎爆炸产生的碎片击穿了机翼油箱，引起燃料泄漏并导致左侧发动机起火。根据飞行数据记录仪（黑匣子）中的数据分析，事故调查专家们认为飞行员试图爬升并掉头返回机场，然而动力不足导致飞机失速坠毁。

工作人员在“协和”号飞机机翼翼盒内铺设凯芙拉装甲（一种芳纶纤维橡胶垫）

为了防止此类事故重现，制造商后来在每架飞机的机翼油箱内都铺设凯芙拉装甲。这一工作并不轻松，超声速飞机的机翼总是那样薄，以至于只有身材小巧的人才能钻进机翼中完成这一工作。

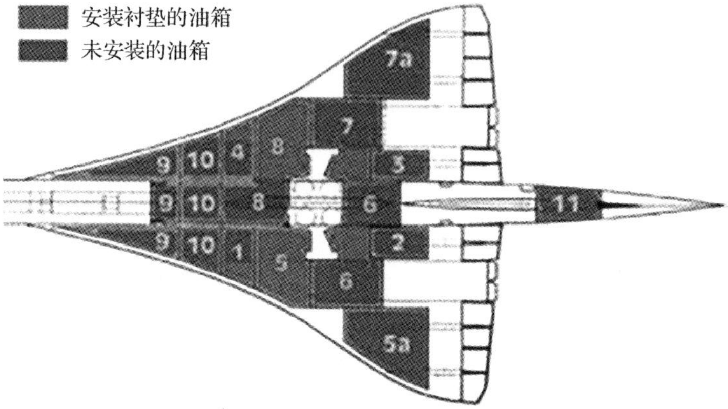

并非所有的油箱都铺设了凯芙拉装甲，仅在图中的红色部位进行了重点防护

在停航一年并铺设装甲、更换防爆轮胎、更新内饰和其他改进后，“协和”号机队再次投入运营，然而“协和”号已经进入了命运的晚期，油耗大、噪声大、航程短、空间小、发动机冒黑烟、在陆地上空被限制超声速飞行、机体结构老化导致维护成本上升、有不安全运行记录，这些因素叠加起来已经是“协和”号难以承受的重负。2001 年美国的“9·11”事件更成为压倒“协和”号的最后一根稻草，“9·11”对民航业造成了巨大的打击，“协和”号也没能幸免，在勉强支撑了一年多的 2003 年 4 月 10 日，英航和法航同时宣布“协和”号将在一年后退休。巧的是，2001 年英航“协和”号恢复运营的第一年的日期，恰巧是 2001 年 9 月 11 日。

法航在 2003 年 5 月 31 日退役了全部“协和”号，而英航则宣布在 10 月底停航，在这中间的 4 个多月里，英航成功地进行了饥饿营销，大量乘客想要抓住最后的机会体验一次人类唯一的超声速客机，机票被一扫而光。

即将告别，英国人也一改古板的风格，将“协和”号的退役仪式办得十分精彩，英航开展了非常规航班飞行用以纪念这型伟大的飞机。2003 年 10 月 14 日，从英国伦敦到美国波士顿仅耗时 3 小时 5 分钟，创造了保持至今的速度纪录，通常航班的时间是 7.5 小时左右。在 10 月 24 日，英航的一架“协和”飞机搭载着曾经参与“协和”号运营的英航工作人员在海湾上“兜风”，英国皇家空军红箭飞行表演队全程护航摆拍，一架“协和”号在爱丁堡“兜风”，三架“协和”号被特许在伦敦上空低空绕飞，还有一架进行了最后一次航班飞行，最后降落到伦敦希思罗机场，机场上甚至搭起了看台，人群涌动只为一睹“协和”号最后的风采。

在海湾上空“兜风”并受到英国“红箭”飞行表演队的护航（当然还有一架跟拍飞机）

飞越布里斯托尔天文台返回菲尔顿（可以看到地面上聚集的人群）

至此，“协和”号的生涯画上了句号。1969 年首飞，1976 年进入服役，2003 年退役，一共制造了 20 架，包括 6 架原型机，法国航空公司和英国航空公司各运行 7 架，因意外事故于 2000 年坠毁 1 架。“协和”号的一生中，由于其巨大的影响力，其中一架甚至被喷涂成了百事可乐涂装，成为最成功的广告宣传品。在全面退役后，“协和”号被陈列在英、美、德、法航空博物馆内，成为最热门的展品。

甚至在机场围栏外都挤满了人群，目睹“协和”号商业运营的最后一次降落，一个时代结束了

百事可乐涂装的“协和”号飞机（全身的蓝色漆面会在长时间的高速飞行中脱落，因此这架飞机的 *Ma*2 飞行时间被限制在一定范围内）

一个伟大的超声速客机时代落下帷幕，但“协和”号本身依旧有很多技术亮点，让我们回过头来从技术角度仔细看看这架飞机。

“协和”飞机采用了复杂的弧形前缘细长三角翼，细长型机身，由 4 台带加力燃烧室的罗罗奥林帕斯 593 型涡喷发动机提供动力，巡航速度可长时间保持在 *Ma*2.02，最高巡航高度为 18 300 米，这是目前任何一种民航飞机所不能达到的。“协和”号也是第一款使用模拟电传操纵的民航客机。机组共 3 人，包括正副驾驶员和机械师。

“协和”号复杂的S形前缘细长三角翼（选择这种设计是大量试验和计算的结果）

伦敦希思罗机场6架“协和”号的摆拍（飞机机翼曲线非常优美）

飞机选用材料方面，主要采用铝合金制造，在需要承受高温的特殊部位，例如升降副翼、发动机短舱等处使用钛合金、不锈钢、铬镍铁合金，机身地板则采用树脂玻璃纤维减重。由于铝制细长的机身带来的结构强度较低，“协和”号在起飞时机身会略微变形，因此会在机身中部布置洗手间以阻断乘客的视野，避免引起不必要的猜疑。

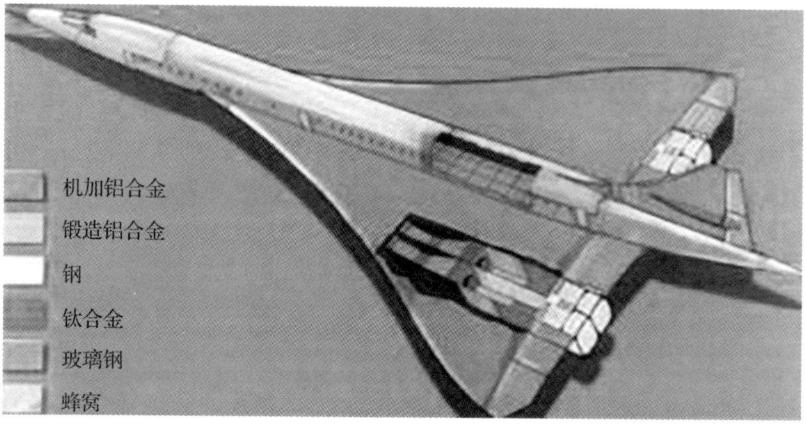

“协和”号机身使用材料分布

“协和”号机翼S形前缘细长三角翼（在适当的大气环境下可以看见机翼上方的脱体涡流）

机翼方面，“协和”号主要升力来自于细长的三角翼，机翼的后掠角很大，导致低速飞行时升力不足。为了提高飞机在低速飞行时的升力，飞机的三角翼前缘采用了弧形设计，能够有效利用脱体涡升力，满足飞机在低速、大迎角的情况下所需要的升力，很好地平衡高速和低速时对升力的要求。

气动加热方面，“协和”号在高空巡航时，机外环境温度约为 -50℃，而气动加热会使飞机升温，飞机不同部分的升温情况也有所差异，由此机身表面形成温差。*Ma*2 巡航时，头锥温度可达 127℃，机身后段超过 90℃。由于热胀冷缩，“协和”飞

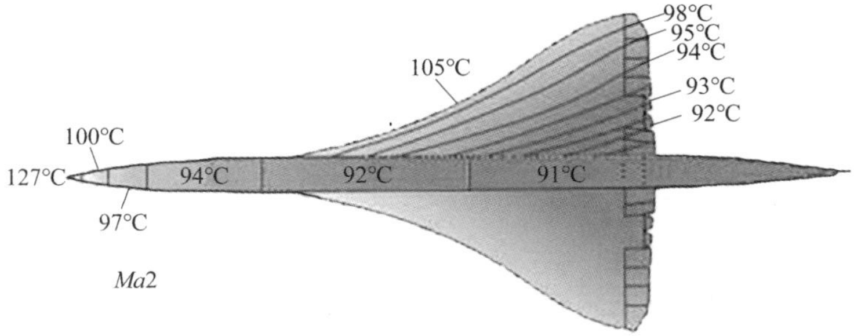

“协和”号在 *Ma*2 速度飞行时机身的温度分布情况

头锥收起、整流罩收起状态

飞机降落时头锥放下、整流罩收起状态

机超声速飞行期间，机身会膨胀延长达 300 毫米左右。此外，由于飞机大量使用了铝合金，而铝合金耐热程度有限，“协和”号的最大飞行速度被限制在 *Ma*2.02，因为超过了这一温度，气动加热温度过高，超过了铝合金的安全使用温度范围。机身表面大部分表面的漆料的为白色（一种专门设计的具有高反射特性的白色涂料），其目的也在于反射高空阳光直射，降低温度。

“协和”号的可下垂头锥极富特色，在高速时收起以降低阻力，在起降时放下以改善飞行员的视野。头锥内还带有一个可前后移动的整流罩，将时刻保持机头流线型，由于高速巡航时头锥温度很高，整流罩还起到阻断高温传导至驾驶舱的作用。

“协和”号的油箱也经过了特殊的设计。由于飞机速度跨度很大，当“协和”号在飞越临界马赫数时，飞机的压力中心向后转移，在飞机重心不变的情况下会为飞机带来一股下俯力矩。虽然可以利用气动翼面产生的力来抵消，但在高速的情况下会大幅增加飞行的阻力，如 XB-70 的前翼设计就是为了提供升力用以抵消飞机的低头力矩，但同时也会为高速飞行带来额外的阻力。“协和”号的设计师们使用了独特的防范措施解决这一问题，他们通过将燃油在机内调整油箱之间转移，通过改变飞机的重心以抵消下俯力矩。同时，油箱内的燃料还被用以吸收飞机内部的热量，其原理同前文中的 XB-70 类似。

在飞机的飞行控制方面，由于飞行速度很大，需要响应速度很快的操纵系统，“协和”号也首次在民航飞机上采用了模拟电传飞行控制，此外还采用模拟电传发动机控制，这是现代全权限数字发动机控制技术（Full Authority Digital Electronic Control System，FADEC）的前身。

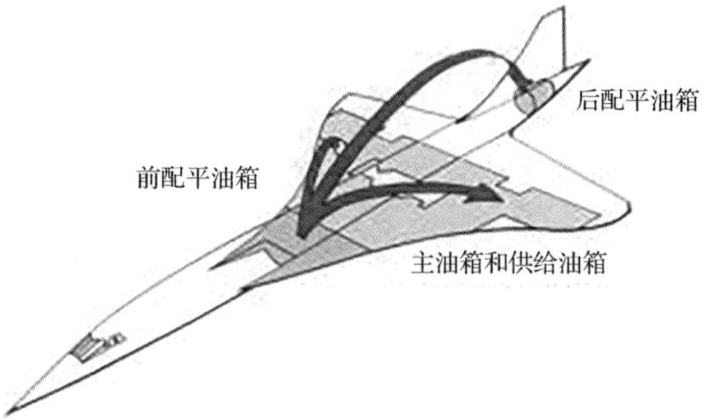

“协和”号的油箱布置（通过计算机计算并控制燃料在前后油箱内的转移来调整飞机的重心）

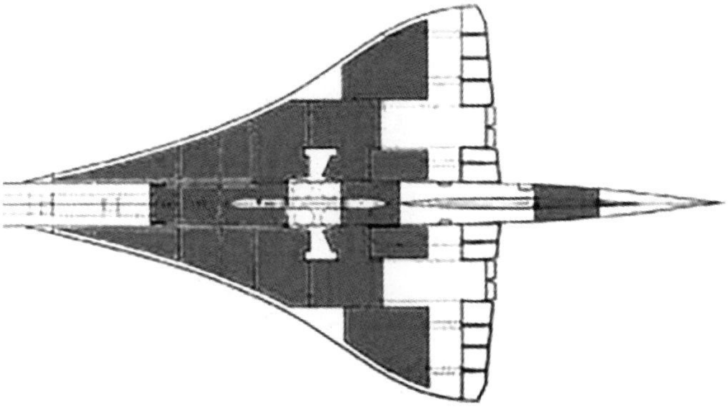

“协和”号的油箱分布（可见油箱数量非常之多，单独在尾锥上布置油箱的目的是调整重心）

减速机构方面，为了快速降低速度，“协和”号的发动机还配有反推力装置，通过引导发动机尾喷口气流方向产生反推力，以快速降低飞机的速度。此外，“协和”号的刹车还采用了轮胎防抱死系统，这是现代汽车上防抱死刹车（Anti-lock Braking System，ABS）的前身。在紧急刹车时，可以在1600米内把飞机从305千米/时（起飞离地速度）速度停下来，但碳刹车片的温度会达300～500℃。

“协和”号发动机反推力装置打开时的特写

飞机的起落架方面，采用传统的三点式起落架，前起落架向前收回，四轮小车式主起落架向内侧收回，由于起落架支柱很长，主起落架向内收起时会发生干涉。设计师们的解决之道是将主起落架分为两节，先折叠后收起，这也许是目前为止最为复杂的起落架收放结构了。

“协和”号的起落架支柱远远长于普通飞机（这是因为飞机尾锥很长，
并且起飞迎角很大，为避免尾锥擦地而专门设计成这样）

由于篇幅限制，不能完整地将“协和”号上使用的先进技术一一列举。但仅通过上述几例，想必读者也对这一架超声速客机的技术复杂程度已有所感受，“协和”号作为20世纪60—90年代世界民航科技领域的巅峰之作，当之无愧。

十三、美苏在超声速客机方面的探索

美国方面，作为新兴的超级大国，在民航领域的发展已经引领全球，世界各地的天空中充斥着波音公司和道格拉斯公司的飞机。在20世纪50年代超声速战斗机全面发展的推动下，多家飞机制造商也已开始考虑研制超声速客机。比如成功推出第一代喷气客机并取得重大成功的波音公司，早在1952年就开始研究超声速客机的可行性。在航空领域有着深厚积淀的不仅仅只有波音公司一家，洛克希德－马丁公司、北美航空公司、道格拉斯公司都有能力研制超声速客机。而美国政府对超声速客机也很感兴趣，发展超声速客机符合美国当时社会的舆论倾向。

美国在超声速大型飞机的研制道路上起步很早，前文所述的超声速洲际战略轰炸机项目，其在技术上与超声速民用客机有很多共通之处，波音公司也参与了该项目竞标但未入选。1963 年，美国总统约翰·肯尼迪（John Fitzgerald Kennedy）在空军学院毕业典礼的演讲上，宣布了美国超声速客机项目的启动，这是非常不同寻常的一件事。通常美国的军用飞机装备立项由 NASA 或者美国空军发起，美国国会拨款支持，民机项目则由飞机制造商自行决策并筹资。而此次由美国总统公开宣布则意味着美国政府对该项目的高度重视，像军机项目一样由国家提供研制支持。这背后的原因是 1962 年英法已经启动了“协和”号超声速飞机项目，如果项目成功则会威胁到美国航空制造业在全球的垄断地位，美国不能坐视不理。在政府强有力的推动下，美国联邦航空管理局（FAA）正式立项研制超声速客机，其总体目标就是要比“协和”号更快、更大、更好。

FAA 将这一项目命名为超声速客机项目（Super Sonic Transportation，SST），具体要求是能够携带 250 ~ 300 人以 *Ma*3 以上的速度飞行，航程要求覆盖北大西洋和太平洋航线。对此，波音公司、洛克希德 – 马丁公司、北美航空公司、道格拉斯公司分别拿出了自己的方案，两家发动机制造商通用电气公司和普惠公司也拿出了发动机方案。

道格拉斯公司提的方案，命名为超声速喷气机（Super Sonic Jet，SSJ），采用鸭式布局，座级较小。

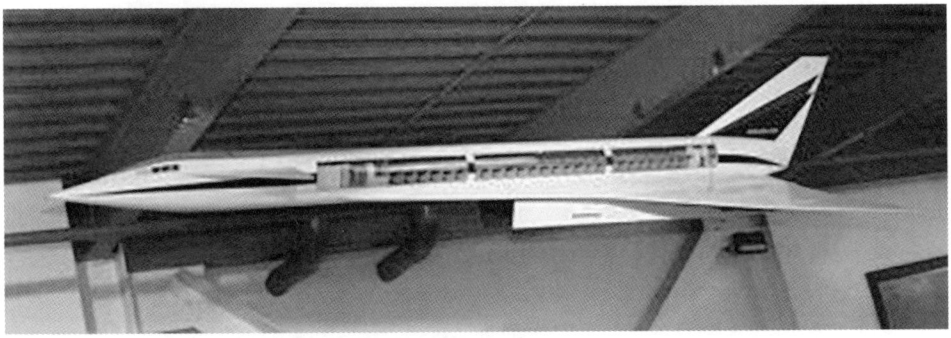

道格拉斯的 SSJ 概念设计（鸭式三角翼布局）

北美航空公司的设计，无论外形还是配置都十分类似于 XB–70“女武神”。洛克希德公司的方案 L–2000 方案采用双三角形机翼，载客 220 人。

L-2000 的样机（飞机采用了双三角翼设计）

而波音公司最初的方案内部代号为波音 733，最后更名为波音 2707，这一数字由 2000 + 707 组成，“2000”意味着新飞机代表了跨世纪的技术，“707”则寓意这款飞机能像波音 707 一样开创新的时代。波音公司的内部的方案先后有 3 种，分别是波音 2707–100/ 波音 2707–200 和波音 2707–300。

波音公司最终提交的方案是波音 2707–300，载客 350 人，采用固定后掠翼设计，安装 4 台通用电气公司的 GE–J5P 加力涡喷发动机，这是前文所述的 XB–70 所使用的 YJ93–GE–3 发动机的衍生型，安装在机翼下方的发动机舱中。最大速度在 *Ma*2.7，航程略短，仅 6400 千米左右，主要原因与发动机有关，因为涡喷发动机的油耗实在是太大了，尤其是在加力状态下（后文有单独一节介绍涡轮发动机知识）。

北美航空公司的方案基本上是在 XB–70“女武神”上改进而成的

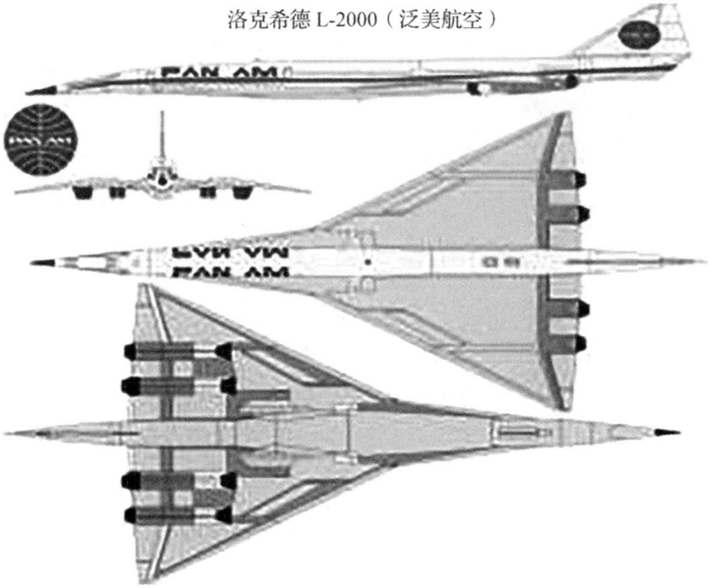

L-2000 的三视图（双三角翼的前部类似于边条翼）

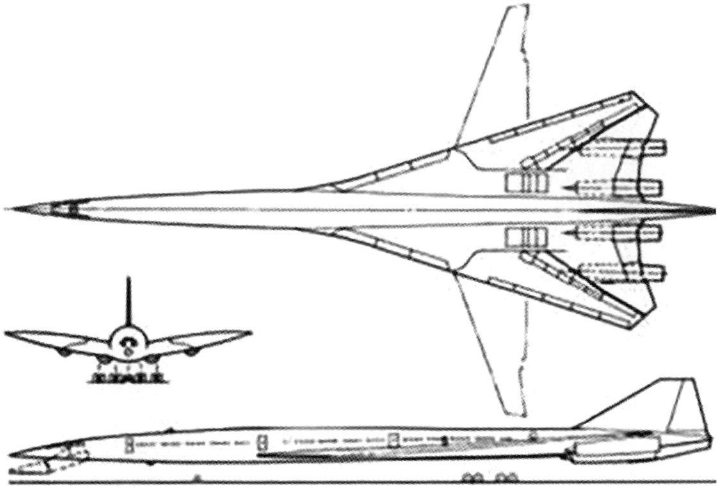

波音 2707-100 三视图（波音最初的方案，150 座，采用可变后掠翼设计，在高速飞行时后掠，在起降时展开，同时兼顾高低速操控性能，机头可向下收放以改变飞行员在起降时的视野）

波音 2707-100 机头（注意它折叠收放的方式）

1967 年 5 月 1 日，波音公司最终竞标成功，赢得了该项目，依照合同要求，波音要制造两架原型机进行测试。在签约后不到 4 年，社会舆论发生转向，由于超声速飞行带来的声爆问题及超声速高空飞行（要比一般民航飞机高度高得多）排放带来的污染等一系列问题，引发舆论强烈批评。而项目至此已花费了超过 10 亿美元，波音公司同时面对大量的技术难题也焦头烂额，最终美国国会决定停止该项目。后来英法的“协和”号及苏联的图 -144 项目失败证明美国人确实做出了正确的选择。此项目终止之后，FAA 也从此失去了主导民航飞机科研的权力，NASA 全面掌控美国航空航天科研项目。

最早方案的波音 2707-100 全尺寸模型（极其震撼，后掠角变化范围为 20° ～ 72° ）

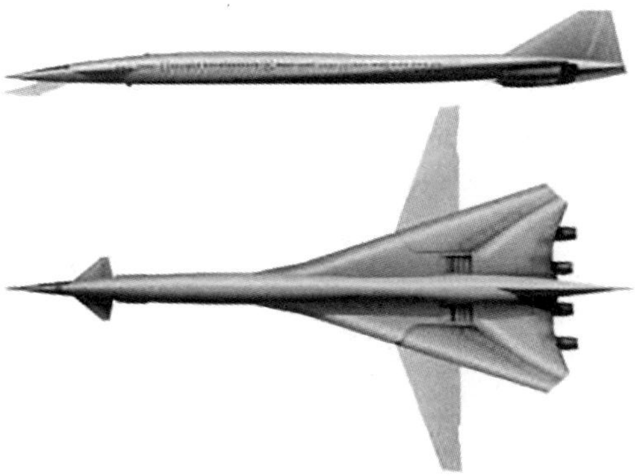

波音 2707-200（波音的改进方案，250 座，机头增加了前翼，以改善高速飞行时的气动控制）

在苏联方面，出于冷战对峙的极端考量，苏联领导层要求在工业的各个领域都要与西方世界一较高下，在航空领域的各个细分市场都有针对性地瞄准西方世界的动作。图 -144 的出现在很大程度上是此种背景下领导人的面子工程。图 -144 是世界上唯一可以和“协和”号相提并论的飞机。在英法宣布联合研制超声速客机的同时，苏联在赫鲁晓夫的直接过问下，图波列夫设计局领命设计图 -144 超声速客机，作为苏联航空工业对“协和”号的回应。

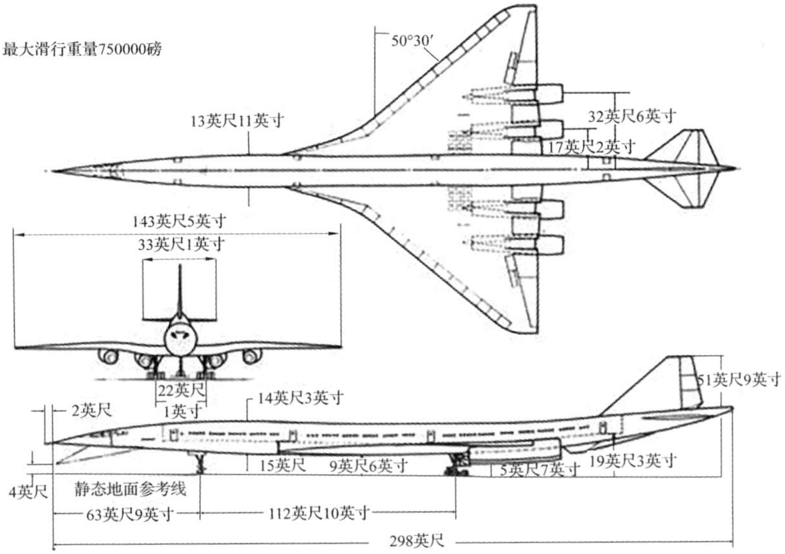

波音 2707-300（350 座，因为结构重量实在太大，取消可变后掠翼设计改为固定翼设计，机翼位置更靠前，取消了前翼）

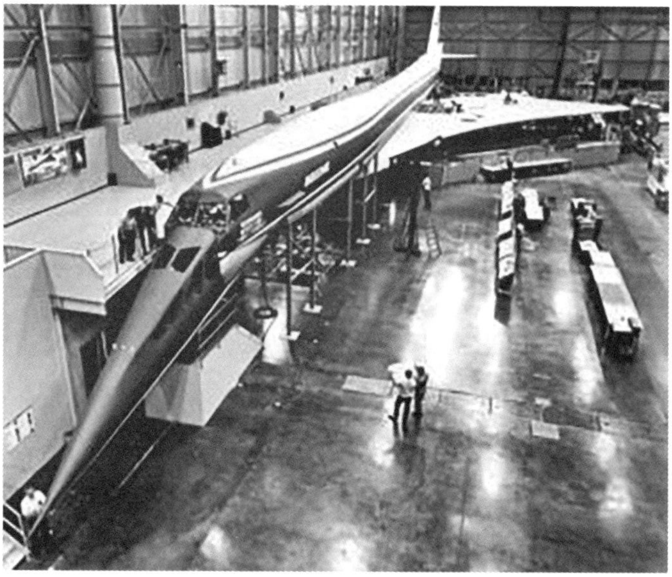

波音 2707-300 在进行装配

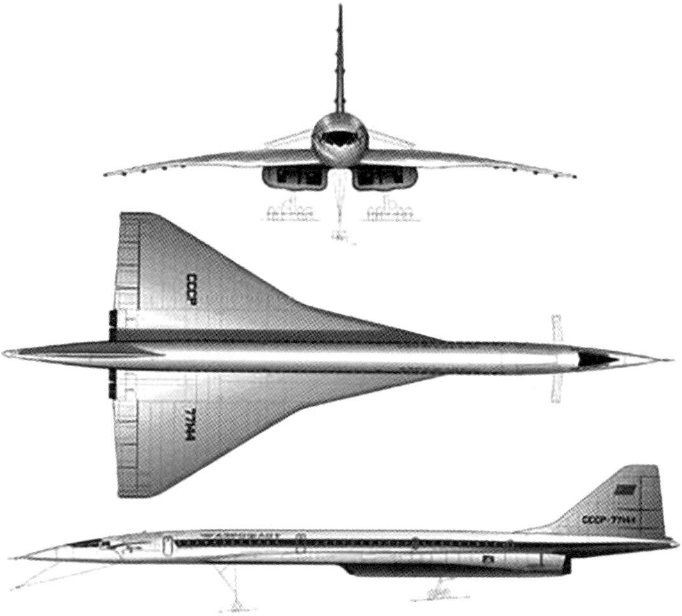

图 –144 的三视图

图 –144 项目在 1962 年宣布启动，全面启动是在 1963 年的 7 月 26 日。苏联航空部对图波列夫设计局的要求是在 4 年内制造 5 架原型机，这几乎是一项不可能完成的任务，要知道苏联在超声速民航客机的领域的经验积累并不如欧美。在美苏对峙期间，赶超“协和”号成为图 –144 的政治使命，也是整个国家的任务。投入大量的资源后，强大的苏联设计师们硬是在 1966 年完成了第一架图 –144 的总装，对比“协和”号的研制情况简直太不可思议了。

在对图 –144 的评价上，西方人甚至称其为“协和斯基”，不可否认的是这两型飞机确实很像，但仔细分析还是有些区别的。

首架图 –144 采用下单翼结构，无平尾，4 台发动机也分别下挂在机翼下侧，机翼则采用简单的平直前缘双三角翼，气动性能劣于“协和”号。为了承受高速飞行时的温度机翼前缘选用了钢和钛制造，最高速度可以达到 *Ma*2.35，这一速度高于“协和”号。

在研制期间，苏联人为了测试图 –144 双三角翼的性能，还特意制造了一架改装双三角翼的米格 –21 飞机，称为米格 –21I 型，其中“I”是模拟的意思。与“协和”号一致，图 –144 的机头可收放，以改变起飞着陆时飞行员的视野。驾驶舱采用 3 人

总装线上的第一架原型机

第一架完整的图 –144 原型机（编号为 68001）

机组设计，为了解决飞机在高速飞行产生的低头力矩问题，机尾也设有配平油箱。机身方面比“协和”号更长也更宽，每排能够安放 5 个座椅。主要使用铝合金制造，主要承力结构和高温部位多使用不锈钢，在此方面与“协和”号很类似。

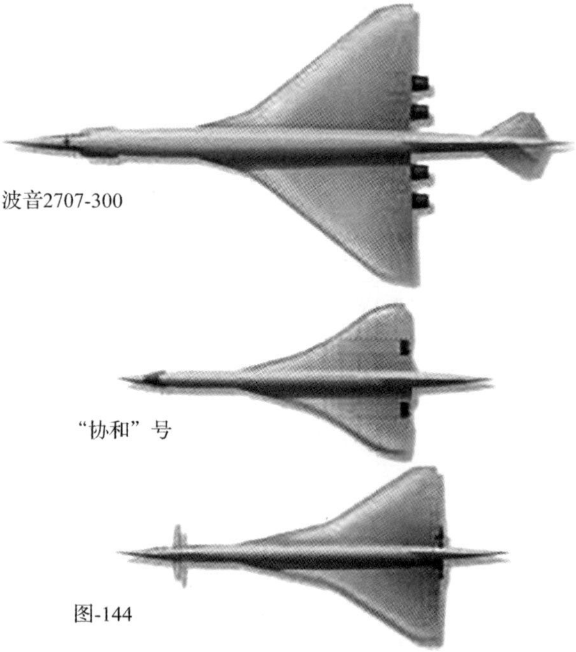

超声速客机的大小对比（从上到下分别为波音 2707–300、“协和”号和图 –144）

可以看到图 -144 飞机采用平直前缘的双三角翼（机翼前缘曲线明显没有“协和”号的漂亮，气动性能也不及“协和”号）

由于图 -144 的着陆速度很高，以至于采用民航飞机中十分罕见的阻力伞（笔者的记忆中仅此一款）。航空公司需要为每次降落更换降落伞，这显然是十分低效的，对于航班运营来讲非常麻烦。在后期批产型的飞机上，取消了这一设计，取而代之的是更换了新的具备反推力装置的发动机。

被改装了双三角翼的米格 -21I 飞机

图 –144 机头前翼特写（区别于“协和”号的非常显著的特征）

图 –144 驾驶舱内的设置（座椅材质明显劣于“协和”号）

图 –144 的原型机与批产型有较大不同，生产型进行了较重大的改动。取消飞行员弹射座椅，机身加长加宽，起落架和发动机短舱重新设计，更换发动机，取消减速伞。同时，在机头两侧还安装有可收放式前翼用以提高飞机低速飞行时的性能，这一点倒是比“协和”号更高明，在英法研究“协和”号改进型设计的时候，也参考了这一设计。对于改进的图 -144S 型，选用 NK-144 涡扇发动机，而图 -144D 则再次改用推力更大的 RD-36-51 发动机，比 NK-144 更省油，在超声速飞行时不再需要使用加力燃烧，因此航程也更大。

图 -144 原型机 68001（采用了民用飞机上极为罕见的减速伞）

图 -144 机队（看起来很科幻）

1968年12月31日，图-144抢在“协和”号两个月之前首飞，1969年6月5日首先达到超声速，1970年5月26日成为世界上首架达到2倍声速的民航客机。它的平均巡航高度为16 000米，巡航速度在2000千米/时左右，确切地说图-144才是世界上第一架超声速民航客机。

图-144共制造了17架，一架原型机，一架预生产型的图-144S型，15架生产型。与“协和”号不同的是，图-144生产型也在不断地改进，包括早期的9架图-144S型和6架图-144D型（其中一架未完工项目就终止了）。

在1973年6月9日的巴黎航展上，一架图-144完成飞行表演后坠毁。而这架飞机是第二架原型机，担负着众多的飞行试验任务。事故严重影响了图-144项目的进一步发展。坊间关于事故的原因有很多种猜测，一说是图-144看到之前飞行的“协和”号精彩表演，有意多做了些高难度动作，激动之余在降落时下错跑道，猛然拉起后导致发动机熄火，飞行员意欲再次拉高飞机以便俯冲，利用气流冲击重新起动发动机，但动作太大导致飞机空中解体。另一说是苏联人为了在航展提高飞行展示效果，修改了飞行控制系统，放宽了飞机机动限制，导致飞行员误操作将飞机进入危险状态。当然，苏联人还指责主办方，认为是图-144飞行员是为了避让空中的一架战斗机做出紧急避让动作导致的事故。事故真相并未公布，但机上所有6名机组人员全部遇难，此外地面8名法国观众死亡，60人受伤。在后面的竞争中图-144发展明显减速并事故不断。

1973年巴黎航展，图-144与“协和”号同场竞技

图 –144 坠入居民区后在地面留下的痕迹

以极快速度研制出的图 –144 并未直接投入载客运行，为了降低风险，图 –144 首先在 1975 年 12 月 26 日开展了邮货运输，从莫斯科（苏联）飞往阿拉木图（哈萨克斯坦首都），这表明技术团队对这型飞机的可靠性并不完全放心。

1977 年 11 月 1 日首架图 –144S 进行航班飞行，比“协和”号晚了两年。1978 年 4 月，一架图 –144D 型飞机在交付试飞的过程中坠毁，但这并未引起苏联人的警觉。仅一个月后的 1978 年 5 月 23 日，第一架投入航班运营的图 –144D 在飞行中，因燃料泄漏导致发动机起火，飞机在紧急迫降过程中坠毁（苏联方面并未承认飞机坠毁，声明仅 2 名机组人员死亡）。

苏联民航局在随后的 6 月 1 日宣布所有的图 –144D 退出载客航班运输，仅从事货运，图 –144 短暂的客运生涯就匆匆结束了。截至那一年的 6 月 1 日，图 –144 总计飞行了 55 架次载客飞行，从此再未开展过载客航班飞行。在随后的近 10 年里，图 –144 还进行了 57 次货运航班飞行。没错，在图 –144 的全部生命周期内，仅开展了 102 次定期航班飞行。而法航运行的一架“协和”号飞机就飞行了 5848 个班次、17 723 小时。出于政治目的研制的图 –144 无疑在经济上是完全失败的。图 –144 项目终止后，飞机被用来培训苏联航天项目的飞行员，以及与美国 NASA 开展超声速载客飞行的合作研究。

以上向大家详细介绍了西欧诸国、美苏的大型超声速客机的发展历程，尽管时间已过去了四五十年，迄今为止也没有哪个国家能够再次推出新的大型超声速飞机。不管双方当时出于何种考量研制了“协和”号和图 -144，但 20 世纪 60—70 年代无疑是大型超声速飞机，尤其是相关技术发展最为辉煌的时刻，在未来短期内，天空中都难以再现大型超声速客机的身影。近年来，随着声爆控制技术等超声速民机技术的发展，小型化的超声速民机有望在 2035 年前后重新登上世界民机市场。

十四、美欧的民用大飞机之争

人们在跨大洲或者跨大洋的长途旅行时，喷气式客机是唯一的最快捷方式。虽然喷气式发动机在第二次世界大战初期就已出现，但真正运用到民用领域还是在第二次世界大战后的冷战期间。下面我们就来说说民用喷气式客机在冷战期间的发展历程。

1942 年 12 月 23 日，时任英国首相丘吉尔就以内阁的名义指派当时主管运输与飞机生产的大臣约翰·摩尔 - 布拉巴赞（John Moore-Brabazon），成立专门委员会研究大战结束后的民用飞机市场需求，委员会的名字叫作“布拉巴赞委员会”（Brabazon Committee）。如此早就考虑战后的民用飞机市场分配体现出英国人的焦虑心情。因为美国在战争期间表现出的强大的大型飞机（运输机和轰炸机）研制能力表明，只要他们愿意就能很快研制出极具竞争力的民航客机。而这意味着第二次世界大战结束后英国在战争期间拥有巨大产能的工业机器，届时将面临无处可用的尴尬境地。因为军用运输机 / 轰炸机与民用客在技术层面是相通的，两者可以很好地相互转换。第四章介绍的早期民航飞机中很多都是由军用飞机改装而来的，反之亦然。丘吉尔希望通过布拉巴赞委员会的提早准备和布局，在战后世界的民用航空市场分一杯羹。

1943 年开始，布拉巴赞委员会陆续提出了 5 种未来民用市场可能的主要需求，并以此需求为导向向各大飞机制造商提出研制建议。德·哈维兰公司的创始人杰弗里·德·哈维兰爵士利用自己也在委员会中的身份和在航空界的影响力，将他自己构想的喷气动力民航客机概念添加到了这些研制建议文件中。1945 年委员会正式授予德·哈维兰公司相应的开发合同，该型飞机在德·哈维兰公司的内部编号为 DH.106，哈维兰爵士把任务交给了罗纳德·埃里克·毕晓普（前文介绍过，他是当时的总工程师，也是“蚊”式战斗机的总设计师）。DH.106 的概念一经发布，就引起了英国海外航空公司（British Overseas Airways Corporation，BOAC）的极大兴趣，公司很快成为 DH.106 的启动用户。1946 年 9 月，BOAC 提出要将原有的最大座位数由 24 个提高到 36 个，并将原定采用的德·哈维兰 H.1“哥布林”（Goblin）涡喷发动机替换为罗罗公司的埃汶（Avon）涡喷发动机。第二年，DH.106 正式被命名为“彗星”（Comet）。

“彗星”号原型机（可以清楚地看到它所采用的方形舷窗）

“彗星”号为全金属悬臂式下单翼正常布局的四发涡轮喷气式客机，机翼后掠角 20°，平垂尾无后掠角。驾驶舱内有 4 个座位，乘员分别为 2 名飞行员，1 名飞行机械师和 1 名导航员。全机采用低阻流线型设计，机翼内为整体油箱，采用德·哈维兰自行设计的 4 轮小车式起落架，发动机两两布置于机翼根部的发动机舱内。客舱为增压客舱并采用非单排 4 座布局，左右各 2 个座位，中间设有过道。“彗星”飞机的长度与后来的波音 737-100 客机近似，但是由于座位数少，平均每名乘客的乘坐空间就更大。此外，在首架交付给 BOAC 的“彗星”号上，安装了 36 个半躺式座椅，因此舒适性远比现在的客机更好。另一个用户法航则选择在“彗星”号上布置了 11 排座椅，将最大载客数提高到了 44 人。此外，“彗星”号上还配有专门厨房和男女独立的卫生间。机翼内发动机旁边存有救生艇，并且在每个座椅下都放置了救生衣。

1949 年 7 月 27 日，“彗星”成功首飞，1952 年正式交付启动用户 BOAC，当年 5

月2日，BOAC首次将“彗星”喷气客机投入伦敦至南非约翰内斯堡（Johannesburg）的航线上。作为第一架正式投入运营的喷气式客机，一进入市场就好评如潮，由于采用了喷气发动机，客舱振动远小于螺旋桨飞机，而飞行速度又远比螺旋桨飞机快得多，BOAC将这种飞机定位为“奢侈享受”，它的投入使用标志着民航业进入了喷气时代。

由于埃汶发动机的取证问题，德·哈维兰H.2“幽灵”（Ghost）涡喷发动机还作为临时替代品使用了一小段时间（左为采用“幽灵”发动机的“彗星”，右为采用埃汶发动机的“彗星”，注意两者发动机进气道的区别）

“彗星”号作为民航界的一座里程碑，本应以正面形象被载入史册，然而实际情况恰恰相反，后人知道它多半是因为它的重大事故。1954年1月10日上午，一架“彗星”号执飞罗马至伦敦的BOAC781航班，机上有29名乘客和6名机组人员，当时天气晴朗并没有恶劣气象情况出现。上午10时许，飞机从罗马机场起飞后爬升至11000米的巡航高度，飞行员联络航管中心并报告自己的飞行状态，同时还与同行的另一架飞机进行通话，不久后另一架飞机报告称失去与781航班的联系。

上午11时15分，航管中心接到确认消息，有一架飞机坠入厄尔巴岛（Elba，位于罗马机场西北方约200海里）外海，救援人员抵达后未发现任何生还者，坠机事件马上登上世界各地的新闻头条。事故发生后，BOAC停飞了所有的“彗星”号，由于当时黑匣子尚未问世，而飞机的残骸又全部沉入了海底，因此事故调查进展非常缓慢。

黑匣子（black box，又称为事故记录器）：自动记录飞机坠毁前的有关飞行数据和舱音的机载设备。通常，黑匣子由飞行数据记录器和舱音记录器两部分组成。它所记录的飞机的相关信息是分析事故产生原因的主要依据。黑匣子能承受坠毁冲击、挤压、着火和液体浸泡等不良环境的影响。

3 月 23 日，英国政府批准 BOAC 继续运行“彗星”号，而此时 781 航班事故发生的原因尚未弄清，在舆论的质疑声中 BOAC 公司董事长亲自出面保证飞机是安全的，但随后的事实证明，相比科学的分析“保证”没有任何用处。4 月 8 日下午 6 时 32 分，英国南非航空公司（South African Airways）201 航班，从罗马机场飞往埃及开罗，在起飞 33 分钟后，飞行员与管制进行了最后一次通话：“飞机按照正常航线飞机，高度 11000 米。”“彗星”号再次失事，短短 4 个月两架“彗星”坠毁，没有任何生还者。

在找到事故原因前“彗星”号无限期停飞。当时的英国首相丘吉尔亲自任命事故调查组彻查事故原因，然而事故调查组只能通过打捞上来的飞机残骸和大量的假设性试验来推断飞行事故的原因。就在此种条件下，调查组不可思议地在 10 月 19 日提交了正式调查报告（仅耗时半年时间），调查组认为飞机失事的主要原因在于结构疲劳破坏导致增压客舱空中解体。

“彗星”号方形的舷窗导致其周边的蒙皮局部应力水平远高于设计条件，而舷窗四周应该使用的黏结工艺被换成了铆接工艺，在铆钉孔的周围的应力水平也很高。当机身整体结构反复承受周期性的增压载荷作用下时，在飞机的局部尤其是应力水平较高的地方产生疲劳裂纹并不断扩张，直至在某次较大的应力作用下发生破坏。这两次事故发生时的飞行高度均在 11000 米，此时正是飞机客舱增压系统的最大工况，具有疲劳裂纹的金属结构承受不了增压压力而直接解体。

“彗星”号的事故让航空界第一次正视疲劳裂纹的重大影响，这两起严重事故也成为后来飞机结构设计教程中的经典案例。在找出事故原因后，“彗星”号进行了大量的设计改进，将舷窗换为圆形，并修改了结构工艺。在空难发生 4 年后，“彗星”号重返蓝天，但是此时已风光不再，没有人愿意乘坐“彗星”号甚至德·哈维兰公司制造的飞机。是“彗星”号将德·哈维兰公司带到了巅峰，但也是“彗星”彻底地拖垮了这家公司，并导致德·哈维兰公司于 1964 年被霍克·西德利公司收购。

“彗星”号是喷气客机历史的开端，就像它的名字的一样，“彗星”号机身如“彗星”般快速地划过民航喷气客机历史的天空。而与此同时，另一家公司的产品则如同

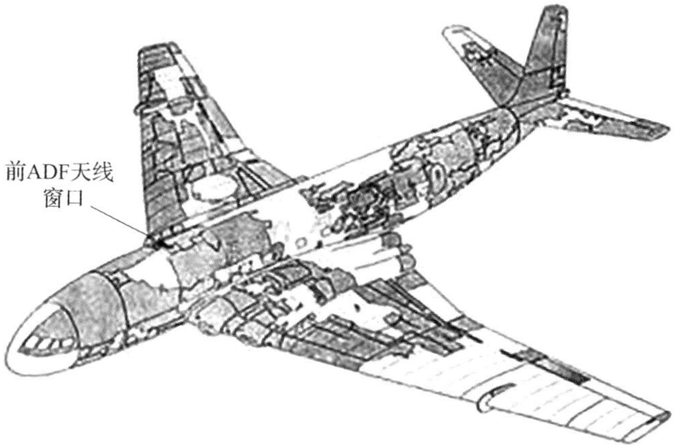

灰色部分为打捞上来的 781 航班碎片，箭头所指为推断疲劳失效的关键部位

1954 年 8 月 12 日被渔民无意打捞上来的验证“彗星”失事原因的关键残骸
（现保存于伦敦科学博物馆）

“彗星”最后的改进型号—“彗星”4（可以清楚地看到舷窗改为圆形，但乘坐的人很少）

耀眼的太阳般冉冉升起，它就是波音公司研制的波音 707 客机。20 世纪 50 年，“彗星”开启的民用喷气客机时代让波音公司意识到发展喷气客机的重要性。面对高昂的研制成本且没有航空公司愿意垫付研制经费，波音公司想到了依靠军方立项获取资金来启动研制。波音公司向美国空军提出研制喷气式加油机以代替螺旋桨加油机 KC-97 的建议，这个建议被军方果断拒绝。

1952 年，在 B-52 重型轰炸机首飞后的仅一个星期，在反复衡量喷气加油机和未来民用喷气飞机发展的必然性后，波音公司决定依靠自有资金研发喷气加油机。起初波音公司的工程师希望采用 B-47 轰炸机的下单翼和翼吊发动机布局，组合波音 377 客机（KC-97 的客运改型）的机身拼凑出新的机型，评估显示简单的拼凑并不可行，波音公司开始了修型设计工作。新机型的机身相比波音 377 型更长，保留了波音 377 独有的倒葫芦形截面，飞机的机头经过了修型以减小飞行阻力。波音公司经过两年多的详细设计完成了第一架波音 367-80 飞机，而且在没有任何订单的情况下，建造了波音 367-80 的生产线，这无异于赌博，但对于波音公司来说则显示出超强的前瞻性眼光。1954 年 7 月 15 日，波音公司的功勋试飞员阿尔文·特克斯·约翰斯顿（Alvin Tex Johnston）驾驶波音 367-80 成功首飞，之后仅一周美国空军就主动提出订

波音 367-80 下线仪式的照片

购 29 架在波音 367-80 基础上改进的 KC-135 加油机，时至今日 KC-135 仍是美国空军加油机的主力。1955 年 8 月 7 日，时任波音公司 CEO 的威廉 · M. 艾伦（William M. Allen）邀请了飞机工业协会（Aircraft Industries Association）和国际航空运输协会（International Air Transport Association）的客人观看波音 367-80 的飞行表演，原计划由约翰斯顿驾驶波音 367-80 做简单的通场飞行。在正式的飞行表演中，约翰斯顿却当着众多观众的面，完成了两个通常只有战斗机才能完成的横滚动作，约翰斯顿和他驾驶的波音 367-80 一时名声大噪。在第二天面对 CEO 质询时，约翰斯顿给出的答复是"我在推销飞机"，正如约翰斯顿所说，世界一下子就记住了波音 367-80 飞机。

1957 年，在征得美国空军同意后波音公司开始以 KC135 为基础设计民用客机，其结果就是大名鼎鼎的第一代波音喷气式客机——波音 707。1957 年 12 月 20 日，第一架波音 707 首飞，1958 年 9 月 18 日获得 FAA 的型号合格证，并开始交付首个用户——泛美航空公司。在波音 707 的研发过程中，波音公司非常重视客户的意见，按照客户的要求增大了机身截面，修改了驾驶舱布置和客舱内饰设计，特意为澳洲航空（Qantas）开发了增程型，为了方便客户开辟南美洲航线而开发了高原型。波音 707 一经推出就大受欢迎，对波音 707 的肯定还在于美国总统的座机"空军一号"也在 1963 年更换为波音 707；1963 年 11 月 22 日时任美国总统肯尼迪遇刺后，副总统约

约翰斯顿驾驶波音 367-80 进行横滚时客舱内拍摄到的画面（请注意翼吊的发动机已经朝上了）

曾经的美国总统专机“空军一号”选择了波音 707

翰逊就是在波音 707 上宣誓就职美国总统的；1971 年尼克松访华，当时的“空军一号”也是波音 707。直到 1979 年停产，共计生产了 1010 架波音 707 以及各种改型。

波音 707 是波音喷气式客机发展的起点，后续的波音 727 和波音 737 两个型号都是以波音 707 的机身为基础，针对不同市场需求改进研发而来的。正是依靠波音 707 的出色表现，波音公司终于将道格拉斯公司依靠 DC–1、DC–2、DC–3 系列飞机形成的民用航空市场垄断地位打破。而道格拉斯公司自此就再也没缓过劲来，先是与麦克唐纳公司合并，最后直接被波音帝国吞并，如今的波音公司已经是大型民用客机市场的双寡头之一。

接下来我们来说说大型民用客机市场双寡头的另一家——欧洲空中客车公司。第二次世界大战后的欧洲航空工业并不落后于美国，“彗星”号开创的世界民航界的喷气纪元就是例证。此外，20 世纪 50—60 年代欧洲各国先后推出了多个型号的喷气客机，各型号都有一定的销量但又不能算作经典机型。当时欧洲各国最大的问题在于各家公司为了争取本国政府的资金支持，往往十分看重并主动迎合国内的要求，而欧洲各国的国土面积都不大，因此这些型号的销量都十分有限，无法形成规模优势。反观美国的各大公司，依靠战时建立的航空工业整体统筹体系，各家公司是有所侧重的，比如波音公司专注于大型飞机，在这种体系下波音公司研制的波音 707 成功地占领了欧洲市场。

1962 年，在英国政府和法国政府的推动下，前文讲到的“协和”号超声速客机诞生了，两国政府都希望利用超声速客机扳回一局。但事与愿违，虽然“协和”号技术上取得了前所未有的成功，但在市场上反而遭遇了滑铁卢，不仅没能批量销售，反而因为巨大的研制费用迫使英法当局冻结其他航空项目以筹措资金。尤其是英国为了“协和”项目终止了多型军机研制，直接导致作为在第一次世界大战、第二次世界大战期间推出无数经典机型的英国的航空工业体系整体落寞。

1965 年，欧洲多家大型航空公司在伦敦举行的西欧民航会议上提出，20 世纪 70 年代需要 200 座级以上的中短程新型客机的需求，同年美国航空公司（American Airlines）也提出了新的 250 ~ 300 座级飞机需求。在随后的两年里，欧洲各大飞机制造商均提出了自己的设计方案，1967 年，为了避免不必要恶性竞争，减少重复劳动，分担研制经费和降低研制风险，英、法、德三国政府共同签署合作备忘录，三方协定共同研发一款 250 座、翼下吊挂两台涡扇发动机、宽体中短程客机，这就是随后成立的空中客车公司的首款产品 A300。在 1967 年 9 月 23 日，空中客车公司成立。1968 年确定了各国的详细分工，法国南方航空公司负责中机身、飞控系统、机载设备和总装工作，英国霍克・西德利（Hawker Siddeley，现为英国宇航公司的一部分）公司负责机翼，德国多家航空企业组成的德国空客公司负责前、后机身和尾翼，发动机则由英国的罗罗公司研制（RB207 型），法国的斯奈克玛（Snecma）公司和德国的 MTU 公司参与发动机生产。具体分工明确后，飞机开始进入具体的技术定义阶段。

前面提过，英国人在“协和超声速客机的研制时差点退出合作，如果不是合同规定了高额毁约补偿可能后来就不会有“协和”号了。在 A300 的技术定义过程中，这次英国人彻彻底底地掉了一把链子。英国欧洲航空公司（British European Airways）坚定拒绝提前订购 A300 客机，罗罗公司的 RB207 的研发进展缓慢，且该公司对于 A300 项目关注度不够，尤其是在 A300 定义的飞机构型越来越大的时候，初定的 RB207 推力等级已经难以支持。眼看着不能成为 A300 发动机的供应商，英国政府终于在 1968 年宣布退出空中客车公司。

英国的退出并没有打倒法德两国研制 A300 的决心，法国和德国在 1969 年 5 月 29 日巴黎航展期间签订了补充协议，保证双方对 A300 项目持续的资金投入。1970

年 10 月又进一步签订 A300 的投产协议，1971 年西班牙政府签约加入空中客车公司，西班牙结构航空公司（Construcciones Aeronauticas SA，CASA）获得了原属于德国空中客车公司分工的部分机尾生产工作。由于英国政府的退出，使得原英国霍克·西德利公司承担的机翼设计工作成为悬而未决的问题，当时法德两国没有先进客机机翼的设计经验，而霍克·西德利公司在当时属于行家（霍克·西德利公司为著名的“三叉戟客机设计了机翼，而该机翼在当时属于非常先进的，霍克·西德利公司在机翼设计方面拥有丰富的经验），如果临时由法德两国独自开展机翼设计，除了技术风险之外，飞机的研制周期至少增加一年以上，而这一年的时间会直接导致潜在客户流向美国的竞争对手。再三权衡后法德两国政府决定允许英国霍克·西德利公司以自身的名义参与空中客车项目。

1969 年 9 月，第一架 A300 原型机开始建造；1972 年 9 月 28 日，首架原型机首次对外界公布；同年 10 月 28 日，A300 成功首飞，首飞时间比原计划提前了整整一个月；1973 年 2 月 5 日，第二架原型机首飞。值得一提的是，A300 为世界上第一架首飞的双通道双发宽体客机。

1974 年，英国范堡罗航展上做飞行表演的法国航空 A300B2 客机

A300从设计定义阶段开始，就充分考虑到客户的需求和在未来继续改进的可能性。飞机客舱采用单排2-4-2的8座双通道布局形式，高密度型采用单排3-3-3的9座双通道布局形式。货舱设计为可以装载标准LD3航空集装箱的形状，并且可以容纳20个LD3标准航空集装箱，出色的货运能力大大提高航空公司的盈利水平。A300选择了翼吊双发布局形式，这样使得飞机根据航空公司要求换装不同发动机时更加方便，日常的维护也远比尾吊发动机更加简单，此外还可以通过改变机身等手段来轻易改变全机的装载能力。

正是在设计之初对未来改型可能性进行深入的思考及准备，使得在A300平台上发展出了多个衍生型号。A300B1是原型机代号仅生产了两架，完成试飞试验后改装并交付给用户使用；A300B2为第一种量产型号，可以选用通用电气公司的CF6发动机或普惠公司的JT9D发动机，1974年3月15日，同时获得了德法两国颁发的型号合格证，5月底交付首个用户——法国航空公司开始运营。A300B2是在B1基础上的改型，全机长等直线延长2.65米以增加3排座椅，后续的改型还包括增程型、纯货运型等，其中有代表性的一款改型为A300-600，改型将原有的3人驾驶体制改为了2人驾驶体制。这一改变具有重大历史意义，极大地降低了航空公司的成本，并且成

德国慕尼黑德意志博物馆展出的A300原型机机身截面
（上排采用2-4-2布局，下排则为两个LD3标准航空集装箱）

为今天所有的商用飞机标准。A300-600 及后续的改型共生产 313 架，是 A300 平台中最成功的机型。

A300 的出现让空中客车公司成为双通道宽体双发客机市场的领头羊，后续的 A310、A330、A340 都沿用了 A300 所采用的机身截面，足以证明 A300 当时机身截面设计的前瞻程度。与波音公司依靠波音 707 系列一举成名类似，空客依靠 A300 的系列化发展成为全球民用喷气客机的双寡头之一。而两家公司在成功的道路上都将了解和适应市场需要摆在了最重要的位置，都选择通过系列化发展最大限度地满足用户的各种需求。这一点值得学习和参考。

十五、冷战期间航空发展的小结

作为小结理应对本章的内容概括描述之，但航空及其技术在冷战期间的发展实在太快了，美苏国家集团之间的博弈，推出了一代又一代的先进飞机，如同本章标题说的那样堪称“飞跃”。在此期间发展出的新科学新技术层出不穷，很多最早应用于飞机上的技术已经发展成为独立的学科（最典型的就是空气动力学）。而用章节最后的一小段文字来概括这段历程中众多的技术的发展并不现实，因此笔者用了一小段话来表达对此期间航空及其技术发展的由衷赞叹：“从 1947 年 X-1 飞机首次实现超声速飞行到战斗机全面进入超声速时代，从 *Ma*6.72 的 X-15 载人超声速飞机到航天技术的起步，从天空中巨大的超声速轰炸机到民用超声速客机的巅峰，从研制高空高速侦察机到为了防御侦察机侵入而研制的截击机，从军用运输机到民航客机，从早期的轻型战斗机到先进的第四代战斗机，从活塞发动机到各种涡轮发动机，无不是在冷战博弈的 44 年间产生的。在此期间，出于国家存亡需求而研制的很多机型都难以再现而很可能成为绝唱，在此期间发展出来的各种新航空技术几乎涵盖了现代工业的所有领域。这是人类航空发展历程中最辉煌的阶段，没有之一。”

参考文献

[1] MCGOWEN S S. Helicopters–an illustrated history of their impact[M]. Santa Barbara, California：ABC–CLIO，2005.

[2] HIRSCHBERG M J. The American helicopter–an overview of helicopter developments in America 1908–1999[M]. California：Anser Analytic Services，2000.

[3] BISHOP C. The encyclopedia of weapons of world war Ⅱ[M]. New York：Barnes & Noble BooksLtd. 1998.

[4] 刘大响，陈光.航空发动机：飞机的心脏[M].北京：航空工业出版社，2003.

[5] ROLLS–ROYCE PLC. The jet engin[M]. 5th ed. Derby，England：Rolls–Royce Plc.，1996.

[6] CHAMBERSJR. Cave of the winds：the remarkable history of the Langley full–scale wind tunnel[M]. Washington DC：NASA，2014.

[7] CHAMBERS J R，CHAMBERS M A. Emblems of exploration：logos of the NACA and NASA[M]. Washington DC：NASA，2015.

[8] JOHNSEN F A. Sweeping forward：developing and flight testing the Grumman X–29A forward swept wing research aircraft[M]. Washington DC：NASA，2013.

[9] BUCHALTER A R，MILLER P M. The national advisory committee for aeronautics：an annotatedbibliography[M]. Washington DC：NASA，2014.

[10] PEEBLES C. Probing the sky：selected NACA research airplanes and their contributions to flight[M]. Washington DC：NASA，2015.

[11] 程昭武，沈美珍，孟鹊鸣，等.世界飞机100年[M].北京：国防工业出版社，2002.

［12］周日新．百年航空［M］．北京：化学工业出版社，2015.
［13］杰克逊 R. 世界航空史：从原始航空器到第二次世界大战［M］．李志涛，译．北京：中国市场出版社，2015.
［14］杰克逊 R. 世界航空史：从喷气机时代到未来之翼［M］．李志涛，译．北京：中国市场出版社，2015.
［15］文森蒂 W G. 工程师知道什么以及他们是如何知道的［M］．周燕，闫坤如，彭纪南，译．杭州：浙江大学出版社，2015.
［16］安德森 J D. 飞机：技术发展历程［M］．宋笔锋，译．北京：航空工业出版社，2012.
［17］《中国航空百科词典》编辑部．中国航空百科词典［M］．北京：航空工业出版社，2000.
［18］《国防科技名词大典》航空卷编委会．国防科技名词大典：航空［M］．北京：航空工业出版社，2002.
［19］朱行健，王雪瑜．燃气轮机工作原理及性能［M］．北京：科学出版社，1992.
［20］姚峻．中国航空史［M］．郑州：大象出版社，1998.
［21］顾诵芬，史超里．世界航空发展史［M］．郑州：河南科学技术出版社，1998.
［22］王海宇．航空基础概论［M］．西安：西北工业大学出版社，2009.
［23］《空军装备系列丛书》编审委员会．航空发动机［M］．北京：航空工业出版社，2008.
［24］方昌德．航空发动机的发展历程［M］．北京：航空工业出版社，2007.
［25］高晓光．航空军用飞机导论［M］．西安：西北工业大学出版社，2004.
［26］耿建华，王霞，谢钧，等．通用航空概论［M］．北京：航空工业出版社，2007.
［27］李业惠．飞机发展历程［M］．北京：航空工业出版社，2007.
［28］谢础，贾玉红．航空航天技术概论［M］．2 版．北京：北京航空航天大学出版社，2007.
［29］王云．航空航天概论［M］．北京：北京航空航天大学出版社，2009.
［30］航空百年活动委员会．飞翔的文明［M］．北京：航空工业出版社，2003.
［31］江东．走进飞行先驱世界［M］．北京：兵器工业出版社，1999.
［32］张伟，丁明．战胜添翼：飞机发展与战争演变［M］．北京：蓝天出版社，2003.

［33］闵增富，胡建明，张加礼．解读《制空权》［M］．北京：解放军出版社，2005.
［34］特纳，洛巴兹．美国空军史［M］．长沙：湖南人民出版社，2010.
［35］陈贵春．军用飞机［M］．北京：解放军出版社，2008.
［36］杰克逊 L. 战斗机发展史［M］．北京：中国市场出版社，2009.
［37］钱特．空中战争大全［M］．北京：国防大学出版社，1987.
［38］傅前哨．瞩望云霄：军用飞机的过去现在和未来［M］．北京：蓝天出版社，2003.
［39］戴旭．大空战：世界空战一百年［M］．北京：新华出版社，2010.
［40］蒙创波．长空闪电：P–38 战机全传［M］．武汉：武汉大学出版社，2010.
［41］斯密斯 M. 两次世界大战之间的英国空军战略［M］．牛津：克拉伦多出版社，1984.
［42］HUNECKE K. Jet engines：fundamentals of theory，design and operation［M］．Shrewsbury：Airlife Publishing Ltd.，2003.
［43］ANTONELLI M A. Aeroplanes：a compilation of the world s original aircraft built before 1920［M］. North Charleston：CreateSpace Independent Pub Platform，2016.
［44］ZERBE J S. Aeroplanes［M］. North Charleston：CreateSpace Independent Pub Platform，2016.
［45］TALBOT F A. Aeroplanes and dirigibles of war［M］. North Charleston：Create Space IndependentPubPlatform，2016.
［46］TREADWELL T C. The ironworks：a history of grumman s fighting aeroplanes［M］. US：MotorBooks 1990.
［47］OPDYCKE L E. French aeroplanes before the great war［M］. Atglen：Schiffer Publishing Ltd.，2004.
［48］GOODALL M. British aircraft before the Great War［M］. Atglen：Schiffer Publishing Ltd.，2004.
［49］姜长英．纸鸢、木鸢和扑翼机［J］．航空史研究，1998（2）.
［50］程昭武，沈美珍．飞机发明的故事（上）［J］．航空知识，2003（1）.
［51］程昭武，沈美珍．飞机发明的故事（下）［J］．航空知识，2003（2）.
［52］张清和．萦系天地的古老游戏：风筝［J］．科学之友，2011（4）.

［53］郑泽尧．风筝与飞机［J］．江苏航空，1997（2）．
［54］《民间传奇故事》编辑部．明朝木匠万户的飞天壮举［J］．民间传奇故事，2008（12）．
［55］魏晓彦．中国古人的飞天梦［J］．文史月刊，2014（1）．
［56］豫章．直升机发展概述［J］．直升机技术，2003（4）．
［57］刘延柱．从孔明灯到热气球［J］．力学与实践，2010（3）．
［58］周曼．人类最早的航空器［J］．发明与创新，2011（3）．
［59］鸿飞，邓彬彬．人类飞行创意史：飞行简史（一）［J］．今日民航，2014（Z2）．
［60］鸿飞，邓彬彬．气球时代的华丽开篇：飞行简史（二）［J］．今日民航，2014（Z3）．
［61］鸿飞，王勇，邓彬彬．飞机在飞艇时代的逆袭：飞行简史（三）［J］．今日民航，2015（Z1）．
［62］李成智．乔治·凯利：伟大的航空学之父（Ⅰ）［J］．科学学研究，1990（2）．
［63］李成智．乔治·凯利：伟大的航空学之父（Ⅱ）［J］．科学学研究，1990（3）．
［64］赵洋．跌宕起伏的19世纪：乔治·凯利的滑翔机［J］．百科探秘（航空航天），2016（6）．
［65］李小宁．飞艇技术的兴衰［J］．自然辩证法通讯，1988（4）．
［66］黄凤．兰利：航空事业的先行者［J］．发明与革新，2001（9）．
［67］何民．航空史上的“丑小鸭”：未能上天的老飞机［J］．兵器知识，2001（5）．
［68］管丽红．莱特兄弟之前的飞行探索者［J］．科学大观园，2003（3）．
［69］何帆．张开人类的翅膀：滑翔机［J］．兵器知识，2001（4）．
［70］马龙章．西方滑翔史话拾零（上）［J］．航空史研究，1994（3）．
［71］马龙章．西方滑翔史话拾零（下）［J］．航空史研究，1994（4）．
［72］桂志仁．历史的缩影：图说航空史精彩瞬间（一）［J］．航空世界，2012（7）．
［73］桂志仁．历史的缩影：图说航空史精彩瞬间（二）［J］．航空世界，2012（8）．
［74］桂志仁．历史的缩影：图说航空史精彩瞬间（三）［J］．航空世界，2012（9）．
［75］桂志仁．历史的缩影：图说航空史精彩瞬间（四）［J］．航空世界，2012（10）．
［76］桂志仁．历史的缩影：图说航空史精彩瞬间（五）［J］．航空世界，2012（11）．
［77］桂志仁．历史的缩影：图说航空史精彩瞬间（六）［J］．航空世界，2012（12）．

[78] 桂志仁 . 历史的缩影：图说航空史精彩瞬间（七）[J]. 航空世界，2013（1）.
[79] 桂志仁 . 历史的缩影：图说航空史精彩瞬间（八）[J]. 航空世界，2013（3）.
[80] 桂志仁 . 历史的缩影：图说航空史精彩瞬间（九）[J]. 航空世界，2013（4）.
[81] 桂志仁 . 历史的缩影：图说航空史精彩瞬间（十）[J]. 航空世界，2013（5）.
[82] 桂志仁 . 历史的缩影：图说航空史精彩瞬间（十一）[J]. 航空世界，2013（6）.
[83] 桂志仁 . 历史的缩影：图说航空史精彩瞬间（十二）[J]. 航空世界，2013（7）.
[84] 桂志仁 . 历史的缩影：图说航空史精彩瞬间（十三）[J]. 航空世界，2013（8）.
[85] 桂志仁 . 历史的缩影：图说航空史精彩瞬间（十四）[J]. 航空世界，2013（9）.
[86] 桂志仁 . 历史的缩影：图说航空史精彩瞬间（十五）[J]. 航空世界，2013（11）.
[87] 桂志仁 . 历史的缩影：图说航空史精彩瞬间（十六）[J]. 航空世界，2013（12）.
[88] 桂志仁 . 历史的缩影：图说航空史精彩瞬间（十七）[J]. 航空世界，2014（2）.
[89] 桂志仁 . 历史的缩影：图说航空史精彩瞬间（十八）[J]. 航空世界，2014（1）.
[90] 桂志仁 . 历史的缩影：图说航空史精彩瞬间（十九）[J]. 航空世界，2014（3）.
[91] 桂志仁 . 历史的缩影：图说航空史精彩瞬间（二十）上 [J]. 航空世界，2014（4）.
[92] 桂志仁 . 历史的缩影：图说航空史精彩瞬间（二十）下 [J]. 航空世界，2014（5）.
[93] 晓宇 . 航空简史（一）[J]. 交通与运输，2004（3）.
[94] 晓宇 . 航空简史（二）[J]. 交通与运输，2004（4）.
[95] 晓宇 . 航空简史（三）[J]. 交通与运输，2004（5）.
[96] 晓宇 . 航空简史（四）[J]. 交通与运输，2004（6）.
[97] 晓宇 . 航空简史（五）[J]. 交通与运输，2005（1）.
[98] 晓宇 . 航空简史（六）[J]. 交通与运输，2005（2）.
[99] 晓宇 . 航空简史（七）[J]. 交通与运输，2005（3）.
[100] 李有浩 . 莱特兄弟发明飞机的成功之路 [J]. 航空知识，2003（7）.
[101] 江东 . 莱特兄弟：征服天空的王者 [J]. 大飞机，2013（3）.
[102] 李成智 . 莱特兄弟“飞行者一号”的遭遇 [J]. 航空史研究，1997（1）.
[103] 韩文斌，程昭武 . 水上飞机的故事 [J]. 航空知识，2000（2）.
[104] 周日新 . 百年航空的壮美飞行 [J]. 今日科苑，2005（6）.

［105］沈淦．中国航空之父冯如［J］．文史天地，2013（8）．
［106］洪顺发．中国飞机制造先驱：冯如与李宝焌［J］．炎黄纵横，2007（3）．
［107］王钟强，金绮．二战中的航空工业［J］．大飞机，2015（3）．
［108］王钟强．“二战与航空工业”系列之一：锻造“无锋重剑”的波音公司［J］．航空世界，2015（2）．
［109］王钟强．“二战与航空工业”系列之二：刚柔并济的道格拉斯［J］．航空世界，2015（4）：60–69.
［110］王钟强．“二战与航空工业”系列之三：攻无不克的北美航空公司［J］．航空世界，2015（5）：60–69.
［111］王钟强．“二战与航空工业”系列之四：罗罗公司“灰背隼”成功的启示［J］．航空世界，2015（8）：69–78.
［112］王钟强，金绮．“二战与航空工业”系列之五：确保制空权的后盾［J］．航空世界，2015（9）：67–78.
［113］任雨．飞机上的枪（一）：一战期间的航空机枪［J］．轻武器，2000（1）：30–32.
［114］任雨．飞机上的枪（二）：二战期间的航空机枪［J］．轻武器，2000（2）：24–27.
［115］任雨．飞机上的枪（三）：二战后的航空机枪［J］．轻武器，2000（3）：20–23.
［116］MAJOR. 折翼的鸭：鸭式气动布局前传（上）［J］．航空档案，2007（10）：64–75.
［117］MAJOR. 折翼的鸭：鸭式气动布局前传（中）［J］．航空档案，2007（11）：84–95.
［118］MAJOR. 折翼的鸭：鸭式气动布局前传（下）［J］．航空档案，2007（12）：82–95.
［119］谢学舫．第二次世界大战前法西斯德国的空军建设［J］．军事历史，1990（2）．
［120］崔国庆．美国空军的历史与现状［J］．军事历史，2003（4）．
［121］吴大观．引人深思的航空喷气发动机发展史：进一步认识预先研究的重要作用［J］．燃气涡轮试验与研究，1999（4）．

[122] 李晓红 . 一代材料，一代飞机：浅谈航空材料与飞机、发动机的互动发展史［J］. 国际航空，2010（8）.
[123] 彭友梅 . 航空百年话动力［J］. 南京航空航天大学学报：社会科学版，2003，5（4）.
[124] 温俊峰 . 航空发动机发展简述与思考［J］. 世界科技研究与发展，1998（6）.
[125] 陈金国 . 军用航空发动机的发展趋势［J］. 航空科学技术，1994（5）.
[126] 胡晓煜 . 航空发动机技术发展展望［J］. 航空制造技术，2004（10）.
[127] 方昌德 . 航空发动机百年回顾［J］. 燃气涡轮试验与研究，2003（4）.
[128] 季鹤鸣 . 纪念航空百年，漫话动力变迁之一：活塞螺旋桨发动机［J］. 航空知识，2003（5）.
[129] 季鹤鸣 . 纪念航空百年，漫话动力变迁之二：涡轮喷气发动机［J］. 航空知识，2003（10）.
[130] 朱峰 . 先进的 X 系列验证机［J］. 航空知识，2002（12）.
[131] 王骅 . 给史上最具争议的作战飞机盖棺定论：F-111 的成败得失［J］. 国际展望，2004（18）.
[132] 陈俊 . 喷火的“土豚”：澳大利亚 F-111 战机［J］. 军事文摘，2015（10）.
[133] 杨大恒 . 折翅东南亚，全面评估越南战争中的 F-111［J］. 国际展望，2005（21）.
[134] 陈正举 . 浅析俄罗斯战斗机 CY-37“金雕”前掠翼三翼面气动布局的先进性［J］. 沈阳航空工业学院学报，1999（2）.
[135] 赵卫忠，尹明，楚君 .“金雕”腾空，世界瞩目：介绍俄罗斯最新研制的 C-37 前掠翼技术验证机［J］. 航空知识，1998（5）.
[136] 杨熙义 . 前掠翼验证机 X-29A 的 FBW［J］. 航空电子技术，1985（3）.
[137] 潘杰 . 高空间谍：美国 SR-71“黑鸟”战略侦察机［J］. 现代兵器，2003（12）.
[138] 保罗·克里科摩尔，宇骅 . 洛克希德的“黑鸟”：A-12、YF-12 和 SR-71（一）［J］. 航空档案，2008（7）.
[139] 保罗·克里科摩尔，宇骅 . 洛克希德的“黑鸟”：A-12、YF-12 和 SR-71（二）［J］. 航空档案，2008（8）.
[140] 保罗·克里科摩尔，宇骅 . 洛克希德的“黑鸟”：A-12、YF-12 和 SR-71（三）［J］. 航空档案，2008（9）.

[141] 保罗·克里科摩尔，宇骅.洛克希德的“黑鸟”：A-12、YF-12 和 SR-71（四）[J].航空档案，2008（10）.
[142] 庾晋，周洁，白木.“协和”号：世界上唯一运营的超音速客机 [J].交通与运输，2003（2）.
[143] 张昕.“协和”号寿终正寝了吗？：“协和”号空难与超音速客机的是是非非 [J].国际航空，2000（9）.
[144] 李成智.飞机设计思想的一场革命：“协和”式超音速客机研制历程 [J].航空史研究，1997（4）.
[145] 苗濛.第一种超音速客机图 -144 [J].航空知识，2003（5）.
[146] 杭辛.图 -144：冷战的“早产儿” [J].大飞机，2015（1）.
[147] 江雨.航空史上的钢铁奇迹：米格 -25 战斗机的技术与战术特色 [J].航空档案，2007（6）.
[148] 鞠萍.苏联米格 -25 截击机“神话破灭”：来自别连科中尉的真实供述 [J].航空世界，2014（4）.
[149] 萧萧.兴都库什上空的“狐蝠魅影”苏联米格 -25 侦察机在阿富汗 [J].兵器知识，2012（3）.
[150] 姜永伟.西奈半岛上空的神秘“狐蝠”：前苏联米格 -25 飞机参加第三次中东战争揭秘 [J].航空知识，2001（6）.
[151] 王颂，王大锐.短命的 XB-70 轰炸机 [J].航空知识，1998（2）.
[152] 吴践友.“彗星”喷气客机回顾：纪念喷气客机飞行 50 周年 [J].航空知识，2002（8）.
[153] 王钟强.“彗星”：把人类带入喷气旅行时代 [J].大飞机，2015（1）.
[154] 李湘洲.喷气式客机失事探秘 [J].金属世界，2000（1）.
[155] 白若水.波音 707：开启喷气客机新时代 [J].大飞机，2014（2）.
[156] 张维.波音的最大家族：谈波音 707/C-135 系列飞机 [J].航空知识，1997（11）.
[157] 赵斐，柴海波.“空中客车”与“波音”的较量 [J].世界博览，1991（5）.
[158] 空中客车中国公司企业资讯部.空中客车庆祝其第一款飞机 A300 系列投入使用 40 周年 [J].空运商务，2014（5）.